中国科学院规划教材

系统工程基本教程

孙东川 朱桂龙 编著

科 学 出 版 社

北 京

内 容 简 介

人类社会正处在系统工程时代。本书旨在宣扬系统工程中国学派——钱学森学派——的基本内容。全书正文共 11 章,介绍了系统概念和系统工程基本知识;附录 A1 介绍钱学森院士生平,其余 6 个附录介绍国内外一些学术团体和研究机构。书中新意较多,例如,着力描绘系统化工程化的时代特征,阐述系统工程方法论、发展战略与规划研究、系统工程的发展前途与人才培养;把 PESTEL 分析、SWOT 分析、Porter 五力分析及 TRIZ 等内容引入本书;提纲挈领地归纳了 50 多个系统工程重要命题。本书概念准确,深入浅出,循序渐进,注重系统工程与管理科学的紧密结合,阐述了系统工程中国学派与现代管理科学中国学派的关系、现代管理科学中国学派的基本框架。

本书是一本颇具特色的系统工程教材,可读性强,读者面宽,既适用于理工科有关专业、管理和经济类专业大学生和研究生,也适合政府机关工作人员和企业管理人员阅读。

图书在版编目(CIP)数据

系统工程基本教程/孙东川,朱桂龙编著.—北京:科学出版社,2010.5
中国科学院规划教材
ISBN 978-7-03-027388-8

Ⅰ.①系… Ⅱ.①孙…②朱… Ⅲ.①系统工程-教材 Ⅳ.①N945

中国版本图书馆 CIP 数据核字(2010)第 077899 号

责任编辑:林　建/责任校对:林青梅
责任印制:徐晓晨/封面设计:耕者设计工作室

科 学 出 版 社 出版
北京东黄城根北街 16 号
邮政编码:100717
http://www.sciencep.com

北京建宏印刷有限公司 印刷
科学出版社发行　各地新华书店经销

*

2010 年 5 月第 一 版　　开本:787×1092　1/16
2019 年 2 月第五次印刷　　印张:19 3/4
字数:468 000

定价:49.00 元
(如有印装质量问题,我社负责调换)

序一

2008 年是中国改革开放 30 周年，也是中国系统工程 30 周年，这是很值得庆祝、很值得纪念的。1978 年 9 月 27 日，钱学森、许国志、王寿云三位学者联合署名的重要文章《组织管理的技术——系统工程》发表于上海《文汇报》，这是系统工程在中国的嘹亮的进军号。

经过中国广大系统工程工作者 30 年的努力，已经形成了系统工程中国学派。

本书作者之一孙东川教授是从 1980 年夏天开始从事系统工程的教学与研究的，至今已近 30 年了。朱桂龙博士/教授比较年轻，他的系统工程"工龄"也有 20 年左右了。

《系统工程基本教程》是孙东川教授出版的第三本系统工程教材。第一本是《系统工程简明教程》（孙东川，陆明生），中国科学院院士张钟俊教授作序，湖南科学技术出版社 1987 年出版，1991 年重印，曾经被推荐为全国高等工科院校"七五"期间试用教材。第二本是《系统工程引论》（孙东川，林福永），中国工程院院士汪应洛教授作序，普通高等教育"十五"国家级规划教材，清华大学出版社 2004 年出版，以后每年重印，2008 年 7 月第 5 次印刷，总印数 13 500 册。

孙东川教授在系统工程学术界是比较活跃的一员。他一直积极参加中国系统工程学会的学术活动与学会工作。多年来，他担任中国系统工程学会常务理事兼系统工程教育与普及工作委员会副主任、社会经济系统工程专业委员会副主任、系统动力学专业委员会副主任等多项职务。他先后推动成立了两个系统工程学会：1989 年成立的江苏省系统工程学会（该学会连续十多次被评为"全国省级学会之星"），2004 年成立的珠海市系统工程学会（该学会多次受到珠海市科学技术协会的表彰与奖励）。他还积极投身广东省系统工程学会的工作，先后担任学会常务副理事长与顾问。他一贯强调并且身体力行这几句话：做学会工作是尽义务、作奉献，要甘当"义务兵"、志愿者。这在系统工程学术界是很突出的，说明他对系统工程的热情与执着。

我与孙东川教授认识已经 10 多年了，这是我第二次为孙教授的书写序。第一次是在 2004 年 6 月，为他的论文集《系统工程与管理科学研究》写序。该论文集是从他已经发表的 100 多篇论文中选出 50 多篇而结集出版的。出版该论文集有两个原因：一是孙教授在高校执教30年（1973～2003年），他的弟子们倡议出版；二是为了支持暨南大学申报"管理科学与工程"一级学科博士点。

孙东川教授2003年调入暨南大学工作时，我担任暨南大学校长。我与他谈话时曾谈到他的"三次创业"。第一次是在南京理工大学（1995年以前），由于从事系统工程与管理科学教学与研究有比较出色的业绩，他在同龄人中较早晋升为教授，1993年荣获国务院特殊津贴。第二次是在华南理工大学（1995～2003年），他担任了两届工商管理学院院长，为提升该学院的办学档次以及教学、科研水平作出了不懈的努力，申报成功华南地区第一个"管理科学与工程"博士点。第三次是在暨南大学，希望再次申报成功"管理科学与工程"博士点——这在2005年已经实现了。

2004年开始，他又给自己提出了新的任务：致力于现代管理科学中国学派的研究与创建工作。他既是理想主义者，又是现实主义者。他知道创建工作需要千军万马长期作战，作为个人，只能发挥有限作用，例如，梳理若干基本概念，探讨中国学派的基本框架，提出工作规划，并且开展一些具体的研究工作。他已经在高档次刊物和全国性重要学术会议上发表了多篇文章，形成了较大的影响；承担多项国家自然科学基金项目和广东省科技厅项目。我对孙东川教授积极支持。事实上，我们正在共同开展现代管理科学中国学派的研究与创建工作。

创建现代管理科学中国学派是一项艰巨复杂的系统工程。系统工程是"组织管理的技术"，而系统工程中国学派是现代管理科学中国学派的重要组成部分。

系统工程具有强大的生命力，具有永恒的魅力。30年来，系统工程在我国的改革开放中，在中国特色社会主义市场经济与和谐社会的构建中，发挥了巨大作用。系统工程中国学派将继续完善和发展，系统工程在中国将会实现其应有的辉煌。

祝愿本书获得成功！

刘人怀

2008年12月

序二

　　自从 1978 年钱学森、许国志、王寿云联合署名的《组织管理的技术——系统工程》一文发表以来，以钱学森为代表的中国的系统工程的创建、推广、应用和深入的理论研究，已经走过 30 年历程。

　　一开始是洋为中用。我国系统工程的研究曾经受到西方很大的影响，但是我们也有着自己的特色。从 20 世纪 50 年代起，以钱学森为首的中国学者曾对运筹学加以改造。首先，在运筹学之定名上就不落西方俗套（按英文 operations research 的直译应该是"运用研究"或者"作业研究"），中国学者理解的运筹学就是不单强调运用，还强调筹划，并且古为今用，借用"运筹于帷幄之中，决胜于千里之外"一语中的"运筹"二字，作为这门学科的定名。其次，强调运筹学要在国民经济计划中得到应用。在当时，强调私有经济的美国是不屑于用它的，而苏联却把它做资本主义的东西而不肯大力采用。可是钱学森和许国志等力挺，于是在中国科学院有运筹室，其中有一个经济数学组。最后，把当时偏重企业管理的质量控制也放到运筹学的研究和应用中。

　　到 20 世纪 60 年代，我国导弹部门应用了系统工程的一些方法，特别在组织管理工作中形成了"总体设计部"这个既能发扬民主，又有利于集中的组织方式。总体设计部的实践，体现了一种科学方法，这种科学方法其实就是系统工程。

　　运筹学和航天部门的组织管理经验，再加上西方的经验，使钱学森和运筹学家许国志等合作写出本文开头提到的文章《组织管理的技术——系统工程》。他们借用了西方的系统工程的名词，并拓广了它的内涵。实际上，西方当时提到的系统工程是比较狭义的，而钱学森他们对其的理解更为宽广，并提出"事理"这个概念。80 年代初我国系统工程开始大力普及和应用时，它的应用面是很广的，另外，我国系统工程与国际上的有一些不同之处，那就是力图与国内当前形势紧密相扣。这从历届中国系统工程学会学术年会的主题中也可看出，例如，发展战略与系统工程（1987 年），科学决策与系统工程（1990 年），企业发展与系统工程（1992 年），复杂巨系统理论方法应用（1994 年），系统工程与市场经济（1996 年），系统工程与可持续发展战略（1998 年），系统工程与复杂性研究（2000 年），西部开发与系统工程（2002 年），小康战略与系统工程（2004

年），科学发展观与系统工程（2006 年），和谐发展与系统工程（2008 年）。在中国，历届高层领导经常把一些复杂的、庞大的事说成是一项系统工程，也有不少中高层领导学过或听说过系统工程方面的知识。

我国在系统工程理论研究上更有几个特色：①形成整个科学体系；②提出系统学；③形成自己的系统方法论，例如，综合集成系统方法论。所有这些确实说明中国已经逐渐形成了自己的学派。国内有关系统工程的书已经出版了不少，但较多是受西方影响。而这本《系统工程基本教程》却能从中国学派——钱学森学派——的角度来介绍系统工程，确有独到之处。全书用了不少篇幅来介绍以钱学森为代表的中国系统工程界 30 多年来的奋斗历程。当然本书也介绍了系统工程不少基本理论、方法，特别是较好地把管理科学中一些常用理论和方法适当地结合进来，从而兼顾了管理科学的学生和老师们。

本书如果说还有些不足之处，那就是对西方最近这些年的新发展介绍尚有不足，但总体来说还是一本很有中国特色的系统工程教材。

顾基发

2009 年 4 月于北京

前言

（一）

2009 年是新中国成立 60 周年，大喜大庆之年。2008 年也是值得庆祝和纪念的重要年份：改革开放 30 年，系统工程在中国大发展 30 年。改革开放 30 年，中国取得了举世瞩目的伟大成就，经济繁荣，社会安定团结，中国的综合国力和世界地位极大提高。在系统工程和系统科学的研究与应用方面，30 年来也取得了很大的成就。改革开放需要系统工程，系统工程需要改革开放，两者相辅相成，与时俱进。系统工程在中国、在世界，还会有更大的发展，中国应该为系统工程和系统科学的继续发展作出应有的贡献。

时至今日，国内出版的系统工程教材在百种之多，现在发行着的也有十多种。为什么还要编写和出版这本《系统工程基本教程》呢？本书有什么特点呢？这是笔者首先要与读者沟通的。

本书除了一般地介绍系统概念和系统工程基本知识以外，还有两个目的：第一，弘扬系统工程中国学派——钱学森学派，这是中国人民的宝贵财富，是中国人在系统工程领域对世界的贡献。系统工程在中国受到了两个方面的持久的大力推动：以著名科学家钱学森院士为代表的学术界，从中央到地方的各级领导人。论深度，中国的系统工程在理论和应用方面都取得了一系列显著的成果，居于世界领先水平。论广度，系统工程在中国家喻户晓，人人皆知。本书力求准确地表述钱学森院士关于系统工程的一系列观点，弘扬系统工程中国学派。第二，推进现代管理科学中国学派的创建工作——这是一项艰巨复杂的系统工程。创建现代管理科学中国学派现在到时候了，迟疑不得，拖延不得！这是中国的系统工程工作者与管理工作者应该携手共同完成的一项历史使命。应该把弘扬系统工程中国学派与创建现代管理科学中国学派这两件大事紧密结合起来！

"组织管理的技术——系统工程"，这是钱学森、许国志、王寿云三位学者联合署名发表在 1978 年 9 月 27 日上海《文汇报》上的重要文章的题目，也是系统工程中国学派的一个基本命题，它决定了 30 多年来系统工程在中国发展的基本轨迹。钱学森院士等著名学者非常重视各级各类组织管理工作，重视国外的 management science（MS——

注意，它不同于中国的管理科学：MS 是狭义的管理科学，我们建议把它翻译为"管理的数量方法"），重视国内的管理教育和管理人才的培养——这在《组织管理的技术——系统工程》这篇重要文章中就有比较充分的论述。系统工程与管理科学，两者应该是水乳交融、相辅相成的。

但是，现在的实际情况却有些奇怪：系统工程与管理科学好像是油水分隔、若即若离的关系。这是需要改变的。本书作者之一孙东川教授 1980 年以来先后在管理工程系、管理学院、管理科学与工程研究所工作，一直从事系统工程与管理科学的教学与研究工作，并积极参加系统工程和管理科学的学术活动与学会工作；朱桂龙教授开展相关的教学与研究工作也有 20 年以上了。我们一直本着"组织管理的技术——系统工程"这个基本信念，认为系统工程与管理科学是水乳交融的。改革开放 30 多年来，中国在经济建设与社会发展的各个方面都取得了伟大的、举世瞩目的成就，其中管理工作功不可没。管理工作与经济建设、社会发展，是高度相关而且是正相关的（不是不相关，更不是负相关）。世界上越来越多的人士谈论"中国模式"，既包含经济发展和社会进步的模式，也包含管理工作的模式。我们认为，现代管理科学中国学派——这是管理工作中国模式的学术形态——已经展现曙光，喷薄欲出；当此之时，管理界的一切志士仁人，应该积极投身于现代管理科学中国学派的创建工作，把现代管理科学中国学派早日贡献给中国和世界！

现代管理科学中国学派与系统工程中国学派，两者是什么关系呢？我们认为，两者尽管是有一些区别的，但是这些区别并不重要，两者的共同点才是重要的，两者可以互相支援，融为一体。就当前的实际情况而言，系统工程中国学派已经比较成熟，那么，系统工程中国学派应该支援现代管理科学中国学派的创建工作。我们和一些同事、朋友从 2004 年以来一直积极致力于现代管理科学中国学派的研究与创建工作，认为这是一项艰巨复杂的系统工程，需要千军万马长期作战。

还有一个现象也比较奇怪：搞系统工程的人，大多认为自己是搞管理的，但是，有些搞管理工作和管理科学研究的人并不认为自己是搞系统工程的，有些人甚至没有接触过系统工程、不了解什么是系统工程。这是一种遗憾。我们认为：应该加强交流与合作，合则两利，合则共赢。搞系统工程的人员应该学习管理理论，更紧密地研究现实的管理问题，搞管理的人员应该学习和运用系统工程理论与方法，这样，两方面的人员都能增长才干，把系统工程和管理的实际工作做得更好，把系统工程和管理科学的研究工作做得更好。

与上述两种奇怪的现象相联系，对于系统工程的认识存在着两种倾向。一种倾向认为系统工程属于理工科，数学模型与计算比较多，文科出身的人员难学难搞。这是一种误解。系统工程强调定性研究与定量研究相结合，从定性到定量综合集成，其基本原理并不难学，学了很容易领会。定性研究与定量研究相结合，可以在一个人身上实现，也可以在一个团队之中实现，即团队成员各有所长、各有侧重，你擅长定性研究，他擅长定量研究，优势互补，在群体上实现定性研究与定量研究相结合。开展一个较大规模的系统工程项目，需要有一个项目组，项目组就是多学科人员组合起来的研究团队。另一种倾向认为系统工程没有什么了不起，似乎谁都懂，谁都能搞。其实不见得。一些基本概念、基本观点、基本方法，有些人并不清楚，有些人一知半解，经常说外行话，应用起来就难免要打折扣了。甚至在有的教科书上，叙述得也不是很准确。这就提出了学习的要求，对系统工程教材提出了"信、达、雅"的要求。本书力求做到这一点。

（二）

本书命名为《系统工程基本教程》，紧紧扣住"基本"二字。一些具有创意而可能具有争议的内容只好忍痛割爱了。同时，限于篇幅等原因，还有一些比较基本的内容也只好忍痛割爱。本书主要面向本科生，2～3 个学分，加上打 * 号的章节也可以面向研究生，也是 2～3 个学分。

这里要说一下与本书密切相关的三本书。一本是《系统工程简明教程》（孙东川，陆明生），中国科学院院士张钟俊教授写序，湖南科学技术出版社 1987 年出版、1991年重印。其内容包含两大部分：系统工程基本原理 5 章，系统工程主要方法 10 章（主要是运筹学方法），15 章共计 51.8 万字，两次印刷，总印数 10 200 册。该书当时被推荐为"七五"期间全国高等工科院校系统工程试用教材，一些高等学校把它作为硕士研究生教材和考博参考书，而且有的学校为了大量使用而内部翻印，说明这本书是相当受欢迎的。但是，笔者在教学实践中发现一个问题：其基本原理部分显得薄弱，主要方法部分或者显得不足、或者显得多余。因为，第一，从教学时数来说，系统工程课程一般是 40～60 学时（2～3 个学分），不可能安排太多的内容，因而教材不可能包含太多的篇幅；第二，从课程体系来看，理工科大学管理类专业一般都有运筹学课程，该课程把《系统工程简明教程》包含的运筹学方法全部覆盖还绰绰有余（例如，钱颂迪教授主编的《运筹学》，清华大学出版社，多次再版和重印，其字数在 70 万字以上，学时数80）；第三，理工科学生对运筹学方法是很感兴趣的，但是文科学生学习起来则比较困难，于是《系统工程简明教程》用于后者的教学时，所包含的运筹学方法常常被舍弃，可是，单讲基本原理 5 章，其分量就不够了。所以，系统工程教材的编写需要另辟蹊径。

于是有了另一本书《系统工程引论》（孙东川，林福永），中国工程院院士汪应洛教授写序，普通高等教育"十五"国家级规划教材，清华大学出版社 2004 年出版，46.8 万字。该书相对于《系统工程简明教程》改变了思路：采取"缩短战线，集中兵力"的做法，取材以系统工程基本原理为主，运筹学方法原则上不编入。因此该书的读者面很宽，不但适用于在校学习的理工科大学生和研究生，而且适用于在校学习的文科（文经管类专业）大学生和研究生，还适用于政府机关工作人员和企业管理人员的培训和自学。大家知道，做任何事情首先是树立正确的观点和理念，其次才是寻找和运用各种方法。系统工程基本原理就是解决观点和理念问题的。事实证明，这样做是成功的。《系统工程引论》每年都重印，2008 年 7 月第 1 版第 5 次印刷，总印数达到 13 500 册；2009 年 5 月出版第 2 版，首印 3 000 册。

在本书《系统工程基本教程》中，继续采用这种思路，同时也有两点创新：一是明确提出系统工程中国学派——钱学森学派，呼吁继承与弘扬；二是明确提出现代管理科学中国学派，呼吁积极开展其创建工作。本书引用了《系统工程引论》的部分内容——

有一些是直接引用，有一些则进行了改写。

还有一本书《管理的数量方法》（孙东川，杨立洪，钟拥军），21 世纪 MBA 系列新编教材，清华大学出版社 2005 年出版，它也可以用于本科生教学。该书与《系统工程引论》是互补的，其实它就是后者没有编入的《系统工程简明教程》的"系统工程主要方法"，相当于运筹学教程或现在美国式的 Management Science 教科书。《管理的数量方法》与《系统工程引论》可以分开使用，也可以合并使用；与《系统工程基本教程》的关系也是这样。

海纳百川，有容乃大。系统工程工作者必须具有开放的心态，保持系统工程学科的开放性。系统工程教材必须从其他学科积极吸取营养，充实自己，发展自己。本书在编写中很重视这一点。例如，企业管理领域常用的 PESTEL 分析、SWOT 分析、Porter 五力分析等，本书都介绍了。本书还简单介绍了近几年在我国普遍开展的"加强创新方法工作"中受到特别重视的 TRIZ。笔者相信：从其他学科引入的内容，用系统观点加以阐述，会变得更有说服力，更有应用价值。

鉴于发展战略与规划研究的重要性——它是系统工程的题中应有之义，本书特别撰写了第 10 章。

系统工程工作者和管理科学工作者携起手来，共同致力于现代管理科学中国学派的创建工作，共同弘扬和进一步完善系统工程中国学派！

作者　谨述

2009 年 10 月 24 日

目录

序一
序二
前言

第1章

绪　论

■ 1.1　世界，时代，系统工程

1.1.1　对于世界的描述

世界——我们人类生活的宇宙空间——有多大？可以有两种回答：第一，很大，很大；第二，很小，很小。

第一，世界很大，很大。"天苍苍，野茫茫"，无边无际，人在大平原上看到的地平线大约是 4 公里远，似乎是广袤无垠了；而地球赤道约有 4 万公里长，"坐地日行八万里，巡天遥看一千河"。中国是个很大的国家，陆地面积约 960 万平方公里，"蓝色国土"海域面积还有约 300 万平方公里。以中国之大，在世界上占有多少比例呢？地球的表面积大约是 5.10 亿平方公里，其中陆地面积约 1.49 亿平方公里；中国的陆地面积约占地球陆地面积的 1/15，陆地和海域总面积约占地球表面积的 1/40。中国有 13 亿多人口，为世界之最，约占世界人口的 1/5。中国是联合国会员国之一，而联合国会员国现有 192 个之多。所以说，世界很大，很大。

第二，世界很小，很小。科学家把人类居住的这个蔚蓝色星球称为"小小的地球村"；毛主席则称之为"小小寰球"。20 世纪后期出现的互联网［以 90 年代初命名的 Internet（因特网）为代表］，功能越来越强，覆盖面越来越广，已经把小小寰球及其居民"一网打尽"。世界上无论什么人要寻找和联系另一个人，他们之间在互联网上的"距离"不超过六步。以前不可逾越的空间距离现在变得无关紧要：上海与纽约隔开半个地球，你拿起电话拨号，就可能与远方的朋友通话，你发一份 E-mail，"弹指一挥间"，远方的朋友立即可以看到。所以说，世界很小，很小。

不管我们说世界很大还是很小，都用到了一个概念：系统——system。

20 世纪初以来，全世界的系统化趋势与工程化趋势越来越明显，越来越加强。所谓系统化趋势是说，世界上以前没有联系的事物联系起来了，以前有联系的事物相互联系得更紧密了。世界上已经没有孤立于系统之外的事物了，尤其是没有不属于任何国家的土地了，连北冰洋、南极洲这样的人迹罕至、目前还无法正常居住的地方都变得很"热闹"，许多国家对它们提出了各种权利或主权的要求。有些以前被漠视的土地或海域现在出现了争议，不止一个国家对它提出了主权要求。所谓工程化趋势，是说世界上的工程项目越来越多，一些工程项目的规模越来越大；不但工程问题作为工程项目来处理，而且社会经济系统的各种问题也越来越作为工程项目来处理。

系统化趋势与工程化趋势相结合，系统工程就应运而生了。工程问题本身也属于系统问题，工程项目其实就是系统工程［工程系统工程（project systems engineering），这是系统工程的一个重要分支］。

系统的概念是系统工程的核心概念，本书后面要用很多篇幅加以说明，现在我们只需要理解为事物与事物（或要素与要素，包括人员、事情、物体等）联系在一起，成为一个整体，难解难分。

1.1.2　对于时代的描述

人类社会当今处在什么时代？我们如何给自己所处的时代命名？

有人说：后工业化时代。他们说：以蒸汽机的改进和大量使用为标志的工业革命，开始了工业化进程，后来又普遍使用电力，越来越多地使用核能，完成了工业化使命，发达国家在 20 世纪后期进入了"后工业化时代"。

有人说：知识经济时代。知识经济的提出源于 1996 年经济合作与发展组织（Organisation for Economic Co-operation and Development，OECD）的《以知识为基础的经济》（*The Knowledge-based Economy*）的报告。知识经济的标志之一，是承认知识的扩散与生产同样重要，知识经济是人类社会继游牧经济、农业经济、工业经济之后的经济。知识经济是以知识阶层为社会主体，以知识和信息为主要资源的，以高技术产业和服务为支柱产业的，以人力资本和科技创新为动力的，以可持续发展为宏观特征的新型经济。

有人说：网络经济时代。如今，以先进的计算机技术和通信技术为基础的信息网络无处不在，发挥着越来越大的作用。电子商务、电子政务、远程教学、远程医疗、电子病历、网上购物、网上订票、上网检索、电子邮件、MIS（管理信息系统）、HIS（医院信息系统）、"金"字号工程（金税、金关、金科、金卫等）……使人类一天也离不开网络了。

有人说：新经济时代。他们大概对上述几个名称不满意，于是提出"新经济时代"一词。其实这是权宜之计。因为新与旧是相对而言，"新"是层出不穷的、与时俱进的，现在的经济相对于工业经济而言是"新经济"，再过 100 年或者几百年，现在的"新经济"恐怕就会是"旧经济"了。现在，人类越来越迫切地寻找新能源，一旦获得突破，世界面貌将会为之一新。不过，暂时用一下"新经济"这个名称以强调当代经济之"新"也未尝不可。

还有人说是"计算机时代"。自 1946 年第一台现代意义的计算机 ENIAC 出现以来，计算机不断更新换代，而且更新换代的周期越来越短。20 世纪 50 年代是真空电子管计算机，50 年代末～60 年代中期是晶体管计算机，60 年代末～70 年代末是集成电路电子计算机，70 年代末至今是大规模集成电路和超大规模集成电路电子计算机。现在还在快速发展，更新换代。计算机的快速发展使其应用领域得到迅速扩展，如文字编排、数据处理、通信联络、设计绘图、教育培训，以及各级各类管理工作，无处没有计算机的影子。电子计算机被称为"电脑"，现代社会"不可一日无此君"。现在很难想象，一名大学生或者科技人员，能够持续一周时间不用电脑、不上网。

还有人说是"信息时代"。20 世纪 40 年代，人类终于发现：世界是由物质、能量、信息三大要素组成的，而不仅仅是由物质组成，或者是由物质与能量两种要素组成。现在，没有人能否定信息的存在和作用，没有人能够不接受、不利用信息。信息网络、信息高速公路、电子商务、电子政务等，正在改变人类的工作习惯、生活习惯、思维方式。你去看病，可以坐在家里上网挂号；你坐到医生跟前，医生在他的计算机屏幕上看到你的挂号信息，听了你诉说的病情，经过他的诊断，在计算机上给你开处方（你不挂号，医生是无法给你开处方的，这就杜绝了熟人"走后门"现象）；你拿着信用卡去交了医药费，就到指定的药房窗口去取药，也许你还没有走到那个窗口，药已经为你准备好了。你要旅行，打个电话或者上网操作，足不出户就能订好明天或者随便哪一天的飞机票，你不需要数钞票而用信用卡支付票款；你不需要拿到那张飞机票，只要带着身份证，按照规定时间到达机场就能办理登机手续，而且有一定的自由范围——你可以选择在机舱中的座位号，然后登机直上蓝天。你人在广州，为北京的朋友庆贺生日，可以上网订购一束鲜花，由北京的服务公司如期送到朋友手中。信息技术还在快速发展，看病、旅行、商务、社交等事务可以越来越方便地办理。

还有人说是"纳米时代"。纳米是一种度量单位，1 纳米等于 1 米的 10 亿分之一（1×10^{-9} 米），相当于 10 个氢原子一个挨一个排起来的长度。纳米结构是指 1～100 纳米尺度内的结构。在这个尺度范围内对原子重新组合，新物质就会表现出不同于单个原子或分子的性质。其基本的物理化学性质，如熔点、磁性、电容、导电性、发光性等都可能产生重大变化。这种组合产生新物质的技术，就是所谓的"纳米技术"（nanotechnology），它使人类可以获得许多新材料，用于科研、生产、生活的各个领域。

还有人说是"基因时代"。破译基因密码，基因重组，基因治疗，制造干细胞，克隆……新概念、新技术层出不穷，它们甚至有可能改变人类自身，已经引起了关于伦理道德的争论。

还有人说是"航天时代"。这是非常激动人心的。1957 年 10 月 4 日，苏联成功发射了世界上第一颗人造地球卫星（俄语名称 Сиумнцк-1），表明人类跨出了地球，开始了航天时代。2003 年 10 月 15 日，我国的神舟五号飞船成功发射，中国第一名航天员杨利伟遨游太空，中国成为"世界航天俱乐部"的第三名成员。2005 年 10 月 12 日，搭载两名航天员费俊龙、聂海胜的神舟六号飞船成功发射。2008 年 9 月 25 日，搭载三名航天员翟志刚、刘伯明、景海鹏的神舟七号飞船成功发射，翟志刚成为中国在太空出舱活动第一人。

我国已经开展了探月工程的进程。研究太阳的夸父计划将于 2012 年启动。

还有其他国家准备进入"世界航天俱乐部"。

人类已经展开翅膀飞向茫茫宇宙的深处了。搭载多国人员的俄罗斯空间站在太空遨游和工作。美国已经多次发射火星探测器并且实现了在火星上降落和探测。

1.1.3 人类社会当今处在系统工程时代

时代的命名还可以继续列举一些。所有各种命名及其说法都有一定的道理,"仁者见仁,智者见智"。作为系统工程工作者,我们要说:

人类社会当今处在系统工程时代!

为什么?因为有一个著名的命题:组织管理的技术——系统工程。前面所说的若干种对于时代的命名都与系统工程相关。系统工程学科出现在 20 世纪中叶。航天工程一直被认为是典型的系统工程分支(航空宇航系统工程),信息系统工程也是一个重要的分支(包括研制计算机和通信网络,研究和应用信息技术,从事信息管理)。发展网络经济(或知识经济,或"新经济",或循环经济),研究纳米技术、基因工程等,都离不开有效的组织管理工作——离不开系统工程,或者,其本身就是系统工程分支。

那么,什么是系统工程?它的研究对象是什么?它的基本概念与基本原理是什么?它的理论基础与研究方法是什么?系统工程方法论是什么?系统工程与我国的改革开放、与中国特色社会主义有什么关系?系统工程与管理科学有什么关系?系统工程与人类社会发展有什么关系?系统工程学科如何发展与应用?系统工程人才如何培养?等等。这些都是本书将要讲述与研究的内容。

1.2 中国的改革开放与系统工程

1.2.1 系统工程与改革开放的关系

1978 年 3 月,中共中央、国务院在北京召开了全国科学大会,迎来了科学的春天。同年 12 月 18~22 日,党的十一届三中全会在北京召开,中国走上了改革开放之路,走上了建设中国特色社会主义之路。

在这两次大会之间,1978 年 9 月 27 日,钱学森、许国志、王寿云三位学者联合署名在上海《文汇报》发表重要文章《组织管理的技术——系统工程》,吹响了系统工程在中国的进军号角。如今 30 多年过去了!这 30 多年之于中国,是改革开放的 30 多年,是经济繁荣昌盛、社会安定团结的 30 多年,是综合国力迅速加强、国际地位迅速提高的 30 多年,也是系统工程学科在中国生根、发芽、开花、结果和发扬光大的 30 多年。"三十而立",经过 30 多年的努力,系统工程中国学派——钱学森学派已经形成。

改革开放需要系统工程。因为改革开放事业是中国历史上、世界历史上空前规模的系统工程;改革开放事业的每一部分,也都是规模相当大的系统工程。

系统工程需要改革开放。有了科学的春天与改革开放,系统工程理论与方法才得以引入中国,系统工程的进军步伐在中国才得以迈开。系统工程在改革开放中找到了活动的大舞台，得到了发展的好机会。系统工程解决了中国改革开放中出现的许许多多问题。

系统工程与建设中国特色社会主义的互动关系，类似于系统工程与改革开放的关系。

系统工程在中国的蓬勃发展，得力于两个重要方面的大力倡导与推动。一是以著名科学家钱学森院士（1911—2009 年）、张钟俊院士（1915—1995 年）、许国志院士（1919—2001 年）等学者为代表的学术界。学术界在系统工程理论研究与应用研究领域都取得了显著的、领先于世界水平的一系列成果，培养和带动了一大批中青年科技工作者，形成浩浩荡荡的系统工程学术队伍。二是改革开放以来，历任党和国家领导人都高度评价与积极支持系统工程，从而带动了各部门、各地区、各单位的各级领导人也这样做。他们把改革开放中的许多重大事项和举措、工作中遇到的种种复杂问题和难题都寄希望于系统工程。中国的各种媒体经常说到系统工程，系统工程在中国是家喻户晓，人人皆知。

1.2.2 系统工程肩负着党和国家的殷切期望

2008 年 1 月 19 日，胡锦涛主席看望钱学森院士，着重说了系统工程："上世纪 80 年代初，我在中央党校学习时，就读过您的有关报告。您这个理论强调，在处理复杂问题时一定要注意从整体上加以把握，统筹考虑各方面因素，这很有创见。现在我们强调科学发展，就是注重统筹兼顾，注重全面协调可持续发展。"

改革开放以来，历任党和国家领导人都高度评价与积极支持系统工程。下面按照时间顺序列举主要领导人的一部分论述。这些论述反映了他们对于系统工程的期盼，反映了改革开放与社会主义建设对于系统工程的呼唤。[①]

——现在的问题，是要用系统工程的方法，全面统筹，综合论证。（1983.6）

——建立和完善社会主义市场经济体制，是一个长期发展的过程，是一项艰巨复杂的社会系统工程。（中共十四大报告，1992.10）

——惩治腐败，要作为一个系统工程来抓，标本兼治，综合治理，持之以恒。（1993.8）

——建设有中国特色的社会主义，是一项宏伟的、复杂的系统工程，大事多，新事多，难事多。为了使我们的事业顺利发展，少走弯路，就要于决策之前充分吸纳各界的真知灼见，就要对领导机关和领导干部实行有效的监督，就要在各项工作中争取人民群众的广泛参与。所有这些都要求人民政协在履行主要职能上有所作为，有所前进。（1995.3）

——社会主义民主和法制建设是一项艰巨的社会系统工程，需要全党和全国各族人民继续进行不懈的努力。（1996.2）

——人口、资源、环境这三方面的工作，是一个具有内在联系的系统工程。各级党委和政府要加强领导，协调各有关部门，动员全社会的力量，搞好这项系统工程。（1999.3）

---

① 引述均为《人民日报》等中央媒体公开报道的原话，为了行文简洁，不加引号。

——实施西部大开发是一项系统工程和长期任务，既要有紧迫感，又必须统筹规划，突出重点，分步实施，防止一哄而起。（1999.3）

——黄河治理是个系统工程，建议国务院尽快制订有关法规，在这个基础上制订相关的法律，使黄河治理工作依法进行。（1999.12）

——教育培养少年儿童是一项艰巨而复杂的系统工程，学校、家庭、社会各个方面都要密切配合，齐抓共管，努力形成全社会关心少年儿童、爱护少年儿童、为少年儿童办好事、为少年儿童作表率的良好风尚。（2000.6.1）

——城市环境保护是一项系统工程，要全面规划，统筹兼顾，标本兼治，综合治理。一方面，要严格控制污染源，减少污染物排放。进一步调整城市产业结构，关停、搬迁污染严重的企业；大力控制废气、废水、固体垃圾的排放；优化能源结构，积极推行清洁燃料。另一方面，要大力加快治污设施建设，增强污染治理能力。重点加强污水处理厂和垃圾处理场建设，提高污水和垃圾处理率。同时，要依法加强城市环境保护的监督管理。（2001.7）

——农业和农村经济结构的战略性调整是一项系统工程，要正确处理农业结构调整与农村其他各项工作的关系：一是发挥比较优势与发展粮食生产的关系。……二是政府引导与尊重农民生产经营自主权的关系。……三是发展农业规模经营与稳定土地家庭承包的关系。……四是眼前利益与长远利益、局部利益与整体利益的关系。使用生产资料、采用生产技术、选择生产方式，都要遵循可持续发展的原则，不能破坏生态、牺牲环境、危害健康。生态脆弱地区要实行退耕还林还草，保护和改善生态环境。（2001.9）

——银行卡的推广应用是一项系统工程，关系广大人民群众日常生活。人民银行要进一步加强对银行卡联网通用工作的领导、组织和协调，搞好总体规划，加大监督检查力度，引导各商业银行加快建立和完善符合银行卡业务发展规律的运营体制。（2001.12）

——非典型肺炎防治工作是一项复杂的社会系统工程。各部门、各地区和各有关方面，一定要有全局观念、大局意识，在党中央、国务院统一领导下，协同配合，共同努力，全国上下拧成一股绳。中央各部门要各司其职，各负其责。（2003.4）

——依法治国、建设社会主义法治国家是一项系统工程。（2003.6）

——中俄关系的持续深入发展，要求双方不断巩固和扩大两国关系的社会基础，这是一项具有战略意义的系统工程，需要两国社会各界、各部门、各地区长期不懈的广泛参与和积极推动。（2003.9）

——推进社会主义政治文明建设，是一个内容广泛的系统工程，需要我们进行长期努力。（2003.9）

——实现经济持续增长是一项系统工程，不仅需要制订和实施促进经济发展的政策措施，而且需要相应地推进社会全面发展。亚太经合组织各成员应大力发展科技教育文化卫生等事业，大力加强生态保护和环境建设，合理开发利用资源，努力实现经济社会协调发展和人与自然和谐发展。（2003.10）

——载人航天是规模宏大、高度集成的系统工程，全国110多个研究院所、3 000多个协作配套单位和几十万工作人员承担了研制建设任务。这项空前复杂的工程之所以能在比较短的时间里取得历史性突破,靠的是党的集中统一领导,靠的是社会主义大协作,靠的是发挥社会主义制度集中力量办大事的政治优势。在实施载人航天工程的进程中,我们积极探索发展社会主义市场经济条件下集中力量办大事的有效途径,建立和完善竞争、评价、监督、激励机制,最大限度地调动方方面面的积极性和创造性。(2003.11.7)

——落实科学发展观,是一项系统工程,不仅涉及经济社会发展的方方面面,而且涉及经济活动、社会活动和自然界的复杂关系,涉及人与经济社会环境、自然环境的相互作用。这就需要我们采用系统科学的方法来分析、解决问题,从多因素、多层次、多方面入手研究经济社会发展和社会形态、自然形态的大系统。(在两院院士大会上的讲话,2004.6.2)

——加强执政能力建设是一项系统工程,既需要我们党坚持不懈努力,也需要各民主党派、工商联和无党派人士的支持和帮助。(2004.9)

——构建社会主义和谐社会,是一项艰巨复杂的系统工程,需要全党全社会长期坚持不懈地努力。(2005.2)

——培养造就创新型科技人才是一个系统工程,需要各级党委和政府、有关部门、高等院校、科研院所以及全社会共同努力。(在两院院士大会的讲话,2006.6.5)

——人民政协理论是一门综合性很强的学科,人民政协理论研究是一项庞大、复杂的系统工程,需要加强方方面面的协调配合。各级党委政府要充分认识加强人民政协理论研究的重要性,认真做好指导、组织和协调工作,努力为理论研究创造良好的条件,推动形成重视人民政协理论研究的良好氛围。(2006.12)

——制订教育规划是一项涉及面很广的社会系统工程,难度大、任务重,必须切实加强领导,充分调动各方面的力量共同完成。要组建跨部门的工作班子,建立强有力的、有广泛代表性的专家咨询队伍。工作班子和咨询专家的挑选要公开透明,体现规划制订工作的科学性和民主性。(2009.1)

——(汶川大地震)灾区重建是一项艰巨复杂的系统工程。(2009.9)

上面的引述不过是见诸公开报道的十分之一二。党和国家其他领导人的论述还有很多,各部门、各地区的领导人的论述更多。上面引述的发表场合是多种多样的:有党的全国代表大会、中央政治局的集体学习、民主党派和无党派人士座谈会、两院院士大会、少年先锋队的全国代表大会,还有重要的外交场合与国际峰会。论述的主题也是多种多样的。有的主题,好几位领导人都进过,而且不止一次讲过,例如,"教育是一项系统工程""法制建设是一项系统工程"等。系统工程,责任重大。系统工程,大有可为。

最后再引述一段见诸中央文件的论述:

公民道德建设是一个复杂的社会系统工程,要靠教育,也要靠法律、政策和规章制度。必须综合运用各种手段,把提倡与反对、引导与约束结合起来,通过严格科学的管理,培养文明行为,抵制消极现象,促进扶正祛邪、扬善惩恶社会风气的形成、巩固和发展。(中共中央《公民道德建设实施纲要》,2001年9月20日,第七章第33条)

1.2.3　中国的探月工程

嫦娥奔月，这是中华民族流传千年的美丽传说，也是古老的飞天梦想。探月工程就是为了实现这个美好梦想的。中国的探月工程在近几年积极开展，取得了举世瞩目的成就。它与改革开放密切相关，这里简单予以介绍。

1. 探月工程的三个阶段

探月工程分为"绕""落""回"三个阶段（又称三期工程）。第一期为绕月工程，发射探月卫星"嫦娥一号"，对月球表面环境、地貌、地形、地质构造与物理场进行探测。第二期工程时间定为 2007～2010 年，目标是研制和发射航天器，以软着陆的方式降落在月球上进行探测。第三期工程时间定在 2011～2020 年，目标是月面巡视勘察与采样返回。其中前期主要是研制和发射新型软着陆月球巡视车，对着陆区进行巡视勘察；后期即 2015 年以后，研制和发射小型采样返回舱、月表钻岩机、月表采样器、机器人操作臂等，采集关键性样品返回地球，并且对着陆区进行考察，为下一步载人登月探测、建立月球前哨站的选址提供数据资料，此段工程的结束将使我国航天技术迈上一个新的台阶。

现在，中国探月第二期工程的各项工作已全面展开，着陆器和巡视器技术是工程中的重要关键技术。而第一期工程即"嫦娥一号"于 2009 年 3 月 1 日准确实施撞月，画上了一个圆满的句号。

2. 第一阶段："嫦娥一号"

"嫦娥一号"于 2007 年 10 月 24 日发射升空，经过 8 次变轨后，于 11 月 7 日顺利进入高度为 200 公里、周期为 127 分钟的工作轨道；11 月 18 日卫星转为对月定向姿态，11 月 20 日开始传回探测数据。

2007 年 11 月 26 日国家航天局正式公布其传回的第一幅月面图像。

2007 年 12 月 2 日"嫦娥一号"所拍摄的月球三维图像亮相。

2007 年 12 月 11 日中国首次公布"嫦娥一号"所摄月球背面图像。

2008 年 2 月 21 日首次经受月食考验，一度与地面中断联系近四个小时后恢复，并成功传回搭载的 30 首曲目。

2008 年 8 月 8 日向地球发回一段祝福北京奥运的中、英文语音以及表达和平欢乐的乐曲《欢乐颂》。

2008 年 8 月 17 日经受第二次月食考验，与地面失去联系三个小时后恢复。

2008 年 9 月 14 日为华夏儿女送来中秋佳节的语音祝福。

2008 年 10 月 24 日"嫦娥一号"在轨成功运行满一年。"嫦娥一号"传回最后一段语音，已按计划圆满完成在轨运行和探测一年的各项任务。

此后，"嫦娥一号"超期服役四个月，状态依然良好。

2008 年 11 月 12 日中国官方正式发布中国首颗月球探测卫星"嫦娥一号"拍摄制作的月球全图。

2009 年 3 月 1 日"嫦娥一号"准确落于月球东经 52.36°、南纬 1.50°的预定撞击点——月球丰富海区域，实现了预期目标，为我国探月一期工程画上了圆满的句号。

在实施撞击的过程中，"嫦娥一号"卫星携带的 CCD 相机不断传回实时图像，图像清晰。

从发射升空开始，"嫦娥一号"卫星累计飞行 494 天，其中环月 482 天，经历三次月食，五次正/侧飞姿态转换，共传回 1.37TB[①] 的有效科学探测数据，获取了全月球影像图、月表部分化学元素分布、月表土壤厚度等一系列科学研究成果，圆满实现工程目标和科学目标，为我国月球探测后续工程和深空探测奠定了坚实的基础。

"嫦娥一号"实现了四个目标：绘制月球 0°到南北纬 70°的全月球影响图；测定月球表面多种元素分布及测定其中的矿物；研究月球表面内层土壤的薄厚分布；探测月球环境，了解月球表面以及空间的数据。

为了充分利用"嫦娥一号"卫星在轨的宝贵资源，为后续任务积累数据和经验，中国探月工程领导小组决定按照"轨道从高到低，风险从小到大"的原则，应用"嫦娥一号"卫星开展卫星变轨能力、轨道测定能力的 10 余项验证试验。从 2008 年 11 月 8 日开始，预定计划顺利实施，"嫦娥一号"卫星轨道由 200 公里圆轨道降到 100 公里圆轨道，继而降到远月点 100 公里、近月点 15 公里的椭圆轨道，再升回到 100 公里圆轨道。

3. 撞月有助于了解月球起源之谜

"嫦娥一号"撞击月球有重要的科学意义。

首先，撞击成功后会掀起大量的月球尘埃。科学家通过分析这些月球尘埃的成分，来解释月球的起源之谜。而关于月球的起源之谜，目前的学说还存在比较大的争论。

其次，能够做到在指定时间撞击到预定的地点，将会为下一步其他探测器在月球或其他星体精确着陆奠定基础。

最后，也为防止小行星撞击地球提供了工程基础。因为人类对付威胁地球安全的小行星撞击，目前的手段就是用人造核武器击中小行星的固定位置，以此改变小行星的运行路线。"嫦娥一号"撞月行动无疑为此积累了经验。

"嫦娥一号"卫星在撞击前还能完成拍摄近距离高分辨率照片、拍摄撞击时的瞬间情况，这些资料对地面分析人员非常有用。

探月工程一期的总经费是 14 亿元人民币，只相当于某大城市修建两公里地铁的经费。并且，这 14 亿元分散在三四年中使用，每年 4 亿多元。所以，我国今天的财力可以大力支持发展航天事业。

---

① TB，信息容量单位。1TB＝1 024GB，1GB＝1 024MB，1MB＝1 024KB，1KB＝1 024B，1B＝8bit，1bit 存储 1 个二进制的 0 或 1，则 1TB＝1 099 511 627 776B。但是，硬盘生产商把诸系数 1 024 均换作 1 000。1 个 1 万字 Word 文档需要 70KB 左右，1 幅写景照少则 100KB 左右即可。bit 通常译为"比特"，是二进制数字 binary digit 的缩写。

1.3 系统工程，管理科学，软科学

"组织管理的技术——系统工程"，这是一个基本命题。显见，系统工程是管理科学的一个组成部分。这一节介绍系统工程与管理科学的关系，重点在于说明管理科学的有关概念。下面的内容根据参考文献（刘人怀，孙东川，2008a，2008b；刘人怀，孙东川，孙凯，2009；刘人怀，孙凯，孙东川，2009；孙东川，林福永，孙凯，2006；孙东川，张振刚，孙凯，2008）写成。

1.3.1 什么是管理？什么是管理科学？

什么是管理？什么是管理科学？这是管理科学两个最基本的概念，目前还有一些疑义和争议，需要作一番正本清源的探讨。

先说什么是管理。从不同的角度有各种各样的说法，例如：

M1. 管理就是通过别人把事情做好。

M2. 人人都是管理者，人人都是被管理者。

M3. 管理的职能有计划、组织、领导、控制等。

M4. 管理就是决策。

M5. 管理就是优化配置资源。

M6. 三百六十行，行行有管理。

M7. 现代经济是一辆车子，技术与管理是它的两个轮子。

M8. 三分技术，七分管理。

M1 是很经典的一句话，到处都在引用。这句话说明管理的主体是人（管理者），管理的客体也是人（被管理者）。但是这句话把管理者与被管理者截然分开了，其实是不能截然分开的，M2 可以弥补它。M3 说明了管理的职能，这是"四职能说"，还有"五职能说""七职能说"等。诺贝尔经济学奖获得者 H. 西蒙特别强调管理的决策职能，M4 是他的高论，人们因此把他称为管理的决策学派。M5 则有见物不见人之虞。M6 说明了管理的普遍性。M7、M8 强调管理的重要性，在改革开放初期，这两句话发挥了巨大的作用，促使上上下下重视管理工作。

还可以列举一些说法。各种说法都具有一定道理，所谓仁者见仁、智者见智。但是，M1～M8 的综合性都不够，也没有揭示管理活动的起源和本质，难以作为"管理"术语的基本界定。有的学者提出以下的见解（刘人怀，孙东川，2008b；刘人怀，孙东川，孙凯，2009）。

定义 1. 管理活动是人类的第二类活动，它为第一类活动服务。

人类作为地球上最高等的智能动物，其全部活动又可以分为两大类：第一类活动（记为活动Ⅰ）——作业活动，第二类活动（记为活动Ⅱ）——为作业活动服务的管理活动。第二类活动是基于第一类活动而产生的。

人类的作业活动又可以分为两类：生活的作业活动（记为Ⅰ-1），生产的作业活动（记为Ⅰ-2）。相应地，管理活动也分为两类：对于生活作业的管理活动（记为Ⅱ-1），对于生产作业的管理活动（记为Ⅱ-2）。

人类的生活，包括物质生活和精神生活（其活动分别记为Ⅰ-11，Ⅰ-12）。物质生活的作业包括衣、食、住、行、体育活动、婚姻、生儿育女等；精神生活更加丰富多彩，不但包括亲情、文化娱乐、休闲、旅游、探险，而且包括学习、科学研究、理想与信仰，等等。这些作业活动都是需要加以管理的。

生产包括物质产品和精神产品的生产（其活动分别记为Ⅰ-21，Ⅰ-22）。例如，农民种庄稼，工人开机床，科学家作研究，作家写作，音乐家演奏，等等，形成人类社会中的各行各业。各行各业的生产活动都是需要加以管理的。

管理活动使得作业活动有条不紊地进行，提高效率，提高效益，促进和谐。相应于作业活动的细分，管理活动可以细分为Ⅱ-11，Ⅱ-12，Ⅱ-21，Ⅱ-22。

表 1-1 和图 1-1 说明了人类的活动与分类。

表 1-1　人 类 的 活 动 与 分 类

第一类活动Ⅰ：作业（逐层次往下细分，看宋体字）							
Ⅰ-1：生活				Ⅰ-2：生产			
Ⅰ-11：物质生活		Ⅰ-12：精神生活		Ⅰ-21：物质生产		Ⅰ-22 精神生产	
Ⅰ-111：个人	Ⅰ-112：群体	Ⅰ-121：个人	Ⅰ-122：群体	Ⅰ-211：个人	Ⅰ-212：群体	Ⅰ-221：个人	Ⅰ-222：群体
Ⅱ-111	Ⅱ-112	Ⅱ-121	Ⅱ-122	Ⅱ-211	Ⅱ-212	Ⅱ-221	Ⅱ-222
Ⅱ-11：物质生活管理		Ⅱ-12：精神生活管理		Ⅱ-21：物质生产管理		Ⅱ-22：精神生产管理	
Ⅱ-1：生活管理				Ⅱ-2：生产管理			
第二类活动Ⅱ：管理，对第一类活动提供服务（逐层次往上细分，看楷体字）							

注：表中，Ⅰ-111：个人物质生活的作业；Ⅱ-111：个人物质生活的管理；余类推。

两类活动都可以继续细分下去。上述类别的细分是相对的，有些活动是跨类别的。例如，有些体育活动是物质活动特征明显（主要是体力活动），如田径运动和球类运动；有些体育活动是精神活动特征比较明显（主要是脑力活动），如围棋比赛和象棋比赛。

有人类就有作业活动，有作业活动就有管理活动，管理活动的历史与人类一样久远。M1～M8 都可以作为定义 1 的演绎。

在人类社会中，人不但是个体的，而且是群体的。群体以组织（organization）的形式存在。作业活动有个人的与群体的，管理活动也有个人的与群体的。

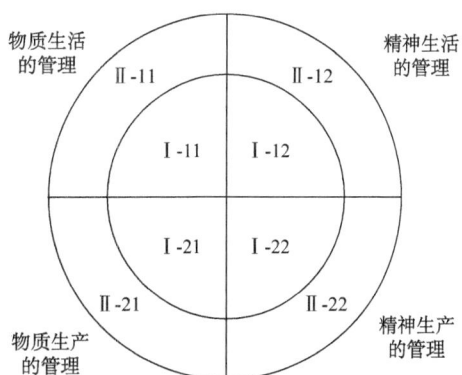

图 1-1　人类的两类活动及其相互关系

注：图中，外圈表示管理活动，内圈表示作业活动，Ⅰ-11、Ⅰ-12 分别为物质生活和精神生活，Ⅰ-21、Ⅰ-22 分别为物质生产和精神生产。

定义 2. 群体的管理活动称之为管理工作，这是组织中的一大类工作。

定义 3. 组织委派某些人员专门从事管理工作，这些人员就成为管理工作者——简称管理者（"人人都是管理者"这句话包括个人管理自己的事务——这是自己"委派"自己）。

群体越大，组织结构越复杂，管理工作也就越复杂，管理者队伍变得很庞大。

管理工作的基本宗旨是服务：为第一类活动服务，为员工服务，为用户服务，承担社会责任。图 1-1 表示两类活动的密切关系：管理活动是为作业活动服务的。

不妨把人类的活动与人类的近亲——哺乳动物的活动作一番比较。哺乳动物也具有作业活动 I-11（吃、喝、拉、撒、睡、运动、繁殖等），与人类相比一样不少，区别在于哺乳动物的作业活动只是简单的初级形态，人类的作业活动是复杂的高级形态。兔子吃草，有草就吃，没有就挨饿；老虎捕食其他动物，也是有东西就吃，没有就挨饿。它们都是简单地向大自然索取，是纯粹的"拿来主义"，不需要洗涤，更不需要烹饪。人类的吃则非常讲究、讲究卫生、烹饪、营养，精益求精，花样翻新，形成一套又一套"吃的文化"。尤其是我们中国，吃的文化十分丰富，光是菜系就有很多种，菜谱则有成千上万。

哺乳动物只具有极其少量的精神生活 I-12，例如，母子情、发情期的异性追求与调情，人类则有家庭温暖与天伦之乐，有梁山伯与祝英台式的爱情故事、牛郎织女式的婚姻故事，更有文化娱乐和理想信仰等。全部生产活动 I-21 与 I-22 都是人类所独有的，某些哺乳动物具有极其少量的、可以忽略不计的物质生产活动 I-21，例如，松鼠储藏过冬的食物（老虎似乎不会），精神生产活动 I-22 则是没有的。管理活动 II-1，不能说哺乳动物完全没有，例如，猴群有猴王，羊群有头羊，猴王和头羊也可以看成"管理者"，它们对于自己的群体进行很少的原始的"管理工作"——这种"管理工作"相对于人类而言可谓天壤之别，甚至可以忽略不计。管理活动 II-2，哺乳动物是无从谈起的。因为没有管理活动，所以，哺乳动物的作业活动谈不上什么秩序，谈不上什么效率、效益、和谐。所以，我们可以说：第二类活动是人类所独有的。正因为人类具有丰富多彩的第一类活动 I-12 和复杂多样的第二类活动，人类才得以超脱动物界。但是人类不能过分骄傲，因为即便是一些低等动物也有"过人之处"，例如，蜂房结构和蚁群"社会"就令人惊叹不已。仿生学使人类从生物界学习到许多知识来改善自己。

这里要专门说一下科学研究活动。科学研究活动既可以是科学家的生活作业，也可以是科学家的生产作业；既可以是个人行为，也可以是群体行为。艺术创作活动也是这样。科学家、艺术家为了执著的追求可以废寝忘食。他们视执著的追求就是生活，就是生命。

定义 4. 管理科学是研究管理活动规律与做好管理工作的一切知识的总和，是一个内容丰富的知识体系。

图 1-2 表示了管理科学的体系结构。左图是管理科学的理论部分，它是具有层次结构的；右图管理工作大厦是管理科学体系的实践部分，它也是具有层次结构的。左图与右图表示的两座大厦共同构成管理科学体系。

管理工作的层次结构如右图所示：基层管理者进行现场作业管理，高层管理者进行战略决策与战略管理，中层管理者则进行承上启下的战术管理。每一层次还可以细分，尤其是中层，常常分为若干层次。基层比较庞大，越往上越小，大厦呈现金字塔形。

管理科学体系的理论部分，其层次结构如左图所示：基层是各种职能管理的方法与技巧，包括泰勒制、全面质量管理（total quality control/total quality management,

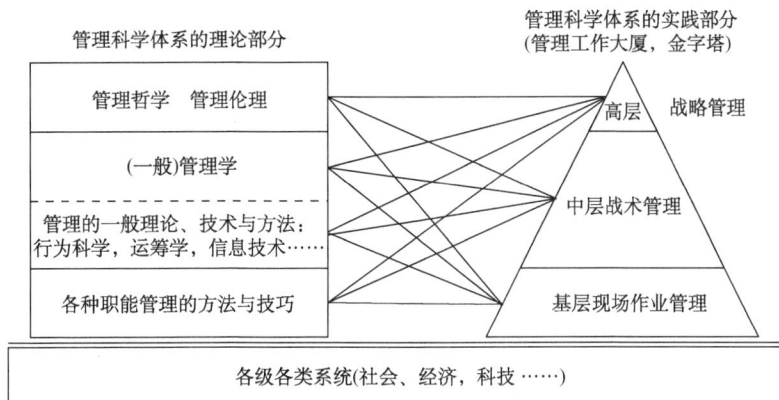

图 1-2 管理科学体系示意图

TQC/TQM）、会计电算化、办公自动化（office automation，OA）、管理信息系统（management information system，MIS）、客户关系管理（customer relationship management，CRM）、企业资源计划（enterprise resource planning，ERP）、供应链管理（supply chain management，SCM）等；中间层次是管理的一般理论、技术和方法，如管理学（狭义的，又称为"一般管理学"）、行为科学（behavioral science）、运筹学（operations research，OR）、控制理论与技术等，为基层提供理论的、技术的支持；大厦的顶层是管理哲学与管理伦理。每一层次都可以细分，例如，可以把管理学分出来，作为紧靠管理哲学与管理伦理的一个层次。

两座大厦是连通的。管理科学体系的理论部分的每一层次都通向管理工作大厦的任何层次，尤其是管理哲学与管理伦理，对于所有的管理者来说，都是必不可少的思想指导。优秀的管理者必须具有哲学思维。另外，管理工作每一层次的实践经验加以总结都可以"装修"和充实管理科学体系的理论部分。所以，在图 1-2 中，两座大厦之间的连线都是双向作用的。当前，管理工作大厦趋向于扁平化，右边的金字塔要降低高度和减少层次，但是，左边的大厦会"增高"；整个管理科学体系的内容将会不断丰富与发展。

必须指出：定义 4 说的管理科学不同于美国的 MS（management science），MS 在字面上也可以被译为"管理科学"——其实是狭义的管理科学，因为 MS 强调建立数学模型进行计算分析，实际上讲的是"管理的数量方法"。

1.3.2 系统工程与管理科学的关系

在 1978 年发表的《组织管理的技术——系统工程》一文中，钱学森院士等学者就很关注西方的 management science（MS），当时翻译为"经营管理"。他们说：经营管理作为一门科学萌芽于 20 世纪初。可能第一个发现就是今天称之为"工时定额"的这门学问。这是关于工序的；简单地说，就是研究在一定的设备和条件下，某一道工序的最合理的加工时间。第二个发明是线条图，这是有关调度计划的，可以说是后面我们讲的"计划协调技术"（简称 PERT）的先驱。再后来出现了质量控制，在这里质量不是一个个体部件的属性，而是一个统计概念，是一批同一种部件的属性。可以看到就在这时，数理统计或数学进入了经营管理的领域。这是一件大事，因为数学这个所谓科学的皇后被引进到工厂经营管理这样一种"简单"的事务中。这些都是 1940 年以前的事，当时人们还没有有意识地认识到工厂是一个系统。最能说明这个问题的是工时定额与线条图。工序是线条图的组成部分，工序与工序之间本来存在着有机联系，但在线条图中没有得到明确的反映，因而线条图没有表达出系统这个概念。只是到了 20 世纪 50 年代，出现了计划协调技术，这种关系才以网络的形式得以表达。网络是某些系统的最形象、最简洁的表达形式，它的成功应用并得到普遍承认，便是系统重要性的一个证明。

这篇文章还用大量篇幅阐述了如何培养组织管理人才的设想。30 多年过去了，现在再看这篇文章，仍然大有启发。

钱学森院士在 1980 年中国科学技术协会普及部与中央电视台举办的系统工程讲座"系统思想和系统工程"中说：他和许国志等学者倡导系统工程的初衷，就是利用系统思想把运筹学与管理科学统一起来，认为系统工程是组织管理的技术。

2008 年 5 月，香山科学会议第 324 次学术讨论会召开，主题为"现代科学技术体系总体框架探索"，与会专家对钱学森院士提出的现代科学技术体系进行了研讨。与会专家认为，系统工程无论在国防还是国民经济各领域都取得很好的效果，对我国现代化建设发挥了极为重要的作用。系统工程是管理科学上具有中国特色的自主创新。

在系统工程与管理科学的教科书中，"系统"（system）与"组织"（organisation）分别是出现频率最高的两个术语，两者作为名词在很大程度上是相通的，在很多情况下，"组织"与"系统"两个词可以互相取代。"组织"一词的用途现在很广泛，例如，经济合作与发展组织（Organisation for Economic Co-operation and Development，OECD），石油输出国组织（Organization of Petroleum Exporting Countries，OPEC），上海合作组织（Shanghai Cooperation Organisation，SCO）等。与之相类似，现在"集团"（group）一词也很流行，例如，企业集团、G7、G8、G20（七国集团、八国集团、二十国集团）。这种现象其实说明系统概念被人们广泛接受和普遍应用。

管理科学如果抽掉了系统工程，将会出现很大的空白；系统工程如果脱离了组织管理问题的研究，就可能失去广阔的发展前景乃至独立存在的意义。研究系统工程，应该以组织管理的技术、方法和方法论为主要内容，并且积极开展应用研究；研究管理科学，应该重视系统概念、系统工程的理论与方法，并且运用于管理工作。

当前，管理科学和系统工程各自都感到有所不足，其实可以互相取长补短，互相融合，共同发展。系统工程是系统科学体系中的工程技术。在中国，应该出现以系统科学为指导的管理科学，出现以组织管理工作为实务的系统工程。这样，系统工程与管理科学将会一体化。

现在有一个现象需要克服：系统工程工作者一般都认为自己是搞管理的，而部分管理工作者却不认为自己是搞系统工程的，有些人甚至没有接触过系统工程、不了解什么是系统工程。应该看到，这两部分人员的知识背景与工作经历是有差异的，但是，他们的共同点更重要——研究管理科学，开展管理工作，培养管理人才。那么，就不存在什么原则性分歧了。管理工作者学习系统工程理论与方法之后，就会消除对于系统工程的隔阂。他们会发现，系统工程使他们如虎添翼。合则两利，合则共赢。搞系统工程的人应该更紧密地结合管理问题开展研究，搞管理的人应该学习和运用系统工程理论与方法，这样，两方面的人员都能增长才干，把系统工程和管理的实际工作做得更好，把系统工程和管理科学的研究工作做得更好。

1.3.3 "三个好朋友，一番大事业"

1986 年，软科学（soft science）研究在中国兴起。1994 年 12 月，中国软科学研究会在北京成立。研究会章程说：中国软科学研究会是我国自然科学、社会科学、工程技术等领域及各级决策机构从事软科学研究或管理工作的机构、团体、企事业单位和专家学者，为实现其宗旨自愿联合起来的全国性学术团体，具有独立社团法人资格。研究会的主要工作任务是积极探索各级各类决策的民主化、科学化、制度化的程序与措施，为完善国家民主政治体制、为经济建设及改革与发展作贡献。

软科学是相对硬科学而言，同时，还出现了硬技术和软技术的术语。硬科学和硬技术是指传统的科学范畴和工程技术，如物理学、化学、地理学等，以及机械工程、纺织工程、化学工程、建筑工程等。一般而言，讲软科学就包含了软技术，讲硬科学就包含了硬技术。这是符合"大科学"思想的。软科学研究的对象与系统工程相类似。有人认为，系统工程和管理科学都属于软科学。事实上，软科学与系统工程和管理科学都有很大的交集。在三者之中，系统工程要偏硬一些，它重视定性研究与定量研究相结合，从定性到定量综合集成。在中国，三者殊途同归：它们都是在改革开放中获得重要的社会地位而受到各界重视的，它们共同致力于中国的改革开放，致力于落实科学发展观，致力于发展循环经济、构建和谐社会、建设中国特色社会主义。可以形容为"三个好朋友，一番大事业"。

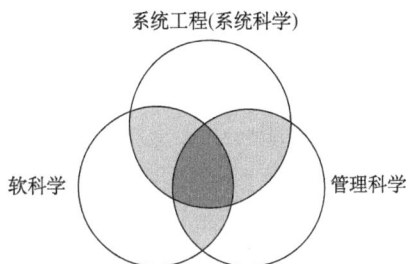

图 1-3 系统工程、管理科学与软科学的关系

图 1-3 表示系统工程、管理科学与软科学等三者的关系。系统工程是系统科学体系中的工程技术，是一大类新的工程技术。所以，图中的系统工程也可以改为系统科学。

1.4 系统工程 ABC：若干重要命题

为了便于大家掌握本书内容，这里提纲挈领地归纳一些重要命题，分为 A 组、B 组、C 组，总其名曰"系统工程 ABC"。有些命题是显而易见的大实话（"真理是朴素的"），有些命题则要加以解释和演绎——这是后面章节的事情。

命题 A 组

（1）革命导师马克思（Karl Marx，1818—1883 年）说："自然科学往后将包括关于人的科学，正像关于人的科学包括自然科学一样：这将是一门科学。"[1] 系统工程与系统科学反映了这种发展趋势。

（2）德国著名物理学家普朗克（Max Karl Ernst Ludwig Planck，1858—1947年）说："科学是内在的整体，它被分解为单独的部分不是取决于事物本身，而是取决于人类认识能力的局限性。实际上存在着从物理学到化学，通过生物学和人类学到社会学的连续的链条，这是任何一处都不能被打断的链条。"系统工程与系统科学试图把握这根链条。

（3）系统化趋势与工程化趋势是20世纪初开始的两大趋势，延续至今，愈演愈烈。

（4）系统工程学科于20世纪中叶应运而生，人类社会当今处在系统工程时代。

（5）一切事物都在系统之中，没有什么东西能够孤立于系统之外。

（6）每个人都生活在一定的社会经济系统之中，没有谁能够例外。

（7）系统思想，源远流长，在中国尤其具有优良的传统与独特的优势。

（8）系统思想，人人皆有，"心有灵犀一点通"，贵在学习提高，贵在自觉运用。

（9）三百六十行，行行都有系统问题，都需要系统工程。

（10）修身、齐家、治国、平天下，层层都有系统问题，都需要系统工程。

（11）从供应链到因特网，从集约化经营到人类社会可持续发展，都体现了系统思想在扩大影响和深入人心。

命题 B 组

（12）组织管理的技术——系统工程（钱学森，许国志，王寿云）。

（13）组织管理社会主义建设的技术——社会系统工程（钱学森，乌家培）。

（14）系统工程是组织管理系统的规划、研究、设计、制造、试验和使用的科学方法，是一种对所有系统都具有普遍意义的科学方法（钱学森，许国志，王寿云）。

（15）系统工程不但是技术、是方法，而且系统工程本身已经成为一种具有普遍适用性的科学方法论，它能够被广大群众和领导所掌握并应用，即用系统的观点研究问题（尤其是复杂系统、复杂巨系统的问题），用工程的方法解决问题。

（16）系统工程要真抓实干而不是坐而论道，要把定量研究与定性研究相结合，从定性到定量综合集成。

（17）人人都可以掌握和应用系统工程，经过学习和实践，可以从不自觉走向自觉，从必然王国进入自由王国。

（18）"整体大于部分之和"，$F > \sum f_i$。

（19）系统工程的主旨是要实现$1+1>2$。

（20）$S = \{E, R\}$，R比E更重要，系统工程的工作重点在于集合R的调整。

（21）$R = R_1 \cup R_2 \cup R_3 \cup R_4$，其中，$R_1$表示系统内部的各种关系，$R_2$表示要素与系统总体的关系，$R_3$表示系统与环境之间的关系，$R_4$表示其他各种关系。

（22）系统＋环境＝更大的系统。

---

[1] 《马克思恩格斯全集》第42卷，人民出版社，1979年，第128页。

（23）系统工程做任何事情，都必须树立"大系统，大背景"的思想。

（24）系统工程做任何事情，都要考虑"一个系统，两个最优（优化）"。

（25）系统工程"升降机原理"：研究一个对象系统，必须至少上升一个层次，看清系统的全貌；必须至少下降一个层次，研究系统内部的关键问题。

（26）系统工程"相对论原理"：系统工程应用项目研究没有最好，只有更好。

（27）系统工程求解任何问题，都讲究多方案选优。

（28）"宏观调控，微观搞活"是系统管理的一条基本原理，系统不论大小，都是普遍适用的。

（29）系统工程工作者要善于学习，注意从其他学科吸取营养，不断丰富与发展系统工程理论与方法。

（30）W. W. Leontief 的投入产出分析告诉我们：复杂的社会经济系统问题是可以求解的，运用适当的数学工具是可以进行比较准确的数量分析的，而且其数学工具不见得是深奥的、复杂的。

（31）研究开放的复杂巨系统不能简单搬用还原论方法，而要用钱学森院士倡导的综合集成法及其研讨厅体系。

（32）WSR 系统方法论告诉我们：一个好的管理者应该懂物理，明事理，通人理。

（33）"关键在于综合"，综合就是创造，就是创新。

（34）"适应性造就复杂性"——这是系统复杂性的重要来源之一。

（35）管理问题都是系统问题，运用系统工程原理与方法可以有效地解决各种管理问题。

（36）系统工程与管理科学应该一体化。

命题 C 组

（37）系统工程需要改革开放，改革开放需要系统工程，两者共生共荣，与时俱进。

（38）30 多年多来，在学术界和领导层两方面的共同努力下，系统工程中国学派——钱学森学派已经形成，这是中国人民的宝贵财富，是中国对于世界的一大贡献。

（39）创建现代管理科学中国学派，是一项艰巨复杂的系统工程。创建的基本途径是：洋为中用，古为今用，近为今用，综合集成；其中，近为今用是重点。

（40）继续坚持改革开放符合系统工程基本原理，放弃改革开放不符合系统工程基本原理。

（41）"一国两制"、统一中国符合系统工程基本原理，分裂主义不符合系统工程基本原理。

（42）"和而不同"符合系统工程基本原理，"同而不和"不符合系统工程基本原理。

（43）构建社会主义和谐社会符合系统工程基本原理，不和谐、不安定团结不符合系统工程基本原理。

（44）循环经济符合系统工程基本原理。循环经济是和谐社会的经济形态，和谐社会是循环经济的社会形态。

（45）统筹兼顾、科学发展符合系统工程基本原理，GDP 挂帅、竭泽而渔不符合系统工程基本原理。

（46）"全国一盘棋"、"识大体，顾大局"符合系统工程基本原理，各自为政、地方主义不符合系统工程基本原理。

（47）战略决定成败。任何系统都不能不认真研究制订它的发展战略与规划，这是系统工程固有的基本内涵。

（48）要成功地开展一项系统工程，必须得到对象系统的最高领导人的支持和推动。在这个意义上说，系统工程是落实科学发展观的"一把手工程"。

（49）系统工程应该纳入干部培训工作。

（50）我国需要大量的系统工程工作者，系统工程工作者是 T 型人才。

（51）系统工程工作者要有正直的人格、高尚的品德、卓越的业务能力。

（52）全世界的系统化趋势与工程化趋势还在继续发展，系统工程已经跨越国界，扩展到世界规模。

（53）系统工程任重道远，系统工程工作者大有用武之地。

（54）对于中国的前途、世界的发展、人类的命运，系统工程工作者是乐观主义者。

（55）系统工程将永葆青春，一万年以后也要搞系统工程，我们应该继承与弘扬系统工程中国学派——钱学森学派，高高举起这面红旗！

（56）系统工程在中国已经取得了很大的成功，但是还没有实现其应有的辉煌，系统工程工作者要努力工作，早日实现系统工程应有的辉煌！

毛泽东主席说："人类总得不断总结经验，有所发现，有所发明，有所创造，有所前进。停止的论点，悲观的论点，无所作为和骄傲自满的论点，都是错误的。"[①] 本着这种精神，系统工程工作者必须常常反思，包括对于做过的项目"回头看"。

各级领导和社会各界的高度重视，说明大家对系统工程寄予了厚望，期望值很高。系统工程工作者个人的能力是有限的，但是，系统工程原理是"万能"的，即普遍适用的。

1.5 本书的内容结构与教学建议

本书编写的宗旨在前言中已经作了说明。全书内容共 11 章，第 1 章绪论与第 11 章系统工程的前途与人才培养是综合性的，其余各章可以大体上分为三组，如图 1-4 所示。

第一组：第 2 章系统概念与系统思想，第 6 章系统模型与仿真。这两章的第一关键词是系统。

第二组：第 3 章系统工程的由来与发展，第 5 章系统工程的理论基础，第 9 章价值工程与 TRIZ，第 10 章发展战略与规划研究。这几章的第一关键词是系统工程。

第三组：第 4 章系统工程方法论，第 7 章系统分析，第 8 章系统综合与系统评价。这几章的第一关键词是系统工程方法论。

---

① 《周恩来总理在第三届全国人民代表大会第一次会议上的政府工作报告》，《人民日报》，1964 年 12 月 31 日。

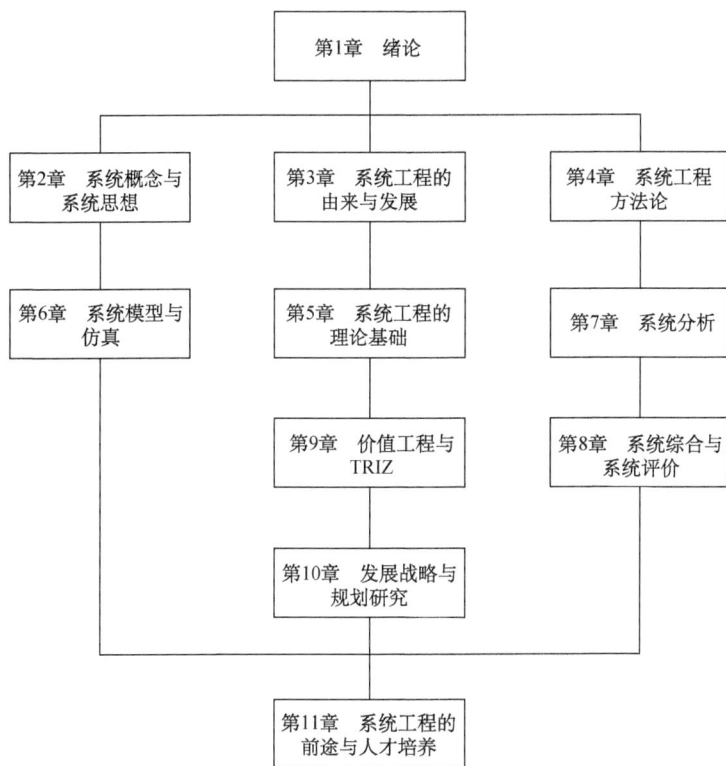

图 1-4　全书的内容结构

　　教学次序如何安排？建议按照章节编号依次进行，逐步扩大和深化知识。按照循序渐进的原则，可以分为三阶段考虑，首先，第 1~5 章可以使初学者对于系统和系统工程有一个初步的了解；然后，第 6~8 章，可以扩充知识；最后，其余各章，进一步扩充、深化、完善和提高。

　　本书主要面向本科生，2~3 个学分；加上打 * 号的章节也可以面向研究生，也是 2~3 个学分。全部 11 章内容不一定都要学习一遍，例如，第一组和第二组的靠后的几章内容可以有所选有所不选，但是，第三组的三章内容希望都选，第 1 章和第 11 章希望都选。

习题 1

　　1-1　我们的时代有什么特点？

　　1-2　系统工程与改革开放的关系如何？

　　1-3　请查看多种中英文词典，了解"系统"与"组织"、system 与 organization（organisation）的含义。

　　1-4　什么是管理？什么是管理科学？

　　1-5　*请阅读参考文献（刘人怀，孙东川，孙凯，2009；刘人怀，孙凯，孙东川，2009），思考管理科学的狭义与广义。

　　1-6　系统工程与管理科学的关系是怎样的？

1-7　什么是软科学？软科学的宗旨是什么？

1-8　"三个好朋友，一番大事业"，你同意吗？

1-9　请收集科学家和领导人对系统工程的最新论述，并且说说你的理解。

1-10　请了解我国和世界各国走向太空的新进展。

1-11　请查找国内外出版的系统工程新教材和其他新作。

第2章

系统概念与系统思想

■ 2.1 系统的定义与属性

2.1.1 系统：从原子到星系，从小家庭到联合国

世界上最广泛而普遍存在的事物和概念之一是系统。系统有小有大，形形色色，千差万别。

原子是系统，星系也是系统，从原子到星系，宇宙之内存在着千千万万的系统。小家庭是系统，联合国也是系统，从小家庭到联合国，人类社会存在着千千万万的系统。前一类是自然系统，后一类是社会系统。

原子还可以细分，其小无界；太阳系还可扩展——银河系、河外星系，其大无边。

"家庭是社会的细胞"，在人类社会中，小家庭是最小的系统，联合国是最大的系统。人类社会系统其小有界，其大有边。

人类创造和生产了各种各样的物质产品与精神产品，策划和开展了各种各样的工程项目和社会活动，这些产品、这些项目和活动，无一不是系统。例如，一台计算机，一辆汽车，一架飞机，一列火车；一个企业，一所学校，一个球队，一支乐队，一家医院，一支军队，一个政府；一项工程或一个重大事件，如三峡工程、西部大开发、振兴东北、抗击SARS；一门课程，一本教科书，一篇文章，一首歌曲，一张中药处方；WTO，WHO，APEC，OPEC，奥运会，世博会，跨国公司，局域网，互联网；等等。

系统工程（systems engineering，SE）的研究对象是系统（systems），主要是社会系统——研究它们的组织管理工作。

系统概念是系统工程核心的和基本的概念。"系统"一词是大家熟悉的，在汉语中，它主要是作为名词使用，有时也作为形容词（"系统的"）、副词（"系统地"）和动词（"系统化"）使用；作为系统工程的科学术语，则需要在日常用语的基础上加以提炼和界定。

系统是普遍的客观存在。系统与系统可以包含与嵌套，可以互相交叉和融合。每一个人都生活在系统之中，而且是由多种多样的自然系统与社会系统互相交叉的复合系统。

但是，并非任何事物都可以随心所欲地被称为系统。一大一小的两只鞋子不构成系统；相对于一辆汽车而言，拆卸下来的若干齿轮与螺丝钉不构成系统；相对于一个球队而言，游离活动的几名队员不构成系统；相对于一场球赛，正常的犯规行为（可能有多次）不构成系统；相对于集会，海边沙滩上休闲的人群不构成系统；谈恋爱没有谈成的两个人，或者已经离婚的两个人，通常不构成系统。

在棋盘上对阵的棋局是一个系统，哪怕是残局，所剩棋子不多了，也是一个系统。但是，在盒子里放得整整齐齐的一副象棋，不构成系统。

从许许多多、实实在在的系统和"非系统"中可以提炼出如下的定义：

所谓系统，是由相互联系、相互作用的许多要素结合而成的具有特定功能的统一体。

这个"统一体"又称为"整体"或"总体"；"要素"又称为"元素""部分""局部"或"零部件"，在一定的意义上，又称为"子系统"。系统整体与构成系统的部分是相对而言的，整体中的某些部分可以被看成是该系统的子系统，而整个系统又可成为一个更大规模系统中的一个子系统。例如，一辆汽车的发动机，一个企业的某一条生产线，一所大学的某一个学院等，说的都是一个系统和它的某个子系统；而一辆汽车对于一个车队，一架飞机对于一个航空公司，一个企业对于国民经济，一所大学对于国家教育系统，都分别只是一个子系统了。

每一个具体的系统都具有特定的结构，发挥一定的功能，表现一定的行为，产生一定的后果。系统整体的功能和行为由构成系统的要素和系统的结构所决定，整体的功能和行为是系统的任何一部分都不具备的。

必须强调：系统存在于环境之中，系统的功能是在环境中发挥作用的。

某种特定的系统，通常是自然科学和社会科学某一学科的研究对象。例如，太阳系由天文学研究，植物群落由植物学研究，动物群落由动物学研究，人体和疾病由医药学研究，社会演变由历史学和社会学研究，等等。系统工程的研究对象并不限于某种特定的系统，也不重复其他学科的研究，而是研究各种系统的普遍属性和共同规律，研究各种系统的有效组织与管理问题。

中外学者对系统的定义从不同的角度作了描述。例如，美国的韦伯斯特大词典把系统称为"有组织的或被组织化的整体、相联系的整体所形成的各种概念和原理的综合，由有规则的相互作用、相互依存的形式组成的诸要素的集合"。一般系统论的创始人冯·贝塔朗菲（Ludwig von Bertalanffy，1901—1972年，加拿大籍理论生物学家，奥地利出生）把系统称为"相互作用的多要素的复合体"：如果一个对象集合中存在两个或两个以上的不同要素，所有要素按照其特定方式相互联系在一起，就称该集合为一个系统；其中的要素是指组成系统的不同的最小的即不需要再细分的组成部分。钱学森院士等学者在回顾我国研制"两弹一星"的工作历程时说："我们把极其复杂的研制对象称为'系统',即由相互作用和相互依赖的若干组成部分结合成的具有特定功能的有机整体,而且这个'系统'本身又是它所从属的一个更大系统的组成部分。"

在汉语中,与 system 一词相对应的名词还有"体系""体制""制度"等。例如,"一国两制":One Country, Two Systems。

2.1.2 系统的属性

从系统工程的观点来看,系统的属性主要有如下几个方面。

1. 集合性

集合性表明系统是由许多个(至少两个)可以相互区别的要素组成。例如,新婚夫妇组成的独立小家庭只有两个人,一个大企业则有许许多多的工人、技术人员、管理人员(企业还包含其他许多物质的、能量的和信息的要素)。

2. 相关性

相关性是说系统内部的要素与要素之间、要素与系统之间、系统与其环境之间,存在着这样那样的联系。"联系"又称"关系",常常是错综复杂的。如果不存在相关性,众多的要素就如同一盘散沙,只是一个集合(set)而不是一个系统(system)。

3. 层次性

一个大的系统包含许多层次,上下层次之间是包含与被包含、覆盖与被覆盖的关系,或者领导与被领导的关系。例如,我国的行政系统:国家—省(自治区,直辖市)—市—县—乡镇;军队(系统):军—师—(旅)—团—营—连—排;一所大学:学校—学院—系—教研室—教研组;一个大企业:总公司—分公司—工厂—车间—班组。

系统的管理工作也构成系统。管理系统可以作纵向划分和横向划分。图 2-1 表示了企业管理系统的划分。从纵向而言,它可以分为战略计划层(高层)、经营管理层(中层)、作业层(基层),每一个层次也可以作为一个系统(子系统)来研究;大企业的中层又可以分为若干层次,构成一座金字塔;从横向而言,可以划分为若干职能部门,如生产、销售、财务、人事等,每一个职能部门也可以作为一个系统(另一类子系统,又称为分系统)来研究。让金字塔扁平化是现代化管理的标志之一。

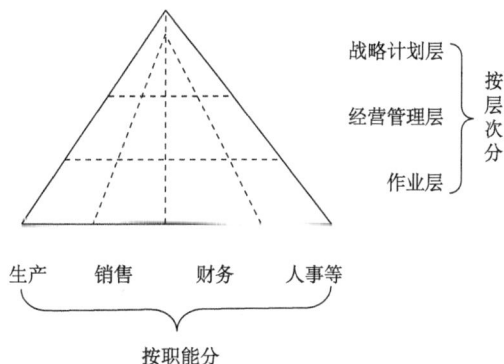

图 2-1 企业的管理系统

在管理工作中,管理的层次与管理的跨度是一对矛盾。从个人的管理能力而言,管理跨度的平均值是一个常数,被称为"奇妙的 7",即一个管理者,他能够有效地直接管理的下属是 7 人左右,不会太多。如果要管理一个 10 万人的企业,按照管

理跨度为 7 考虑，则

$$10^5 = 7^n$$

求得 $n = 5.916 \sim 6$，就是说，需要 6 个管理层次，管理人员总数超过 1.9 万人：

$$1 + 7 + 7^2 + 7^3 + 7^4 + 7^5 = 19601(\text{人})$$

利用计算机技术建立性能卓越的管理信息系统（management information system，MIS），扩大管理跨度，就可以减少管理层次。假设管理跨度提高到 18，通过类似的简单计算可知：管理层次可以降低为 3，管理人员总数只需 6 000 人左右，即减少 2/3 以上。当然，管理岗位的设置要考虑多种因素，并非如此单一，但是可以确信：在当代的计算机和信息技术条件下，管理组织的结构可以由金字塔趋向扁平化。

在管理工作中，层次性并非一成不变、不可逾越的。在一般情况下，上一级指挥下一级，下一级服从上一级，下一级向上一级汇报情况；在特殊情况下，上级可以"越级指挥"，下级可以"越级反映情况"，还可以通过媒体曝光，直接诉求于社会。前者称为"常规的层次性"，后者称为"非常规的层次性"。后者并不是可有可无的，而是对于前者的必要补充。中国共产党党章规定：党员有权"向党的上级组织直至中央提出请求、申诉和控告，并要求有关组织给以负责的答复"；"党的任何一级组织直至中央都无权剥夺党员的上述权利"。

4. 整体性

系统是作为一个整体出现的，是作为一个整体存在于环境之中、与环境发生相互作用的。

系统的整体性又称为系统的总体性、全局性。系统的局部问题必须放在系统的全局之中才能有效地解决，系统的全局问题必须放在系统的环境之中才能有效地解决。局部的目标和诉求，要素的质量、属性和功能指标，要素与要素之间、局部与局部之间的关系，都必须服从整体或总体的目的，它们共同实现系统整体或总体的功能。系统的功能和特性，必须从系统的整体或总体来加以理解，加以要求，使之实现并且优化。"个人服从组织，个人依靠组织"，就是说的这个道理。系统的整体观念或总体观念是系统概念的精髓。

5. 涌现性

系统的涌现性包括系统整体的涌现性和系统层次间的涌现性。

系统的各个部分组成一个整体之后，就会产生出整体具有而各个部分原来没有的某些东西（性质、功能、要素），系统的这种属性称为系统整体的涌现性。

系统的层次之间也具有涌现性，即当低层次上升为高层次时，一些新的性质、功能、要素就会涌现出来。

6. 目的性

系统工程所研究的对象系统都具有特定的目的。研究一个系统，首先必须明确它作为一个整体或总体所体现的目的与功能。人们正是为了实现一定的目的，才组建或改造某一个系统的。例如，办学校的目的是培养合格的人才，办企业的目的是生产合格的产品和提供相应的服务并获取显著的经济效益，建立军队的目的是打仗，保卫祖国。

明确系统的目的性，是开展系统工程项目的第一要务。

与"目的"一词意义相近的术语有"目标""指标"。系统的目的常常通过具体的目标或指标来描述。系统总是多目标或多指标的，分解为若干层次，构成一个指标体系。

7. 系统对于环境的适应性

任何系统都存在于一定的环境之中，在系统与环境之间具有物质的、能量的和信息的交换。环境的变化必定对系统及其要素产生影响，从而引起系统及其要素的变化。系统要获得生存与发展，必须适应外界环境的变化，这就是系统对于环境的适应性。

系统必须适应环境，如同要素必须适应系统一样，如公式（2-1）和图 2-2 所示。

$$系统(S) + 环境(\overline{S}) = 更大的系统(\Omega) \tag{2-1}$$

这就要求我们研究系统的时候必须放宽眼界，不但要看到系统本身，还要看到系统的环境或背景。只有在一定的背景上考察系统，才能看清系统的全貌；只有在一定的环境中研究系统，才能有效地解决系统中的问题。

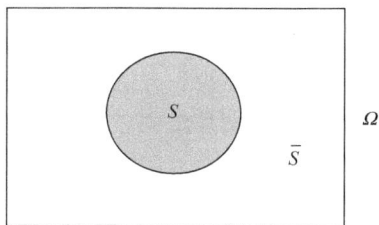

总之，系统这个概念，其含义十分丰富。它与要素相对应，意味着总体与全局；它与孤立相对

图 2-2　系统与环境

应，意味着各种关系与联系；它与混乱相对应，意味着秩序与规律；它与环境相对应，意味着"适者生存"。系统要在尊重客观规律的前提下发挥主观能动性。研究系统，意味着从系统与环境的关系上，从事物的总体与全局上，从要素的联系与结合上，去研究事物的运动与发展，找出其固有的规律，建立正常的秩序，在客观条件的许可下，实现整个系统的优化。这是系统工程的要旨。

2.2　系统的分类

世界上的系统举不胜举，形态各异，千差万别。为了便于研究，可以按照不同的标准将它们分类。

2.2.1　按照系统属性分类

1. 按自然属性分：自然系统与社会系统

自然系统是自然形成的、单纯由自然物（天体、矿藏、生物、空气、河流、海洋等）组成的系统，如太阳系、地质构造、原始森林、沼泽地。它们不具有人为的目的性与组织性，所以不是系统工程直接研究的对象。但是，如何组织科学技术队伍去研究天体现象（如日食、月食）或勘探、开发利用地下矿藏和地面资源，则是系统工程的任务。实际上，这时自然系统已扩大为包含该自然系统的社会系统。

社会系统是由人类介入自然界并且发挥显著作用而形成的各种系统。它们具有人为的目的性与组织性。社会系统又称为"人工系统""人造系统"。

社会系统按照其研究对象可以分为经济系统、教育系统、行政系统、医疗卫生系统、交通运输系统、科技系统、军事系统等；其中经济系统可以细分为工业系统、农业系统等，工业系统又可以进一步细分为重工业系统、轻工业系统；还可以继续细分。社会系统通常都具有经济活动，经济活动是人类最基本的社会活动，所以，社会系统又常常称为社会经济系统。

自然系统及其运动规律是社会系统的基础。值得指出的是，社会系统（尤其是工业企业）的运作常常导致自然系统的破坏，造成各种公害，正确处理两者之间的关系（控制污染，保护环境）是系统工程的重要课题。今天，保护环境、保护生态，实现可持续发展，构建循环经济与和谐社会，已经成为全人类的共识。

2. 按物质属性分：实体系统与概念系统

实体系统是由物质实体所组成的。物质实体包括矿物、生物、能量、机械、房屋、家具等各种自然物和人造物。人是有主观能动性的物质实体。

概念系统则是由概念、原理、法则、制度、规定、习俗、传统等非物质实体所组成，是人脑和习惯的产物，是实体系统在人类头脑中的反映。

机械系统是实体系统，但是它的有效运行需要遵守操作规则，而后者是概念系统。概念系统需要物质载体，如书本、灯光、电子媒介等。在实际系统中，实体系统与概念系统是紧密结合在一起的。实体系统是概念系统的对象，概念系统为实体系统提供指导和服务。

实体系统又称为"硬系统"，它主要由硬件组成；概念系统又称为"软系统"，它主要由软件组成。

3. 按运动属性分：静态系统与动态系统

静态系统是其状态参数不随时间显著改变的系统，没有输入与输出，如未开动的洗衣机、停工待料的生产线等。如果系统内部的结构参数随时间而改变，具有输入、输出及其转化过程，则谓之动态系统。生产系统、交通系统、服务系统、人体系统等，均是动态系统。

系统的静态与动态是相对划分的。绝对的"静态系统"是难以找到的。有些系统在我们考察的时间尺度之内，其内部结构与状态参数变化不大，为了研究问题方便，忽略这些结构与参数的改变，将其近似视为"静态系统"。寒暑假期间的学校，教学活动停止了，学生大部分回家了，机关部门也半休或全休，此时的学校可以说是处于静止状态。

4. 按系统与环境之间的关系分：开放系统与封闭系统

系统与外界环境之间存在着物质的、能量的、信息的流动与交换的，称为开放系统。如果系统与环境之间不发生这些流动与交换，则称为封闭系统。实际上，严格的封闭系统是难以找到的。为了研究问题的方便，有时忽略一些较少的流动与交换现象，将这种系统近似看成为"封闭系统"。流动现象有两类：一类是由环境向系统的流动，我们称其为系统的"输入"或"干扰"；另一类是由系统向环境的流动，我们称其为系统的"输出"。开放系统可用图 2-3 来表示。

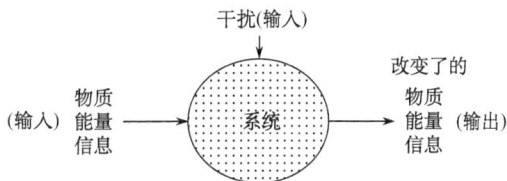

图 2-3　开放系统的一般表示

开放系统是动态的、"活的"系统，封闭系统是僵化的、"死的"系统。系统由封闭走向开放，可以增强活力，焕发青春。

5. 按反馈属性分：开环系统与闭环系统

系统的输出反过来影响系统的输入的现象，称为"反馈"。增强原有输入作用的反馈称为"正反馈"，削弱原输入作用的反馈称为"负反馈"。负反馈使得系统行为收敛，正反馈使得系统行为发散。通常讲的"良性循环"与"恶性循环"，都是正反馈作用的表现。一般来说，反馈是指负反馈。

没有反馈的系统称为开环系统，有反馈的系统称为闭环系统。系统的反馈主要是信息反馈。

开环系统可以用图 2-4 表示，闭环系统可用图 2-5 表示。

图 2-4　开环系统的一般表示

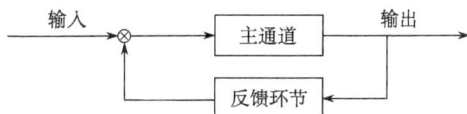

图 2-5　闭环系统的一般表示

6. 按照人员在系统中的工作属性分：作业系统与管理系统

在第 1.3 节已经讲过，人类的全部活动可以分为两大类：作业活动与管理活动。作业活动是人类生活、生产中的基本活动，直接作用于外界或自身，称为"第一类活动"；管理活动作用于作业活动，为作业活动服务，称为"第二类活动"。第二类活动以第一类活动为活动对象，使得第一类活动能够有条不紊地进行，实现预定的目标。作业系统与管理系统是紧密结合，难以截然分离的，即便在个人的日常生活中也是这样。

自然界和人类社会的许多系统是复杂的，以上分类并不是绝对的。一个复杂的系统往往是多种系统形态的组合与交叉。系统工程所研究的系统，是动态的、开放的、具有反馈环节的社会系统，是包含实体系统和概念系统的复合系统。

系统工程是组织管理系统的技术。

图 2-6 表示计算机系统的一般构成。其中，操作系统是用来控制和管理计算机硬件和软件资源、合理组织计算机的工作流程、方便用户使用计算机程序的系统软件。操作系统的主要功能有：①进程管理；②存储器管理；③设备管理；④文件管理；⑤提供网络服务。软件与硬件不是分开的，而是紧密联系在一起、交织在一起的。

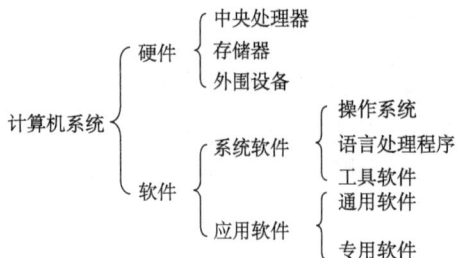

图 2-6　计算机系统的构成

图 2-7 说明计算机系统的层次结构。操作系统在计算机中的位置是计算机硬件的外层。操作系统有一个内核，操作系统的外部是数据库、语言库、中间件及应用程序等层次。系统分为许多层次，一层一层地嵌套在一起。如果把内层次看做对象系统（如操作系统），则外层次就是对象系统的环境；环境有小环境、中环境、大环境，一层一层向外扩大。

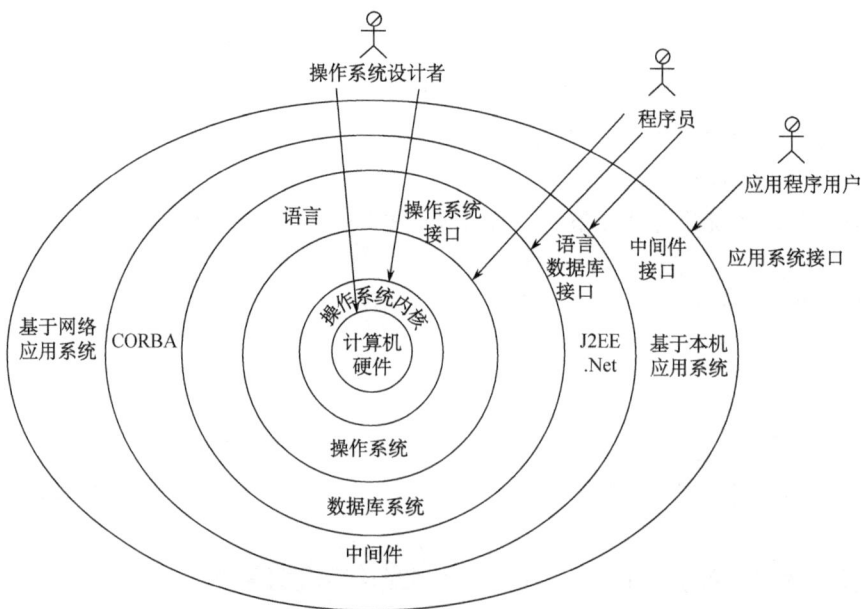

图 2-7　计算机系统的层次结构

2.2.2　按照系统的综合复杂程度分类

薛华成教授主编的《管理信息系统》[①] 中说：从系统的综合复杂程度考虑，可以把系统分为三类九等，见图 2-8。

由图 2-8 可以看出，系统的复杂性由下向上不断增加：

① 薛华成：《管理信息系统》第 5 版，清华大学出版社，2007 年，第 57、58 页。

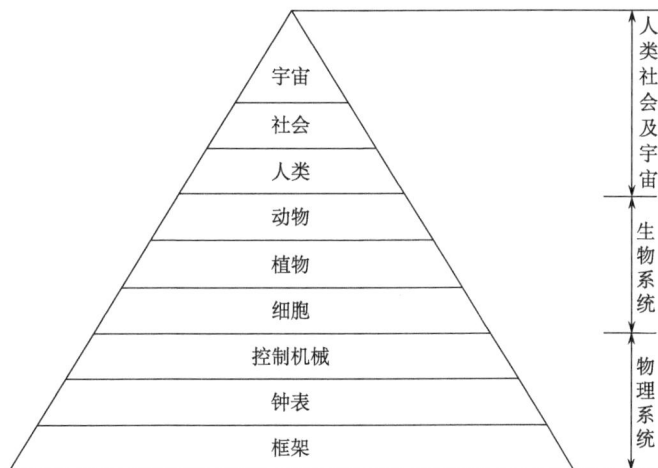

图 2-8　系统的分类

（1）框架。这是最简单的系统，如桥梁、房子，其目的是交通和居住，其部件是桥墩、桥梁、墙、窗户等，这些部件有机地结合起来提供服务。它们是静态系统，虽然从微观上说它们也在动。

（2）钟表。它按预定的规律变化，什么时候到达什么位置是完全确定的，虽动犹静。

（3）控制机械。它能自动调整，如把温度控制在某个上下限内或者控制物体沿着某种轨道运行。当因为偶然的干扰使运动偏离预定要求时，系统能自动调节回去。

（4）细胞。它能新陈代谢和自繁殖，它有生命，是比物理系统更高级的系统。

（5）植物。这是细胞集群组成的系统，它显示了单个细胞所没有的作用，它是比细胞复杂的系统，但其复杂性比不上动物。

（6）动物。动物的特征是可动性。它有寻找食物、寻找目标的能力，它对外界是敏感的。它也有学习的能力。

（7）人类。人有较大的存储信息的能力，说明目标和使用语言均超过动物，人还能懂得知识和善于学习。人类系统还指人作为集群的系统。

（8）社会。这是人类政治、经济活动等上层建筑的系统。社会系统就是组织。

（9）宇宙。这不仅包括地球以外的天体，而且包括一切我们现在还不知道的东西。

在图 2-8 中，底部的三个系统是物理系统，中间的三个系统是生物系统，上部的三个系统是人类社会及宇宙　　它们是最复杂的系统。

管理系统属于社会系统，是最复杂的系统之一。要想用计算机有效地解决现代管理问题，计算机的容量还需要提高几个数量级。

2.2.3　钱学森院士的系统分类

钱学森院士提出如下的系统分类：①按照系统规模分为小系统（little system）、大系统（large scale system）、巨系统（giant system）；②按照系统结构的复杂程度分为简单系统（simple system）和复杂系统（complex system）。

把两个标准结合起来进行分类，形成一种新的完备分类，如图 2-9 所示。

钱学森院士很重视系统的开放性，倡导研究开放的复杂巨系统（open giant complex system）。全国规模的社会经济系统是开放的复杂巨系统，因特网（Internet）也是开放的复杂巨系统。实际上，钱学森院士提出了研究系统分类的一个三维坐标系，如图 2-10 所示。

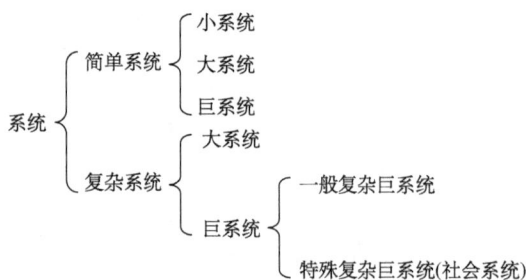

图 2-9　新的系统分类　　　　图 2-10　系统分类的三维坐标系

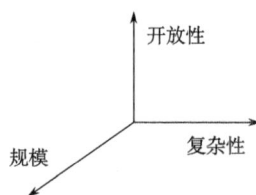

复杂系统有巨系统，也有小一些的系统。系统工程研究的重点是大系统、巨系统，尤其是开放的复杂巨系统。

还可以按照其他许多方法将系统进行分类。例如，按照系统的变化是否连续，分为连续系统与离散系统；按照变量之间的关系，分为线性系统与非线性系统；在可靠性工程中，按照元件连接方式，分为串联系统、并联系统等。

2.3 系统的结构与功能

2.3.1 系统的结构

各种系统的具体结构是大不一样的，许多系统的结构是很复杂的。从一般的意义上说，系统的结构可以用以下公式表示：

$$S = \{E,R\} \quad 或者 \quad \{E \mid R\} \tag{2-2}$$

其中，S 表示系统（system），E 表示要素（elements）的集合（first set），R 表示由集合 E 产生的各种关系（relations）的集合（second set）。

由公式（2-2）可知，作为一个系统，必须同时包括要素的集合及其关系的集合，两者缺一不可。两者结合起来，才能决定一个系统的具体结构与特定功能，才能组成一个系统。

要素集合 E 可以分为若干子集。例如，一个企业，其要素集合 E 可以分为人员子集 E_1，设备子集 E_2，原材料子集 E_3，产品子集 E_4 等；其中人员子集 E_1 又可以分为工人子集 E_{11}，技术人员子集 E_{12}，管理人员子集 E_{13}；其中管理人员子集 E_{13} 又可以分为高层管理人员子集 E_{131}，中层管理人员子集 E_{132}，基层管理人员子集 E_{133}，等等，即

$$E = E_1 \cup E_2 \cup E_3 \cup \cdots \tag{2-3}$$

$$E_i = E_{i1} \bigcup E_{i2} \bigcup E_{i3} \bigcup \cdots \qquad (2\text{-}4)$$

$$E_{ij} = E_{ij1} \bigcup E_{ij2} \bigcup E_{ij3} \bigcup \cdots \qquad (2\text{-}5)$$

不同的系统，其要素集合 E 的组成是大不一样的，例如，学校与企业、企业与军队，中国与美国，其要素集合 E 的组成有很大差异。但是，由要素集合 E 产生的关系集合 R，从系统论而言，却是大同小异的。不失一般性，可以表示为

$$R = R_1 \bigcup R_2 \bigcup R_3 \bigcup R_4 \qquad (2\text{-}6)$$

其中，R_1 为要素与要素之间、局部与局部之间的关系子集（横向联系）；R_2 为局部与全局（系统整体）之间的关系子集（纵向联系）；R_3 为系统整体与环境之间的关系子集；R_4 为其他各种关系子集。

当然，每一个子集 R_i 都是可以细分的，例如，R_1 不但包含同一层次上不同局部之间、不同要素之间的关系，还包含系统内部不同层次之间的关系。

在系统要素给定的情况下，调整这些关系，就可以提高系统的功能。这就是组织管理工作的作用，是系统工程的着眼点。

系统的涌现性存在于集合 R 之中。如果说，集合 E 代表了系统的躯体，那么，系统的"灵魂"存在于集合 R 之中。系统工程的工作重点在于集合 R，即塑造或改造系统的"灵魂"。

2.3.2　系统的功能

各种系统的具体功能是大不一样的，例如，汽车和计算机、学校和医院，它们的具体功能差别很大。从一般意义上来讲，系统的功能可以用图 2-11 所示，就是说，系统的功能包括接收外界的输入，在系统内部进行处理和转换（加工、组装），向外界输出。

图 2-11　系统的功能

系统的输入是作为原材料的物质、能量与信息。系统的输出是经过处理和转换的物质、能量与信息，如产品、人才、成果、服务等。所以，系统可以理解为一种处理和转换机构，它把输入转变为人们所需要的输出。也可以看成一种函数关系，用数学公式表示：

$$Y = F(X) \qquad (2\text{-}7)$$

其中，自变量 X 为输入的原材料，因变量 Y 为产品和服务。X 与 Y 都为矢量，就是说，是多输入、多输出的；F 为矢量函数，就是说，系统具有多种处理和转换功能。

从狭义来讲，处理和转换就是系统的功能。扩大一些说，把接受输入与向外输出也作为系统的功能。对于闭环系统，往往把反馈作用也作为系统的功能。

系统工程旨在提高系统的功能，特别是提高系统的处理和转换的效率。即在一定的输入条件下，使得输出多、快、好；或者，在一定的输出要求下，使得输入少与省。

在早期的系统理论中有一种一般系统论（general system theory），它是由生物学家冯·贝塔朗菲在 20 世纪中叶创立的。一般系统论重申亚里士多德（Aristotle，公元前 384—前 322 年）的一个论断：整体大于部分之和（The whole is more than the sum of parts）。用数学公式表示为

$$F > \sum f_i \qquad (2\text{-}8)$$

其中，F 为系统的功能；f_i 为子系统的功能。

这是系统理论的经典之一。系统工程的主旨就是要实现公式（2-8），而且使左边大于右边越多越好。

这里说的"大于"，也可以代之以"多于""高于""优于"。例如，可靠性理论指出：可以用可靠度低一些的元件组装可靠度很高的整机。这是对公式（2-8）的另一种说明。在上面引述的英文中说的是"多于"。这是因为，当要素组成系统之后，要素之间发生了这样那样的联系（包括分工与合作），由于层次间的涌现性和系统整体的涌现性，系统的功能出现了量的增加和质的飞跃。俗语说："一个巧皮匠，没张好鞋样；两个笨皮匠，彼此有商量；三个臭皮匠，赛过诸葛亮。"这正是对于公式（2-8）的生动叙述。

然而，不等式（2-8）的成立是有条件的。在不协调的关系下，其不等号的方向亦可以反过来，如俗话所说："三个和尚没水吃。"

公式（2-8）能否实现，关键在于要素之间的关系，在于系统的结构。既然如此，调整要素之间的关系，建立合理的系统结构，就可以提高和增加系统的功能。中国的改革开放，主要就是调整各种关系，包括集合 R 的各个子集 R_i，即人员与人员的关系，地方与地方的关系，地方与中央的关系，中国与外国的关系，等等。改革开放的成功，带来了国民经济的蓬勃发展、社会局面的安定团结以及中国国际地位的大幅度提高。

最后必须说明：系统的功能或总体效果最优，并不要求系统的所有组成要素都孤立地达到最优（那样会使系统组建和运营的成本太高）；另外，如果系统的所有组成要素都孤立地达到了最优，并不意味一定能有系统功能或总体效果的最优。为了实现系统总体效果（效益）最优，有时还要遏制甚至牺牲某些局部的效果（效益），即所谓"丢卒保车""丢车保帅"。例如，防洪工作要设置泄洪区，准备被淹没。这里面有一种"抓总"的工作，即在全局中进行权衡、取舍、协调、统筹兼顾，对整个系统进行合理的组织与管理，对各种资源进行合理的配置与使用。这正是系统工程所要做的工作。

2.4　系统思想的演变

对于任何一个学科，如果要探讨其朴素的基本思想的起源，都可以追溯到很远。人类远在说出什么是系统概念、什么是系统工程之前，就已经在一定程度上辩证地、系统地思考和处理问题了。因为人类从来都是处于一定的自然系统与一定的社会系统之中，系统的存在决定了人类的系统意识。在人类历史上，人们凡是成功地从事比较复杂的工程建设和其他社会活动时，就已经不自觉地运用了系统思想和系统工程的某些原理与方法，正像人们不自觉地运用辩证法与唯物论一样。

我们先作一些古例分析来阐明这一点，然后沿着历史的轨迹来看系统思想和系统方法的演变。必须说明：这些典型的古例（还可以举出更多的例子）在今天看来，明显地带有系统思维和系统工程的特征，虽然并不意味着系统工程学科古已有之，但是有力地证明了系统工程学科的出现乃是历史的必然，它是人类改造客观世界的强大武器。

2.4.1　古例分析

1. 大禹治水

传说在 4 000 多年以前，神州大地洪水泛滥。"汤汤洪水方割，浩浩怀山襄陵。"舜先派鲧治水。鲧采取"湮"的办法，治了九年，什么效验也没有，受了处分，被充军到羽山。舜又派大禹治水。大禹经过调查研究，认识到他父亲鲧的办法"湮"是错误的，毅然决定改用"导"的办法。他率领群众挖了九条大川，放田水入川，放川水入海。他把全国分成五大区，安排五个首领掌管。在治水过程中，他还注意调运物资，救济灾荒，让大家有饭吃，不断改善生活，调动广大群众的积极性。经过 13 年的艰苦奋斗，终于治理了洪水。由于治水有功，大禹深受人民群众的信任与爱戴，舜就把"国家元首"的职位禅让给他。

这个故事中体现的系统思想是很明显的：处理的问题是一个开放的复杂巨系统，不仅包括"治水"的工程问题，而且包括"治人"的社会问题；大禹采用的方法是优的（"导"），他实现的系统的总体效果也是优的（治理了洪水，得到了"禅让"），即实现了"一个系统，两个最优"。

鲁迅先生的《故事新编·理水》对此进行了十分生动的描述。

2. 田忌赛驷①

公元前 350 多年的战国时期，齐威王与大臣田忌赛驷，赌注为千金。他们的驷有上、中、下三个等级。田忌的上等驷劣于齐王的上等驷而优于齐王的中等驷；田忌的中等驷劣于齐王的中等驷而优于齐王的下等驷；田忌的下等驷劣于齐王的下等驷。如果用同等驷比赛，田忌必定 3 场皆输。田忌在谋士孙膑的建议下，先用下等驷对齐王上等驷，然后用上等驷对齐王中等驷，用中等驷对齐王下等驷，结果一负二胜，赢得千金。

我们看到：系统的基本要素没有变化（六驷），但是运用不同的策略，进行不同的组合，得到了不同的总体效果。这是博弈论中一个比较经典的故事。

3. 都江堰

鱼嘴分江内外流，宝瓶直扼内江喉。成都坝仰离堆水，禾稻年年庆饱收。
李冰父子功劳大，筑堰淘滩尽手工。六字遗经传不朽，友邦人士共钦崇。
这是革命老前辈董必武歌咏都江堰的诗句。

---

① 这里的"驷"是"四匹马拉的车"，"赛驷"是赛车。许多材料说成"赛马"，是不准确的。请阅司马迁的《史记（卷六十五）·孙子吴起列传第五》。

四川都江堰工程是公元前 256 年开始，由当时的秦国蜀郡太守李冰及其儿子李二郎率领当地劳动人民修筑起来的。它有"鱼嘴"岷江分水工程、"飞沙堰"分洪排沙工程、"宝瓶口"引水工程三大主体部分，加上一系列灌溉渠道网，巧妙地结合，形成一个完整的系统（图 2-12），成功地解决了成都平原的灌溉问题。李冰父子并且总结了"深淘滩，低筑堰"六字口诀，指导人们进行养护维修工作。2 000 多年以来，都江堰一直造福于四川人民。新中国成立后，党和政府领导人民多次整修，扩大灌溉面积。

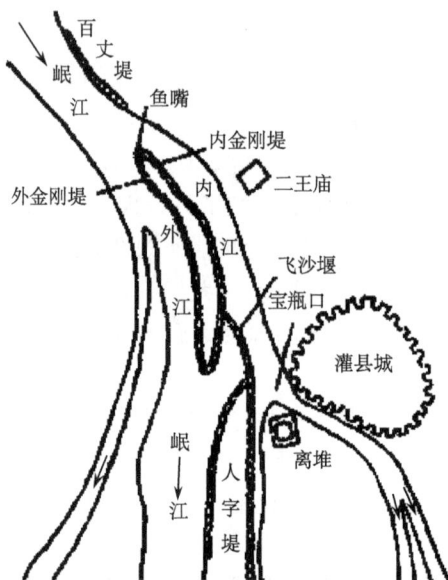

图 2-12　都江堰示意图

都江堰是我国古代一项杰出的大型工程建设，今天的中外专家看了这个工程都惊叹不已。在当今世界上，2 000 多年以前的大型工程，现在还能基本保持其原貌并且保持其最初的设计功能，发挥其巨大作用者，都江堰可谓是硕果仅存。

在 2008 年 5 月 12 日突如其来的汶川大地震中，都江堰的主体工程基本上没有受到损伤，只是"鱼嘴"头部有一些裂纹，很快就修复好了。

4. 丁渭工程

北宋宋真宗统治时期（公元 998～1022 年），有一次皇城失火，宫殿被毁。皇帝任命一个名叫丁渭的大臣负责皇宫的修复工程。这项工程怎样才能进行得又快又好？经过反复考虑，丁渭提出一套施工方案：首先把皇宫旧址前面原有的一条大街挖成沟渠，用挖沟的土烧砖，解决部分建筑材料问题；再把开封附近的汴水引入沟内，形成航道，从外地运输沙石木料等；待皇宫修复后，把沟里的水排掉，把建筑垃圾填入沟中，恢复原来的大街。

这是一个杰出的方案。它把皇宫修复的全过程看成一个系统，统筹规划。尤其是合理组织各种物流，使其运输快捷，节省成本。

2.4.2　系统思想的发展变化

朴素的系统思想，不仅表现在古代人类的实践中，而且在古代中国和希腊的哲学思想中得到了反映。古代杰出的思想家都从承认统一的物质本原出发，把自然界当做一个统一体。古希腊哲学家德谟克利特（Demokritos，约公元前 460—前 370 年）的一本没有留传下来的著作名为《宇宙大系统》。古希腊辩证法奠基人之一赫拉克利特（Herakleitos，约公元前 540—前 480 年）在《论自然界》一书中说过："世界是包括一切的整体。"我国春秋末期的思想家老子（公元前 6—前 5 世纪）强调自然的统一性，"道生一，一生二，二生三，三生万物"。南宋陈亮（1143—1194 年）提出"理一分殊"思想，试图从整体角度说明部分与整体的关系，其"理一"是说天地万物具有协调一致的总体规律，"分殊"是说在这个总体规律之下各种事物的功能、形态和规律是多种多样的。

中国是一个文明古国，系统思想源远流长，古代先贤留下了大量的论述，值得我们好好发掘与整理，推陈出新，发扬光大。"合久必分，分久必合"，在几千年的文明史中，统一的年代多于分裂的年代。中国人关于"大一统"的思想是非常强烈的，"普天之下，莫非王土；率土之滨，莫非王臣"。今天的中华民族是由 56 个兄弟民族经过长期融合而形成的民族大家庭，统一的思想、融合的实践，就是系统思想不断发展与丰富的实践。

古代朴素的哲学思想虽然强调对自然界的总体性、统一性的认识，却缺乏对这一总体各个细节的认识能力，因而对总体和统一性的认识也是不完全的。对自然界这个统一体各个细节的认识，则是近代自然科学的任务。

古代的人们朴素地认为"天圆地方"，系统思想有所局限。费迪南德·麦哲伦（西班牙语拼写为 Fernando de Magallanes，1480—1521 年）与克里斯托弗·哥伦布（Cristoforo Colombo，约 1451—1506 年）的大海航行，证明大地和海洋是一个球形体，并且发现新大陆，全世界的事情就逐步联系在一起了。

15 世纪下半叶，近代科学开始兴起，力学、天文学、物理学、化学、生物学等科目逐渐从浑然一体的古代哲学中分离出来，获得日益迅速的发展。近代自然科学发展了研究自然界的方法论——还原论——及其一整套分析方法，包括实验，解剖，观察，数据的收集、分析与处理，把自然界的细节从总的自然联系中抽出来，分门别类地加以研究。这种自然科学的方法上升到哲学，就成为形而上学。形而上学的出现是有历史根据的，是时代的需要，它在深入的、细节的考察方面较之古代哲学是一个进步。但是，形而上学撇开整体的联系去考察事物和过程，因而它就堵塞了自己从了解部分到了解整体、洞察普遍联系的道路。著名的德国物理学家普朗克较早地认识到了这一问题，他指出："科学是内在的整体，它被分解为单独的部分不是取决于事物本身，而是取决于人类认识能力的局限性。实际上存在着从物理学到化学，通过生物学和人类学到社会学的连续的链条，这是任何一处都不能被打断的链条。"系统思想、系统工程和系统科学就是研究这根链条的。

19 世纪上半叶，自然科学取得了伟大的成就，特别是能量转化、细胞和进化论的发现，使人类对自然过程相互联系的认识有了很大提高。恩格斯说："由于这三大发现和自然科学的其他巨大进步，我们现在不仅能够指出自然界中各个领域内的过程之间的联系，而且总的来说也指出了各个领域之间的关系了。这样，我们就能够依靠经验自然科学本身所提供的事实，以近乎系统的形式描绘出一幅自然界联系的清晰图画。"[①] 19世纪的自然科学"本质上是整理材料的科学，关于过程、关于这些事物的发生和发展以及关于把这些自然过程结合为一个伟大整体的联系的科学"[②]。这样的自然科学为唯物主义自然观建立了坚实的基础，为马克思主义哲学提供了丰富的材料。马克思、恩格斯的辩证唯物主义认为，物质世界是由无数相互联系、相互依赖、相互制约、相互作用的事物和过程所形成的统一整体。辩证唯物主义体现的物质世界普遍联系及其整体性的思想，就是系统思想。系统思想是辩证唯物主义的内容，绝不是国外一些人所说的那样，是20世纪中叶的新发现和现代科学技术独有的创造。

当然，现代科学技术对于系统思想方法是有重大贡献的。第一个贡献在于使系统思想方法定量化，成为一套具有数学理论、能够定量处理系统各组成部分的关联的科学方法；第二个贡献在于为定量化系统思想方法的实际应用提供了强有力的计算工具——电子计算机。这两大贡献都是在20世纪中期实现的。

冯·贝塔朗菲较早地看到了还原论的局限性。他说：当生物学的研究深入到细胞层次以后，对生物体的整体认识和对生命的认识反而模糊、渺茫了，于是领悟到在分解还原的同时，还应回过头来从系统的整体上研究问题，这样就转到了系统方法，提出了一般系统论。贝塔朗菲把生物的整体、生物整体及其环境作为系统来研究，并且研究更广泛的问题，如人的生理、人的心理以及社会现象等。1937年贝塔朗菲在美国芝加哥大学 C. Morris 主持的哲学讨论会上第一次提出了一般系统论的概念。他是从有关生物和人体系统的问题出发的，其理论可以归纳为以下四点：整体性原则、动态结构原则、能动性原则、有序性原则。首先，在他看来，生物体是一个开放系统，生命的本质不仅要从生物体各个组成部分的相互作用去认识，而且要从生物体和环境的相互作用中去说明。生物体是在有限的时空中具有复杂结构的一种自然整体，从中分割出来的某一部分截然不同于在生物体中发挥作用的那一部分，生物体的各个部分是不能离开整体独立存在的；就人而言，精神同肉体有着不可分割的联系。一般地，分立部分的行为不同于整体的行为。其次，生物体是一种动态结构，以其组成物质的不断变化为自身存在的条件。代谢作用是每一机体的基本特征，而由于代谢，机体的组成要素每时每刻都在变化，所以生物体与其说是存在的，不如说是发生与发展的。再次，生物体是一个能动系统，具有自身目的性与自动调节性，例如，心跳、呼吸等生理机能主要不是对外界刺激的反应，而是维持自身生存的内在要求的实现。相反，被动系统，如机器，只有被动的更换性。最后，生命问题本质上是个组织问题，而生物体组织是有序的，所以，对生命

---

① 《路德维希·费尔巴哈和德国古典哲学的终结》，《马克思恩格斯选集》第4卷，人民出版社，1966年，第226页

② 《路德维希·费尔巴哈和德国古典哲学的终结》，《马克思恩格斯选集》第4卷，人民出版社，1966年，第225页。

现象必须在生物体组织的所有层次，包括物理化学层次、基因层次、细胞层次、器官组织层次、个体层次以及集群层次上加以研究。每一层次的存在，总是以其次级层次的生长、衰老和死亡为前提的。这正是生命的表现形式、生物的繁衍途径。

冯·贝塔朗菲高度肯定马克思和恩格斯对于系统理论形成与发展的作用，他说："虽然起源有所不同，一般系统论的原理和辩证唯物主义的类同，是显而易见的。"

社会实践活动大型化和复杂化，要求系统方法不仅能定性，而且能定量。解决当代社会种种复杂的系统问题，定量要求越来越强烈，这尤其表现在军事活动中，因为战争中决策的成败关系到国家的生死存亡。第二次世界大战是定量化系统方法发展的里程碑。这次战争在方法和手段上的复杂程度较以往的战争有很大增长，交战双方都需要在强调全局观念、从全局出发合理使用局部、最终求得全局效果最佳的目标下，对所拟采取的措施和反措施进行精确的定量研究，才有希望在对策中取胜。这样一种强烈的需要，以极大的力量把一大批有才干的科学家和工程师吸引到拟订与评价战争计划、改进作战技术与军事装备使用方法的研究中，其结果就是定量化系统方法及强有力的计算工具电子计算机的出现及其成功的运用。

1946 年，美国学者莫尔斯（P. M. Morse）和金博尔（G. E. Kimball）出版了 *Methods of Operations Research* 即《运筹学方法》（直译为"作战研究的方法"）一书。1948 年，美国科学家维纳（Norbert Wiener，1894—1964 年）出版了 *Cybernetics or Control and Communication in the Animal and the Machine* 即《控制论，或关于在动物和机器中控制和通信的科学》一书。同年，香农（C. E. Shannon，1916—2001 年）发表了重要论文 *A Mathematical Theory of Communication* 即《通信的数学理论》。它们分别标志运筹学、控制论和信息论学科的诞生。

第二次世界大战以后，定量化系统方法凭借电子计算机广泛地用来分析工程、经济、社会领域的大型复杂系统的问题。一经取得了数学表达形式和计算工具，系统思想和方法就从一种哲学思维发展成为专门的学科——系统工程。

系统工程从辩证唯物主义中吸取了丰富的哲学思想，从运筹学、控制论、信息论和其他工程学科、社会科学中获得了定性与定量相结合的科学方法，并充实了丰富的实践内容。当代科学技术对于系统思想方法来说，一方面使系统思想定量化，发展成为运用数学理论、能够定量处理系统各个组成部分的关联的科学方法，另一方面为定量化系统思想的应用提供了强有力的计算工具和智能化工具——电子计算机（电脑）。运筹学、控制论、信息论的成就把科学的定量的系统思想的适用范围，从自然系统扩展到社会系统，从物理学范畴扩展到事理学范畴。

20 世纪 70～80 年代，产生了系统自组织理论。比利时物理化学家普利高津（I. Prigogine）于 1969 年提出了耗散结构理论（dissipative structure theory）。与此同时，德国物理学家哈肯（H. Haken）提出了协同学（synergetics）。耗散结构理论和协同学从宏观、微观以及两者的联系上回答了系统自动走向有序结构的基本问题，其成果被称为自组织理论（self-organization theory）。70 年代还有一些理论对系统科学的发展有着重要的意义。艾根（M. Eigen）吸收了进化论思想和自组织理论，于 1979 年发表了超循环理论（hypercycle theory），把生命起源解释为自组织现象，提出了自然界演化的自组织原理——超循环理论。托姆（René Thom，1923—2002 年）于 1972 年发表了《结构稳定性与形态发生学》，对突变现象及其理论作出了系统的深刻的阐述。

20 世纪 80 年代以后，非线性科学（nonlinear science）和复杂性研究（complexity study）兴起，对系统科学的发展起了很大的积极推动作用。国际学术界兴起了对复杂性的研究，一个突出的标志是 1984 年在美国新墨西哥州首府圣菲成立了以研究复杂性为宗旨的圣菲研究所（Santa Fe Institute，SFI）。这是由三位诺贝尔奖获得者——物理学家盖尔曼（M. Gell-Mann）、经济学家阿罗（K. J. Arrow）、物理学家安德森（P. W. Anderson）为首的一批不同学科领域的著名科学家组织和建立的，其宗旨是开展跨学科、跨领域的研究。著名论断"适应性造就复杂性"就是该研究所的计算机科学家霍兰（J. H. Holland）提出来的。他们研究"复杂适应系统"（complex adaptive system，CAS），并且研制出相应的系统软件平台 Swarm。

系统工程的另一个基本概念"优化"——它与系统概念密切相关——也是人类自古就有的。寻求最优（多、快、好、省，准确、精确、精密、高效等），既是人类的本能，又是人类有意识的活动。寻求最优，也是生物界普遍的能动行为。蜂巢的结构，使得建筑学家叹为观止：小小的蜜蜂，用很少的材料建造最大的空间，构筑了自己的"住宅群"，蜂巢的角度是十分精确的。向日葵花盘的转动，使它能够吸收尽可能多的太阳光和热。这些，不都是寻求最优吗？对于"万物之灵"的人类来说，一方面，随着生产力的发展和科学技术的进步，人类关于优化的概念、实现最优的手段不断加强；另一方面，可以说，正是人类有意识地研究系统，寻求如何实现最优，推动了生产力的发展和科学技术的进步，形成了各种工程技术。

钱学森院士指出：系统思想和系统方法是进行分析和综合的辩证思维工具，它在辩证唯物主义那里取得了哲学的表达形式，在运筹学和其他系统科学那里取得了定量的表达形式，在系统工程那里获得了丰富的实践内容。系统思想经历了从经验到哲学又到科学，从思辨到定性又到定量的发展过程。

马克思预言："自然科学往后将包括关于人的科学，正像关于人的科学包括自然科学一样：这将是一门科学。"[①] 马克思描述的是自然科学与社会科学的一体化，开放的复杂巨系统研究及其方法论的建立，为实现马克思的预言找到了一种途径。

*2.5 系统概念的其他要点

2.5.1 如何才能组成系统

1. 匹配与磨合

"系统"概念内涵丰富，需要从多种角度、多种领域开展研究。

一双鞋子可以是一个系统。其实这句话包含了以下内容：左右各一只鞋子，很合脚；某人穿上它，走路很自在。如果两只鞋子都是左脚的，或者都是右脚的，或者一大

---

① 《马克思恩格斯全集》第 42 卷，人民出版社，1979 年，第 128 页。

一小，那么都不能成为一个系统，不能发挥其功能——某人穿上它可以便捷地走路。"某人穿上它可以便捷地走路"这句话其实已经把概念扩大到"人·鞋一体化"——成为一个更大的系统。

"匹配"是一个很重要的概念。"穿小鞋"就是不匹配。张三的鞋给李四穿，通常是不匹配的。

某人买了一辆汽车，开了一段时间以后，他感到得心应手，几乎是"人·车一体化"了，这时可以说他和他的汽车已经构成一个系统了。这是经过人与车的"磨合"，达到了高度的"匹配"。如果他某一天开朋友的车，不可能有很好的"匹配"，因为他与朋友的车并不构成一个协调的系统，只能说是一个临时的"拼凑"，是一个"准系统"。

所以，"磨合"也是一个重要的概念。在这个例子中，"磨合"是达到"匹配"的途径。

"磨合"之前可能发生"碰撞"和"摩擦"。两个人交朋友，一开始可能价值观有差异，文化背景不同，就可能发生"碰撞"和"摩擦"，可能"话不投机"。如果两个人没有继续交往的愿望，他们可以分道扬镳；如果两个人有继续交往的愿望，他们在"碰撞"和"摩擦"中就可以逐步互相了解、互相体谅、互相学习，从而减少"碰撞"和"摩擦"，进而实现"磨合"，实现"匹配"。

匹配与磨合的最高境界是和谐。

2. 共同利益是组成社会经济系统的驱动力和黏合剂

共同利益是组成社会经济系统的驱动力和黏合剂，世界上的许多跨国性组织如OPEC、APEC 等莫不如此。"金砖四国"（BRIC）更是一个突出的例子。中国（China）、巴西（Brazil）、印度（India）、俄罗斯（Russia）这四个国家，社会制度各不相同，巴西与其他三国相隔遥远，在以前很难想象它们会成为一个系统。但是，"金砖四国"正在系统化，逐渐成为一个在世界上发挥较大影响的大系统。

BRIC 这个词最早出现在高盛公司（Goldman Sachs Group Inc.）2001 年 11 月的一份题为《全球需要更好的经济之砖》（The World Needs Better Economic BRICs）的报告中。2003 年 10 月，该公司在题为《与 BRICs 一起梦想：通往 2050 年的道路》（Dreaming with BRICs：The Path to 2050）的全球经济报告中预言，BRIC 将于 2050 年统领世界经济风骚，其中，巴西将于 2025 年取代意大利的经济位置，并于 2031 年超越法国，俄罗斯将于 2027 年超过英国，2028 年超越德国，如果不出意外的话，中国可能会在 2041 年超过美国从而成为世界第一经济大国，印度可能在 2032 年超过日本；BRICs 合计的 GDP（gross domestic product，国内生产总值）可能在 2041 年超过西方六大工业国（G7 中除去加拿大），这样，到 2050 年，世界经济格局将会大洗牌，全球新的六大经济体将变成中国、美国、印度、日本、巴西和俄罗斯。

"金砖四国"目前显然不是一个组织、联盟，甚至还没有确定的对话机制，只是当前世界上发展最迅猛、但彼此关联甚少的四个经济体的名录。随着时间的推移，"金砖四国"可能变为某种集团。在应对金融危机的二十国集团峰会 2008 年 11 月 15 日召开前，四国财长曾经在巴西圣保罗共同"对表"。2009 年 6 月，"金砖四国"在俄罗斯叶卡捷琳堡召开第一次峰会。

西方媒体认为，"金砖四国"的政治制度相差甚远，四国并无长期协作的经历，彼此之间关系比较复杂。但是，"金砖四国"具有共同点：它们大致处在同一重量级，在国际舞台上有着相近的利益；作为大国，中俄两国是联合国安理会常任理事国，印巴两国也有资格叩击安理会大门；它们对国际事务有着较大的影响力，经济规模很可观，政府都在经济中发挥着较大的调控作用。此外，四国秉持具有明显共同点的价值观：对现有国际秩序感到不满，赞同世界多极化、尊重国际社会参与者的平等和主权。

下面再看看从 G7 到 G20 的转变。

G7 即"西方七国集团"，成员国为美国、英国、加拿大、法国、德国、意大利和日本。后来吸纳了俄罗斯，称为 G8。G7 长期排斥中国。但是，此长彼消，中国、印度、巴西等国经济发展迅速，在世界经济中的比重不断加大，而 G7 的比重不断缩小。据报道，10 年以前，G7 的 GDP 占世界的 80%，而今 G8 也只占世界的一半。美国的金融危机爆发以后，G7 的经济均陷入了衰退。于是，它们不得不寄希望于中国等新兴经济体，G20 即"二十国集团"就应运而生了。G20 成员包括 G8、金砖四国以及阿根廷、澳大利亚、印度尼西亚、韩国、墨西哥、沙特阿拉伯、南非、土耳其，欧盟也作为一个经济体纳入其中。目前，二十国集团全部成员的经济总量占世界经济总量的 85%，G8 与欧盟并不占主导地位。

石油输出国组织（OPEC）、亚太经济合作组织（APEC）等也都是利益集团，都是由经济基础决定的。为了共同的利益，世界上的任何国家、社会上的任何团体或人员，都可以系统化，即组织成为一个系统。受利益驱动，许多国家组成不同的利益集团，集团与集团之间展开博弈；而且，集团的成员是经常变化的。

在中国古代，战国时期的合纵连横，后来的三国演义，都是非常典型的博弈。在当今世界上，利益集团的形成与变化、集团之间的博弈屡见不鲜。

2.5.2　系统与元素，系统与环境

在系统概念中，要注意两个要点：一是系统与元素的关系，一是系统与环境的关系。

1. 系统与元素的关系

前面说过，一个系统必须包含要素的集合及其关系的集合，两者缺一不可，如公式（2-2）所示。要素又常常称为元素。但是，元素与要素还是有区别的。系统的元素定义为构成该系统的"最小单位"，这个"最小单位"只是对于所研究的问题而言：如果它不需要继续分解了，它就是一个元素；如果它还需要继续分解，它就是一个子系统，再把子系统分解到所研究的层次，出现的"最小单位"才是元素。要素的含义比较笼统，最小单位、非最小单位均可称为要素。

从物理学研究的角度看，物质是无限可分的。但是在社会系统研究中，分解的极限是个人，个人再分解就是医学、解剖学研究的事情了。

2. 系统与环境的关系

系统存在于一定的环境之中。环境可以分层次研究，小环境之外还有大环境、更大的环境，一级又一级扩大。一个系统又可以有多种环境。例如，一所大学，所在的社区、城市、省区是这所大学的一种环境（这里已经说了依次扩大的三层次社会环境）；大学所属的主管部门（教育部或者其他国家部门）是它的另一种环境；国家的经济形势、政治形势、有关的宏观政策也是办大学的环境；国际风云常常也会影响到大学的办学，所以国际风云也是大学的环境因素。一个企业，有所谓投资环境、市场环境、政策环境、交通运输环境等。美国的经济形势与政策，会影响到中国企业的运作和收益。

研究系统，必须同时研究系统所处的环境。

一个大系统，往内部看，是一层又一层嵌套的；往外部看，它的环境也是一层又一层嵌套的。这是系统的嵌套性、环境的嵌套性。

系统内部，子系统或分系统是互相复合的；系统外部，环境是互相复合的。例如，一个企业，内部有生产子系统、财务子系统、人事子系统等，所有的子系统复合在一起，成为该企业。这是系统的复合性。该企业的环境，有市场环境、投资环境、政策法规环境、社区环境等，所有这些环境复合在一起，成为该企业完整的环境。这是环境的复合性。

研究一个系统，必须至少下降一个层次，研究系统的内部结构；又必须至少上升一个层次，研究系统的环境，升升降降，称之为"升降机原理"。

系统工程研究注重"大系统，大环境"，即便是小系统，也要注重它的大环境。一般而言，研究大系统（巨系统），要多向内看，研究其内部因素，发挥内部的潜力；研究小系统，要多向外看，研究其外部环境，适应环境的变化。

3. 所谓"内部环境"与"外部环境"

在一些文献上，经常可以看到"内外环境""内部环境"等说法，把所谓"内部环境"与"外部环境"相提并论。这里澄清一下："内部环境"之说是不合适的，是有悖于系统的基本概念的。对于系统而言，环境本来就是外部的，系统存在于环境之中，环境存在于（环绕于、包围于）系统之外。所谓"内部环境"，在一些文献中是指系统的内部因素、内部结构、内部条件等，那么，称其为"环境"就不妥当了。如果外部因素是环境，内部因素也是环境，那么系统还有什么呢？只剩下一条边界了。例如，一个学校就只剩下一道围墙了，那有什么意义呢？

从内因与外因的角度说，系统包含内因，内因属于系统，外因属于环境，外因通过内因起作用。从控制理论的角度说，系统内部的变量称为内生变量，是可以控制的，环境变量是系统外部的，是不可控的。系统要适应环境，就像元素要适应系统一样。

在企业或者高校中，经常说到"打扫环境卫生"等话语，似乎能够支持"内部环境"之说。其实，所谓"环境卫生"，是相对于"室内卫生"或者"个人卫生"而言，此时，是把"室"（房间）作为对象系统，或者是把"个人"作为对象系统，那么，系统之外的卫生当然是"环境卫生"了。此时所说的"环境"，其含义是某个群体或个人之外的、范围不大的空间，此时的"系统"是个人或一个群体，而不是整个企业或者高校。此系统非彼系统，此环境非彼环境也。

系统的边界，可以是有形的，如学校的围墙；也可以是无形的，如一名教授的学术圈子。不管如何，系统一定是有边界的，而不是"无边无际"的。边界之内（含边界）是系统，边界之外（不含边界）是环境。环境可以分小环境、中环境、大环境，前面已经说过了。

2.5.3　再谈系统的分类

1. 两类子系统——"块块"与"条条"

在我国的国民经济管理中，有所谓"条条管理""块块管理"之说："条条管理"是指中央各部门的垂直管理，各地区的相关部门主要是对上面的部门负责，地方政府对它们的管理权比较小；"块块管理"是指中央各部门放权，地方的相关部门主要向地方政府负责，地方政府加强横向管理，其管理权比较大。

单纯的垂直管理（称为"条条专政"）或单纯的横向管理（称为"块块专政"）都是有缺陷的，应该是纵横交叉的矩阵式管理。

"条条"与"块块"是两类不同的子系统，是一个大系统或巨系统的两者不同的划分。一般而言，"块块"是缩小了的原系统，例如，县级区域是省级区域的缩小，两者主要是规模大小的区别，基本架构是相同的。"麻雀虽小，五脏俱全。""条条"则不是这样，它们是执行原系统的某一部分职能，难以从原系统中分离出来而独立存在。有鉴于此，有人建议：把"块块"称为子系统，把"条条"称为分系统。

就我国国民经济发展历程来看，实行"条条专政"，可以加强中央集权和统一意志，但是地方的积极性就难以发挥；中央适度放权，"块块为主"，可以发挥地方的积极性，但是，如果地方各自为政，中央缺乏权威，国民经济也是搞不好的。"条条"与"块块"的关系是对立统一关系，两者的权益需要协调处理，而且是个动态的协调过程。

2. 个体系统与集群系统，紧密系统与松散系统

系统分类还可以分为个体系统与集群系统。个体系统如同一个人一样，系统的各部分是紧密地联系在一起的，是不可分解的，分解之后就是性质迥异的别的事物了。

由多个个体系统组合形成的系统称为集群系统，它是可以分解的。一个大的集群系统分解之后的某些部分可以是小一些的集群系统，后者还可以继续分解，直至分解为个体系统。

系统分类还可以分为紧密系统与松散系统。一般而言，个体系统是紧密系统，集群系统是松散系统。

小家庭是紧密系统，许多小家庭组成的社区是松散系统。一个企业是一个紧密系统，由多个企业组成的供应链是松散系统。一个主权国家是一个紧密系统，多个主权国家组成的集团、联盟、合作组织等则是松散系统。联合国是包含国家和地区最多的集群系统，是很松散的。

松散系统与紧密系统可以互相转化。松散系统转化为比较紧密的系统，如欧盟。紧

密系统转化为松散系统甚至解体，如苏联。如果一个企业实行并购，原来的供应链上的一些企业进入该企业内部，它们之间的联系就变成紧密型的了。

系统过于松散，则缺乏凝聚力，近似于一盘散沙，当然不好。系统过于紧密，成为铁板一块，也不见得好，这样的系统往往缺乏应变能力和竞争能力，缺乏活力。

所以，应该研究紧密系统与松散系统的关系，研究什么是适当的"松紧度"，如何使得系统既保持高度的统一，又具有充分的活力。"松紧度"应该是可以调整的。

宏观调控、微观搞活，是系统管理的一项基本原则，系统不论大小，都是适用的。

习题 2

2-1　系统的定义是什么？其中有哪些要点？请在其他文献上再找出两种关于系统的定义进行比较。

2-2　请查阅几部权威的汉语词典和英语词典关于系统的解释，与本书关于系统的概念进行比较。

2-3　系统的属性有哪些？它们之间的关系如何？

2-4　系统与要素的关系是什么？

2-5　系统与环境的关系是什么？为什么要重视系统的环境？

2-6　什么是开放系统？系统为什么要开放？

2-7　什么是闭环系统？它与封闭系统有什么区别？

2-8　什么是系统的涌现性（系统整体的涌现性，系统层次间的涌现性）？

2-9　"整体大于部分之和"这句话有什么意义？

2-10　"1+1>2"是什么意思？如何实现？

2-11　请关注"金砖四国"和 G20 的走向。

2-12　请关注"上海合作组织"和其他国际组织的走向。

第3章

系统工程的由来与发展

3.1 引言

　　系统工程作为一门学科问世已经有大约 60 年的历史了，在中国也已经蓬勃发展 30 多年了。由于系统工程学科的新颖思路和普遍适用性，吸引了原来从事不同学科的许多学者来研究它。学者们作出了各自的贡献，同时，系统工程学科也出现了若干流派。主要的流派有两个——管理流派、自动化流派，它们如同一棵树干上长出来的两个枝干，各自枝叶茂盛。

　　中国的系统工程在世界上是后起之秀，经过 30 多年的蓬勃发展，具有鲜明的中国特色，形成了系统工程中国学派——钱学森学派。钱学森院士是系统工程中国学派倡导者、领军者。本书关于系统工程的基本概念，主要依据钱学森院士的论述。

　　本章介绍系统工程的定义，系统工程的产生与发展，系统工程的主要特点，系统工程在现代科学技术体系中的地位。这些内容是最基本的，后面各章还会继续扩充和深化。第 3.6 节论述了系统工程中国学派，第 3.7 节论述了现代管理科学中国学派——两者具有密切的关系，现代管理科学中国学派的创建工作是一项光荣的历史使命，是一项艰巨复杂的系统工程。

3.2 系统工程的定义

　　本书采用的系统工程定义如下：

　　定义 1. 组织管理的技术——系统工程。

　　这句话是 1978 年 9 月 27 日钱学森、许国志、王寿云三位学者联名发表在上海《文汇报》上的重要文章的题目，也是系统工程最简洁的定义。事实上，它决定了 30 多年来我国系统工程发展的主要方向。

　　钱学森、乌家培 1979 年年初在《经济管理》第 1 期发表了另一篇文章《组织管理社会主义建设的技术——社会工程》，其中"社会工程"是社会系统工程的简称。

　　定义 2. 系统工程是组织管理系统的规划、研究、设计、制造、试验和使用的科学方法，是一种对所有系统都具有普遍意义的科学方法。

　　这是《组织管理的技术——系统工程》一文中的一段话，把定义 1 细化了。同时，这两个定义也有一些区别：定义 1 在破折号前面的主词是"技术"，定义 2 在系词"是"后面的主词是"科学方法"。这个区别，实际上是丰富了系统工程的含义。

　　定义 3. 系统工程是一种具有普遍意义的科学方法论，即用系统的观点来考虑问题（尤其是复杂系统的管理问题），用工程的方法来研究和求解问题。

　　定义 3 是从方法论的角度看系统工程。前面说过，系统工程在中国的蓬勃发展，得到了从中央到地方的各级领导人的大力支持与推动——他们把改革开放中的重大举措、工作中遇到的复杂问题和难题都寄希望于系统工程。他们主要是从方法论的角度看系统工程的。其中说的"工程的方法"，强调真抓实干而不是坐而论道、纸上谈兵，强调统筹兼顾而不是攻其一点不及其余，强调定性研究与定量研究相结合、从定性到定量综合集成。

　　综上所述，系统工程在中国，不但是技术、是方法，也是一种方法论。

　　下面再给出几种定义作为参考：

　　（1）1967 年，美国学者切斯纳：系统工程认为虽然每个系统都是由许多不同的特殊功能部分所组成，而这些功能部分之间又存在着相互关系，但是每一个系统都是完整的整体，每一个系统都要求有一个或若干个目标，系统工程则按照各个目标进行权衡，求得最优解（或满意解），并使各组成部分能够最大限度地相互适应（汪应洛，2002b）。

　　（2）1967 年，日本工业标准 JIS8121：系统工程是为了更好地达到系统目标而对系统的构成要素、组织结构、信息流动和控制机制等进行分析与设计的技术（汪应洛，2002b）。

　　（3）1977 年，日本学者三浦武雄：系统工程与其他工程不同之点在于它是跨越许多学科的科学，而且是填补这些学科边界空白的一种边缘科学。因为系统工程的目的是研制系统，而系统不仅涉及工程学的领域，还涉及社会、经济和政治等领域（三浦武雄，浜冈尊，1983）。

　　（4）1974 年，大英百科全书：系统工程是一门把已有学科分支中的知识有效地组合起来用以解决综合化的工程技术（吕永波，胡天军，雷黎，2003）。

　　（5）1976 年，苏联大百科全书：系统工程是一门研究复杂系统的设计、建立、试验和运行的科学技术（吕永波，胡天军，雷黎，2003）。

　　（6）2003 年，美国学者亚历山大·柯萨科夫，威廉姆·N. 斯威特：系统工程的功能是指导复杂系统的工程（The function of systems engineering is to guide the engineering of complex systems）（柯萨科夫，斯威特，2006）。

　　这几种定义互不相同，它们主要是从工程的角度来界定的，有的涉及管理，但是没有明确地说出来。钱学森院士的定义独具一格，体现了中国特色，也是系统工程中国学派所具有的特点。

　　1980 年下半年，中国科学技术协会普及部与中央电视台联合举办《系统工程普及讲座》，钱学森院士亲自登台演讲他和王寿云共同署名的《系统思想与系统工程》，指出：

从 20 世纪 40 年代以来，国外对定量化系统思想方法的实际应用相继取了许多不同的名称：运筹学（operations research）、管理科学（management science）、系统工程（systems engineering）、系统分析（systems analysis）、系统研究（systems research），还有费用效果分析（cost-effectiveness analysis）等。他们的所谓运筹学，指目的在于增加现有系统效率的分析工作；所谓管理科学，指大企业的经营管理技术；所谓系统工程，指设计新系统的科学方法；所谓系统分析，指对若干可供选择的执行特定任务的系统方案进行选择比较；所谓系统研究，指拟制新系统的实现程序。现在看来，由于历史原因形成的这些不同名称，混淆了工程技术与其理论基础即技术科学的区别，用词不够妥当，认识也不够深刻，国外曾经有人试图给这些名词的含义以精确的区分，但未见取得成功。

用定量化的系统方法处理大型复杂系统的问题，无论是系统的组织建立，还是系统的经营管理，都可以统一地看成是工程实践。工程这个词 18 世纪在欧洲出现的时候，本来专指作战兵器的制造和执行服务于军事目的的工作。从后一种含义引申出一种更普遍的看法：把服务于特定目的的各种工作的总体称为工程，例如，水利工程、机械工程、土木工程、电力工程、电子工程、冶金工程、化学工程等。如果这个特定的目的是系统的组织建立或者是系统的经营管理，就可以统统看成是系统工程。国外所称的运筹学、管理科学、系统分析、系统研究以及费用效果分析的工程实践内容，均可以用系统的概念统一归入系统工程；国外所称的运筹学、管理科学、系统分析、系统研究以及费用效果分析的数学理论和算法，都可以统一称为运筹学。

在科学技术的体系结构中，系统工程属于工程技术。正如工程技术各有专门一样，系统工程也还是一个总类名称。因体系性质不同，还可以再分门类，如工程体系的系统工程叫工程系统工程，生产企业或企业体系的系统工程叫经济系统工程，国家行政机关体系的运转叫行政系统工程，科学技术研究工作的组织管理叫科研系统工程，打仗的组织指挥叫军事系统工程，后勤工作的组织管理叫后勤系统工程，计量体系的组织管理叫计量系统工程，质量保障体系的组织建立与管理叫质量保障系统工程，信息编码、传输、存储、检索、读出显示系统的组织管理叫信息系统工程。系统工程不是一类系统的组织管理技术而是各类系统组织管理技术的总称。各类系统工程，作为工程技术的共同特点在于它们的实践性，即要强调对各类系统问题的应用，强调改造自然系统、创造社会生活各方面人所需要的系统，强调实践效果。

中国工程院院士、中国系统工程学会前理事长许国志教授认为：钱学森院士关于系统工程的定义，以及上面这段话，把"人各一词，莫衷一是"的情况澄清为"分门别类，共居一体"；他对于系统工程给出了一个确切的描绘，提出了系统科学体系，并且进而提出了现代科学技术体系和人类知识体系，论述了系统工程在其中的地位。

■3.3 系统工程的性质

3.3.1 系统工程是一个总类名称，可以分为许多专业

系统工程是一个总类名称，它包含许多专业。钱学森院士 1979 年列出了表 3-1，他

说："表中列了 14 门系统工程，其实还很不全，还会有其他的系统工程专业，因为在现在这样一个高度组织起来的社会里，复杂的系统几乎是无所不在的，任何一种社会活动都会形成一个系统，这个系统的组织建立、有效运转就成为一项系统工程。同类的系统多了，这种系统工程就会成为一门系统工程专业。所以，我们还可以再加上许多其他系统工程专业。"现在，中国系统工程学会下设的专业委员会已经有 20 多个，还将产生更多的系统工程专业。

表 3-1　1979 年钱学森提出的系统工程的 14 门专业

系统工程的专业	对应的特有学科基础	系统工程的专业	对应的特有学科基础
工程系统工程	工程设计	教育系统工程	教育学
科研系统工程	科学学	社会（系统）工程	社会学、未来学
企业系统工程	生产力经济学	计量系统工程	计量学
信息系统工程	信息学、情报学	标准系统工程	标准学
军事系统工程	军事科学	农业系统工程	农事学
经济系统工程	政治经济学	行政系统工程	行政学
环境系统工程	环境科学	法治系统工程	法学

资料来源：钱学森等，2007。

3.3.2　系统工程的主要特点

1. "一个系统，两个最优"

"一个系统"是指系统工程以系统为研究对象，要求全面地、综合地考虑问题；"两个最优"是指研究系统的目标是实现系统总体效果最优，同时，实现这一目标的方法或途径也要求达到最优。这一特点是系统工程最重要的特点。

由于系统具有复杂性，其目标是多元的或多维的，制约条件很多，"最优"往往只是一种理想状态，实际上很难达到，所以，退而求其次，把"最优"改为"优化"，即尽可能靠拢和趋近最优。

为了实现"一个系统，两个最优"，系统工程主张的办事原则有：统筹兼顾，合理安排；化解矛盾，协调关系；提高效率，提高效益；追求优化，追求和谐。

2. 以软为主、软硬结合，物理—事理—人理相结合

传统的工程技术，如电子工程、土建工程、机械工程等，以"硬件"对象为主，可以将它们划归广义的"物理学"（对"物"进行"处理"的学问）的范畴，是以"硬技术"为主的工程技术。传统工程技术的单元学科性较强。而系统工程是一大类新兴的工程技术的总称，以对"事"进行合理筹划为主，可以将它们划归广义的"事理学"（对"事"进行"处理"的学问）的范畴，是以"软技术"为主的工程技术。系统工程的学科综合性较强。

实际上，所谓事物，是"事"与"物"的合成体。在社会系统中，找不到有"事"

无"物"或有"物"无"事"的研究对象。系统工程与传统的工程技术对"事"与"物"二者的研究，只是侧重点有所不同而已。研究物理与事理还需要"人理"，运用硬件和软件还需要"斡件"（orgware）。物理—事理—人理相结合，硬件—软件—斡件相结合。

3. 跨学科多，综合性强

所谓跨学科多，可以从两方面理解：一是用到的知识是多个学科的，系统工程的研究要用到系统科学、自然科学、数学科学、社会科学等领域的知识；二是开展系统工程项目要有多个学科的专家参加。

所谓综合性强，是说不同的学科、各个部门的专家要互相配合，协同作战，而不是各自为战，各行其是。

4. 宏观研究为主，兼顾微观研究

"宏观"与"微观"，在不同的学科有不同的定义。在物理学中，研究宇宙问题，包括太阳系、银河系、河外星系等，称为宏观研究；研究物质结构，包括分子结构、原子结构、基本粒子等，称为微观研究。在经济学中，研究全国的国民经济问题，称为宏观研究，研究企业经营问题，称为微观研究，由此而有宏观经济学和微观经济学。

系统工程认为，系统不论大小，皆有其宏观与微观：凡属系统的全局、总体和长远的发展问题，均为宏观；凡属系统内部低层次上的问题，则是微观。系统工程以宏观研究为主，兼顾微观研究。

"宏观调控，微观搞活"是系统管理的一条基本原理，系统不论大小，是普遍适用的。

5. 定性研究与定量研究相结合，从定性到定量综合集成

开展一个系统工程应用研究项目，要组织一个项目组。在项目组中，要有系统工程工作者，也要有对象系统所在领域的专业工作者；要有擅长于定性研究的人员，也要有擅长定量研究的人员。定性研究与定量研究相结合，从定性到定量综合集成，是依靠整个项目组的共同努力而实现的。

综合集成方法论是钱学森院士提出的系统工程方法论，本书将在第 4 章进一步介绍。

6. 系统工程做事情要运用"升降机原理"

系统工程"升降机原理"是说：研究一个对象系统，必须至少上升一个层次，看清系统的全貌；必须至少下降一个层次，研究系统内部的关键问题。把至少三个层次的研究结合起来，经过一番"上上下下的享受（研究）"，可以使得系统工程应用项目的研究成果视野开阔，减少片面性，同时比较深入和实在，能够解决实际问题，不是泛泛而论。

7. 系统工程项目研究"没有最好，只有更好"

真理只有相对性，而无绝对性，系统工程也是这样。研究任何问题，都会受到当时当地的客观条件与主观因素的限制。要努力克服片面性，但是很难完全杜绝片面性。所以，系统工程项目组提出的备选方案"没有最好，只有更好"。决策方案付诸实施，在实施过程中难免受到各种干扰。要尽量排除和克服干扰，但是很难完全排除和克服干扰。所以，即便决策方案是最优的，也不一定完全达到预期效果，在这个意义上，也是"没有最好，只有更好"。一个系统工程项目做过了，积累了经验和教训，下一次遇到同类型项目，有可能做得更好。

借用"相对论"一词，我们把"没有最好，只有更好"称之为系统工程"相对论原理"。

在一个项目的研究中，如果适当扩大研究范围，有可能找到解决问题的更好方案。为了说明这个命题，我们分析一下"拉链马路"问题。刚刚建好不久的马路被挖开了，因为要埋设自来水管道。自来水管道埋设好以后，马路填平了，不久又被挖开了，因为要埋设煤气管道。然后不久，马路第三次被挖开了，因为要埋设电缆和光缆。如此等等，反反复复多少次。这种现象很令人无奈，于是调侃说"要给马路装一条拉链，随时可以拉开与合上"。其实，公路部门在修建公路的时候是很有系统性的，一条公路的修建工作有条不紊。一个城市的公路和街道网是一个系统，公路部门事先总体规划和统一设计，然后计划施工，按期交付使用。自来水部门在埋设自来水管道时也是很有系统性的，一个城市的自来水管道网也是一个系统，管线如何走，什么地方的管道直径粗细如何，都是经过计算设计的，很有系统性。煤气供应部门、电力部门、通信部门等，也是如此，各自的工作都是很有系统性的。问题是多个部门合在一起就显得缺乏系统性了，各自为政，而不是"一盘棋"。这就告诉我们：要扩大对象系统的范围，考虑综合的系统性，统筹兼顾。整个城市是一个系统，公路和街道网、自来水管道网、电力供应网、电信网等，都是整个城市的分系统。分系统的规划与建设，必须服从整个城市总体的规划与建设。所以，要克服"拉链马路"现象必须预先做好整个城市的规划与设计，要把部门的系统工程上升为多个部门统筹兼顾的整个城市的系统工程，把分系统的系统工程上升为整个系统的系统工程。

"扩大研究范围"还包括把小系统的研究扩大为大系统的研究，上升系统工程对象系统的层次。一个城市，是某省区的子系统。现在，我国一个省区的多个城市之间重复建设现象很多，城市与农村之间不协调现象也很多，如果把一个省区作为一个系统来考虑，开展整个省区的系统工程，就会好得多。继续扩大研究范围，就是要开展全国的系统工程，下好"全国一盘棋"。

还要不要继续扩大研究范围，开展跨国的、世界的系统工程呢？理论上的回答当然是"Yes"，实际上目前还办不到。因为当今世界分为200多个国家和地区，不同国家和地区之间的利益很难协调，联合国没有足够的权威。但是，一些苗头是积极的、令人鼓舞的，例如，WHO近几年发挥了越来越大的作用，奥运会发挥的作用也比较好。世界问题已经有人进行研究，例如，罗马俱乐部1972年就发表了其研究成果《增长的极限——关于人类困境的报告》；IIASA成立的宗旨就是"通过国际合作来研究发达国家所面临的一些共同性问题，如环境、生态、都市、能源和人口等问题"（附录 B1）。从长远看，世界性问题会解决得越来越好，终究会有一天，人类的智慧可以用来开展世界性的系统工程，下好"全球一盘棋"。

人们做事情，总是为了实现正面效应，兴利除弊。凡事有一利必有一弊，在实现正面效应的同时，也可能有负面效应。正面效应是很容易看到的，负面效应往往不容易看到，有些负面效应要滞后很长时间才能显示出来，例如，恩格斯告诫的"大自然的报复"、DDT 农药的后果、汽车太多造成的"城市病"，以及地球的温室效应、臭氧层空洞等。正面效应与负面效应可以互相转化。例如，当汽车不多的时候，汽车给人类带来的是正面效应，汽车太多则带来负面效应；为了克服汽车太多带来的负面效应，人们又改革汽车，并且考虑城市轨道交通和综合性交通系统。

系统工程工作者注重实事求是，不回避矛盾，不夸大其词，不好高骛远。系统工程要求预先尽量考虑到可能出现的负面效应，避免它。如果出现了负面效应，要及时把有关问题找出来，作为新的系统工程项目加以研究。

认识系统工程相对论很有必要。一方面，可以避免不适当的求全责备，另一方面，可以避免不负责任的遁词。

8. 系统工程同时具有实践性与咨询性

系统工程的项目研究是针对实际问题的，是要真抓实干、解决问题并且接受实践检验的，不是坐而论道、"纸上谈兵"。这是系统工程的实践性。

这种研究主要是给领导（或用户，即委托单位）当参谋，研究成果是为他们提供多种备选方案，由他们去进行决策。系统工程人员并不进行决策，不搞"拍板定案"。系统工程人员是为决策者当好参谋与助手，并不取代决策者（领导者）的地位。这是系统工程的咨询性。

咨询工作必须坚持科学性，实事求是，不当"御用文人"。

最后，有必要说明：必须破除对于系统工程的"神秘感"，以及"系统工程需要高深的数学"一类的误解。这些神秘感和误解使得不少人对系统工程望而生畏，敬而远之。系统工程强调从定性到定量的综合集成研究，并不是单一地依靠数学模型与计算，并不偏废定性研究。系统思想、系统工程方法论以及许多系统工程理论与方法，是人人都可以学习和掌握的。

*3.3.3　不宜提"系统工程学"

钱学森院士 1979 年就明确表示，他不赞成提"系统工程学"。他说："系统工程是一门工程技术呢？还是一类包括许多门工程技术的一大技术门类？我倾向于后一种意见。因而各门系统工程都是一个专业，比如工程系统工程是个专业，军事系统工程是个专业，信息系统工程是个专业，经济系统工程（社会工程）是个专业；要从一个专业转到另一个专业当然不是不可能，但要有一个重新学习的阶段。这就如同干水利工程的要转而搞电力工程要重新学习一段时间才能胜任。既然不是一门专业，提'系统工程学'这样一个词就太泛了。这如同说一个人专业是'工程学'，那人们会问，他专长的是哪一门工程？因此我认为不必在系统工程这个一大类工程技术总称之后加一个'学'字，以免引起误解，好像真有一门工程技术叫系统工程学。我不想在系统工程后面加一个'学'字，也还有另外一个意思，那就是想强调系统工程是要改造客观世界的，是要实践的。"

同时，钱学森院士也不赞成把系统工程的共同基础连同其他数学工具统称为"系统工程学"。他说："我认为这样做不一定妥当，名词和内容不相符。因为系统工程的理论基础，除了共同性的基础之外，每门系统工程又有其各自的专业基础。这是因为对象不同，当然要掌握不同对象本身的规律：例如工程系统工程要靠工程设计，军事系统工程要靠军事科学等。"钱学森院士在表 3-1 中列出了各门系统工程的特有学科基础。

以上两部分论述见于《大力发展系统工程，尽早建立系统科学的体系》，是他 1979 年 10 月在北京系统工程学术讨论会上的讲演，原载 1979 年 11 月 10 日《光明日报》，收录于《论系统工程》（新世纪版）第 92～100 页。今天重读这篇文章很有意义，可以澄清不少基本概念。该文还有下面一段话：

"系统工程是技术，是技术就不宜像有些人那样泛称科学。工程技术有特点，就是要改造客观世界并取得实际成果，这就离不开具体的环境和条件，必须有什么问题解决什么问题；工程技术避不开客观事物的复杂性，所以必然要同时运用多个学科的成果。一切工程技术无不如此。"

■3.4　系统工程的产生与发展

第 1.1 节说：20 世纪初以来，全世界的系统化趋势与工程化趋势越来越明显，越来越加强……系统化趋势与工程化趋势相结合，系统工程就应运而生了。在这里，我们对系统化趋势与工程化趋势进一步加以说明。

3.4.1　系统工程产生与发展的社会背景

1. 20 世纪的世界风云

系统工程学科的产生与发展具有明显的社会背景。下面概述 20 世纪的世界风云。

1914 年 7 月底，爆发了第一次世界大战，这一战争延续到 1918 年 11 月。这是一场主要发生在欧洲但波及全世界的战争，当时世界上大多数国家都卷入了这场战争。交战双方都由若干个国家组成，约 1 000 万人死亡，约 2 000 万人受伤。1917 年 11 月，俄国爆发了十月革命，诞生了世界上第一个社会主义国家。过了大约 20 年，又爆发了第二次世界大战，战争的时间、规模和惨烈程度都大大超过了第一次世界大战。西方战场是 1939 年 9 月～1945 年 8 月；东方战场历时更长，从 1937 年卢沟桥事变算起，抗日战争打了 8 年，从 1931 年"九一八"事变算起，打了 14 年。先后有 20 多亿人口被卷入战争，军民共死亡约 5 500 万人，受伤 3 500 万人以上；中国军民死亡约 2 100 万人，受伤约 1 400 万人。

第二次世界大战之后，1945 年 10 月 24 日，成立了联合国（United Nations, UN）——超越所有国家、覆盖整个世界的巨系统。不久，世界分化为两大阵营——以苏联为首的社会主义阵营，以美国为首的资本主义阵营，两大阵营都是规模巨大的系统。热战结束，冷战持续了大约半个世纪。其中，20世纪60年代初期，发生中苏大论战，社会主义阵营分裂。此后，美国和苏联成为两个超级大国，争霸世界。1974年2月，毛泽东主席提出了划分"三个世界"的战略思想。随后不久，1974年4月，邓小平同志率领中国代表团赴纽约出席联合国大会第六届特别会议，详细阐述了毛主席关于三个世界划分的战略思想。邓小平说："从国际关系的变化看，现在的世界实际上存在着互相联系又互相矛盾着的三个方面，三个世界。美国、苏联是第一世界。亚非拉发展中国家和其他地区的发展中国家是第三世界。处于这两者之间的发达国家是第二世界。"他说：中国是一个社会主义国家，也是一个发展中国家，中国属于第三世界；中国政府和人民坚决支持一切被压迫人民和被压迫民族的正义斗争。他宣布：中国现在不是，将来也不做超级大国。很显然，"三个世界"就是世界上重新划分的三大系统，是对世界力量重新组合的写照。

1991年12月26日，苏联最高苏维埃通过最后一项决议，宣布苏联（CCCP）停止存在。在此以前，苏联的各个加盟共和国已经纷纷宣布独立，东欧的各个社会主义国家已经发生巨变，放弃社会主义，转向资本主义。1989年11月9日，建造于1961年的柏林墙被推倒，1990年10月3日，民主德国并入联邦德国，德国实现统一。

社会主义阵营不存在了，但是，社会主义大旗依然飘扬。中国从1978年开始搞改革开放，建设中国特色社会主义。越南、古巴等国仍然坚持社会主义，先后也开始了改革开放。

苏联解体，一个超级大国消失，美国成为世界上唯一的超级大国。美国大搞其单边主义和霸权主义。但是，好景不长，恐怖主义袭击、伊拉克战争、次贷危机和金融危机相继发生了，挑战美国的单边主义和霸权主义。2009年1月，美国奥巴马总统上台，大幅度地调整内外政策。2009年8月，日本"变天"，执政50多年的自民党黯然下台，民主党以"变革"为口号赢得大选。值得一提的是，我国台湾在2008年5月再次实现了政权更迭，国民党重新执政，两岸关系出现新的转机。世界上还有不少重大事件和变化，在这里不能一一列举。世界新格局即将形成。

以上所说都是国家层面和政治领域，是全世界范围内的宏观系统。在微观层面（企业层面），系统化趋势也在增强和扩大。以国际贸易、跨国公司、供应链管理为代表的经济全球化是十分明显的变化。

系统化趋势还表现为出现了其他多种多样的世界组织、区域性组织和跨国机构。例如，世界卫生组织（World Health Organization，WHO）、世界贸易组织（World Trade Organization，WTO）、石油输出国组织（Organization of Petroleum Exporting Countries，OPEC）、欧盟（欧洲联盟，European Union，EU）、北约（北大西洋公约组织，North Atlantic Treaty Organization，NATO）、东盟（东南亚国家联盟，Association of Southeast Asian Nations，ASEAN）、上海合作组织（Shanghai Cooperation Organisation，SCO）等，都是世界性、大规模的区域性组织，它们的影响都是大范围的；还有奥运会（Olympic Games）、世博会（World Exposition）等经常举办的世界性活动等。这些规模巨大的系统，在第二次世界大战之前或者没有，即便有也规模小得多。例如，1896 年第 1 届奥运会在希腊雅典举行，参加比赛的只有 13 个国家的 311 名运动员；1932 年第 10 届奥运会在美国洛杉矶举行，参赛国家 37 个，运动员 1 048 人，中国第一次参加奥运会，代表团共 6 人，其中运动员仅刘长春 1 人；2008 年第 29 届北京奥运会参加比赛的国家及地区 204 个，参赛运动员 11 438 人。在北京奥运会上，中国运动员获得了令人自豪的成绩：内地运动员获得金牌 51 枚、银牌 21 枚、铜牌 28 枚，总数 100 枚，台湾运动员获得了铜牌 4 枚；加起来总数为 104 枚。美国的成绩：金牌 36 枚，银牌 38 枚，铜牌 36 枚，总数 110 枚。我国金牌数世界第一，奖牌总数第二，美国金牌数世界第二，奖牌总数第一。"两个奥运，同样精彩。"在接着召开的残奥会上，中国内地运动员获得金牌 89 枚、银牌 70 枚、铜牌 52 枚，奖牌总数 211 枚，这四个数字都是世界第一，中国香港运动员获得金牌 5 枚、银牌 3 枚、铜牌 3 枚，中国台湾运动员获得银牌 1 枚、铜牌 2 枚，三方面加起来就更加出众了。残奥会英国奖牌总数第二，美国奖牌总数第三。当然，我们不应该过于满足和自我陶醉，而应该看到：在篮球、足球和一些重要的田径项目等方面，中国还有很大差距。

在当今世界，每个国家都面临诸多超国家、跨地区甚至全球性的矛盾和课题，各国只有进行对话协商，互谅互让，问题才可望获得解决。在一些有争议的地区，需要搁置争议，共同开发。合则两利、多利，分则皆伤；合则双赢、多赢，分则皆输。

"鸡犬之声相闻，老死不相往来"的社会局面再也不可能出现了。许多世界大事早就有人在操心。例如，罗马俱乐部 1972 年发表研究报告《增长的极限——关于人类困境的报告》，这是由美国麻省理工学院教授丹尼斯·米都斯（Dennis L. Meadows）领导的一个 17 人小组完成的。他们采用系统动力学（systems dynamics，SD）模型，选择了五个对人类命运具有决定意义的变量：人口、工业发展、粮食、不可再生的自然资源和污染。全书分为"指数增长的本质""指数增长的极限""世界系统中的增长""技术和增长的极限""全球均衡状态"等五章，阐述了人类发展过程中，尤其是产业革命以来，经济增长模式给地球和人类自身带来的毁灭性的灾难。

可持续发展（sustainable development）问题现在是全世界普遍关注的一件大事。1987 年世界环境与发展委员会在其研究报告《我们共同的未来》中第一次阐述了可持续发展的概念，得到了国际社会的广泛共识。可持续发展是指既满足当代人的需求，也不损害后代人满足需求的能力。换句话说，就是在地球人类这个开放的复杂巨系统中，经济、社会、资源和环境保护需要协调发展，既要发展经济，又要保护好人类赖以生存的大气、淡水、海洋、土地和森林等自然资源和环境，使子孙后代能够永续发展和安居乐业。

地球温室效应、臭氧层空洞、濒危物种、碳排放量等问题，都是世界上许多科学家所关心的问题，也引起了越来越多的各国政要的关注，采取各种积极措施。绿色和平组织（Greenpeace）与许多非政府组织（non-government organization，NGO）"揭竿而起"，自觉捍卫人类的地球家园。

以上问题都是系统性问题，要想有效解决，必须借助于系统工程。目前，在世界范围内大搞系统工程还不到时候、力不从心，但是，趋势是不断前进而不是相反，有时候出现一些曲折也是暂时的（如美国前总统小布什奉行的单边主义），前景是乐观的。

2. 中国人民站起来了

第二次世界大战是中国近现代史的转折点。

中国近代史从 1840 年开始，英国发动的鸦片战争给中国带来了厄运。一次又一次外敌入侵，加上各种天灾人祸，国家积贫积弱，民不聊生，中华民族饱受苦难和屈辱。帝国主义列强意欲瓜分中国，"一衣带水"的东邻日本更是野心勃勃，妄图独霸中国。从甲午战争（1894～1895 年）开始，日本侵略者的野心越来越大，步步进逼。1931 年日本军队制造九一八事变，占领中国东北，继而觊觎华北和华东。1937 年 7 月 7 日发生卢沟桥事变，日本侵华战争全面爆发，中国人民打击侵略者的抗日战争也全面爆发。经过艰苦卓绝的持久战，中国人民终于打败了日本强盗，取得了光辉的胜利，1945 年 9 月 9 日，侵华日军总司令呈交投降书。抗日战争的胜利，标志中国人民洗刷了 100 多年的屈辱，中国确立了大国地位。中国是成立联合国的发起国之一，是联合国安全理事会五个常任理事国之一，汉语是联合国的工作语言之一。

1949 年 10 月 1 日，中华人民共和国成立。中国人民站起来了！[①] 新中国的社会主义建设事业，在"文革"之前的 17 年中，取得了很大的成绩，奠定了社会主义工业化的基础。旧中国的种种弊端迅速销声匿迹，社会安定团结，全国上下同心同德。1956 年春，国务院制订了以追赶世界先进水平为目标的《1956～1967 年科学技术发展远景规划》（通常被称为"12 年科技规划"），其中包括研制导弹、原子弹。仅用四年时间，1960 年 11 月 5 日，在苏联专家撤走的情况下，我国就成功地发射了第一枚自主研制的导弹"东风一号"。1964 年 10 月 16 日，中国成功地爆炸了第一颗原子弹；1967 年 6 月 17 日，成功地爆炸了第一颗氢弹；1970 年 4 月 24 日，成功地发射了第一颗人造地球卫星。"两弹一星"[②] 进一步加强了中国在世界上的大国地位。"两弹一星"是中国的系统工

[①] 1949 年 9 月 30 日，中国人民政治协商会议第一届全体会议选举产生了中央人民政府委员会，毛泽东主席在大会的讲话中说："占人类总数四分之一的中国人从此站立起来了。"中国的历史从此开辟了一个新的时代。

[②] "两弹一星"，现在许多人认为是指原子弹、氢弹和人造地球卫星，而最初是指原子弹、导弹和人造地球卫星。1956 年 4 月，毛泽东明确指出："我们现在已经比过去强，以后还要比现在强，不但要有更多的飞机和大炮，而且还要有原子弹。在今天的世界上，我们要不受人家欺负，就不能没有这个东西。"他在 1958 年又说："我们也要搞人造卫星！""搞原子弹、氢弹、洲际导弹，我看有十年工夫完全可能。"周恩来总理指出："中国人民不愿意有原子弹，但不能不准备研制原子弹。因为当核讹诈的大棒在头上晃来晃去的时候，一个受尽苦难却不甘屈辱的民族不能没有这个东西。"后来把原子弹和氢弹合称一弹，另一弹是指导弹。1999 年，在庆祝中华人民共和国成立 50 周年之际，中共中央、国务院、中央军委决定，对当年为研制"两弹一星"作出突出贡献的 23 位科技专家予以表彰，并授予于敏、王大珩、王希季、朱光亚、孙家栋、任新民、吴自良、陈芳允、陈能宽、杨嘉墀、周光召、钱学森、屠守锷、黄纬禄、程开甲、彭桓武"两弹一星功勋奖章"，追授王淦昌、邓稼先、赵九章、姚桐斌、钱骥、钱三强、郭永怀"两弹一星功勋奖章"（以上排名按姓氏笔画为序）。

早在 1955 年冬天，时任哈尔滨军事工程学院院长的陈赓大将会见刚刚回国不久的钱学森，问他："中国人能不能搞导弹？"钱学森回答得很干脆："为什么不能搞？外国人能搞，我们中国人就不能搞？难道中国人比外国人矮一截？"陈赓说："好！要的就是你这句话。"随后，在周总理、聂荣臻元帅的支持下，很快就组建了第五研究院等研究机构。

改革开放之初，邓小平同志说："如果 60 年代以来中国没有原子弹、氢弹，没有发射卫星，中国就不能叫有重要影响的大国，就没有现在这样的国际地位。这些东西反映一个民族的能力，也是一个民族、一个国家兴旺发达的标志。"

程（工程系统工程）的范例。在前进的过程中，中国也有挫折和失误，例如，1958 年的"大炼钢铁"，1966 年开始的"文革"十年浩劫，从系统工程的角度来看，都是缺乏系统思想与合理规划的行为，都是与系统工程背道而驰的，可以总结许多沉痛教训。

1978 年以来的 30 多年，是改革开放的 30 多年，是经济快速发展、社会安定团结的 30 多年，是综合国力迅速加强、国际地位迅速提高的 30 多年，也是系统工程学科在中国生根、发芽、开花、结果和发扬光大的 30 多年。"三十而立"，经过 30 多年的努力，系统工程中国学派已经形成，我们将在第 3.6 节论述。

从鸦片战争到新中国成立之前的 100 多年内，形容中国的关键词不外乎闭关锁国、积贫积弱、愚昧落后、内忧外患、天灾人祸、一盘散沙、四分五裂、军阀混战、民不聊生、缺吃少穿、东亚病夫等。这些关键词是贬义的，意味着屈辱和灾难。今天，形容中国的关键词是改革开放、欣欣向荣、安定团结、丰衣足食、繁荣富强、和平崛起、韬光养晦、科学发展、和谐社会等。这些关键词是褒义的，意味着进步和光明。改革开放 30 多年来，中国 GDP 的年增长率一直保持在 10% 上下，世所罕见。中国已经是世界第三大经济体。根据 2009 年 4 月国际货币基金组织发表的 2008 年 GDP 数据，中国内地为 4.40 万亿美元，日本为 4.92 万亿美元，美国为 14.26 万亿美元。中国钢铁、水泥、煤炭、电视机、电冰箱、DVD、空调器、摩托车，粮食、棉花、食用油等许多产品产量居世界第一位。2008 年 12 月，中国的外汇储备为 1.95 万亿美元，居世界第一位，2009 年上半年已经超过 2 万亿美元。中国是美国的最大债权国，2009 年上半年，中国已经拥有美国国债超过 8 000 亿美元，有可能继续增持。

发展中的中国也存在不少问题。例如，资源短缺、环境污染、地区差距、贫富悬殊、贪污腐败等。改革开放中尚未解决的问题只有在继续改革开放中求得解决，发展中的出现问题只有在继续发展中求得解决。

中国需要继续改革开放，一如既往，再接再厉，在中国的改革开放中，系统工程可以大有作为。

中国特色社会主义市场经济，既不是传统的计划经济，也不是西方的市场经济，而是计划与市场巧妙结合的经济。在中国特色社会正义市场经济的发展中，系统工程可以大有作为。

3.4.2　系统工程是大工业生产和科学技术发展的必然产物

系统工程作为一门学科，作为一类新的工程技术——系统科学体系中的工程技术，是在 20 世纪中叶诞生的。

系统工程是工业生产和科学技术发展的必然产物。20 世纪 30～40 年代，工业生产和科学技术有了巨大进步，加上第二次世界大战的催促，更有了飞速的发展。生产规模越来越大，生产工艺不断更新，科学技术研究涉及的专业和部门越来越多，需要人们从整体和相互联系的角度去考虑问题，制订一系列组织和管理的方法和程序。

美国贝尔电话公司在 20 世纪 20 年代成立了贝尔实验室，实验室分为"部件研究"与"系统研究"两个部门，为建立全国无线电微波通信系统开展了卓有成效的工作。40 年代末，人们把贝尔实验室采用和创造的许多概念、思路和方法的总体命名为 system engineering，即系统工程。40 年代出现的运筹学、控制论、信息论为系统工程提供了理论基础。1957 年，美国密歇根大学的学者 H．H．Goode 和 R．E．Machol 出版了第一本命名为 system engineering 的书：*System Engineering：An Introduction to the Design of Large-scale Systems*（McGraw-Hill）。60 年代初期，美国电工电子工程师学会（IEEE）在科学与电子部分，设立了系统工程学科委员会。1965 年，R．E．Machol 出版了 *System Engineering Handbook*（McGraw-Hill），即《系统工程手册》，它包括系统工程方法论、系统环境、系统元件（主要叙述了军事工程及卫星的各个主要部件）、系统理论、系统技术、系统数学等。

1969 年 7 月 20 日，美国 Apollo Ⅱ 飞船首次登月成功，被认为是系统工程成功的范例，引起了人们对系统工程的广泛重视。实际上，Apollo Ⅱ 飞船登月是美国和苏联在航天领域和军事领域剧烈竞争的产物。航天时代是由苏联开创的：1957 年 10 月 4 日，苏联成功发射世界上第一颗人造地球卫星（俄语名称 Спутник-1）；1961 年 4 月 12 日苏联又成功发射世界上第一艘绕地球轨道飞行的载人飞船"东方号"（俄语名称 Восток-1）。尽管当时并没有作为系统工程的成就来宣传，实际上是很典型的工程系统工程项目，在人类科学技术进步史上留下了光辉的篇章。

"科学技术是第一生产力。"科学技术突飞猛进，像火车头一样拉动社会前进。20世纪中叶以来，科学技术的发展有如下两个主要特征：

（1）科技成果指数式急剧增长。随着科学技术的迅猛发展，科技成果的数量呈指数式增长，人类取得的科技成果数量比过去 2 000 年的总和还要多，有人称之为"知识爆炸"。有关统计表明：人类科技知识的积累，19 世纪是每 50 年翻一番，20 世纪中叶是每 10 年翻一番，后来缩短到 3～5 年，甚至更短。相应地，知识陈旧和更新的速度加快。20 世纪末，很多学者和领导人认为，人类社会正在步入知识经济时代。同时，人们强调继续教育、终身学习，强调"学习型组织""学习型社会"。

（2）学科的高度分化与高度综合同时推进。一方面，现代科学技术的学科划分越来越细，分支越来越多，各种高度专业化的研究机构纷纷建立；另一方面，学科的综合化、整体化趋势在加强。现代社会使得众多的规模庞大、结构复杂、因素繁多的大系统乃至巨系统出现在人们面前。科学研究中形成了大量的边缘学科、交叉学科、综合学科，不仅自然科学本身的各个学科相互交叉、渗透、融合，而且自然科学与社会科学、人文学科也相互交叉、渗透和融合。

几千年来，人类对客观世界的认识，从浑然一体到分门别类的研究，又到综合性研究；从总体到局部，再到总体、总体与局部相结合；研究方法从分析到综合，再分析，再综合，到综合集成。总之，按照辩证法的否定之否定规律，波浪式前进，螺旋式上升。

许多国家的政府部门和民间组织建立专门机构从事系统工程的研究工作。一些大企业也设立系统工程的研究部门，举办培训班，培养自己需要的系统工程人员。这些机构不一定用"系统工程"来命名。例如，美国的兰德公司（RAND），它倡导 system analysis（SA），即系统分析，被称为兰德型系统分析。

附录 B 详细地介绍了兰德公司，还介绍了国际应用系统分析研究所（IIASA）、罗马俱乐部（Club of Rome）、圣菲研究所（Santa Fe Institute，SFI）。

3.5　系统工程在现代科学技术体系中的地位

3.5.1　系统工程与其他工程技术的关系

作为新兴的一大类工程技术，系统工程与其他工程技术具有共性：直接与改造客观世界的社会实践相联系。在一个大的工程项目中，要用到多种工程技术，系统工程与其他工程技术是相辅相成的。在系统工程的规划下，各种工程技术作为实现系统目标的手段，可以各得其所，各显神通，发挥其应有的作用。离开了其他工程技术，系统工程就成了"孤家寡人"，成了"空中楼阁"，规划得再好也没有什么意义。但是，如果规划得不好，各种工程技术所能起的积极作用是很有限的。例如，20 世纪 70 年代末，某大型工程仓促上马，没有进行充分的可行性研究，在当时国民经济比较困难的情况下，投资几百亿元人民币，一度造成骑虎难下的局面。它建在一个松软的沉积地层上，需要打入 60 米深的钢管来加固地基，仅此一项费用就达 11 亿元。从当时的技术水平来说，打桩是没有问题的。在打桩任务上还可以搞"优化设计"，节省几百万元甚至几千万元，这当然是好的，但是，与 11 亿元相比，能够占到多少百分比呢？如果当初决策选择厂址时，把该项大型工程放在不必打桩的一块坚实的土地上不是更好吗？在工程项目中，系统问题（该项目要不要上马，在何处选址，今后的发展战略是什么，等等）与技术问题相比，如同数学计算中的整数与小数的关系一样。例如，圆周率 π 的计算，整数部分算错了，小数部分再精确也没有什么意义了。系统工程为宏观决策提供咨询服务，直接影响决策，影响全局。

在社会系统中，凡属战略决策问题，都应该作为系统工程项目开展研究。"大炼钢铁"和"文化大革命"之类的闹剧绝不能重演了。

系统工程在自然科学、工程技术与社会科学之间构筑了一座桥梁。现代数学理论、电子计算机技术和通信技术，通过一大类新的组织管理技术——各级各类系统工程，在社会系统的研究中开辟了新的广阔天地。

3.5.2　现代科学技术体系

钱学森院士非常重视研究系统科学体系、现代科学技术体系和人类知识体系。由于有广博的知识、丰富的阅历和高瞻远瞩的眼光，他的研究具有很高的水平。1981 年，他描绘了如图 3-1 所示的系统科学体系。他指出：从文艺复兴到产业革命，科学的发展主要是自然科学，19 世纪中期开始了社会科学（马克思主义的社会科学）的发展；在自然科学这个部门中，19 世纪下半叶出现了工程技术，20 世纪初出现了技术科学；形成了自然科学、社会科学和数学科学等科学技术部门，还在形成更多的新的科学技术部门。系统科学就是一个重要的新的科学技术部门。

图 3-1 底部的横坐标从右往左显示了四个层次：在系统科学这个部门中，系统工程属于工程技术，直接为改造客观世界服务；其理论基础是运筹学、控制论和信息论这三门技术科学；正在形成的、关于系统的一般理论——系统学，是系统科学这个部门中的

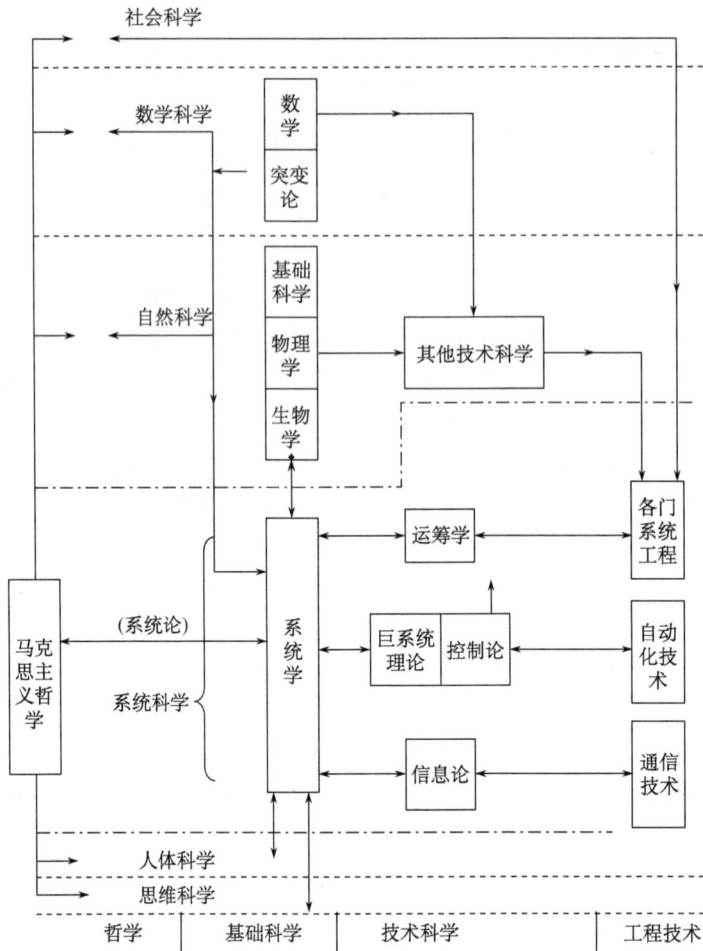

图 3-1   1981 年钱学森提出的系统科学体系结构

资料来源：钱学森等，2007。

基础科学；最后，上升到哲学层次。系统科学通向马克思主义哲学的桥梁，是大约 100 年前启示的，后来经过现代科学技术大大丰富了的系统观（或系统论）。系统观是现代科学技术（包括社会科学）的方法论的基本组成部分。系统观对科学和哲学的发展都有很大影响。推动系统科学研究和发展的强大动力是现代化组织管理工作的需要。

系统科学的建立极大地增强了人类直接改造客观世界的能力。系统科学作为横断学科，比一般的交叉学科如生物化学、经济地理等涵盖的范围更宽。在一定的条件下，系统科学把作为其研究对象的各种事物都看做系统，从系统的结构、功能和系统的演化着手，研究各种系统的共性规律，它是各种学科研究的基本方法和基础知识。复杂性研究是当前系统科学研究的前沿，其研究成果将深刻揭示自然界、人类社会和人类思维的内在规律性。

钱学森院士还提出了包含现代科学技术体系在内的人类知识体系结构，如表 3-2 所示。

表 3-2　人类知识体系

层次（右栏标注）	文艺	建筑	行为	军事	地理	人体	思维	系统	数学	社会	自然
哲学	马克思主义哲学——人类认识客观和主观世界的科学（性智 ←——————→ 量智）										
桥梁	美学	建筑哲学	人学	军事哲学	地理哲学	人天观	认识论	系统论	数学哲学	唯物史观	自然辩证法
基础科学 / 技术科学 / 工程技术	文艺理论	建筑科学	行为科学	军事科学	地理科学	人体科学	思维科学	系统科学	数学科学	社会科学	自然科学
工程技术	文艺创作										
前科学	文艺活动　　（实践经验知识库和哲学思维）　（不成文的实践感受）										

注：此表于 1993 年 7 月 8 日发表，1995 年 12 月 8 日略作修改，1996 年 6 月 4 日增补。

由表 3-2 自下而上看，人类知识体系由三个大的层次构成。

（1）前科学——经验知识、感性知识以及不成文的实践感受。这部分知识的特点是只知道是什么，还不能回答为什么，尽管如此，这部分知识对于人们是很宝贵的，也要珍惜。而且这类知识经过研究、提炼也将成为科学知识。

（2）科学技术体系。科学知识的特点是，不仅知道是什么，还能回答为什么。今天，这部分知识已发展成为 11 个大的科学技术部门和三个层次所构成的体系，这就是现代科学技术体系。

表 3-2 的中间部分表示 11 个大的科学技术部门，即自然科学、社会科学、数学科学、系统科学、思维科学、人体科学、地理科学、军事科学、行为科学、建筑科学、文艺理论。这是根据现代科学技术发展到目前水平所作的划分，今后随着科学技术的不断发展，还会产生出新的科学技术部门，所以，这个体系是个动态发展和开放的系统。

每一个科学技术部门里包含着认识世界和改造世界的知识，而这些知识又处在不同层次上。它们的结构大体上如同图 3-1 的系统科学体系结构。唯一的例外是文艺，文艺只有理论层次，实践层次上的文艺创作就不是科学问题，而是属于艺术范畴了。

（3）哲学。哲学不仅是知识，还是智慧，马克思主义哲学是人类知识的最高概括，也是人类智慧的最高结晶。

这个结构还引入了"性智"与"量智"，即客观整体认识与微观定量分析，两者是互补的，相辅相成的。

*3.6 系统工程中国学派

系统工程在中国已经走过了 30 多年的发展历程，已经形成系统工程中国学派——钱学森学派。我们从两方面来论述：第一，系统工程在中国的发展历程；第二，系统工程中国学派的标志性成果与中国特色。

前面的章节对这些内容已经有所涉及，这里主要是加以梳理和补充。

3.6.1 系统工程在中国的发展历程

系统思想、系统工程与中华民族优秀的传统文化相呼应。系统思想在中国源远流长，历史上运用系统思想改造自然、安邦治国的事例比比皆是。例如，大禹治水、都江堰、万里长城和诸多太平盛世等。天地人和、"修身、齐家、治国、平天下"等理念，无不体现了系统思想，所以，系统工程在中国有着肥沃的土壤，一旦引入了种子，就迅速地生根、发芽、开花、结果。

在 1978 年以前，系统工程术语虽然没有在我国流行，但是，有关的研究与应用是早就有的，如应用和推广运筹学。运筹学在我国的发展始于 1955 年，那时形成了这样一个认识：我国有计划按比例的经济建设十分需要运筹学。1955 年 10 月，已经在世界上享有盛誉的科学家钱学森从美国归来，1956 年，他就推动中国科学院力学研究所建立了我国第一个运筹学研究室，由同时归国的许国志教授担任研究室主任。后来，中国科学院数学研究所也建立了运筹学研究室。1960 年底，这两个运筹学研究室合并成为数学研究所运筹学研究室。

著名数学家华罗庚从 20 世纪 60 年代初期起，在我国大力推广"双法"——优选法和统筹法，在许多地区和企业取得显著效果。统筹法又称为计划协调技术或计划评审技术，对应于美国的 PERT/CPM（program evaluation and review technique/critical path method），是运筹学的发展标志与重要内容。与此同时，随着"两弹一星"等国防尖端技术研究工作的发展，我国在大型工程项目的总体设计与组织管理方面取得了丰富的实践经验。70 年代中期，我国部分专家已开始注意到系统工程在我国的发展前途，在各种场合进行宣传。

"两弹一星"是中国系统工程的光辉范例。"两弹一星"是在改革开放之前一穷二白的情况下搞出来的。当时的中国急需冲破美国和苏联的压力，加强在世界舞台上的大国地位。在研制"两弹一星"的时候，尽管我国还没有大张旗鼓地宣传和推广系统工程，但是，实际上是按照系统工程理论与方法做的，总体设计部的工作方式就是在研制工作中创造出来的。实践在前，理论随后。正是有了"两弹一星"的成功实践，所以，到了 1978 年 9 月钱学森院士等宣传系统工程的时候，才有那么大的号召力，"登高一呼，应者云集"。

改革开放以来，系统工程与改革开放共生共荣，相辅相成，与时俱进。改革开放需要系统工程，因为改革开放事业是人类历史上空前规模的系统工程。系统工程需要改革开放，因为系统工程在改革开放中找到了广阔的舞台。

系统工程在中国的蓬勃发展，受到了从中央到地方的各级领导人的大力推动。第 1.2

节引述了中央主要领导人的一些论述。各地区各部门的领导人联系工作谈论系统工程就更多了。报纸和电视台等新闻媒体经常有关于系统工程的报道。整个社会都在呼唤系统工程，对于系统工程寄予厚望。今天，改革开放获得了成功，系统工程也获得了成功。

在改革开放元年，1978 年 9 月 27 日，钱学森、许国志、王寿云等三位学者联名在《文汇报》发表重要文章《组织管理的技术——系统工程》，我国出现了推广应用系统工程的生动活泼的局面。此后不久，教育部、中国航空学会、中国自动化学会、中国管理现代化研究会等部门和单位召开了一系列系统工程方面的会议，在系统工程的宣传、推广和队伍组织方面做了很好的准备工作。

1979 年 10 月，中国科学院、中国社会科学院、教育部、各个机械工业部、中国人民解放军总参谋部、总后勤部、军事科学院、军事学院、国防科委和军兵种的 150 名代表，在北京举行了系统工程学术讨论会。会上，钱学森、关肇直等 21 名科学家联合向中国科学技术协会倡议成立中国系统工程学会。钱学森在这次会上做了《大力发展系统工程，尽早建立系统科学的体系》的重要报告，这个报告提出了我国发展系统工程的基本途径。

1980 年 11 月中国系统工程学会在北京正式成立，选举钱学森、薛暮桥为名誉理事长，关肇直为理事长，许国志为秘书长，产生第一届理事会。1986～1994 年，许国志院士担任理事长。后来继任理事长的是中国科学院系统科学研究所研究员顾基发、陈光亚。中国科学院系统科学研究所一直是中国系统工程学会的挂靠单位。近 30 年来，中国系统工程学会先后组建了十几个专业委员会，如军事系统工程专业委员会、社会经济系统工程专业委员会、模糊数学与模糊系统专业委员会、农业系统工程专业委员会、教育系统工程专业委员会、科技系统工程专业委员会、信息系统工程专业委员会、交通运输系统工程专业委员会、过程系统工程专业委员会、人—机—环境系统工程专业委员会、草业系统工程专业委员会、林业系统工程专业委员会、医药卫生系统工程专业委员会、决策科学专业委员会、系统动力学专业委员会等。这些专业委员会在越来越多的学科和领域开展系统工程与系统科学的研究和应用。

目前，已经有北京、上海、天津、辽宁、黑龙江、山西、江苏、安徽、福建、湖南、湖北、河南、河北、广东、广西、四川、云南、新疆、甘肃、海南、江西、贵州等 20 多个省、自治区、直辖市成立了省级系统工程学会，许多市县以及一些大企业也成立了系统工程学会。

中国系统工程学会每两年召开一次全国性学术年会。年会主题都紧扣中国的改革开放和社会正义市场经济。例如，第 9 届年会于 1996 年 11 月在南京召开，年会主题是"系统工程与市场经济"；第 10 届学术年会于 1998 年 12 月在广州召开，年会主题是"系统工程与可持续发展战略"；第 11 届学术年会暨学会成立 20 周年庆祝大会于 2000 年 10 月在宜昌召开，年会主题是"系统工程与复杂性研究"；第 12 届学术年会于 2002 年 11 月在昆明召开，年会主题是"西部开发与系统工程"；第 13 届学术年会于 2004 年下半年在长沙召开，年会主题是"小康战略与系统工程"；第 14 届学术年会于 2006 年 10 月在厦门召开，年会主题是"科学发展观与系统工程"；第 15 届学术年会于 2008 年 10 月在南昌召开，年会主题是"和谐发展与系统工程"。第 16 届学术年会计划 2010 年

7月在成都召开，年会主题是"经济全球化与系统工程"。每届年会都是全国系统科学和系统工程工作者交流成果、总结经验的盛会，规模都在150人以上，征文经过精选，都在会前正式出版年会论文集。中国系统工程学会各个专业委员会也大体上是每两年召开一次全国性的学术会议。

各种系统工程教材，已经出版了上百种之多。

在我国，系统工程的学术刊物主要有：中国系统工程学会主办刊物《系统工程学报》，《系统工程理论与实践》，*Journal of Systems Science and Systems Engineering*等；湖南省系统工程学会会刊《系统工程》；上海交通大学出版的《系统管理学报》等。

中国系统工程学会还与国际组织一起联合召开学术交流会。例如，1998年8月在北京召开了第三届系统科学与系统工程国际会议，2003年11月在香港召开了第四届系统科学与系统工程国际会议。第46届国际系统科学年会于2002年8月3～5日在上海召开，其主办单位是国际系统科学协会（ISSS）、中国系统科学研究会（CISS），协办单位是中国系统工程学会、中国软科学研究会与中国上海交通大学，会议得到了中国自然科学基金委员会管理科学部的支持。

中国系统工程学术界许多人士参加过IIASA的研究工作，访问过美国的圣菲研究所（SFI）并且引进了他们的研究成果，包括一系列著作和Swarm软件等。

30多年以来，我国已经培养了一大批系统工程和系统科学高级人才，他们在各级政府部门和企事业单位发挥了重要作用。20世纪80年代培养的系统工程人才有多人已经走上高级领导岗位。

3.6.2   系统工程中国学派的标志性成果与中国特色

系统工程中国学派是钱学森院士为代表的一大批学者的杰出贡献。

一群人长期坚持某一方面的研究，形成一系列观点，发表一系列研究成果，就会成为一个学派。尤其是这群人有一位著名学者或科学大师发挥主导作用，带领大家不断向前探索，就更加容易形成一个卓越的学派。中国的系统工程就是这样。十分幸运的是，我们不但有一位科学巨人钱学森院士，而且在系统工程学术界有一群大师——包括中国科学院院士、中国工程院院士，以及其他德高望重的著名学者。

钱学森院士是一位自觉运用马克思主义哲学指导自己研究工作的科学家。1985年他说："应用马克思主义哲学指导我们的工作，这在我国是得天独厚的。……马克思主义哲学确实是一件宝贝，是一件锐利的武器。我们搞科学研究时（当然包括搞交叉科学研究），如若丢掉这件宝贝不用，实在是太傻了。"他在给一位朋友的信中说："我近30年来一直在学习马克思主义哲学，并总是试图用马克思主义哲学指导我的工作。马克思主义哲学是智慧的源泉！"许国志院士等学者认为，正是因为这个原因，钱学森院士在吸取国外现代科学技术进展的时候，能够去掉其中的种种局限，站得更高一些，他在许多科学问题上的认识，要比国际上超前10年甚至更多。

系统工程中国学派获得了一系列标志性成果，形成了一系列显著的中国特色。其标志性成果主要有：

（1）系统工程中国学派对于系统工程给出了独具一格的定义。第3.2节已经介绍了系统工程的定义。

（2）系统工程中国学派把系统工程定位于系统科学体系中的工程技术，它是一个总类名称，包含许多专业。前面说过，钱学森院士 1979 年列出了 14 门系统工程专业，中国系统工程学会下设的专业委员会已经有 20 多个。事实上还有更多的系统工程专业。

（3）系统工程中国学派在理论研究方面取得了一系列丰硕成果。中国的系统工程工作者在系统工程领域积极开拓，在研究前沿提出了一系列独创性的理论。例如，钱学森院士提出了系统分类的新方法（见第 2.2 节）；钱学森院士等学者不但提出了独具一格的系统工程定义，还提出了系统科学体系、现代科学技术体系和人类知识体系（见第 3.5 节）；1990 年，钱学森、于景元、戴汝为联名在《自然杂志》第 1 期发表论文《一个科学新领域——开放的复杂巨系统及其方法论》，根据我国对社会经济系统等复杂巨系统进行的研究，提炼与总结出开放的复杂巨系统概念，以及综合集成方法论——从定性到定量综合集成法和从定性到定量综合集成研讨体系。中国系统工程学会前理事长顾基发研究员和英籍华裔学者朱志昌博士 1994 年提出了具有东方文化特色的物理—事理—人理（WSR）系统方法论。

早在 20 世纪 80 年代，钱学森院士等学者就发表了大量的关于系统工程和系统科学的论文、讲话和学术通信。1982 年，湖南科学技术出版社出版了钱学森等著《论系统工程》（第 1 版），1988 年出版其增订本。2001 年，山西科学技术出版社出版钱学森著《创建系统学》（第 1 版）。系统工程的重要论著还有：《开放的复杂巨系统》，王寿云、于景元、戴汝为、汪成为、钱学敏、涂元季著，浙江科学技术出版社，1996 年 12 月第 1 版；《系统研究》（专家论文集），浙江教育出版社，1996 年 11 月第 1 版；《系统科学》与专家论文集《系统科学与工程研究》，许国志主编，顾基发、车宏安副主编，上海科技教育出版社，2000 年 9 月第 1 版。

2007 年 1 月，上海交通大学出版社出版了中国系统工程学会、上海交通大学编"钱学森系统科学思想文库"，包含四本书：《工程控制论》（新世纪版），《论系统工程》（新世纪版），《创建系统学》（新世纪版），《钱学森系统科学思想研究》（专家论文集）。上海交通大学出版社还出版了钱学森、戴汝为著《论信息空间的大成智慧——思维科学、文学艺术与信息网络的交融》（2007 年），戴汝为著《社会智能科学》（2007 年），王英著《钱学森学术思想研究》（2006 年），潘敏主编《钱学森研究（2006）》（2007 年），陈华新主编《集大成 得智慧——钱学森谈教育》（2007 年）等书。

这些论著都凝聚了钱学森院士等学者的研究成果，体现了系统工程中国学派的丰富内容。

（4）系统工程中国学派在应用研究方面也取得了丰硕的成果。第 1.2 节列举的中央领导人讲话已经可以说明系统工程在中国的普遍应用。这里再举若干例子。例如，人口问题的研究为国家制订人口控制指标和计划生育政策提供了数量依据，"菜篮子工程"有效地解决了我国大中城市吃菜难问题，1990 年第 11 届亚洲运动会在北京胜利举办，2007 年国家启动的大飞机工程是作为系统工程项目进行筹划和运作的。北京奥运会与残奥会多年的筹办工作及其在 2008 年 8 月的成功举办，汶川大地震发生之后的抗震救灾工作，其中都可以看到系统工程发挥的巨大作用。

在中国，许多事情一开始就作为系统工程项目来开展，有些事情尽管没有明确称为系统工程项目，实际上也是按照系统工程基本原理来开展的。

（5）为系统学的创建做了开拓性工作。在系统科学体系中，系统学是基础科学。从1986年开始，钱学森院士亲自组织和指导"系统学讨论班"的学术活动。这个讨论班持续多年，其研讨活动提炼了许多重要概念，总结出系统研究方法，逐步形成了以简单系统、简单巨系统、复杂巨系统（包括社会系统）为主线的系统学（systematology）的框架，明确系统学是研究系统结构与功能（包括演化、协同与控制）的一般规律的科学。

（6）中国的系统工程与系统科学研究成果得到国际学术界高度重视。我国系统工程和系统科学的研究和应用取得的出色成就，得到了国际学术界的充分肯定与高度评价。协同学创始人哈肯说，"系统科学的概念是由中国学者较早提出的，我认为这是很有意义的概括，并在理解和解释现代科学，推动其发展方面是十分重要的"，并认为"中国是充分认识到了系统科学巨大重要性的国家之一"。

1989年6月，在美国纽约召开的国际科学与技术交流大会，为表彰钱学森院士对中国火箭导弹技术、航天技术和系统工程理论作出的重大贡献，决定授予他"小罗克韦尔奖章"和"世界级科技与工程名人""国际理工研究所名誉成员"称号。这是中国人的骄傲。

中国系统工程学会1994年加入国际系统研究联合会（International Federation for Systems Research，IFSR）；2002年，中国系统工程学会前任理事长顾基发研究员担任国际系统研究联合会主席；2003年，中国成为IIASA（International Institute of Applied Systems Analysis，国际应用系统分析研究所）的成员国。

系统工程中国学派的发展道路具有显著的中国特色，例如：

（1）学术界与党和国家领导人高度重视，人民群众无不知晓。系统工程在中国受到了学术界与党和国家领导人两个方面的高度重视，这是显著的中国特色。一个学科受到如此重视，这在中国、在全世界都是少有的，大概是独一无二的。系统工程在中国的影响既有深度，又有广度，可以说是家喻户晓，人人皆知，这在世界上也是独一无二的，其他国家、其他学派，恐怕都难以相提并论。

（2）中国的系统工程学术团体有中国系统工程学会和地方的、企业的系统工程学会，这是研究与应用系统工程的组织保证。中国的系统工程学会不但有全国性学会，而且有一大批省市县和企业的系统工程学会。在我国，学会不实行垂直领导体制，而是分别由各级政府的民政部门和各级科协等机构主管，但是，地方和企业的系统工程学会都很认同中国系统工程学会的业务对口关系，乐意接受中国系统工程学会的业务指导。有些学会办得是很出色的。例如，湖南省系统工程学会于1981年11月成立，1983年7月创办了学术刊物《系统工程》，现在已经成为影响较大的全国中文核心期刊，国家自然科学基金委员会管理科学重要期刊，《中国期刊网》《中国学术期刊（光盘版）》全文收录期刊，中国学术期刊综合评价数据库来源期刊和中国科学引文数据库来源期刊。江苏省系统工程学会自1989年成立以来，连续10多次荣获中国科协《学会》杂志每年评选的"全国省级学会之星"光荣称号，并且坚持每两年召开一次学术年会，每次年会的与会代表都在百人以上。

（3）重视系统工程高层次人才的培养，系统工程学术界人才济济，薪火相传。很多大学在 20 世纪 80 年代初就成立了系统工程系或系统工程研究所，开设系统工程课程，举办系统工程专业，培养本科生、硕士研究生、博士研究生、访问学者。在我国的《授予博士硕士学位和培养研究生的学科专业目录》（简称《学科目录》）中，在"07 理学"门类有一级学科"0711 系统科学"，下设两个二级学科：071101 系统理论，071102 系统分析与集成；在"08 工学"门类有二级学科"081103 系统工程"；在"12 管理"门类的一级学科"1201 管理科学与工程"中，系统工程是六个学科研究范围之一（该一级学科下面没有统一设立二级学科）。目前，全国这几个学科的博士点有 100 多个，硕士点更多。

中国系统工程学会还举办大中学生系统工程夏令营（1991 年在厦门，1992 年在昆明，1995 年和 1997 年在北京），寓教于乐，向青少年宣传系统工程，为系统工程队伍培养接班人。这些夏令营都是与所在省市系统工程学会共同举办的。江苏省系统工程学会等地方学会也自主举办了系统工程夏令营。

系统工程在中国获得了巨大的成功，但是还没有实现其应有的辉煌。中国的系统工程工作者应该继续努力，争取早日实现系统工程在中国应有的辉煌！

*3.7　现代管理科学中国学派

3.7.1　现代管理科学中国学派的定义与特点

创建现代管理科学中国学派，是一项艰巨复杂的系统工程。鉴于系统工程与管理科学的密切关系，鉴于系统工程中国学派已经形成，现代管理科学中国学派的创建工作可以得到系统工程中国学派的支持，系统工程中国学派的许多成果可以直接纳入现代管理科学中国学派。系统工程中国学派与现代管理科学中国学派是相辅相成的，两者有很大的交集，系统工程工作者和管理科学工作者应该携起手来共同开展创建工作。

国家自然科学基金委员会管理科学部在"十一五"期间有三项战略目标，第一项战略目标就是"奠定在未来 10～20 年中逐步建立管理科学中国学派的学科基础"。

什么是现代管理科学中国学派？

现代管理科学中国学派，是以当代中国人为主研究管理科学所形成的学派，它是当代中国人研究管理科学的成果之总和，具有鲜明的中国特色和时代特征。

这里所说的"以当代中国人为主"，表明了当代中国人的责任——当代中国人是创建现代管理科学中国学派的主力军。同时，也会有一些外国人研究中国管理，他们所获得的研究成果也可以纳入现代管理科学中国学派。要以开放的心态，欢迎外国人研究现代中国的管理，尤其欢迎白求恩大夫、李约瑟博士这样的国际友人。

现代管理科学中国学派的核心，是当代中国人研究中国的管理所形成的学问，是当代中国人研究中国的管理所得到的研究成果之总和。

现代管理科学中国学派具有以下特点：

（1）它是中国的。它具有显著的中国特色，适合中国国情，能够有效地解决当代中国的经济发展与社会进步问题。

（2）它是现代的。运用现代计算机技术和互联网技术，体现世界上最新的管理科学成就。

（3）它是先进的。博采众长，推陈出新，综合集成。

（4）它是世界的。具有普适性，是全人类的共同财富，尤其是可以为发展中国家所借鉴。

（5）它是开放的、与时俱进的。具有强大的生命力，将会不断完善与发展。

国际上已经越来越多地谈论"中国模式"，包括改革开放的中国模式，经济发展的中国模式，社会安定团结的中国模式，也包括管理的中国模式。黑格尔说：存在的便是合理的。还可以说：发展的便是合理的，成功的更是合理的。应该找出中国存在之理、发展之理、成功之理，指导我们取得更好的发展、更大的成功，永葆中国之青春，并且把这些道理贡献给全世界。

一般地，中国学派与中国模式的关系是：中国模式是中国学派的实践形式，中国学派是中国模式的理论形式。现代管理科学中国学派则是现代管理的中国模式的理论形式。实践先行，理论随后。现在，改革开放的中国模式、经济与社会发展的中国模式已经基本展现，管理的中国模式也已经开始展现，引起了全世界的重视，但是，现代管理科学中国学派还在孕育之中。系统工程工作者与管理科学工作者的责任就在于积极开展研究工作，早日把现代管理的中国模式提炼和上升为中国学派。

现代管理的中国模式是一个总称，它包含许许多多具体的、个别的模式，也包含分门别类的若干模式、一般的模式。一个典型案例就是一个具体的模式，众多的典型案例可以归纳出分门别类的模式，乃至具有普遍意义的一般模式。现代管理科学中国学派也是一个总称，它将包含较多的流派或支派，如同先秦的诸子百家一样。

国际上已经有人提出：是 theory of Chinese management，还是 Chinese theory of management？前者是指用西方的理论来看中国的管理，后者是指从实际的管理工作中提炼出中国的理论——这正是现代管理科学中国学派所做的工作。

3.7.2　创建现代管理科学中国学派的基本途径

创建现代管理科学中国学派的基本途径是：洋为中用，古为今用，近为今用，综合集成。下面进行分别说明。

1. 洋为中用

改革开放的 30 多年，就是西方管理科学"洋为中用"的 30 多年。我们应该继续重视洋为中用，目光紧紧盯住国外管理科学的进展，第一时间看到外国的新发明新创造，引进、消化、吸收、改造、创新。"外国"不仅仅是"西方七国"，也包括世界上其他各国，尤其是印度、巴西、俄罗斯和东方近邻韩国、新加坡等。

洋为中用要破除对于外国人的"两个凡是"：凡是外国人说的都是对的，跟着外国人亦步亦趋；凡是外国人批评的都是错的（都是我们的错），我们就要改弦易辙。"中国崩溃论"对吗？"中国威胁论"对吗？"中国责任论"也要加以冷静的分析。经典的西方经济学理论能够解释中国的经济发展吗？经典的西方社会学理论能够解释中国的安定团结吗？经典的西方管理理论能够照搬照抄吗？西方的民主制度具有普世价值吗？它适合于中国吗？……我们必须加以辨别，有的需要认真学习，有的可以引以为鉴，有的需要坚决拒绝，甚至予以驳斥。

洋为中用要注意本土化，要防止盲目跟风和炒作行为。

2. 古为今用

中国古代曾经有过卓越的管理思想和管理实践。中国五千年文明史从来没有间断过，这在全世界是独一无二的。先秦诸子百家争鸣、百花齐放，留下了丰富的文化遗产，后世学者又持续不断地研究和阐述，博大精深，多姿多态。中国内地学者、香港与澳门学者、台湾学者、美籍华裔学者和其他学者在古为今用方面已经作了不少研究，出版了多部专著。

根据历史的演变和现实的存在，古为今用要以儒家为主、兼顾百家。要以近几年的"国学热"为契机，深入开展典籍研究，系统整理和发掘古代管理思想。

古为今用也要破除"两个凡是"：凡是古人提倡的都是对的，我们今天都要遵循；凡是古人反对的都是错的，我们今天都要舍弃。例如，"天圆地方""三纲五常"今天还能用吗？"阴阳五行"之说要多加分析：阴阳之说是有道理的，五行之说不能到处套用。

3. 近为今用

近为今用是重点，其含义是：从我国近期的社会实践中总结经验和教训，上升到理论高度，指导当前和今后的社会实践。

近期是指改革开放 30 年—新中国 60 年—中国共产党与五四运动 90 年，还可以继续上溯：辛亥革命（1911 年）—戊戌变法（1898 年）—洋务运动（1860 年开始）—鸦片战争（1840 年，中国近代史起点）。时间范围如同湖面上的水波纹，一圈一圈扩大。在这个历史过程中，虽然有不少曲折，但是总的趋势是：中国从闭关锁国走向改革开放，从封建专制走向共和与民主，从贫穷落后走向繁荣富强。

近为今用需要消除民族虚无主义情绪，消除"文革"后遗症和逆反心理。近为今用更需要破除"两个凡是"，这是众所周知的。

4. 综合集成

综合集成（meta-synthesis），这是系统工程综合集成方法论的关键词，第 4 章要专门介绍。洋为中用，古为今用，近为今用，必须综合集成。打个比方：不是简单的三盘菜，也不是一个大拼盘，而是要把三种来源的丰富多样的原材料烹制为系列化的美味佳肴，办成一桌又一桌丰盛的宴席。

图 3-2 描述"三室一厅"的工作方案。"三室"是指洋为中用、古为今用、近为今用等三个研讨室，"一厅"即钱学森院士倡导的综合集成研讨厅，把"三室"中的内容汇集起来，反复研讨，从定性到定量综合集成。

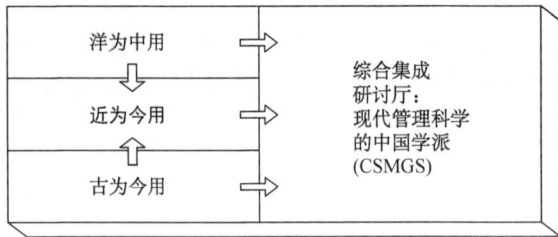

图 3-2　"三室一厅"的工作方案

3.7.3　创建现代管理科学中国学派的研究方法

创建现代管理科学中国学派要运用多种研究方法，其中，案例研究是非常重要的。理论研究与案例研究相结合，从中国模式到中国学派。

先说案例研究。一个典型案例就是一个具体模式，从多个具体模式总结出一般模式。例如：

研究钢铁企业宝钢、鞍钢、武钢、邯钢……可以得到宝钢模式、鞍钢模式、武钢模式、邯钢模式……从这些具体的钢铁企业模式可以总结出中国钢铁企业的一般模式，以及钢铁行业中国模式；

研究家电企业海尔、美的、春兰……，可以得到海尔模式、美的模式、春兰模式……，从这些具体的家电企业模式可以总结出中国家电企业的一般模式，以及家电行业中国模式；

同理，研究 IT 企业联想、华为……，研究汽车制造企业一汽、二汽、吉利……，可以得到 IT 行业中国模式、汽车行业中国模式……

从钢铁行业中国模式、家电行业中国模式、IT 行业中国模式、汽车行业中国模式……，可以总结和提炼出工业发展的中国模式；

同理，可以总结和提炼出农业发展的中国模式、第三产业发展的中国模式……进一步，则可总结提炼出经济发展的中国模式。

由经济发展的中国模式可以总结提炼出"现代经济学中国学派"。

同理，可以总结提炼出现代管理的中国模式，上升为现代管理科学中国学派。

典型案例既包括成功的案例——这是主要的——也包括失败的案例。两方面的案例汇集起来才比较完整，不失偏颇。企业案例既包括国企，也包括三资企业和民企，这样才比较完整，不失偏颇。

案例研究不光是研究中国当代的案例——近为今用；还有外国的案例研究——洋为中用；以及古代的案例研究——古为今用（古代案例主要通过历史文献进行，有些也可以进行实际考察，如都江堰、大运河、故宫等）。

案例研究和模式的总结、提炼是面广量大的，而创建中国学派的难度还要大得多。但是，工作只要有人做，就会做出来、做成功。有比较才能有鉴别。创建中国学派，还必须研究外国的各种学派。

中国模式必然包含中国经验,体现中国特色,反映中国本色(中国底色)。中国模式不盲目拒绝"土办法"。事实证明,许多"土办法"很管用,能够办大事;"土八路"很有战斗力。中国人民革命的胜利,靠的是红军、"土八路""土办法";中国改革开放的成功,"土八路""土办法"——这里是指农民的土地承包、乡镇企业——也发挥了不可替代的巨大作用。没有它们,就没有今天的辉煌。

案例研究是对活生生的实践进行研究,与之相对应,还有理论研究。理论研究包含引经据典的文献研究,包含经验的总结、理性的思考、天才的直觉等,然后加以论证和演绎。从案例研究到中国模式,从中国模式到中国学派,需要综合运用多种思维,尤其是创造性思维。

海纳百川,有容乃大。现代管理科学中国学派是一个大平台,所有研究管理科学的中国人和国际友人都可以到这个大平台上开展研究和交流。

现在,研究中国的管理已经形成热潮,提法很多,例如,和谐管理,和合管理,中道管理,中国式管理,中国管理学,有中国特色的现代管理学,有中国特色的现代管理科学的中国学派……尽管在名称上差异比较大,其实大家的基本想法都差不多:总结、提炼中国的管理理论与方法,改进中国的管理工作,对管理科学的发展作出贡献。

现代管理科学中国学派可以包容或代表其他提法。现代管理科学中国学派可以比喻为一个聚义厅,中国的、外国的各路英雄好汉都可以来此聚义,共同创建现代管理科学中国学派。

现代管理科学中国学派可以有不同的流派或支派,有新的诸子百家。但是,相比外国学派,它们都是中国学派。如同北京人、上海人、西安人、广州人……走出国门都是中国人。

现代管理科学中国学派还可以比喻为一个大家庭。

中国人民的智慧和创造力是无穷无尽的。创建现代管理科学中国学派既有必要性,又有可能性。有理由相信:现代管理科学中国学派一定可以创建起来,而且,时间不会太长,只要仁人志士们努力去做。

习题 3

3-1　系统工程的定义是什么?试从其他文献中再找出两种定义加以比较。

3-2　系统工程的特点是什么?

3-3　为什么说系统工程是应运而生?

3-4　系统工程在我国的发展历程如何?

3-5　系统工程与其他学科的关系如何?

3-6　系统工程在现代科学技术体系中的地位如何?

3-7　为什么说"城市交通问题是一个系统工程问题"?试从各种媒体上再找出 3~5 种关于系统工程的说法。

3-8　系统工程中国学派有哪些标志性成果?

3-9　系统工程中国学派如何进一步发展?

*3-10　现代管理科学中国学派有哪些特点?

*3-11　创建现代管理科学中国学派的基本途径是什么?

3-12   什么是洋为中用？当前在洋为中用方面有什么弊端？

3-13   什么是古为今用？当前在古为今用方面有什么问题？

3-14   什么是近为今用？在近为今用方面你有什么体会？

*3-15   创建现代管理科学中国学派的主要方法是什么？

*3-16   你愿意致力于研究现代管理科学中国学派吗？请选择合适的题目开展研究，撰写论文。

3-17   请查找最近三期系统工程主要刊物上有哪些文章，以加深你对系统工程研究领域的了解。

3-18   中国系统工程学会的上一届和下一届学术年会在何时何地召开？年会的主题是什么？

第 4 章

系统工程方法论

▌4.1 引言

方法（method）和方法论（methodology）有所区别。方法是用于完成一个既定目标的具体技术、工具或程序；而方法论是研究问题的一般途径、一般规律，它高于方法，指导方法的使用。

系统工程方法论可以是哲学层次上的思维方式、思维规律，也可以是操作层次上开展系统工程项目的一般过程或程序，它反映系统工程研究和解决问题的基本思路或模式。20 世纪 60 年代以来，许多学者在不同层次上对系统工程方法论进行了探讨。

在一些文献中，常常出现"系统方法论""系统研究方法论"的提法，它们的含义与系统工程方法论是等同的或相近的。

本章依照方法论提出的时间顺序，分别介绍 Hall 三维形态、Checkland 软系统方法论、钱学森综合集成方法论、物理—事理—人理（WSR）系统方法论等。系统工程方法论在不断发展，不断完善；同时，系统工程的理论与方法也在不断发展，不断完善，这样，系统工程可以用来有效地解决越来越多样和复杂的问题，不但包括工程问题，而且包括社会问题。

钱学森综合集成方法论和物理—事理—人理（WSR）系统方法论都是中国人的创造，它们都富有东方思维的特点。

这里要指出：辩证法、唯物论是最基本、最重要的方法论，《矛盾论》《实践论》是经典的哲学方法论著作，对立统一规律是系统工程和管理工作的基本规律，系统工程工作者应该自觉地学习、掌握和运用之。

■ 4.2　Hall 系统工程三维形态

　　系统工程方法论中出现较早、影响最大的，是美国学者霍尔（A. D. Hall）提出的系统工程三维形态，又称为 Hall 系统工程三维结构，或者 Hall 系统工程方法论。

　　A. D. Hall 长期任职于美国贝尔电话公司，是 IEEE 资深会员，并且担任美国费城宾夕法尼亚大学莫尔电气工程学院系统工程兼职教授。他对系统工程方法论进行了不懈的研究，1969 年发表文章《系统工程三维形态》（*Three-Dimensional Morphology of Systems Engineering*）[①] ——本节内容主要依据这篇文章。为了避免以讹传讹，尽量按照原意叙述，尽可能采用原文的译文。

　　A. D. Hall 认为：对系统工程项目研究作一番观察，可以看到，它们至少具有三个基本维度——时间维、逻辑维、专业维，如图 4-1 所示。

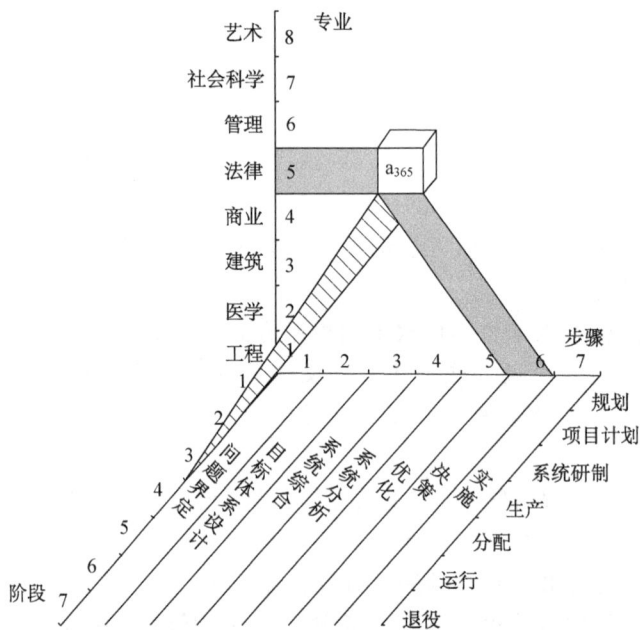

图 4-1　系统工程的三维形态

---

　　① A. D. Hall 此文发表于 *IEEE Transaction on Systems Science and Cybernetics*（April 1969）。后来被收录于论文集 *Systems Engineering：Methodology & Applications*（Sage，1977），该论文集第 1~10 页是 A. P. Sage 写的 *Introduction to Systems Engineering Methodology & Applications*，其中引述 Hall 此文的三维结构，把第三维写成 knowledge 即知识维。本书在第 4.2.4 节对此作了评析。

　　A. D. Hall 在 1962 年出版了专著 *A Methodology for System Engineering*（《系统工程方法论》，Princeton：D. Van Nostrand Company，INC）。但是，该书未提出系统工程三维结构。

　　孙东川曾经撰文《Hall 模型与系统工程专业》，发表于《系统工程》（1985 年第 1 期，第 61~63 页），澄清了这个问题。该文也收录于孙东川等（2004）的著作中。

4.2.1　Hall 提出的三个维度

1. 第一维是时间维

时间维描述一个项目从开始到结束的整个生命周期的活动秩序，它由重大的决策点来分隔，分隔点之间的区间称为阶段（phase）。一般分为七个阶段：规划、项目计划（初步设计）、系统研制（执行项目计划）、生产（建造）、分配（分阶段启用）、运行（消耗）、退役（逐步取消）。

这些阶段组成一种粗结构。

第一阶段是"规划阶段"。这是一种有意识的活动，一个企业必须努力明确哪些活动或项目需要制订详细计划。规划阶段完成的标志是对规划中提出的多个备选方案，或者选择其中的最佳方案，或者明确宣布取消该项目，即作出决策。

第二阶段是"项目计划"。项目计划不同于第一阶段所说的规划，前者只是把精力集中在整个规划的一个项目上，其详细展开在逻辑维中叙述。

第三阶段"系统研制"，是执行上面的项目计划。它是各个步骤的另一轮循环，并不涉及全部备选方案，而只是涉及其中的一部分，即已经选定的方案。对于制造企业或建筑企业来说，这一阶段结束的标志是准备好具体规范、图纸及材料清单。

第四阶段是"生产"或"建造"，前者是指工厂制造产品，后者是指在某地建立一个系统。该阶段涉及系统中物资设备方面的全部活动。例如，对于一座新的房屋，总工程师根据他本人和顾问们所提供的具体计划与具体规范来执行建造方案；对于一种新产品，总工艺师决定工艺路线、材料流转、生产平面布置，涉及工装与试验夹具，并建立质量管理制度。

第五阶段是"分配"或"分阶段启用"，是向最终用户分配产品或逐步启用系统。它涉及多种分配机构、销售组织、使用部门以及销售工程。有的产品可能寿命很长，如电站水坝；有的产品是消耗性的，如某种新款式的包装食品。

第六阶段是"运行"，也是"消耗"。它同前面的分配阶段、后面的退役阶段或多或少有些重叠，这取决于子系统的数目，以及逐步启用、运行与逐步淘汰的周期。在任何情况下，运行都是开展各种形式系统工作的理由。设计中未曾料及的很多问题都出现在这一阶段，例如，那些同最佳使用有关的问题，它们是通过逻辑维的七个主要步骤反复循环而解决的。

最后，第七阶段，系统退役，或者更一般地说，在一个周期后逐步淘汰，并被某个新的系统取而代之。与其他阶段一样，逻辑维的七个步骤在本阶段都是适用的。

2. 第二维是逻辑维

逻辑维描述问题求解程序。在上面所说的各个阶段中，每一个阶段都可以分为若干步骤（step），常常是分为七个步骤：问题界定，目标体系设计（制订目标与准则），系统综合（编排系统各种备选方案），系统分析（推演备选方案），优化备选方案，决策（依据目标体系），实施（执行下一阶段）。

逻辑维反映了系统工程的细结构。

每一个阶段都包含多个步骤。下面以第二阶段——项目计划（初步设计）为例加以说明。

步骤 1 即活动 a_{21} "问题界定"，包括研究需求与环境、收集与分析资料来摆明问题。

步骤 2 即活动 a_{22} "目标体系设计"，是用这些资料确定所要实现的目标，并确定用来评价各个备选方案的决策准则（通常是多维的）。

步骤 3 即活动 a_{23} "系统综合"，是指编排一组竞争性的备选方案。

步骤 4 即活动 a_{24} "系统分析"，是对备选方案的结果加以推演。

步骤 5 即活动 a_{25} "优化备选方案"，这一步骤需要前面四个步骤反复迭代，而不能抽取出来作为孤立的功能步骤。优化还常常引起另一种反复迭代：系统的模型与系统最优化的目标之间相互作用。建立模型的工作是一种具有独立性的核心活动。

步骤 6 即活动 a_{26} "决策"，是根据目标体系与准则对各个备选方案进行评价和综合，从而选择最优方案。对备选方案应合理取舍。一个方案是否最优，应看其指标是否满足目标体系，这是最优化的准则。

最后，步骤 7 即活动 a_{27} "实施"，是制订实施计划，包括下达指标、调配力量、分配资源、确定对计划检查的制度、设计反馈环节以控制下一步活动。

如果不是面对一个多阶段任务，就应该把实施工作——开展活动并控制活动——作为最后一个步骤。而在我们的多阶段框架中，实施工作是下一个阶段的任务。

这些步骤执行的次序可以灵活掌握，但是不管问题是什么，每一步骤都是必须执行的。这些步骤可以在连续的几个阶段中反复执行。其流程是逻辑的而不是时间的——这是第二维的基本特征。

粗细二维即时间维与逻辑维构成系统工程活动矩阵，将在后面介绍。

3. 第三维是专业维

A. D. Hall 说："第三维涉及界定一个特定的学科（discipline）、专业（profession）或技术（technology）所需的事实、模型和程序等主体内容。这一维可用正规化或数学化结构的程度来度量。坐标刻度顺着箭头方向表示正规化程度递减，其区间分隔依次为：工程，医学，建筑，商业，法律，管理，社会科学以及艺术。"

图 4-1 所示的三维形态较好地定义了系统工程。借助于它，我们可以更好地说明多种活动，例如，法律界研究阶段的决策活动（a_{365}），或医学界的运行阶段（$a_{612} \sim a_{672}$），后者包括了一般医学从业人员在运行阶段的所有工作。

在这里，三维形态被划分为 $7 \times 7 \times 8 = 392$ 项活动。这个数目还可以大大增加，只要添设新的专业，或者根据研究的需要将阶段与步骤细分。其重要性在于：通过变量的组合来描述活动会带来大量的新问题。（任何出色的研究，所提出的问题总是比它所回答的问题来得多）

在图 4-1 的专业维上相距最远的一对专业，两者的研究方法与研究主题是差异最大的。然而，那些"相距最远的"人们——工程技术人员与社会科学工作者，恰恰是最有希望从工程中大量借鉴模型、方法与技巧的。

这一点无须解释，因为工程上的研究方法具有如此良好的形式，它适于向其他领域输送。虽然也可以指出它的一些弱点，但是这种合理有效的工程方法与方法论的存在是毫无异议的。

应该把三个维度作为一个整体来看，这样，我们对于过程、工具以及过程中的多项活动就会获得深刻的理解。实际上，这也反映了系统方法的基本要点，这种整体性有助于获得与运用第三维中所包含的学科知识。

4.2.2　活动矩阵与超细结构

1. 活动矩阵

把时间维与逻辑维组合在一起，形成的二维形态的系统工程方法论模型，称为Hall 矩阵。同时，它描述了不同于别的专业的一个领域。系统工程本身并不是一个专业，因为它不包含某些特有的事实、模型、方法等。但是系统工程把若干领域中的模型、概念、事实等加以提炼与抽象，在这个意义上，把系统工程说成类似于一种新兴的专业也是可以的。表 4-1 表示活动矩阵，它的每一个元素都由某一阶段某一步骤的活动所唯一确定。这个模型反映了包括设计工作在内的全貌，而设计工作主要是集中在第二、三阶段内。

表 4-1　Hall 的系统工程活动矩阵

时间维 ↓　阶段　粗细结构的步骤 / 逻辑维 →	1 问题界定	2 目标体系设计（制订目标与准则）	3 系统综合（编排系统各种备选方案）	4 系统分析（推演备选方案）	5 优化备选方案（前 4 步反复进行，建立模型）	6 决策（依据目标体系）	7 实施（执行下一阶段）
1　规划	a_{11}	a_{12}				a_{16}	a_{17}
2　项目计划（初步设计）	a_{21}	a_{22}	a_{23}	a_{24}	a_{25}	a_{26}	a_{27}
3　系统研制（执行项目计划）							a_{37}
4　生产（构建）				a_{44}			
5　分配（分阶段启用）							
6　运行（消耗）	a_{61}						
7　退役（逐步取消）	a_{71}	a_{72}				a_{76}	a_{77}

很显然，二维形态用于电信问题时，与用于医学问题或桥梁建造问题是大不一样的。因此，一个人即使非常熟悉活动矩阵中所有活动的位置以及有关的工具、模型等，也还是不能轻易地处理任何实际问题——还需要有专门的知识与技巧。

现在我们来看由粗细二维形成的 49 项活动。每一个方格中的活动是唯一的，但是具有许多相似性与关联性。例如，制订目标体系时所选择的目标，依我们所处的阶段不同而有所不同：适应于规划阶段的目标，在退役阶段很可能不适应，甚至互不相干。尽管如此，不断深化我们关于如何设计与运用目标体系的知识，在所有各个阶段都是有用的，能使我们具有为特定阶段取舍合理目标体系的智慧。

2. 神羊角与超细结构

我们在上面把细结构直线式展开，强调了细结构在时间上的特征，但是掩盖了系统工程作为过程展开的某些基本特征。运用控制论的基本观点，过程的迭代性与收敛性两大特点可以用一个简单的比喻来说明——一个具有逆向流动的神羊角，见图 4-2。

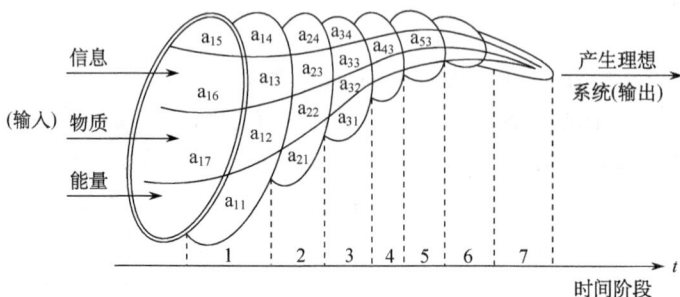

图 4-2　Hall 的神羊角模型

希腊女神 Amalthea 的神羊角，是丰盛和富饶的象征，它输出主人希望得到的任何东西。在我们这里，那些指挥与协助系统工程师的社会团体抱有某种愿望，把能量、信息、材料集中于越来越小的课题范围与决策范围，直至最后产生一个理想的系统，并找到适合自身发展的环境。神羊角螺旋式地收缩为一点，恰好说明经过连续的多个阶段和反复迭代的细结构循环后所发生的事情。

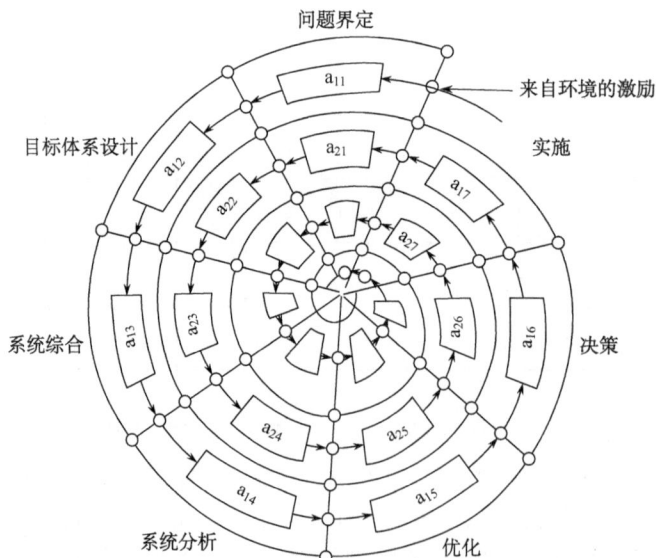

图 4-3　Hall 的超细结构

神羊角的螺旋结构形态与尺寸可以因任务而改变。如果我们从大头向里看，就可以看到绝妙的超细结构，如图 4-3 所示。我们看到的是一系列联系：一个方向上的活动元素，除了最前面敞口上的活动元素以外，都以反馈与前馈的方式连接着两条路径，使得任一步骤都可以按某一条路径跟随在其他步骤后面进行。

*4.2.3　逻辑维的变通

Hall 很重视他的活动矩阵，而且以神羊角和超细结构加以形象化地说明。其中表现了反复迭代和不断收敛的特点，正是由于这两个特点，系统工程工作者（一般是项目组）接到一个研究项目，一开始可能觉得像是"老虎吃天，无从下口"，然而按照神羊角或超细结构展示的"路线图"，一个步骤一个步骤地向前推进，一个阶段一个阶段地向前推进，最后大功告成，完成任务。

实际上，开展任何一个系统工程项目，大体上都是按照活动矩阵运作的。第三维只是表明这个项目属于哪一个专业领域。

在三维结构中，逻辑维最重要，因为逻辑维具有相当广泛的普遍适用性。

逻辑维包含七个步骤，这些步骤进行的次序是比较灵活的，有些步骤要多次进行、反复进行。我们用图 4-4 来进一步说明。图 4-4 表示的逻辑维与 Hall 略有不同，图中第五个方框为"系统评价"。变动的理由有以下几点：第一，根据系统工程的咨询性，决策并非系统工程工作者（项目组，作为受托方即乙方）的权力，项目组只是把几种建议方案作为研究结果提交委托方即甲方，由甲方的决策者选定某一种方案付诸实施——付诸实施也不是项目组的职责；如果甲方继续委托乙方研究实施过程中的事情，那么乙方就开展下一阶段的工作——按照逻辑维开展新一轮的研究活动。第二，前面说了，在步骤 6 中，要"根据目标体系与准则对各个备选方案进行评价和综合"，这是在甲方决策之前的"一道工序"，这道"工序"乙方一定要开展的，此后，还可能由甲方和乙方再共同开展一次；就是说，评价之后才能决策，决策之前一定要开展评价。第三，在步骤 5 中，乙方"优化备选方案"，优化的效果怎么样，乙方自己也要评价，而且是多次评价、反复评价；可以说，优化包含评价，评价包含优化。第四，在 Hall 逻辑维中，步骤 4"系统分析"似乎过于简略，"对备选方案的结果加以推演"应该是定性研究与定量研究相结合，其中包括建立数学模型进行计算分析，进行优化和迭代，而不必等到步骤 5 才做这些工作。有鉴于这几点，我们把方框 5 表示为系统评价，同时，在

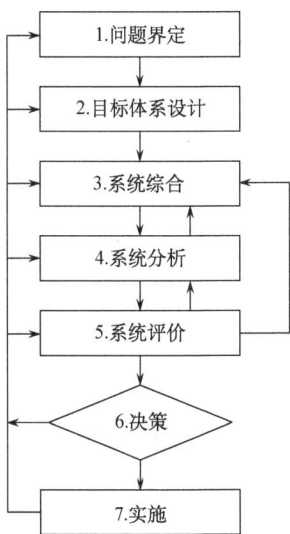

图 4-4　变通的逻辑维

方框 4 中注重建立数学模型，注重反复迭代和优化。此外，方框 1 常常写成"摆明问题"，方框 2 常常写成"确定目标"，与 Hall 的含义并没有什么原则性不同。

在图 4-4 中，右侧增加了三个向上的箭头，体现系统综合、系统分析、系统评价三者之间特别密切的关系。

在 Hall 逻辑维中，强调"优化"而不是"最优"，这是值得重视的。第 3.3 节已经说明了这一点。在图 4.4 中，仍然要重视这一点。

*4.2.4　Sage 把第三维说成知识维

A. D. Hall 在他的第三维旁标注的是 proffesions，其含义是很明确的。但是，在许多教科书上，Hall 三维形态的第三维写成"知识维"，其源盖出于 A. P. Sage。Sage 在引用 Hall 三维形态的时候，把第三维写成了 knowledge，如图 4-5 所示。图 4-5 的其余两维名称在字面上与 Hall 有别，实际的解释是一样的。

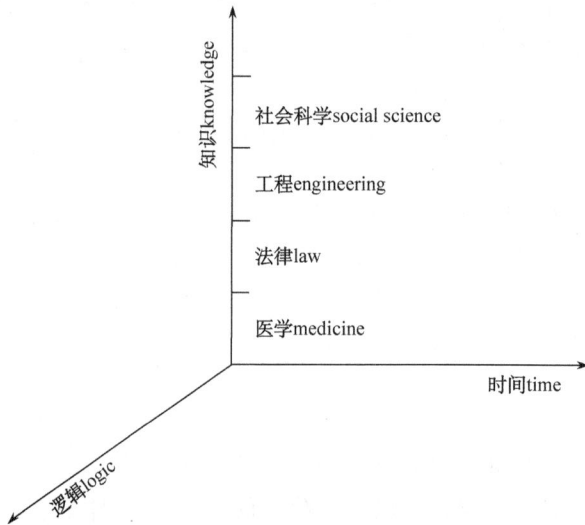

图 4-5　Sage 的系统工程三维形态

Sage 把知识维说成从事系统工程需要的多方面的知识。这样说对不对？从事系统工程无疑是需要多方面的知识的，但是这样去理解第三维，难免给人一种肤浅的感觉，似乎第三维是不言而喻的，因而是可有可无的。这与 Hall 的本意相去甚远。而且，Sage 的第三维排列由下而上的次序为：医药、法律、工程、社会科学，这种次序看不出什么规律性。而且，其中有两个问题：第一，知识维的知识似乎很不全，起码还应该增添数学、计算机等知识和技能，以及系统工程研究项目所涉及的专业知识；第二，如果系统工程研究项目不属于医药卫生领域，则医药知识不一定是必需的。

总之，Sage 的第三维与 Hall 的第三维差别甚大，为了避免混淆，我们把图 4-5 称为 Sage 的系统工程三维形态。

在 A. D. Hall 看来，系统工程作为一类新兴的工程技术，可以分为许多专业，不但每一专业所需要的知识是多方面的，而且其中每一阶段每一步骤的活动（活动矩阵的一个小方格，或三维结构的一个小立方如图 4-1 的 a_{365}）所需要的知识也是多方面的。

本书则根据 A. D. Hall 的原文，把第三维称作专业维。由图 4-1 可知，Hall 是以活动矩阵为"地基"，建造了一座高度为八层的系统工程大厦。

我们可以用钱学森院士 1979 年提出的 14 门系统工程专业（表 3-1）来代替图 4-1

的专业维坐标，把三维结构看做一座高达 14 层的系统工程大厦。随着系统工程的发展，这座大厦不断地加高。现在中国系统工程学会已经有 20 来个系统工程专业委员会了。还有更多的系统工程专业在研究和形成中。

■ 4.3 Checkland 软系统方法论

4.3.1 对问题的认识

软系统方法论是由英国学者切克兰德（P. B. Checkland）在 20 世纪 80 年代提出的。他把 A. D. Hall 的系统工程方法论称为"硬系统思想"或"硬系统方法论"（hard system thinking/hard system methodology，HST/HSM），提出一种"软系统思想"或称"软系统方法论"（soft system thinking/soft system methodology，SST/SSM）。

他首先对"问题"作了区分。"问题"是任何理论和方法研究的起点与归宿。什么是问题？从问题的形成过程和问题认识的主观与客观关系来看，问题是一种待消除的状态差异，是一种令人担心的事物。从心理学观点来看，问题是为达到预定目标所要排除的障碍，所有问题都包含起始状态（给定）、理想状态（目标）和环境状态（障碍）；它们通常都是既定的，而环境是多变的，目标是可能调整的。问题起始状态的模糊化和不确定性以及理想状态因价值观念的多元化，造成事物环境条件复杂化，即问题复杂化。考虑人的价值观和需求的层次递增规律，人们几乎永不休止地追求"更好的"东西，欲望无限。例如，奥林匹克运动的格言是"更快、更高、更强"（faster，higher，stronger）。然而，资源有限、能力有限，所以人类社会必定产生种种问题，问题的大小和复杂程度取决于人们需求的强烈程度和需求得到满足的程度。

问题具有时间性、空间性、层次性。为认识问题进而解决问题，应在确定的时间和空间范围内考察和分析问题的构成、特点与属性。从问题的结构与特点来看，问题有良结构（well-structured）与劣结构（ill-structured）之分，有硬问题（hard problem）与软问题（soft problem）之别。一般便于观察、便于建模、边界清晰、目标明确、好定义的（well-defined）问题称为良结构的硬问题；而把难以观测、不便于建模、边界模糊、目标不定、难定义的（ill-defined）问题称为劣结构的软问题。

P. B. Checkland 将工程系统工程要解决的问题叫"问题"（problem），而将社会系统工程要解决的问题叫"议题"（issue），即有争议的问题，认为前者是用数学模型寻求最优解，后者是寻求满意解。他还将工程系统工程研究的对象称为"硬系统/结构化问题"（hard system/structured problem）。

4.3.2 硬系统方法论的局限性

20 世纪 50～60 年代，硬系统方法论在各种工程领域的成功应用，如著名的阿波罗登月计划等，不可避免地使人们把这种方法论扩大用于求解社会系统的问题，期望取得同样的成功，事实证明，这是一种奢望。由于社会系统的复杂性，当用硬系统方法论解决社会系统问题时，其局限性便暴露出来。

一个典型例子是美国加利福尼亚州应用硬系统方法论解决公共政策方面的问题。20世纪 60 年代初，该州州长决定建立一个有关审判、信息处理、垃圾管理和大量运输事务的管理信息系统（MIS），其目的是处理公众和政府机构之间的各种信息。

如前所述，硬系统方法论在处理问题时要求有明确的目标。但"在适当的时候以恰当的方式提供足够精确的各种信息以满足公众的需要"这样的话语作为目标就太含糊了。当时的做法是建立了一个处理现有信息流的 MIS，而对现有信息流的作用以及是否需要其他信息等重要问题未作分析，没有考虑信息与决策之间的关系。系统建立后，由于无法提供决策所需要的信息，因而对该州的管理帮助甚小。

硬系统方法论的局限性主要集中在三个方面：

（1）硬系统方法论认为在问题研究开始时定义目标是很容易的，因此没有为目标定义提供有效的方法，但对大多数系统管理问题来说，目标定义本身就是需要解决的首要问题。

（2）硬系统方法论没有考虑系统中人的主观因素，把系统中的人与其他物质因素等同起来，忽视人对现实的主观认识，认为系统的发展是由系统之外的人为控制因素决定的。

（3）硬系统方法论认为只有建立数学模型才能科学地解决问题，但是对于复杂的社会系统来说，建立精确的数学模型往往是不现实的，即使建立了数学模型，也会因为建模者对问题认识上的不足而不能很好地反映其特性，因此通过模型求解得到的方案往往并不能解决实际问题。

4.3.3　软系统方法论解决问题的步骤

软系统方法论认为对社会系统的认识离不开人的主观意识，社会系统是人的主观构造的产物。软系统方法论旨在提供一套系统方法，使得在系统内的成员间开展自由的、开放的讨论和辩论，从而使各种观念得到表达，在此基础上达成对系统进行改进的方案。Checkland 的软系统方法论的思路和步骤如图 4-6 所示。

1. 问题情景描述

首先，在这里有必要区分"问题"与"问题情景"。问题指的是已能明确确定下来的某些东西，而问题情景是指人们感觉到其中有问题却不能确切定义的某种环境。

图 4-6 第①阶段和第②阶段的目的是明确问题情景的结构变量、过程变量以及两者之间的关系，而不是定义问题本身。明确问题情景在实践中是非常困难的。人们往往急于行动，却不愿花时间了解有关情况。在这里要尽可能了解与情景有关的情况、不同人的不同观点，形成一个丰富的情景描述以便进一步研究。比如研究一个公共图书馆时，人们可能将它看成这样几种系统：当地政府建立的一个休闲场所；教育系统的一个部分；一个存储书籍、报刊并将它们提供给公众使用的系统等。这些与问题情景密切相关的系统观点可称之为问题情景的相关系统。相关系统越丰富，对问题情景的研究越有帮助。

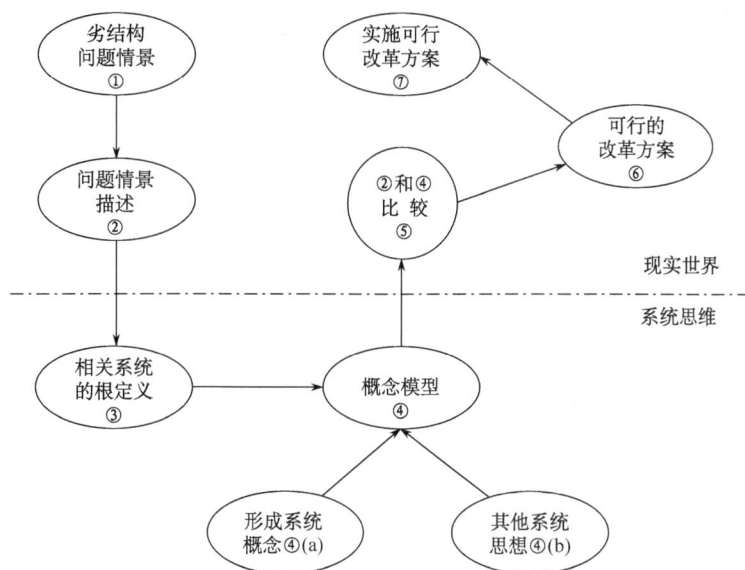

图 4-6 软系统方法论解决问题的步骤

2. 相关系统的"根定义"

第③阶段并不回答"需要建立什么系统",而是回答相关系统的"名字是什么"之类的问题,亦即确切定义相关系统"是什么",而不是"做什么"。这个定义是根据分析者的观点形成相关系统的概念,称之为相关系统的"根定义"。

如对于 disco 音乐会可以给出以下两个根定义:①它是传统商业活动系统;②它是用 disco 作为一种亚文化的象征来表达一种特殊生活方式的系统。对于同一个问题情景,不同的人可能给出不同的根定义。不同的根定义的交集将形成该问题情景的"内核"。

根定义规范和决定建模的范围与方向,其组成要素有:

C(customer):系统的受益者或受害者;

A(actors):系统的执行者(变换 T 的执行者);

T(transformation process):系统由输入到输出的变换过程;

W(weltranschauung):赋予根定义的"维特沙"(德文音译,大意是世界观,但还有价值观、伦理道德观之意);

O(owners):系统的所有者;

E(environmental constraints):系统的环境约束条件。

这些要素组合起来就称为 CATWOE,其含义是:系统的所有者(O)在维特沙(W)的规范下,使系统在环境约束条件(E)下,由系统的执行者(A)通过变换(T)将输入变换为输出,系统的受益者或受害者(C)就是受变换影响的人。

3. 建立概念模型

第④阶段的任务是根据根定义建立相关的概念模型。模型由内在联系的动词构成,是描述根定义所定义的系统的最小活动集。④（a）是根据系统理论建立的标准系统，用来检验概念模型是否完备，若不完备，则要说明原因；④（b）涉及其他一些系统思想，比如系统动力学、社会技术系统等，也许这些思想更适合于描述当前系统，提醒分析者全面分析问题。

概念模型是根据根定义作出的，它不涉及实际系统的构成，它不是实际中正在运行的系统的重复和描述。描述中包括的活动应恰好构成定义的系统，通过"做"说明系统"是什么"，与此无关的活动不应包括在内。例如，若将大学定义为进行高等教育和科学研究的系统，那么据此建立的概念模型只应包含与高等教育和科研直接相关的活动，初等教育、商业活动等不应包含在内。这样建立的模型有利于摆脱现实的局限性，使人们可以进一步理解问题情景，以便改进系统功能。

4. 概念模型与现实系统的比较

第⑤阶段的工作是将建立的几个概念模型与当前系统（问题）进行比较，目的是要发现两者之间的差别及其原因，以便改进。

在比较过程中，由于建立的概念模型有几个，所以无法取得一致的认识。因而在比较前，先要找出一个为多数人接受的模型。一般来说，几个概念模型的交集是一个比较理想的模型。

5. 系统更新

在以上分析的基础上，依据讨论的结果在第⑥阶段确定可能的变革。作出的变革应同时满足两个标准：在给定占优势的态度和权力结构、并考虑到所考察的情景的历史的前提下，它们应是合乎需要的和可行的。第⑦阶段的任务是把第⑥阶段的决定付诸行动以改善问题的情景。事实上，这相当于定义一个"新问题"并且也能用同样的方法论来处理。

简而言之，软系统方法论是处理非结构化问题的程序化方法，与硬系统方法论有明显的不同。软系统方法论强调反复对话、学习，因此整个过程是一个"学习过程"。

4.3.4　软系统方法论的应用情况及评价

由于软系统方法论在处理问题时的灵活性，它对下列领域的研究和应用很有作用：

（1）有助于系统理论方面的研究与应用。工程系统工程仅适用于解决硬系统问题，软系统方法论包含了工程系统工程的内涵，因而不仅可用于解决硬系统问题，也可用于解决软系统问题。

（2）有助于决策理论的研究与应用。实践证明，无论是在宏观战略决策还是在企业经营决策中，绝大多数决策要靠人的判断来做，特别是高层的、战略性的和非程序化的决策，往往是非结构化问题，更需要依靠人的智慧、知识和经验。软系统方法论可以为决策者提供充分发挥其知识、智慧和经验的途径，可望使决策更为有效和更切合实际。

（3）有助于推动其他软系统问题的研究工作。现实世界上存在大量的非结构化问题，因而软系统方法论可望得到更广泛的应用。

软系统方法论的特点是：①它与目标不明、非结构化的"麻烦"有关；②它强调过程，即与学习和决策有关；③它与感性认识、世界观及人类把组织现实的内涵与环境相联系的方式有关；④用模型的术语来说，它是非数学型的；⑤它依靠加深对问题情景的理解来改进它；⑥它依赖于解释社会理论；⑦它与对统治人类社会的社会规则的理解有关。

软系统方法论也有其不足之处，例如：①它不大适合处理突发事件，不能寄希望它"立竿见影"；②它在解释问题情景中的权利与冲突时缺乏可信度，因此在考虑社会变革时往往是"保守"的；③它缺乏明确的组织变革理论，只能通过有关参与者相互之间的沟通来激发变革；④它没有提及行为措施的合理性与合法性的关系，人们往往忽视问题的合理解决方法与当权者利益之间的冲突。

最后，我们以表 4-2 对软系统方法论与硬系统方法论进行比较。

表 4-2　软系统方法论与硬系统方法论的比较

硬系统方法论	软系统方法论
硬问题	软问题
良结构	劣结构
知物之善	知理之善
还原论思维	系统论思维
目标确定	目标模糊
状态辨识	沟通，达成共识
二元论	多元论
最优化	满意化
问题解决	状态改善
最优方案	改革方案
客观评价	主观评价

*4.4　Hall-Checkland 方法论

Checkland 软系统方法论的可操作性不是很好。在图 4-6 中，从"概念模型"④到"可行的改革方案"⑥，只是经过步骤⑤——把"问题情景描述"②与"概念模型"④进行比较——就获得了，如此简略，怎么操作？

这里提出的 Hall-Checkland 方法论是说：把 Hall 方法论与 Checkland 方法论的一些内容综合起来，形成一种新的方法论。Hall 方法论之"硬"，主要体现在时间维而不是逻辑维，逻辑维是具有普遍适用性的。只要修改时间维，就可以扩大 Hall 方法论的适用范围。

不妨把 Hall 的时间维所说的七个阶段代之以一般化的第一阶段、第二阶段、第三阶段……如果所研究的问题是硬系统的良结构问题，那么，时间维仍然是 Hall 说的七个阶段；如果所研究的问题是软系统的劣结构问题，那么，第一阶段可以是"从议题中找出问题"，把该阶段按照逻辑维展开，也可以是七个步骤：摆出议题，确定（议论的）规则，系统综合，系统分析，系统评价，达成共识，确定（需要研究的）问题；然后，转入第二阶段，大体上就是 Hall 逻辑维说的七个步骤了。对于社会经济系统，第二阶段可以是对问题的"初步研究"，第三阶段可以是"深入研究"，第四阶段可以是经过甲乙双方对话以后的"修正研究"或者"补充研究""改进研究"等。第三维仍然称之为"专业维"，它的刻度可以是 Hall 的，也可以是钱学森院士的表 3-1，也可以根据当前的最新进展重新设计。

这样，Hall 提出的神羊角模型和超细结构，仍然具有形象化的意义。

■4.5 开放的复杂巨系统与钱学森综合集成方法论

4.5.1 开放的复杂巨系统

钱学森综合集成方法论——全称为"从定性到定量综合集成法"和"从定性到定量综合集成研讨厅体系"——是钱学森院士等学者研究开放的复杂巨系统提出的方法论和方法体系。1990 年，钱学森、于景元、戴汝为联名在《自然杂志》当年第 1 期上发表论文《一个科学新领域——开放的复杂巨系统及其方法论》，该文与 1978 年钱学森、许国志、王寿云联名在《文汇报》上发表的《组织管理的技术——系统工程》一文，代表了钱学森院士系统工程和系统科学思想发展的两个阶段，都具有里程碑意义，对系统工程和系统科学的发展具有深远影响。

现在先对开放的复杂巨系统作一简单介绍。

根据组成系统的子系统以及子系统种类的多少和它们之间关联关系的复杂程度，可把系统分为简单系统和巨系统两大类。简单系统是指组成系统的子系统数量比较少，它们之间关系自然比较单纯。某些非生命系统，如一台测量仪器，这就是小系统。如果子系统数量相对较多（如几十、上百），如一个工厂，则可称作大系统。不管是小系统还是大系统，研究这类简单系统都可从子系统相互之间的作用出发，直接综合成全系统的运动功能。这可以说是直接的做法，没有什么曲折，顶多在处理大系统时，要借助于大型计算机，或巨型计算机。

若子系统数量非常大（如成千上万、上百亿、万亿），则称作巨系统。若巨系统中子系统种类不太多（几种、几十种），且它们之间关联关系又比较简单，就称作简单巨系统，如激光系统。研究处理这类系统当然不能用研究简单小系统和大系统的办法，就连用巨型计算机也不够了，将来也不会有足够大容量的计算机来满足这种研究方式。直接综合的方法不成，人们就想到 20 世纪统计力学的巨大成就，把亿万个分子组成的巨系统的功能略去细节，用统计方法概括起来。这很成功，是 I. Prigogine 和 H. Haken 的贡献，它们各自称为耗散结构理论和协同学。

如果子系统种类很多并有层次结构，它们之间关联关系又很复杂，这就是复杂巨系统。如果这个系统又是开放的，就称作开放的复杂巨系统。例如，生物体系统、人脑系统、人体系统、地理系统（包括生态系统）、社会系统、星系系统等。这些系统无论在结构、功能、行为演化方面，都很复杂，以至于到今天，还有大量的问题，我们并不清楚。如人脑系统，由于人脑的记忆、思维和推理功能以及意识作用，它的输入—输出反应特性极为复杂。人脑可以利用过去的信息（记忆）和未来的信息（推理）以及时的输入信息和环境作用，作出各种复杂反应。从时间角度看，这种反应可以是实时反应、滞后反应甚至是超前反应，从反应类型看，可能是真反应，也可能是假反应，甚至没反应。所以，人的行为绝不是什么简单的"条件反射"，它的输入—输出特性随时间而变化。实际上，人脑有 10^{12} 个神经元，还有同样多的胶质细胞，它们之间的相互作用又远比一个电子开关要复杂得多，所以美国 IBM 公司的 E. Clementi 曾说，人脑像是由 10^{12} 台每秒运算 10 亿次的巨型计算机并联而成的大计算网络！

再上一个层次，就是以人为子系统主体而成的系统，而这类系统的子系统还包括由人造出来的具有智能行为的各种机器。对于这类统，"开放"与"复杂"具有新的更广的含义。这里开放性指系统与外界有能量、信息或物质的交换。说得确切一些：①系统与系统中的子系统分别与外界有各种信息交换；②系统中的子系统通过学习获取知识。由于人的意识作用，子系统之间的关系不仅复杂而且随时间及情况有极大的易变性。一个人本身就是一个复杂巨系统，现在又以这种大量的复杂巨系统为子系统而组成一个巨系统——社会。人要认识客观世界，不单靠实践，而且要用人类过去创造出来的精神财富，知识的掌握与利用是个十分突出的问题。什么知识都不用，那就回到 100 多万年以前我们的祖先那里去了。人已经创造出巨大的高性能的计算机，还致力于研制出有智能行为的机器，人与这些机器作为系统中的子系统互相配合，和谐地进行工作，这是迄今为止最复杂的系统了。这里不仅以系统中子系统的种类多少来表征系统的复杂性，而且知识起着极其重要的作用。这类系统的复杂性可概括为：①系统的子系统间可以有各种方式的通信；②子系统的种类多，各有其定性模型；③各子系统中的知识表达不同，以各种方式获取知识；④系统中子系统的结构随着系统的演变会有变化，所以系统的结构是不断改变的。我们把上述系统叫做开放的特殊复杂巨系统，即通常所说的社会系统。

从以上列举的开放的复杂巨系统的实例中，可以看到，它们涉及生物学、思维科学、医学、地学、天文学和社会科学理论，所以这是一个很广阔的研究领域。值得指出的是，这些领域的理论本来分布在不同的学科甚至不同的科学技术部门，而且均已有了较长的历史，也都或多或少地用本学科的各自语言涉及开放的复杂巨系统这一思想，如中医理论，但今天却都能概括在开放的复杂巨系统的概念之中，而且更加清晰、更加深刻了。这个事实启发我们，开放的复杂巨系统概念的提出及其理论研究，不仅必将推动这些不同学科理论的发展，而且还为这些理论的沟通开辟了新的令人鼓舞的前景。

4.5.2　钱学森综合集成方法论

开放的复杂巨系统目前还没有形成从微观到宏观的理论，没有从子系统相互作用出发，构筑出来的统计力学理论。那么有没有研究方法呢？有些人想得比较简单，硬要把处理简单系统或简单巨系统的方法用来处理开放的复杂巨系统。他们没有看到这些理论方法的局限性和应用范围，生搬硬套，结果适得其反。例如，运筹学中的对策论，就其理论框架而言，是研究社会系统的很好工具。但对策论今天所达到的水平和取得的成就，远不能处理社会系统的复杂问题。原因在于对策论中对人的社会性、复杂性、人的心理和行为的不确定性过于简化了，以至于把复杂巨系统问题变成了简单巨系统或简单系统的问题。同样，把系统动力学、自组织理论用到开放的复杂巨系统研究之中，之所以不能成功，其原因也在于此。系统动力学创始人 J. Forrester 自己就提出，对他的方法要慎重，要研究模型的可信度。但国内有些人对此却毫不担心，"大胆"使用。

另外，也有的人一下子把复杂巨系统的问题上升到哲学高度，空谈系统运动是由子系统决定的，微观决定宏观等。一个很典型的例子就是"宇宙全息统一论"。他们没有看到人对子系统也不能认为完全认识了。子系统内部还有更深更细的子系统。以不全知去论不知，于事何补？甚至错误地提出"部分包含着整体的全部信息""部分即整体，整体即部分，二者绝对同一"，这完全是违反客观事实的，也违反了马克思主义哲学。

钱学森综合集成方法论，就是为处理开放的复杂巨系统（包括社会系统）而提出来的方法论。这个方法论是在以下四个复杂巨系统研究实践的基础上，提炼、概括和抽象出来的：①在社会系统中，为解决宏观决策问题，运用由几百个变量和上千个参数描述的模型、定性与定量相结合的一系列方法来开展研究；②在地理系统中，用生态系统、环境保护以及区域规划等方法开展综合研究；③在人体系统中，把生理学、心理学、西医学、中医学和其他传统医学综合起来开展研究；④在军事系统中，运用军事对阵系统和现代作战模型综合开展研究。

在这些研究和应用中，通常是科学理论、经验知识和专家判断力相结合，提出经验性假设（判断或猜想）；而这些经验性假设不能用严谨的科学方式加以证明，往往是定性的认识，但可用经验性数据和资料以及几十、几百、上千个参数的模型对其确实性进行检测，而这些模型也必须建立在经验和对系统的实际理解上，经过定量计算，通过反复对比，最后形成结论；而这样的结论就是我们在现阶段认识客观事物所能达到的最佳结论，是从定性上升到定量的认识。

综上所述，综合集成方法论就其实质而言，是将专家群体（各种有关的专家）、数据和各种信息与计算机技术有机结合起来，把各种学科的科学理论和人的经验知识结合起来。这三者本身也构成了一个系统。这个方法论的成功应用，就在于发挥这个系统的整体优势和综合优势。如图 4-7 所示。

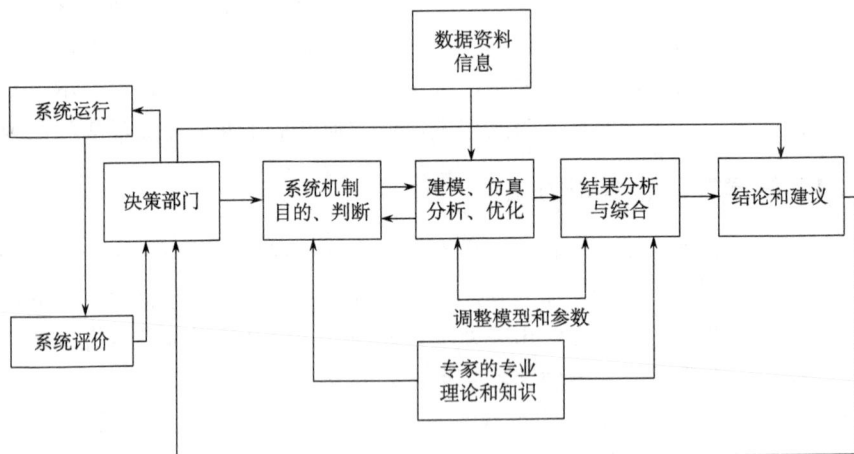

图 4-7   综合集成方法论的工作过程

下面是社会经济系统工程中的运用钱学森综合集成方法论一个成功的实例："财政补贴、价格、工资综合平衡的研究。"

1979 年以来，由于实行农副产品收购提价和超购加价政策，提高了农民收入，这部分钱是由国家财政补贴的。但是，当时对销售价格没有作相应调整，结果是随着农业连年丰收，超购加价部分迅速增大，给国家财政带来了沉重的负担，是财政赤字的主要根源。这样，造成了极不正常的经济状态：农业越丰收，财政补贴越多，致使国家财政收入增长速度明显低于国民收入增长速度，财政收入占国民收入的比例逐年下降。

财政补贴产生的这些问题，引起国家的极大重视，有关部门提出，如何利用价格、工资这两个经济杠杆，逐步减少以至取消财政补贴。然而，调整零售商品价格必将影响到人民生活水平，如果伴以工资调整，又涉及财政负担能力、市场平衡、货币发行和储蓄等。这些问题涉及经济系统中生产、消费、流通、分配这四个领域。

财政补贴、价格、工资以及直接和间接有关的各个经济组成部分，是一个互相关联互相制约的具有一定功能的系统。调整价格和工资从而取消财政补贴，实质上就是改变和调节这个系统的关联、制约关系，以使系统具有我们希望的功能，这是系统工程的典型命题。

为了解决这个问题，在 20 世纪 80 年代初由经济专家、管理专家、系统工程专家等组成一个项目组，依据他们掌握的科学理论、经验知识和对实际问题的了解，共同对上述系统经济机制（运行机制和管理机制）进行讨论和研究，明确问题的症结所在，对解决问题的途径和方法作出定性判断（经验性假设），并从系统思想和观点上把上述问题纳入系统框架，界定系统边界，明确哪些是状态变量、环境变量、控制变量（政策变量）和输出变量（观测变量）。这一步对确定系统建模思想、模型要求和功能具有重要意义。

系统建模是指将一个实际系统的结构、功能、输入—输出关系用数学模型、逻辑模型等描述出来，用对模型的研究来反映对实际系统的研究。建模过程既需要理论方法又需要经验知识，还要有真实的统计数据和有关资料。项目组建立了"财政补贴、价格、工资综合平衡模型"。

有了系统模型，再借助于计算机就可以模拟系统和功能，这就是系统仿真。它相当于在实验室内对系统做实验，即系统的实验研究。通过系统仿真可以研究系统在不同输入下的反应、系统的动态特性以及未来行为的预测等，这就是系统分析。在分析的基础上，进行系统优化，优化的目的是要找出为使系统具有我们所希望的功能的最优、次优或满意的政策和策略。

经过以上步骤获得的定量结果，由经济专家、管理专家、系统工程专家共同再分析、讨论和判断，这里包括了理性的、感性的、科学的和经验的知识的相互补充。其结果可能是可信的，也可能是不可信的。在后一种情况下，还要修正模型和调整参数，重复上述工作。这样的重复可能有许多次，直到各方面专家都认为这些结果是可信的，再作出结论和政策建议。这时，既有定性描述，又有数量根据，已不再是先验的判断和猜想，而是有足够科学根据的结论。项目组运用所建立的模型，在大型计算机上作了 105

种政策模拟（即系统仿真），得到了数量结果，为领导决策提供了依据。

概括以上所述，钱学森综合集成方法论概括起来具有以下特点：

(1) 根据开放的复杂巨系统的复杂机制和量众多的特点，把定性研究和定量研究有机结合起来，从多方面的定性认识上升到定量认识。

(2) 由于系统的复杂性，要把科学理论和经验知识结合起来，把人对客观事物的星星点点知识综合集中起来，解决问题。

(3) 根据系统思想，把多种学科结合起来进行研究。

(4) 根据复杂巨系统的层次结构，把宏观研究和微观研究统一起来。

正是上述这些特点，才使这个方法具有解决开放的复杂巨系统中复杂问题的能力，因此具有重大的意义。

现代科学技术探索和研究的对象是整个客观世界，但从不同的角度、不同的观点和不同方法研究客观世界的不同问题时，现代科学技术产生了不同的科学技术部门。例如，自然科学是从物质运动、物质运动的不同层次、不同层次之间的关系这个角度来研究客观世界的，社会科学是从研究人类社会发展运动、客观世界对人类发展影响的角度去研究客观世界的，数学科学则是从量和质以及它们互相转换的角度研究客观世界的……而系统科学是从系统观点、应用系统方法去研究客观世界的。系统科学作为一个科学技术部门，从应用到基础理论研究都是以系统为研究对象。在宏观世界，我们这个地球上，又产生了生命、生物，出现了人类和人类社会，有了开放的复杂巨系统。而这类系统在宇观世界也是存在的，例如，银河星系也是一个开放的复杂巨系统。这样看来，开放的复杂巨系统概念已经超出了宏观世界而进入了更广阔的天地。因此，开放的复杂巨系统及其研究具有普遍意义。但是，正如前面已经指出的那样，过去的科学理论都不能解决开放的复杂巨系统的问题，这也是有原因的，可以从历史中去找。

长期以来不同领域的科学家们早已注意到，在生命系统和非生命系统之间表现出似乎截然不同的规律。非生命系统通常服从热力学第二定律，系统总是自发地趋于平衡态和无序，系统的熵达到极大。系统自发地从有序变到无序，而无序却决不会自发地转变到有序，这就是系统的不可逆性和平衡态的稳定性。但是，生命系统却相反，生物进化、社会发展总是由简单到复杂、由低级到高级越来越有序。这类系统能够自发地形成有序的稳定结构。

两类系统之间的这种矛盾现象，长时间内得不到理论解释，致使有些科学家认为，两类系统各有各自的规律，相互毫不相干。但也有些科学家提出：这种矛盾现象有没有什么内在联系呢？直到 20 世纪 60 年代，耗散结构理论和协同学的出现，为解决这个问题提供了一个科学的理论框架。这些理论认为，热力学第二定律所揭示的是孤立系统（与环境没有物质和能量的交换）在平衡态和近平衡态（线性非平衡态）条件下的规律。但生命系统通常都是开放系统，并且远离平衡态（非线性非平衡态）。在这种情况下，系统通过与环境进行物质和能量的交换引进负熵流，尽管系统内部产生正熵，但总的熵在减少，在达到一定条件时，系统就有可能从原来的无序状态自发地转变为在时间、空间和功能上的有序状态，产生一种新的稳定的有序结构，Prigogine 称其为耗散结构。

这样，在不违背热力学第二定律的条件下，耗散结构理论沟通了两类系统的内在联系，说明两类系统之间并没有真正严格的界限，表观上的鸿沟，是由相同的系统规律所支配。所以，Prigogine 在其著作中指出，"复杂性不再仅仅属于生物学了，它正在进入物理学领域，似乎已经植根于自然法则之中"。Haken 更进一步指出，一个系统从无序转化为有序的关键并不在于系统是平衡或非平衡，也不在于离平衡态有多远，而是由组成系统的各子系统，在一定条件下，通过它们之间的非线性作用，互相协同和合作自发产生稳定的有序结构，这就是自组织结构。

现代科学的这一成就是十分重要的，它解开了长期以来困惑着人们的一个谜。但耗散结构理论、协同学的成功，也使得不少人过分乐观，以为这种基于近代科学还原论的定量方法论也可以用到开放的复杂巨系统，这就必然碰壁！

在科学发展的历史上，一切以定量研究为主要方法的科学，曾被称为"精密科学"，而以思辨方法和定性描述为主的科学则被称为"描述科学"。自然科学属于"精密科学"，而社会科学则属于"描述科学"。社会科学是以社会现象为研究对象的科学，社会现象的复杂性使它的定量描述很困难，这可能是它不能成为"精密科学"的主要原因。尽管科学家们为使社会科学由"描述科学"向"精密科学"过渡作出了巨大努力，并已取得了成效，如在经济科学方面，但整个社会科学体系距"精密科学"还相差甚远。从前面的讨论中可以看到，开放的复杂巨系统及其研究方法实际上是把大量零星分散的定性认识、点滴的知识，甚至群众的意见，都汇集成一个整体结构，达到定量的认识，是从不完整的定性到比较完整的定量，是定性到定量的飞跃。当然一个方面的问题经过这种研究，有了大量积累，又会再一次上升到整个方面的定性认识，达到更高层次的认识，形成又一次认识的飞跃。

著名的德国物理学家普朗克认为："科学是内在的整体，它被分解为单独的整体不是取决于事物的本身，而是取决于人类认识能力的局限性。实际上存在着从物理学到化学，通过生物学和人类学到社会学的连续的链条，这是任何一处都不能被打断的链条。"自然科学和社会科学的研究覆盖了这根链条。伟大导师马克思早就预言："自然科学往后将包括关于人的科学，正像关于人的科学包括自然科学一样：这将是一门科学。"我们称这种自然科学与社会科学成为一门科学的过程为自然科学与社会科学的一体化。可以说，开放的复杂巨系统研究及其方法论的建立，为实现马克思这个伟大预言，找到了科学的和现实可行的途径与方法。

钱学森院士指出：综合集成方法论不但是研究处理开放的复杂巨系统的方法论，而且还可以用来整理千千万万零散的群众意见，人民代表的建议、议案，政协委员的意见、提案和专家的见解，以至个别领导的判断，真正做到"集腋成裘"；特别当我们运用它把零金碎玉变成大器——社会主义建设的方针、政策和发展战略，以至具体计划和计划执行过程的必要调节调整时，就把中国特色的民主集中原则科学地、完美地实现了。

4.5.3　综合集成的含义

"综合"（synthesis）与"集成"（integration）是系统工程中出现频率很高的术语。

在汉语中，综合的近义词有复合、组合、联合、合成、合并、兼并、包容、结合、融合等，集成的近义词有集合、集中、集结、集聚等。集成的内容有观念的集成、人员的集成、技术的集成、管理方法的集成等。就本义而言，综合高于集成，综合集成（meta-synthesis）的重点是综合（synthesis）。集成比较注重物理意义上的集中和小型化、微型化，主要反映量变，如集成电路；综合的含义更广、更深，反映质变。现在，集成与综合在意义上的区别越来越模糊。综合集成高于集成，也高于综合，综合集成是在各种集成之上的高度综合（super-synthesis）。

国外有人提出综合分析方法（meta-analysis），对不同领域的信息进行跨域分析综合，但还不成熟，方法也太简单。

钱学森院士等学者提出的"综合集成"，对应的英文是 meta-synthesis，其前缀 meta 的含义是"在……之上""在……之外"，这里当取"在……之上"，那么，meta-synthesis 就是"在综合之上"的意思。综合集成（meta-synthesis）是系统综合（system synthesis）的高级形态。综合集成的重点在综合，目的是创造、创新。

钱学森综合集成方法论作为一种具有普遍意义的科学方法论，是在现代科学技术发展这个大背景下提出来的。现代科学技术不光要单独研究一个个事物、一个个现象，而且要研究这些事物、现象发展变化的过程，研究这些事物和现象相互之间的关系。

钱学森综合集成方法论的实质是把专家体系、数据和信息体系以及计算机体系结合起来，构成一个高度智能化的人机结合系统。这个方法的成功应用，就在于发挥了这个系统的综合优势、整体优势和智能优势。它能把人的思维、思维的成果，人的经验、知识、智慧以及各种情报、资料和信息等通通集成起来，从多方面定性认识上升到定量认识。

需要指出的是，应用这个方法论研究问题时，也需要进行系统分解，在系统总体指导下进行分解，在分解后研究的基础上，再综合集成到整体，实现一加一大于二的涌现，达到从整体上严密解决问题的目的。从这个意义上说，钱学森综合集成方法论吸收了还原论和整体论的长处，同时也弥补了各自的局限性，它是还原论和整体论的结合。

钱学森综合集成方法论是区别于还原论的科学研究方法论，是以钱学森院士为代表的中国学者的创造与贡献。

钱学森院士在 20 世纪 80 年代初提出，将科学理论、经验知识、专家判断力相结合，用半理论半经验的方法来处理具有复杂行为的系统。80 年代中期，在钱学森院士指导下，系统学讨论班进行了方法论的探讨，考察了各类复杂巨系统研究的新进展，特别是社会系统、地理系统、人体系统和军事系统等四大类，前面已经作了介绍。

在对这些研究进展进行提炼、概括和抽象的基础上，1990 年钱学森院士明确提出，处理开放的复杂巨系统的方法论是"从定性到定量的综合集成"；作为一门技术，又称为综合集成技术；作为一门工程，亦可称综合集成工程。1992 年又发展为"从定性到定量综合集成研讨厅体系"的实践形式（以下简称"综合集成研讨厅体系"，hall for work shop of meta-synthetic engineering，HWSME）。这套方法和方法论是从整体上研究和解决问题，采取人机结合、以人为主的思维方法和研究方式，对不同层次、不同领域的信息和知识进行综合集成，达到对整体的定量认识。

综合集成方法论及其研讨厅体系既可用来研究理论问题，也可用来解决实际问题。

研讨厅体系由三部分组成：以计算机为核心的现代高新技术的集成与融合所构成的机器体系、专家体系、知识体系，其中专家体系和机器体系是知识体系的载体。这三个体系构成高度智能化的人机结合体系，不仅具有知识与信息采集、存储、传递、调用、分析与综合的功能，更重要的是具有产生新知识和智慧的功能。图 4-8 是研讨厅体系的简单示意图。

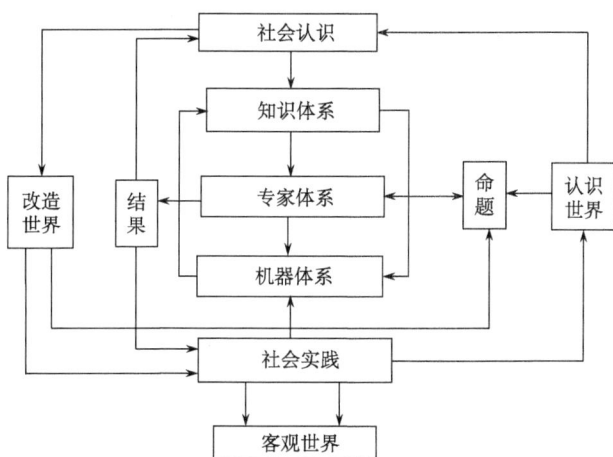

图 4-8　综合集成研讨厅体系框图

开放的复杂巨系统理论具有科学与经验的本质，综合集成方法论遵循科学和经验相结合、智慧与知识相结合的途径，去研究和解决开放的复杂巨系统的问题。

综合集成不是简单的堆积、拼凑、包装，而是相互结合、融合，涌现出新的品质和新的要素，产生新的思想或新的事物。综合集成不是一蹴而就的，它是一个过程，其中包括碰撞、摩擦、磨合，从定性到定量；可能有多次的反复、迭代，一步一步走向深化、提高，臻于完善。从这个角度来看，综合集成研讨厅体系本身就是一个开放的、动态的体系，也是个不断发展和进化的体系。

钱学森院士指出："关于开放的复杂巨系统，由于其开放性和复杂性，我们不能用还原论的办法来处理它，不能像经典统计物理以及由此派生的处理开放的简单巨系统的方法那样来处理，我们必须用依靠宏观观察，只求解决一定时期的发展变化的方法。所以任何一次解答都不可能是一劳永逸的，它只能管一定的时期。过一段时间，宏观情况变了，巨系统成员本身也会有其变化，具体的计算参数及其相互关系都会有了变化。因此对开放的复杂巨系统，只能作比较短期的预测计算，过了一定时期，要根据新的宏观观察，对方法作新的调整。"这个思想对综合集成方法论的应用，对综合集成研讨厅体系的建设，都有重要的指导意义。

4.5.4 总体设计部

研制或建造一个大型的复杂的工程系统所面临的基本问题是：怎样把比较笼统的初始研制或建造要求逐步变为成千上万名任务参加者的具体工作，以及怎样把这些工作最终综合成一个技术上合理、经济上合算、研制周期短、能协调运转的实际系统，并使这个系统成为它所从属的更大系统的有效组成部分。这样复杂的总体协调任务不可能靠一个人来完成，因为他不可能精通整个系统所涉及的全部专业知识，他也不可能有足够的时间来完成数量惊人的技术协调工作。这就要求以一个集体（一个团队、一个工作班子）来代替先前的单个指挥者，对这种大规模社会劳动进行协调指挥。在我国"两弹一星"和其他大型工程项目研制或建造中建立的这种组织就是"总体设计部"。

总体设计部是大型工程项目及其管理工作的组织保证，是综合集成方法论的组织体现。综合集成方法论是总体设计部的工作方法论。

总体设计部由熟悉系统各方面专业知识的技术人员组成，并由知识面比较宽广的专家负责领导。总体设计部设计的是系统的"总体"，是系统的"总体方案"，是实现整个系统的"技术途径"。总体设计部一般不承担具体部件的设计，却是整个系统研制工作中必不可少的技术抓总单位。总体设计部把系统作为它所从属的更大系统的组成部分进行研制，对它的所有技术要求都首先从实现这个更大系统技术协调的观点来考虑；总体设计部把系统作为若干分系统有机结合成的整体来设计，对每个分系统的技术要求都首先从实现整个系统技术协调的观点来考虑；总体设计部对研制过程中分系统与分系统之间的矛盾、分系统与系统之间的矛盾，都首先从总体协调的需要来选择解决方案，然后留给分系统研制单位或总体设计部自身去实施。总体设计部的实践，体现了一种科学方法、一种技术路径，这就是系统工程。

4.6 物理—事理—人理系统方法论

4.6.1 基本概念

"物理"这个名词大家很熟悉。自然科学是关于物理的科学，即广义的物理学。"事理"这个名词最早见诸许国志院士等在 20 世纪 70 年代末发表的文章，如许国志院士的《论事理》。国内还出现了一些著作，提出"事理学"和"事理系统工程"。

1994 年，中国系统工程学会理事长、中国科学院系统科学研究所顾基发研究员和英国 Hull 大学华裔学者朱志昌博士提出了"物理—事理—人理（Wuli-Shili-Renli）系统方法论"，又称"WSR 系统方法论"。

1986 年全国软科学会议上提到了"斡件"（orgware），这是随着软科学研究的进展而出现的一个术语。它泛指除了硬件、软件之外，为沟通思想、协调关系、建立信任感而进行的各种工作。斡件属于公共关系学研究的对象。有人认为：在软科学的项目研究中，斡件占 50%，软件占 30%，硬件只占 20%。必须把斡件与不正之风、庸俗关系学区分开来。

　　著名的系统工程专家、上海交通大学吴健中教授在 20 世纪 80 年代中期指出：在任何层次上的研究，系统工程都要用四维坐标系来考虑问题——空间的全局性、时间的长远性、事间的协调性、人间的群体性（处理好人际关系）。

　　物理、事理、人理，与硬件、软件、斡件，与四维坐标之间，有异曲同工之妙。

　　作为科学研究对象的客观世界是由物和事两方面组成的。"物"是指独立于人的意志而存在的物质客体。"事"是指人们变革自然和社会的各种有目的的活动，包括自然物采集、加工、改造，人与人的交往、合作、竞争，对人的活动所作的组织、管理等。通俗地讲，"事"就是人们做事情、做工作、处理事务。

　　运筹学促使科学认识从物理进到事理，事理学的研究又促使科学认识从事理进到人理。没有人的系统（自然系统）的运动总可以用"物理"加以说明，而有人的系统（社会系统）则要加上"事理""人理"去说明。

　　"物理"主要涉及物质运动的规律，通常要用到自然科学知识，回答有关的"物"是什么，能够做什么，它需要的是真实性。"事理"是做事的道理，主要解决如何安排、运用这些物，通常用到管理科学方面的知识，回答可以怎样去做。"人理"是做人的道理，主要回答应当如何做。处理任何事和物都离不开人去做，以及由人来判断这些事和物是否得当，并且协调各种各样的人际关系，通常要运用人文和社会学科的知识。处理各种社会问题，人理常常是主要内容。

　　WRS 系统方法论认为，在处理复杂问题时，既要考虑对象系统的物的方面（物理），又要考虑如何更好使用这些物的方面，即事的方面（事理），还要考虑由于认识问题、处理问题、实施管理与决策都离不开的人的方面（人理）。把这三方面结合起来，利用人的理性思维的逻辑性和形象思维的综合性与创造性，去组织实践活动，以产生最大的效益和效率。

　　一个好的领导者或管理者应该懂物理、明事理、通人理，或者说，应该善于协调使用硬件、软件、斡件，才能把领导工作和管理工作做好。也只有这样，系统工程工作者才能把系统工程项目搞好。

　　WSR 系统方法论是具有东方传统的系统方法论，得到了国际上的认同。表 4-3 说明了 WSR 系统方法论的内容。下面给出基本术语的中英文对照：

　　物（Wu）：objective existence.

　　事（Shi）：subjective modeling.

　　人（Ren）：intersubjective human relations.

　　物理（Wuli）：regularities in objective phenomena.

　　事理（Shili）：ways of seeing and doing.

　　人理（Renli）：principles underlying human inter relations.

　　应该看到，任何社会系统不但是由物、事、人所构成，而且它们三者之间是动态的交互过程（dynamic interactions）。因此，物理、事理、人理三要素之间不可分割，它们共同构成了我们关于世界的知识，包括是什么、为什么、怎么做、谁去做，所有的要素都是不可或缺的，如果缺少了、忽略了某个要素，对系统的研究将是不完整的。

表 4-3 WSR 系统方法论内容

要素	物理	事理	人理
道理	物质世界，法则、规则的理论	管理和做事的理论	人、纪律、规范的理论
对象	客观物质世界	组织、系统	人、群体、人间关系、智慧
着重点	是什么？ 功能分析	怎样做？ 逻辑分析	应当怎么做？ 人文分析
原则	诚实，真理， 尽可能正确	协调，有效率， 尽可能平滑	人性，有效果， 尽可能灵活
需要的知识	自然科学	管理科学 系统科学	人文知识 行为科学

4.6.2 主要步骤

WSR 系统方法论有一套工作步骤，用以指导一个项目的开展。这套步骤大致是以下六步，这些步骤有时需要反复进行，也可以将有些步骤提前进行。

(1) 理解领导意图 (understanding desires)。这一步骤体现了东方管理的特色，强调与领导的沟通，而不是一开始就强调个性和民主等。这里的领导是广义的，可以是管理人员，也可以是技术决策人员，还可以是一般的用户，在大多数情况下，总是由领导提出一项任务，他（他们）的愿望可能是清晰的，也可能是相当模糊的。愿望一般是一个项目的起始点，由此推动项目。因此，传递、理解愿望非常重要。在这一阶段，可能开展的工作是愿望的接受、明确、深化、修改、完善等。

(2) 调查分析 (investigating conditions)。这是一个物理分析过程，任何结论只有在仔细地进行了情况调查之后作出，而不应在此之前。这一阶段开展的工作是分析可能的资源、约束和相关的愿望等。一般是深入实际，在专家和广大群众的配合下，开展调查分析，有可能出具"情况调查报告"一类的书面工作文件。

(3) 形成目标 (formulating objectives)。作为一个复杂的问题，往往一开始问题拟解决到什么程度，领导和系统工程工作者都不是很清楚。在理解、获取领导的意图以及调查分析，取得相关信息之后，这一阶段可能开展的工作是形成目标。这些目标会有与当初领导意图不完全一致的地方，同时在以后大量分析和进一步考虑后，可能还会有所改变。

(4) 建立模型 (creating models)。这里的模型是比较广义的，除数学模型外，还可以是物理模型，概念模型、运作步骤、规则等。一般通过与相关领域的主体讨论、协商、思考基础上形成。在形成目标之后，在这一阶段，可能开展的工作是设计、选择相应的方法、模型、步骤和规则来对目标进行分析处理，称之为建立模型。这个过程主要是运用"事理"。

(5) 协调关系 (coordinating relations)。在处理问题时，由于不同的人所拥有的知识不同、立场不同、利益不同、价值观不同、认知不同，对同一个问题、同一个目标、同一个方案往往会有不同的看法和感受，因此往往需要协调。当然协调相关主体 (inter subjectives) 的关系在整个项目过程中都是十分重要的，但是在这一阶段，更显得重要。相关主体在协调关系层面都应有平等的权利，在表达各自的态度方面也有平等的发言权，包括"做什么、怎么做、谁去做、什么标准、什么秩序、为何目的"等此类议题。一般在这一阶段，会出现一些新的关注点和议题，尽管在前面一些阶段可能出现过这些内容。在这一阶段，可能开展的工作就是相关主体的认知、利益协调。这个步骤体现了东方方法论的特色，属于人理的范围。

（6）提出建议（implementing proposals）。在综合了物理、事理、人理之后，应该提出解决问题的建议，建议一要可行，二要尽可能使相关主体满意，最后还要让领导从更高一层次去综合和权衡，以决定是否采用。这里，建议一词是模糊的，有时还包含实施的内容，这主要看项目的性质，目标设定的程度。

必须注意到，有时甚至实施完成了也不能算是项目的完成，还包括实施后的反馈和检查等。当然，这样也可以说是进入到一个新的 WSR 步骤循环了。

在运用 WSR 系统方法论的过程中，需要遵循下列原则：

（1）参与。在整个项目过程中，除了系统工程人员外，领导和有关的实际工作者都要经常参与，只有这样，才能使系统中的工作人员了解意图，吸取经验，改正错误想法。

（2）综合集成。由于问题涉及各种知识、信息，因此经常需要将它们以及参与讨论的专家的意见进行综合，集各种意见、方案之所长，相互弥补。

（3）人机结合，以人为主。把人员、信息、计算机、通信手段有机结合起来，充分利用各种现代化工具，提高工作能力和绩效。

（4）迭代和学习。不强调一步到位，而是时时考虑新信息，对极其复杂的问题，还要"摸着石头过河"。

（5）区别对待。尽管物理、事理、人理三要素彼此不可分割，但是，不同的"理"必须区分对待。

（6）开放性。项目工作的各方面、各环节必须开放。

4.6.3 常用的方法

在 WSR 系统方法论的指导下，要有选择地使用一些具体的方法，甚至其他的方法论，表 4-4 给出了常用的若干方法。

表 4-4 WSR 系统方法论常用的方法

要素	物理	事理	人理	方法
理解意图	了解顾客最初意图，通过谈话来收集有关领导讲话	了解顾客对目标的偏好，喜欢什么模型和评价标准	了解有哪些领导会参加决策，谁来使用这个结果	头脑风暴法，讨论会，CATWOE 分析，认知图
调查分析	主要调查现在已有资源和约束条件，主要通过现场调查和文件检索	了解用户的经验和知识背景	了解谁是真正的决策者，哪些知识是必须用的，弄清用户上下各种关系是必要的	Delphi，各种调查表，文献调查，历史对比，交叉影响法，NG 法，KJ 法
形成目标	将所有可行的和实用的目标准则，以及约束都列举出来	要在目标中弄清它们的优先秩序和权重	最好弄清各种目标涉及的人物	头脑风暴法，目标树等

续表

要素	物理	事理	人理	方法
建立模型	将各种有关目标和约束数据化和规范化	要选择适合的模型、程序和知识	尽量把领导的意图放入模型中	各种建模方法和工具
协调关系	要使所有模型、软件、硬件、算法和数据之间加以协调，或称之为技术协调	要对模型和知识的合理性加以协调，或称之为知识协调	在工作过程中各方面的利益、观点、关系都会由于不同而引起冲突，这就需要进行利益协调	SAST，CSH，IP，和谐理论，亚对策，超对策
提出建议	要对各种物理设备和程序加以安装、调试、验证	要将各种专门术语改为用户能懂和喜欢的语言	要尽量让各方面易于接受、易于执行，并考虑到今后能否合法运用该建议	各种统计图表，统筹图

■ 4.7　系统工程应用项目研究的一般过程

4.7.1　项目研究的双方

根据实际研究的经验，在系统工程应用项目研究中，委托方（政府、企业、其他单位）作为甲方，是项目的提出者、决策者；项目组作为乙方承担项目，开展一系列的研究工作，向甲方提交研究成果（多种备选方案）；甲方参考乙方的研究成果进行决策，把决策选定的方案付诸实施。双方的基本关系如图 4-9 所示。

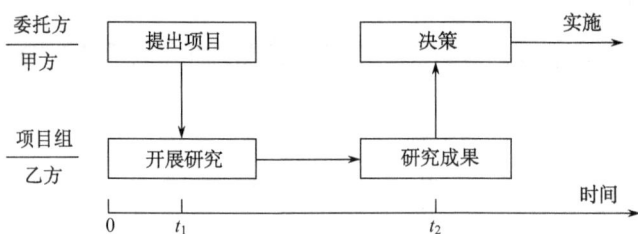

图 4-9　项目研究过程描述（一）

为了把研究工作做好，要强调信息反馈，要开展双方对话，所以，用图 4-10 来表达就更确切一些。

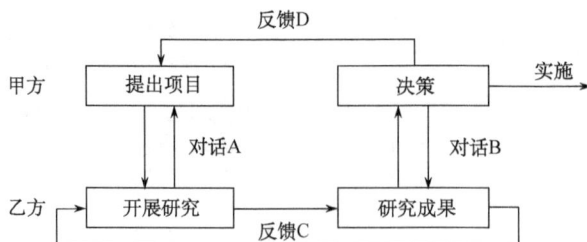

图 4-10　项目研究过程描述（二）

在图 4-10 中，对话 A 是在立项阶段和项目研究初期，双方通过多次对话，明确问题与目标。问题与目标通常应由甲方提出。甲方的目标（指标）如果不合理，例如，GDP 增长率过高，可能实现不了，这时，乙方并不盲目接受，为之拼凑"方案"与"论据"，而是根据考察与初步研究的结果，建议甲方调整目标和要求。系统工程项目研究必须坚持科学性，而不是充当长官意志的奴仆，把可行性研究变成"可批性研究"，共同作弊，拼凑虚假的论据和方案。这是在整个项目研究工作中都必须坚持的。

对话 B 是在项目研究的后期，正式提交研究成果之前，就研究成果与甲方讨论。甲方如果满意，表示接受，项目研究进入结题阶段。研究成果通常是多种备选方案，甲方很可能选择其中某种方案付诸实施。

但是，一般没有这样顺利。通过对话 B，甲方提出一些问题，对乙方的建议方案不满意，乙方要重新开展研究，在图 4-10 中以反馈 C 表示。也可能是通过对话 B，甲方感到自己的目标要修改，在图中以反馈 D 表示，乙方按照新的要求继续开展研究。

项目研究成果通常要组织专家评审或鉴定，一般是由甲方组织，也可以提请上级有关部门组织。乙方在提交甲方之前，常常自己也会组织专家评审（或者研讨）。

在立项和项目研究过程中，为了使得对话能够有效开展，甲乙双方应该在开始阶段就明确和建立对话机制，包括定期或者不定期，对话人是谁，等等。甲方的对话人应该是甲方有关的领导人，而且应该是确定的、固定的；同时，还应该有确定的、固定的联系人——代表甲方处理有关的具体事务。

对于乙方而言，通过对话，考察甲方的决心大不大，以便接受或谢绝委托的项目；通过对话，体会甲方的真实意图，明确问题与目标；通过对话，交谈项目研究的进展，加强甲方的信任感；通过对话，获得甲方领导人的有力支持，克服工作中的困难（如"衙门作风"、数据封锁等）；通过对话，沟通思想，缩小差距，为最终研究成果的逐步完善和顺利通过创造条件。

甲方应该有一位领导干部主管项目研究工作，并且作为乙方的主要对话者。在他的领导之下，应该有一个工作班子来与乙方协调配合，负责为乙方收集数据、安排考察以及必要的后勤服务，能够共同开展研究工作则更好。

4.7.2 项目组的工作步骤

项目组的工作流程如图 4-11 所示，通常包括以下几个步骤。

1. 明确问题与目标

上面已经说了如何明确问题与目标。在此之后，需要建立评价指标体系。评价指标体系是项目研究的出发点，也是项目研究的一种归宿，据此检查和验收研究成果。

2. 寻找方法与模型

只有在明确问题与目标之后，才能确定使用什么方法、建立什么模型开展研究。通常要使用多种方法、建立多种模型，构建一个模型体系，才能有效地解决问题。如果是方法导向，则是根据项目组成员的知识与能力，建立自己擅长的模型和模型体系；但

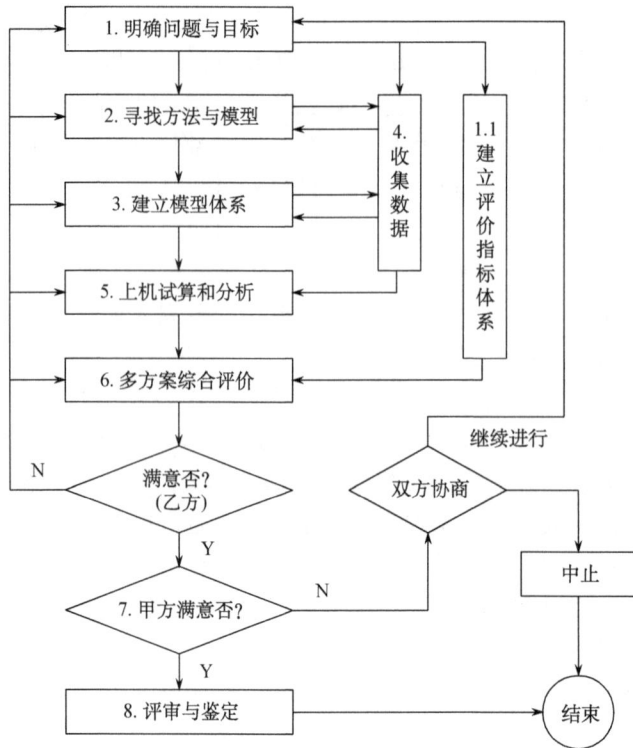

图 4-11 应用项目开展的一般过程

是，更好的做法是问题导向，即根据所研究的问题，需要建立什么模型就建立什么模型，据此来"招兵买马"，物色适当的成员。

3. 建立模型体系

系统工程项目研究必须重视定量分析，因此必须建立各种数学模型。除了可以运算的数学模型之外，建立一些概念模型、结构模型来帮助思考也是必要的。诸多模型构成模型体系，利用不同的数据（时间序列的数据，或横断面的数据），从不同的角度、不同的层次，共同"攻打堡垒"——所研究的问题。

4. 收集数据

研究一个项目，收集数据的工作不是一蹴而就的，至少要有三个回合。从明确问题开始，就要注意收集数据。只有在掌握了具有一定信息量的数据之后，才能够明确问题，才有资格寻找方法与模型。这是收集数据的第一个回合。

在建立了数学模型之后，就会提出具体的数据要求。这时，要设计出各种表格来收集与填写数据。这是收集数据的第二个回合，是收集数据工作的高潮。这一工作可以委托甲方去做；但是单靠甲方做，往往很难保证质量和按期完成，所以最好是乙方派人到甲方去，双方共同收集数据。数据必须可靠，或者说明其可靠程度。"假账真算"，劳民伤财，输入的是垃圾，输出的也是垃圾。甲方必须对自己提供的数据负责。

在图 4-11 上，方框 2 与方框 4 之间（第二回合）、方框 3 与方框 4 之间（第三回合），均为双向箭线，其含义是：方法和模型及模型体系对于数据是有要求的，按照要求收集数据；另外，并不是无论什么数据都可以收集得到的，还要根据可能收集到哪些数据来选择方法和模型，就是说，它们是双向互动的。双向互动，在第一个回合即方框 1 与方框 4 之间也是存在的，为了图面清晰，避免线条过多看不清，所以没有画出反向箭线。

5. 上机试算和分析

该步骤包括编制程序、上机运算、分析结果、修改模型、重新运行等内容。其中需要补充收集数据（第三回合）。特别要注意改变参数与约束，甚至改变模型的结构，得到多种运算结果，提出多种备选方案（alternatives）。

6. 多方案综合评价

将模型体系的运算结果进行归纳，将定量研究结果与定性研究成果进行综合。根据评价指标体系，乙方进行自我评价。根据评价结论决定下一步工作：返回前面某一步骤继续研究，或者送交甲方。

7. 甲方审查

甲方经过审查，如果满意，愿意接受，则进行步骤 8，否则，经双方协商，调整目标与计划，继续进行研究，或者中止研究，整个项目结束。

8. 专家评审或鉴定，项目结束

专家评审或鉴定可以由甲乙双方共同组织，也可以提请上级部门组织。经过评审或鉴定，整个项目到此结束。

在鉴定之后，一般还有两项工作要做。一是把研究成果用于实际工作，这是主要的；二是研究成果报奖——如果研究成果确实优秀且符合某种报奖规定的话。报奖是为了表彰先进，也是为了推广研究成果。

以上步骤并非直线进行，一竿子插到底的。有的步骤要重复进行多次，有的步骤要返回到前面再继续进行。

整个研究过程，一开始偏重于定性分析；通过数学模型，过渡到定量分析；有了数字结果之后又要加入定性分析手段，形成既定量又定性的综合结论，完成项目报告。

4.7.3 斡件的运用：考察，对话，咨询

1. 从考察入手

所谓考察，这里是说乙方的工作，包括听取甲方介绍，查阅各种资料，以及迈开双脚进行实地考察。研究一个系统，必须从考察入手，不要想当然地建立数学模型，纸上谈兵。

首先，通过考察，确立项目。项目通常由甲方提出，寻找并选择乙方，乙方响应。乙方如果接受甲方要求，则双方签订协议（合同），确立项目。乙方是否响应，取决于以下几点：第一，甲方的诚意如何，领导的决心如何；第二，甲方的资源条件如何；第三，甲方为项目提供多少经费。

其中，第一点是关键。若甲方诚意不足，领导决心不大，犹犹豫豫，则不宜立项；否则会成为"鸡肋"。第二点需要了解，因为甲方的资源条件（资金、劳力、矿藏、优势等）决定它的发展目标与战略。至于第三点，经费问题需要协商解决，难免要"讨价还价"。甲方提供的经费应该比较充足，至少要"够用"，乙方一般不可能自带经费为甲方做项目。"有多少钱办多少事"，对于项目研究也是如此。

其次，通过考察，明确问题与目标，前面已经说过。

最后，通过考察，深化项目研究。要特别强调实地考察。如果是搞区域规划，要多走走甲方的山山水水。如果是搞部门或行业规划，要多下去看看各级各类企业单位。

甲方对自己的情况也不见得了如指掌，特别是不见得有全面的了解与系统的认识。甲方久居于它的系统之中，有时对一些问题容易见怪不怪，习以为常，有一种麻木感。乙方作为"外来和尚"，通过实地考察，对于问题的认识有时会比甲方高出一筹。

2. 与领导对话

对话的重要性前面已经说了，这里不再重复。

3. 向专家咨询

向专家咨询是乙方的力量源泉之一。系统工程研究项目是多种多样的，这一个项目可能是经济发展规划研究，第二个项目可能是环境保护、公害治理的政策研究，第三个项目又可能是海港码头的选址问题或者经营策略研究。要有针对性地组织项目组，其成员应该是多学科、跨学科的。但是无论如何，项目组本身总不可能是百科全书，包打天下。项目组既要有足够的内涵，还要有较大的外延——向远近各方的专家咨询。项目组要不耻"下问"，不怕"上问"，向"各山各洞的神仙"请教。例如，搞江河水资源综合开发利用研究，就要向水利专家、水电专家请教；搞物流规划研究，就要向物流公司经理及其货场员工请教，向交通运输部门许多人员请教。

咨询的方式可以是个别拜访、座谈讨论、Delphi法等。项目组可以聘请若干有经验、有名望的权威人士作为项目组的顾问，经常向他们汇报研究进展和遇到的难题，获得他们的指教。

*4.8 系统方法论是还原论与整体论的综合集成

4.8.1 系统方法论的哲学基础

凡是用系统观点来认识和处理问题的方法，亦即把对象当做系统来认识和处理的方法，不管是理论的或经验的，定性的或定量的，数学的或非数学的，精确的或近似的，都可以叫做系统研究方法，运用系统研究方法的指导思想和一般程序就是系统方法论。

　　系统研究方法是新型的科学研究方法，系统方法论是新型的科学研究方法论。不能把自然科学和社会科学的现有方法简单地推广套用于系统研究，但是，系统研究方法不能脱离现代科学成果凭空创造，只能在对现有科学方法加以吸收、提炼、改造的基础上创建出来。系统研究方法同现有的各种科学研究方法有多方面的联系。学习系统研究方法，既要注意这种联系，更要把握其间的区别，思想上要有创新的准备，才易于掌握与运用系统科学方法。

　　从事系统研究，需要有哲学思考的自觉性。系统研究方法论的哲学依据，归根到底是唯物辩证法。西方某些系统研究的学者不愿公开承认这一点，但他们的工作成就实质上都得益于辩证法。不少系统研究大师都明确承认辩证法对系统研究的指导作用。例如，贝塔朗菲认为马克思的辩证法对于一般系统论的理念和观点的发展提供了许多帮助；丘奇曼（C. W. Churchman，运筹学的创立者之一）认为系统分析提出一种新的哲学，其主旨是"辩证的学习过程"；普利高津说，"我们需要一种更加辩证的自然观"；哈肯在谈到协同学的"哲学方面"时，明确应用了对立统一、量变质变等辩证法规律。

　　钱学森院士等学者积极宣传系统科学必须以马克思主义哲学为指导，自觉运用辩证法来开展系统研究。辩证法的核心是对立统一，用之于系统研究，就是强调还原论方法与整体论方法相结合，分析方法与综合方法相结合，定性描述与定量描述相结合，局部描述与整体描述相结合，确定性描述与不确定性描述相结合，静力学描述与动力学描述相结合，理论方法与经验方法相结合，精确方法与近似方法相结合，逻辑思维与创造性思维相结合，等等。这些结合是系统方法论之精髓所在。下面重点说明还原论方法与整体论方法相结合。

4.8.2　还原论方法与整体论方法相结合

　　古代的方法论本质上是整体论，强调从整体上把握对象。但是那时的科学知识很有限，对自然界观察与思考和思辨的哲学浑然一体，对许多自然现象不能合理解释。古代的整体论是朴素的、直观的，没有把对整体的把握建立在对部分的精细了解之上。随着以还原论作为方法论基础的近代自然科学兴起，这种整体论不可避免地被冷落了。近 400 年来科学研究运用的方法论是还原论（reductionism），主张把整体分解为部分去研究。

　　还原论并非完全不考虑对象的整体性。还原论方法的奠基者之一法国的笛卡尔（René Descartes，1596—1650 年）主要是从如何研究整体才算是科学方法的角度论证还原论方法的必要性的。他认为：凡是在理性看来清楚明白的就是真的，复杂的事情看不明白，应当尽可能把它分成简单的部分，直到理性可以看清其真伪的程度。还原论的一个基本信念是：相信客观世界是既定的，存在一个由所谓"宇宙之砖"构成的基本层次，只要把研究对象还原到那个层次，搞清楚最小组分即"宇宙之砖"的性质，一切高层次的问题就迎刃而解了。由此强调，为了认识整体必须认识部分，只有把部分弄清楚才可能真正把握整体；认识了部分的特性，就可以据之把握整体的特性。还原论主张"分析—重构方法"。在还原论方法中居主导地位的是分析、分解、还原：首先把研究对象从环境中分离出来、孤立起来进行研究（忽略或者屏蔽其他因素）；然后把对象分解为部分，从高层次降低到低层次；最后，用低层次说明高层次，用部分说明整体。在这种方法论指导下，400年来自然科学创造了一整套可操作的方法，取得了巨大成功。可以说，没有还原论就没有现在的自然科学。还原论还会继续长期存在并且发挥积极作用。系统科学并不简单否定还原论，但是必须指出：仅仅持有还原论是远远不够的。

还原论的局限性表现在：把质化解为量，用量说明质；把高层次的结构、运动化解为低层次的结构、运动，用低层次的结构、运动说明高层次的结构、运动；把整体化解为部分和要素，用部分和要素说明整体；把偶然性转变为必然性，用必然性说明偶然性；把复杂性化解为简单性，用简单性说明复杂性。其结果是不能真正说明整体和复杂性。

系统科学的早期发展在很大程度上使用的仍然是分析—重构方法，不同的是强调为了把握整体而化解、为了重构而分析，在整体性观点指导下进行化解与分析。通过整合有关部分的认识以获得整体的认识。对于比较简单的系统，这样处理一般是有效的。但是，当现代科学技术将简单系统问题基本研究清楚，逐步向复杂系统问题进军时，仅仅靠分析—重构方法日益显得不够用了。把对部分的认识累加起来的方法，本质上不适宜描述系统的涌现性。愈是复杂的系统，这种方法对于把握整体涌现性愈加无效。

系统科学是通过揭露和克服还原论的片面性和局限性而发展起来的。古代的朴素整体论没有也不可能产生现代科学方法，但是它包含着还原论所缺乏的从整体上认识和处理问题的方法论思想。理论研究表明，随着科学越来越深入到更小尺度的微观层次，我们对物质系统的认识越来越精细，但对整体的认识反而越来越模糊，越来越迷茫。例如，今天对生命体的研究已经深入到基因层次，但是，生命究竟是什么？研究基因的科学家们比贝塔朗菲在70多年前更加迷茫了。现代科学表明，许多宇宙奥秘来源于整体的涌现性。还原论无法揭示这类宇宙奥秘，因为整体涌现性在整体被分解为部分时已不复存在。而社会实践越来越大型化、复杂化，特别是一系列全球问题的形成，也突出强调要从整体上认识和处理问题。

世界是演化的，一切系统都不是永恒不变的。宇宙的许多奥秘只有用生成和演化的观点才能作出科学的说明。基于还原论的科学是存在的科学，无法研究演化现象。还原论就是既成论，还原方法就是分析方法。涌现论把世界看做生成的。从生成论的观点看，整体涌现性可以表述为"多源于少""复杂生于简单"。生成论是涌现论表现形式之一。

研究系统不要还原论方法不行，只要还原论方法也不行；不要整体论方法不行，只要整体论方法也不行。不分解到子系统和元素层次，不了解局部的精细结构，我们对系统整体的认识只能是直观的、猜测的、笼统的，缺乏数量关系，缺乏科学性。没有整体观点，我们对事物的认识只能是零碎的，只见树木、不见森林，不能从整体上把握事物、解决问题。还原论方法的历史功绩是不能抹杀的，还原论方法并没有过时，一万年以后也需要还原论方法，但是今天迫切需要重视整体论，提高整体论的地位与作用，把还原论与整体论综合集成为系统论。

4.8.3　定性研究与定量研究相结合

系统工程强调定性研究与定量研究相结合，从定性到定量综合集成。定性研究与定量研究相结合的方法，对于一切科学研究都是必不可少的。既不能偏废定量研究，也不能偏废定性研究。建立数学模型，进行计算分析，无疑是十分重要的。但是，过分抬高定量研究，轻视定性研究是不合适的。例如，研制原子弹、发射宇宙飞船，必须要有十分精确的计算，"差之毫厘，失之千里"。但是，研制原子弹的决策，无论中国还是美国，都是由最高领导人作出的，他们并没有依靠什么数学模型。他们主要依靠定性研究。决策之后，开展原子弹的研制工作，既需要精确的计算分析、定量研究，同时也需要定性研究，例如，进度安排，何时研制出来，如何投入使用。美国投放两颗原子弹的时间与地点，不是研制原子弹的科学家决定的，而是统帅部决定的，统帅部作决策也不见得依靠数学模型。①

按照邓小平同志提出的"一国两制"伟大构想，我国顺利地实现了香港与澳门的回归，这是世界史上的奇迹。但是，"一国两制"伟大构想的产生，大概没有借助什么数学模型。邓小平同志依靠的是丰富的经验、天才的直觉和创造性思维。当然，在按照"一国两制"伟大构想实现香港回归和澳门回归的过程中，定量研究、分析计算还是需要的，例如，驻军多少，军费多少，一旦有事，军队如何出动、火力如何配置等，这是需要比较精确的计算的，而且要准备几种预案。总之，还是定性研究与定量研究相结合，从定性到定量综合集成。

定性研究与定量研究，实际上是交叉进行和互动的。毛主席说：要"心中有数"。心中"老早"有了一定的数量分析基础，才能够"眉头一皱，计上心来"。有了某种"计策"（即备选方案）之后，必然要计算或估量实现"计策"的人力、物力、财力等条件，即考虑其可能性或可行性，考虑"胜算"的把握（即成功的概率是多大）。

即便在定量研究之中，也少不了定性研究。例如，相关分析是一种很成熟、很有用的数学方法，但是也要看你怎么运用才能有意义。假设张家生了一个孩子，李家同时种了一棵树，采集两组数据——孩子的身高 $\{x_i\}$ 与小树的高度 $\{y_i\}$，如果进行相关分析，可以得出很高的相关度，但是，这样的计算结果有什么意义呢？恐怕毫无疑义：李家不种树，或者李家把树砍掉了，张家的孩子照样长高长大。再如，回归分析也是一种很成熟、很有用的数学方法。采集了一组时间序列数据要进行回归分析，首先一步是要作出这组数据的散点图，根据散点图作定性分析——这些点是呈现直线形态还是某种曲线形态；然后决定是选用直线模型还是某种曲线模型来拟合它们。如果你不管三七二十一，选用直线模型，而散点图呈现的形态是某种曲线，那么，你所得到的拟合直线的偏差就会很大，回归分析就失去了意义。因为回归分析只能在众多的直线之中（或者众多的某种曲线之中）找出一条最佳的直线（或者曲线）来"奉送"给你，而这种数学方法不能自动判定应该选用曲线模型还是直线模型——这种定性分析的工作还是需要你自己做的。

一般地，定性研究是定量研究的指导，定量研究是定性研究的基础与支持。定性研究与定量研究相结合，从定性到定量综合集成，这是一种具有普遍意义的科学方法论，即钱学森综合集成方法论——系统工程中国学派的方法论。

---

① 附带说明：中国政府庄严声明，在任何情况下，绝不首先使用核武器。我们拥护这一立场。这里仅仅是从研究方法和方法论的角度来说明定性研究与定量研究的关系。

习题 4

4-1　方法论与方法有什么区别？为什么要研究方法论？

4-2　Hall 三维形态的基本内容是什么？逻辑维包含哪些步骤？

4-3　软系统方法论的特点是什么？它与 Hall 方法论有什么异同？

4-4　什么是结构性问题？什么是非结构性问题？

4-5　钱学森综合集成方法论是怎样产生的？它的主要内涵有哪些？

4-6　什么是物理？什么是事理？什么是人理？

4-7　"一个好的领导者或管理者应该懂物理，明事理，通人理"，为什么？

4-8　什么是斡件？正常的斡件有哪些？

4-9　数据的作用是什么？在项目研究过程中哪些环节特别需要数据？

4-10　什么是还原论？还原论的作用与局限是什么？

4-11　什么是整体论？古代整体论的缺点是什么？

4-12　什么是系统论？系统论与还原论和整体论有什么关系？

4-13　你读过《矛盾论》《实践论》吗？请你认真读几遍。

4-14　试对中医和西医的优缺点进行比较研究。

*4-15　试用综合集成方法论设计"中国统一大业"研究的基本思路。

第5章

系统工程的理论基础

■5.1 引言

在系统科学体系中，系统工程是直接改造客观世界的工程技术。为系统工程直接提供理论和方法的技术科学主要是运筹学、控制论和信息论。由于对象系统不同，系统工程应用到哪一类系统上，还要用到与这类系统有关的学科知识，并把它们有机结合起来，按照综合集成法研究和解决问题，求得整体功能或者总体效果的优化。

20世纪80年代以来，系统科学体系有了新的发展。例如，钱学森院士提出了研究开放的复杂巨系统，提出了综合集成法及其研讨厅体系；国外则发展了自组织理论，提出了复杂适应系统理论，等等。

表3-1列出了系统工程若干专业特有的学科基础。数学和计算技术也是系统工程的理论基础，但是，把它们看成方法和工具更恰当一些。本章介绍的系统工程的理论基础，是系统科学体系中的技术科学，即运筹学、控制论和信息论的基本知识，如图3-1所示。

这里说一下"老三论"与"新三论"的提法。不少资料上把系统论、控制论、信息论称为"老三论"，把耗散结构理论、突变论、协同学称为"新三论"，认为随着系统科学的发展，"新三论"将取代"老三论"，这是不妥当的。首先，控制论、信息论与系统论不在同一个层次上。实际上，控制论、信息论都属于系统论，都是系统论的分支，分别从控制和信息的角度阐述和丰富了系统论的内容；而运筹学，则赋予系统论以数学表达形式。其次，它们产生的时间有先有后，并不都是在20世纪40年代或者第二次世界大战之中。系统论要早一些，贝塔朗菲的一般系统论在战前就形成了，与第二次世界大战无关；控制论、信息论是在第二次世界大战期间产生的，第二次世界大战起了催生的作用。第三，与控制论、信息论在同一个层次上的还有运筹学，运筹学是直接由于战争的需要、在战争中产生的一门学科。在钱学森院士提出的系统科学体系中，运筹学、控制论与信息论，都属于为系统工程提供支持的技术科学，系统论（核心是系统观）是系统学（系统科学体系中的基础科学）通向哲学（马克思主义哲学）的桥梁。系统论没有过时，它还在发展中。

耗散结构理论、突变论、协同学等理论出现得晚一些，它们并不否定系统论，也不能取代系统论，相反，它们代表了系统论发展的新成果，丰富了系统论。耗散结构理论、突变论、协同学等，都属于系统的自组织理论。如果说它们是"新三论"，那么，它们是系统论发展过程中出现于20世纪70年代左右的"新三论"。事实上，在同一时期不止于此三论，还有"超循环理论"。20世纪80年代，"非线性科学"和"复杂性研究"兴起，为系统论和系统科学体系提供了更加"新"的内容。本书第2章已经作了简要介绍。

5.2　运筹学的基本知识

运筹学是最近60多年来发展起来的一门学科。为达到一定目的去做某件事情、执行某项任务、开展某种活动之前，人们总要进行一番筹划和安排，总想在一定的客观条件下，把事情办得更合理一些，以期得到最好的效果。这种合理安排、选优求好的朴素思想，就是运筹学的基本思想。

运筹学的朴素思想发源很早。第2章介绍的"田忌赛马"就是一个古典的例子。

运筹学作为一门学科，形成于第二次世界大战期间对于一些技术性军事活动的研究。其奠基作是战后1946年由美国学者莫尔斯（P. M. Morse）与金博尔（G. E. Kimball）出版的 *Methods of Operations Research* 一书，即《运筹学方法》（直译为"作战研究的方法"）。

这里要回顾一下运筹学产生的经过。第二次世界大战初期，英国面临着如何抵御法西斯德国飞机轰炸的问题。当时，法西斯德国不可一世，几乎占领了整个欧洲，它拥有一支强大的空军，随时准备攻打英国。而英国是个岛国，其东南部海岸线距离欧洲仅约100公里，这段距离德国飞机只需飞行17分钟，英国飞机要在这17钟之内完成预警、起飞、爬高、拦击等动作。当时英国的无线电专家沃森-瓦特（Robert Watson-Watt）研制成功一种新型无线电装置——雷达，它能在很远距离探测到来犯敌机，这样，英国部队就有比较充裕的时间来做好反空袭工作，使英国飞机能在防空圈外拦击敌机。然而，在几次防空演习中，雷达装置虽然探测到了160公里外的飞机，但是没有一套快速传递、处理和显示信息的设备，所以探测到的信息无法有效地提供使用。这个问题使英国雷达研究人员认识到，要想成功地拦击敌机，光有探测用的雷达是不够的，还必须有一套信息传递、处理与显示设备配合使用，才能发挥英国飞机的威力。这种系统化的要求与概念，促使英国在1940年8月成立了以自然科学家为主体的班子来研究战争中的问题。后来在美国和加拿大也纷纷成立了类似的班子。大约有总数不少于700名的科学家参与了涉及先进军事技术的战术研究。这种研究当时在英国称为 operational research，在美国称为 operations research，缩写均为OR，即"作战研究"。以英国第一个OR小组为例，为首的是著名物理学家布拉凯特（P. M. S. Blackett），小组成员有：

两名数学家、两名普通物理学家、一名理论物理学家、一名天体物理学家、三名生理学家、一名测量技术人员、一名陆军军官和一名海军军官。这些运筹学小组的特点是跨学科性，它们运用自然科学和工程技术的方法研究防空、反潜、港口利用、商船护航、水雷布设等问题，都取得了良好的效果。P. M. Morse 与 G. E. Kimball 参加了 OR 小组的实际工作，战后他们出版了（1946 年内部出版，1951 年公开出版）第一本有关 OR 的专著——*Methods of Operations Research*，中译本为《运筹学方法》，对第二次世界大战期间美、英等国作战运筹研究活动成果作了科学的总结。

"运筹学"的译名是有出处的。在司马迁的《史记·高祖本纪》中，汉高祖刘邦称赞张良曰："运筹于帷帐之中，决胜于千里之外。"其中的"运筹"二字，与 Operations Research 是很好的对应，所以，我国内地学者把 operations research 翻译为"运筹学"。香港和台湾的学者通常翻译为"作业研究"。

第二次世界大战之后，运筹学运用于生产运作等企业管理问题，获得了很大的成功。

一般说来，运筹学研究系统资源的合理配置和有效的经营运作问题。军事运筹学研究军事指挥中的战术技术问题。运筹学重视有关活动的数量分析，建立数学模型，寻求解决问题的最优方案。

P. M. Morse 与 G. E. Kimball 指出，"运筹学是为领导机关对其控制下的事务、活动采取策略而提供定量依据的科学方法"，"运筹学是在实行管理的领域，运用数学方法，对需要进行管理的问题进行统筹规划、作出决策的一门应用学科"。后来的趋势把"定量"二字也放松了，变成了"运筹学是一种适用于系统运行的方法和工具，它是一种科学方法，它能对运行管理人员的问题提供最合适的解答"。运筹学的对象是社会，目标是最优化，它是经营管理的科学、作战指挥的科学、规划计划的科学、治理国家的科学。

中国工程院院士、中国系统工程学会前理事长许国志指出：运筹学是"事理学"。

运筹学应用的领域很广，例如：①国际范围问题：人口家族、通商运货、竞争协作、资源能源、发达不发达等问题；②国家社会问题：都市规划、地域开发、犯罪控制、环境污染、保健卫生、劳动就业等问题；③企业管理问题：计划、新产品的研制与评价、企业相互关系、购买与广告、流通、市场、生产管理、投资计划、劳动等问题；④系统问题：交通、情报、计算机、流通、教育、医疗等问题；⑤行业领域：农业、水产、钢铁、矿山、原子能、电力、石油、纺织、银行、军事等问题。

随着运筹学逐步深入应用于社会经济系统和军事系统，这些系统往往存在着大量的不确定因素和人理问题，所以，仅仅依靠数学模型和定量分析已很难处理好复杂系统的优化问题。必须将定量分析、定性分析、计算机仿真相结合，综合优化，实际上已经从运筹学过渡到了系统工程。

运筹学在中国和西方的界定与发展是有所不同的。本书第 3.2 节引用了钱学森院士对于系统工程和运筹学的关系的一段论述，其中说："国外所称的运筹学、管理科学、系统分析、系统研究以及费用效果分析的工程实践内容，均可以用系统的概念统一归入系统工程；国外所称的运筹学、管理科学、系统分析、系统研究以及费用效果分析的数学理论和算法，都可以统一称为运筹学。"此外，我国的数学工作者对运筹学开展了很多研究，在一些数学模型的证明与推导方面做了很多工作，加强了运筹学的数学化，西方称之为运筹数学。

系统工程和运筹学是在不同的历史阶段在同一方向上发展起来的学科。运筹学是系统工程的主要理论基础。运筹学教科书的主要内容如图 5-1 所示。

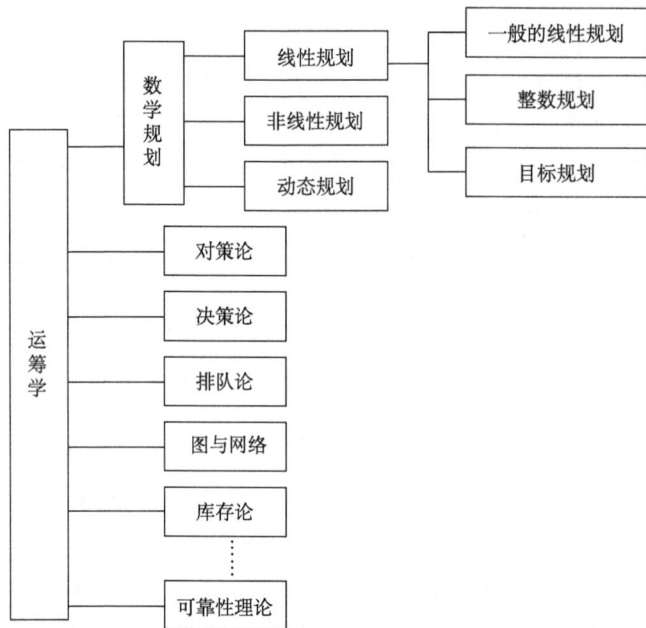

图 5-1 运筹学的主要内容

5.3 控制论的基本知识

5.3.1 控制论与控制理论

系统工程研究的系统是人工系统，人工系统都是受人控制的系统或者是人们试图控制的系统。从控制的角度掌握系统运行的一般规律，控制系统的运行，这是控制论的主旨。

控制是系统建立、维持、提高自身有效性的手段。如图 5-2 所示，控制就是施控者选择适当的控制手段作用于受控者，以期引起受控者行为姿态发生符合目的的变化。不止是对于自然的、社会的或人工制造的系统，一切从这个意义上提出的问题，都是控制问题。

图 5-2 控制作用的一般表示

控制论（cybernetics）作为一门独立的学科，也是 20 世纪中叶产生的。对控制问题进行理论研究，始于 1868 年麦克斯韦尔（J. C. Maxwell）以微分方程为工具分析蒸汽机调速器稳定性的工作。1948 年美国著名数学家维纳（Norbert Wiener）出版了第一本控制论著作——*Cybernetics or Control and Communication in the Animal and the Machine*（《控制论，或关于在动物和机器中控制和通信的科学》），标志着这门学科的诞生。维纳被誉为控制论的创始人。

钱学森的《工程控制论》（*Engineering Cybernetics*）一书，1954 年出版英文版，1956 年、1957 年、1958 年分别出版俄文版、德文版、中文版，该书代表了当时国际领先水平。卡尔曼（R. E. Kalman）等一批学者从 20 世纪 60 年代开始，运用微分方程、线性代数、概率论等数学工具对系统控制问题进行了深入的研究，形成现代控制理论（modern control theory）。维纳的《控制论》在苏联曾经被指责为"资产阶级的伪科学"，受到拒绝和批判，是钱学森院士的《工程控制论》扭转了这种荒唐现象。

控制论与控制理论在现代自动化工程技术中得到了广泛的应用。而制造自动机的理想，早在古代就出现了。西汉时期（公元前 206～公元 8 年），我国劳动人民就发明了机械式的指南车，它是按扰动原理构成的开环自动控制系统。1086～1089 年，宋代苏颂和韩公廉制成了一座水运仪象台，这是对东汉时代张衡创造的铜壶滴漏的改进，是一个按被调量的偏差进行控制的闭环非线性自动控制系统。

控制论与控制理论是系统工程的理论基础之一。控制论与控制理论是有区别的：控制论侧重于哲理和理论，控制理论侧重于这些理论的应用。对此，我们可以不作深究，而且常常用其中一个名词来代表二者。控制论研究一般控制规律，对各种系统实行控制，使系统的运行符合人们的期望。控制论既可应用于工程技术系统，亦可应用于社会经济系统和生物系统。控制论是在运动和发展中考察系统，这就从根本上改变了研究系统的方法。控制论和信息论甚至改变了人类对于世界的看法，使得认为世界由物质和能量组成的古典概念让位于世界是由物质、能量和信息这三种成分组成的新概念。控制论在通信和自动化技术中、在生物学和医学领域中、在经济学和社会学中，都发挥了巨大的作用。

控制理论包括经典控制理论、现代控制理论和大系统理论等三方面内容。限于本书宗旨与篇幅，这里我们只介绍与系统工程密切相关的几个基本概念。

20 世纪 80 年代以来，控制论和控制理论经历了巨大的挑战。由于航天事业和大型复杂生产过程管理等方面的需要，提出大量非线性控制、鲁棒性控制、柔性结构控制、离散事件系统控制等复杂问题，是已有的控制理论难以解决的。复杂系统的控制理论成为控制理论研究的一个主攻方向。作为技术科学的控制论与控制理论的研究需要系统科学的指导和帮助。

中国自动化学会设有系统工程专业委员会。系统工程的自动化流派是系统工程的主要流派之一。

5.3.2　反馈

反馈的概念是控制论的基本的和核心的概念。所谓反馈（feedback，亦称回授），就是系统的输出对于输入的影响，或者说是输入与输出之间的反向联系。简单地说，就是系统的输出反过来影响系统原有的输入作用。一个良好运作的企业系统，必然是一个具有完善的反馈功能的系统。系统对环境的适应性，主要靠反馈来实现。系统的反馈，主要是信息反馈。

有反馈，才能发现偏差，从而及时作出正确决策，采取纠偏措施，使系统朝着减少偏差的方向发展，即朝着人们预期的目标发展。反馈使整个系统处于不断的自我反省状态，从而使偏差得到不断的自我纠正。管理者如果不深入基层，不了解第一线情况，就得不到"反馈信息"，于是对偏差心中无数，其决策或指挥就带有很大的盲目性，就会给工作带来损失。

反馈分为正反馈与负反馈。负反馈旨在缩小系统的实际输出与期望值的偏差，使得系统行为收敛。正反馈使得系统行为发散。"共振"现象是正反馈。通常所说"良性循环"与"恶性循环"都是正反馈。

一般不加说明的反馈，是指负反馈。系统实现反馈功能的组成部分，称为系统的反馈环节。系统的反馈环节往往不止一个，我们将这样的系统叫做多重反馈系统或多回路系统。

下面，我们把企业系统作为反馈控制系统展开为图 5-3 来分析企业系统的活动过程与反馈回路。

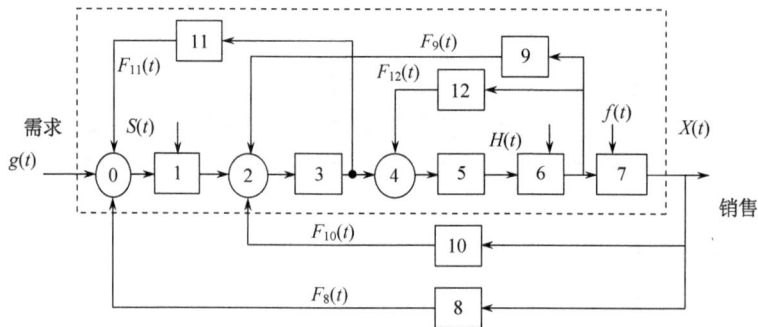

图 5-3　企业系统的活动过程与反馈回路

1. 模型说明与活动分析

系统的输入为 $g(t)$、$H(t)$、$S(t)$ 和 $f(t)$。其中，$g(t)$ 为外界需求；$H(t)$ 为系统的硬件输入，包括原材料、外协件、辅助材料以及能源；$S(t)$ 为系统的软件输入，包括技术、情报等；$f(t)$ 为系统受到的外界干扰，外界干扰是多种多样的，而且遍布于系统的各个环节，为使分析简单起见，我们集中表示在一个环节上。

系统的输出为 $X(t)$，包括硬件及软件，即产品与技术性报务等。

各个方框与结点的意义如下：

方框 1——企业的研究设计部门；

方框 3——企业的生产决策部门，如厂务委员会；

方框 5——生产管理部门，包括计划、生产、工艺和工具等科室；

方框 6——生产与装配车间（生产线）；

方框 7——库存与销售部门；

方框 8、9、10、11、12——反馈环节；

$F_8(t)$、$F_9(t)$、$F_{10}(t)$、$F_{11}(t)$、$F_{12}(t)$ 分别为反馈信息；

结点 0、2、4 为比较环节。

整个系统可以明显地区分为企业内部结构（系统本身）与系统外部环境两部分，以虚线予以隔开。

由图 5-3 可以看到：

外界需求 $g(t)$，产品销售情况的反馈信息 $F_8(t)$，由决策部门 3 来的信息 $F_{11}(t)$ 在结点 0 经过综合处理，形成对研究设计部门 1 的指令；

研究设计部门根据这一指令，以及情报、技术等软件输入 $S(t)$，进行产品设计，提出设计方案（通常是多种备选方案）；

多种设计方案，市场情况的反馈 $F_{10}(t)$ 以及由生产车间 6 来的反馈信息 F_9（主要是生产能力）在结点 2 进行综合，提交决策部门 3，形成决策（生产何种产品、多少数量），这个决策再作为信息 $F_{11}(t)$ 反馈到设计部门 1，形成具体的产品设计图纸，沿着前向通路到达结点 4；

在结点 4，产品设计图纸与车间来的信息 $F_{12}(t)$ 经过综合，由生产管理部门 5 形成生产指导文件（工艺路线等）；

生产车间 6 根据生产指导文件，利用机器设备对原材料等硬件输入 $H(t)$ 进行加工和组装，形成产品；

产品经过库房与销售部门 7 进入市场，这就是整个系统的输出 $X(t)$。

2. 反馈回路分析

一个反馈环节与它所包括的一段前向通路组成一个反馈回路。下面对各个反馈回路进行扼要分析。

（1）反馈环节 8 组成的反馈回路与反馈环节 11 组成的反馈回路。

本企业的产品 $X(t)$ 在市场上的销售情况和用户的意见，经过反馈环节 8 形成信息 $F_8(t)$ 反馈到企业的研究设计部门 1。研究设计部门 1 根据信息 $F_8(t)$，对产品作改进设计，以扩大本企业产品的销路。而且，研究设计部门 1 根据市场需求 $g(t)$ 和技术软件 $S(t)$ 设计新产品，打入市场。

但是，研究设计部门 1 并不是仅根据信息 $g(t)$ 或 $F_8(t)$ 就能决定自己设计任务的，它还必须接受决策部门 3 来的指示 $F_{11}(t)$。反馈环节 11 的作用就在于把决策部门 3 的决策下达给研究设计部门 1。

（2）反馈环节 10 组成的反馈回路与反馈环节 9 组成的反馈回路。

决策部门 3 如何形成正确的决策呢？

它的根据之一是市场来的信息 $F_{10}(t)$ 和 $g(t)$。$F_{10}(t)$ 与 $F_8(t)$ 相仿，是本企业的产品在市场上的销售情况和用户的意见等。$g(t)$ 是市场需要，经过前向通路到达结点 2。

它的根据之二是研究设计部门 1 提出的关于产品开发的若干待选方案。

它的根据之三是由各生产车间来的信息 $F_9(t)$，它反映了本企业的生产能力。

根据之一、之二是客观需要，根据之三是主观可能。决策部门根据需要与可能两个方面作出决策。

这一决策作为信息 $F_{11}(t)$ 反馈到研究设计部门 1，研究设计部门对于选定的方案绘制具体的设计图纸。

（3）反馈环节 12 组成的反馈回路。

反馈环节 12、生产管理部门 5 以及生产车间 6 共同组成的回路担当着企业的主要生产活动与管理活动。

首先，在决策形成之后，设计部门 1 提供的设计图纸经过前向通路到达结点 4，它与生产车间 6 的信息 $F_{12}(t)$ 进行综合。此时的 $F_{12}(t)$ 与 $F_9(t)$ 相仿，反映各生产车间的生产能力。综合的结果，便是生产管理部门 5 形成生产指导文件（包括工艺路线等），安排计划，组织和指挥生产车间开展生产制作。

其次，产品正式投产以后，由生产车间 6 来的反馈信息 $F_{12}(t)$ 主要反映生产进度和质量情况，生产管理部门据此对生产过程实行监督、协调和控制，以保证生产活动的正常进行。

企业的人员流、物质流、信息流在前向通路和各个反馈回路中运行与循环，就构成了整个企业的全部活动。能源和原材料不断地输入，产品和技术服务不断地输出，企业就成为一个有活力的整体。

鉴于反馈与信息的重要性，有人说：所谓管理，就是一种按反馈回路进行的信息处理过程。

在实际企业中，各个反馈环节不一定都有相应的机构实体，甚至有时"看不见摸不到"，但它们是确实存在的。信息流主要是通过反馈环节组成的回路而发挥作用的。反馈失灵，就会贻误工作，必须能动地建立反馈机制和反馈回路，加工和利用信息。

5.3.3　控制任务与控制方式

1. 控制任务

控制系统是人们为完成一定的控制任务而设计制造的。从控制理论看，控制任务主要有以下几种类型：

（1）定值控制。定值控制是最简单的控制任务，在自然界、生命体、机器和社会系统中广泛存在。它是指在某些控制问题中，控制任务是使受控量 y 稳定地保持在预定的常数值 y_0。实际控制过程并不要求严格保持 $y=y_0$，只要求 y 对 y_0 的偏差 Δy 不超过许可范围 δ 即可：

$$\Delta y = |y-y_0| < \delta, \delta \geqslant 0 \tag{5-1}$$

控制系统的任务是克服或"镇压"干扰，使系统尽快恢复并维持原来确定的状态，故又称为镇定控制。

（2）程序控制。程序控制的任务是执行保证受控制量 y 按照某个预先知道的方式 $\omega(t)$ 随时间 t 而变化的预定程序。定值控制是 $\omega(t) = C$（常数）时的特殊程序控制。

在结构上，程序控制的特点是有程序机构。受控量预定的变化规律 $\omega(t)$ 表示为程序，储存于专门的程序机构中。在系统运行过程中由程序机构给出控制指令，由控制器执行指令，保证受控量按照程序变化。

（3）随动控制。在许多情况下，控制任务是使受控量 $y(t)$ 随着某个预先不能确定而只能在系统运行过程中实时测定的变化规律 $u(t)$ 来变化。这时的控制任务是保证 y 随着 u 的变动而变动，故称为随动控制。又称为跟踪控制，因为控制任务是使受控量 $y(t)$ 尽可能准确地跟踪外部变量 $u(t)$ 的变化，直至达到目标。

（4）最优控制。定值控制、程序控制和随动控制的控制任务可以统一表述为：保证系统的受控量和预定要求相符合。三者的区别在于，这种预定要求是固定的还是可变的，变化规律是预先精确知道的还是只能在运行过程中实时监测的。但是，许多实际过程关于受控量的预定要求不仅不能作为固定值在系统中标定出来，或者作为已知规律引入系统作为程序，甚至无法在系统运行中实时获取。这类过程的控制任务应当表述为：使系统的某种性能达到最优，即实现对系统的最优控制。

2. 控制方式

给定控制任务后，还需要选择适当的控制方式或策略。常见的控制方式有以下几种：

（1）简单控制。根据实际需求和对于受控对象在控制作用下的可能结果的预期，制订适当的控制方案或指令，去作用于对象以实现控制目标，这就是简单控制策略。由于控制过程中信息流通是单向的，又称为开环控制，如图 5-4 所示。

图 5-4　简单控制

这种控制策略的特点是"只下达命令，不检查结果"。它的有效性依赖于控制方案的科学性和对象忠实执行命令的品质的完全信任，以及假定外部干扰可以忽略不计。优点是结构简单，操作方便。

（2）补偿控制。在许多情况下，外界对系统的干扰总是存在而且不能忽略不计，在制订控制策略时，着眼于"防患于未然"，以消除或减少干扰的影响，在干扰给系统造成影响之前通过预测干扰作用的性质和程度，计算和制订出足以抵消干扰影响的控制作用，设置补偿装置，借助它监测干扰因素，把它量化，并准确地反映在控制计划中，并施加于受控对象，这就是补偿控制策略。图 5-5 示意了这种控制策略。

补偿控制也是开环控制。根据系统工作过程中信息流通的特点，又称为顺馈控制。

（3）反馈控制。在许多情况下，需要采取反馈控制策略，着眼于实时监测受控对象在干扰影响下的行为，通过量化并与控制任务预期的目标值相比较，找出误差，根据误

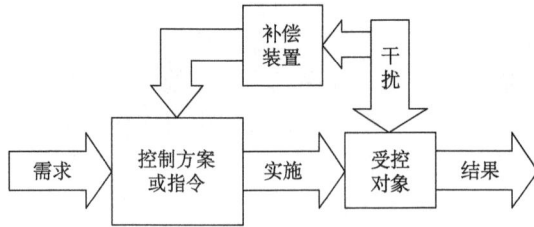

图 5-5   补偿控制

差的性质和程度制订控制方案、实施控制，以便消除误差、达到控制目标。这种以误差消除误差的控制策略，常称为误差控制。如图 5-6 所示，其中的上半部相当于简单控制，控制作用产生一个结果，这个结果与干扰造成的结果被一起测量，通过下半部线路反向送回输入端（即反馈），与目标值进行比较，形成误差，根据误差确定新的控制作用。如此反复施加控制作用，反复测量控制结果，反复回馈结果信息，反复修改控制作用，直到误差消除或者被控制在允许的范围之内为止。在结构上，需设置反馈信息的环节和通道，因而称为反馈控制。鉴于信息流通形成了闭合环路，又称为闭环控制。

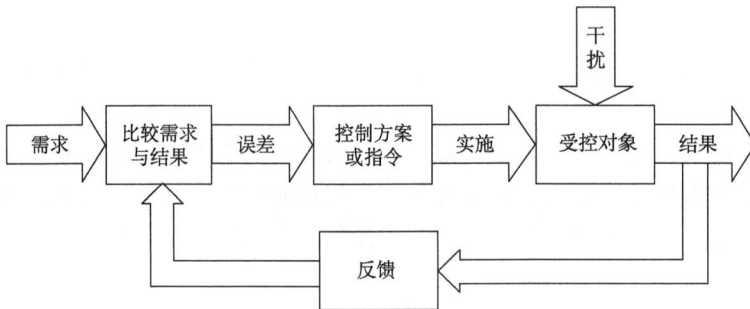

图 5-6   反馈控制

    反馈控制是最有效的控制策略，获得广泛应用。当存在模型不确定性和不可测量的扰动时，反馈控制能够实现较高的品质要求。

    （4）递阶控制。对大系统而言，通常采用的控制方式是集中与分散相结合的递阶控制。递阶控制的一种方式是多级控制。按照受控对象或过程的结构特性和决策控制权力把大系统划分为若干等级，每个等级划分为若干小系统，每个小系统有一个控制中心，同一级的不同控制中心独立地控制大系统的一个部分，下一级的控制中心接受上一级控制中心的指令。控制过程中信息流通主要是上下级之间的信息传递。图 5-7 表示一个三级递阶控制的大系统。

    社会行政系统实际上是多级递阶控制。控制者和被控制者都是人，尤其是担任主要领导职务的人员。这些人员的素质和信息传递的效率，决定了系统的效率。

    递阶控制的另一种方式是多段控制。按照受控过程的时间顺序把全过程划分若干阶段，每个阶段构成一个小型的控制问题，采用单中心控制，再按各段之间的衔接条件进

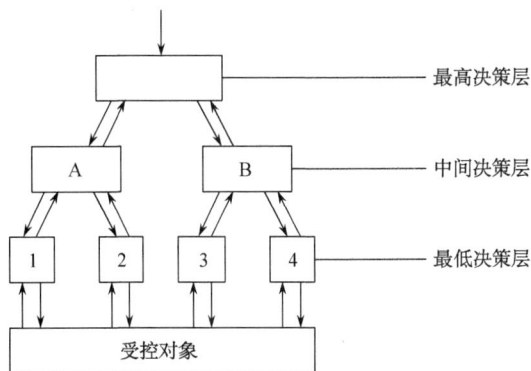

图 5-7　三级递阶控制

行协调控制。图 5-7 是一个三段递阶控制的大系统。

在社会系统中，严格的递阶控制很少见。例如，在图 5-7 中，最高决策层与最低决策层和受控对象之间可能直接具有双向联系，中间决策层与受控对象之间也可能有直接的双向联系，使得上情下达、下情上达，避免信息梗塞。

5.3.4　基本控制规律

在控制系统中，调节器是整个系统的心脏。调节器对偏差信号［设为 $e(t)$］进行转换或处理的规律，称为系统的控制规律。不同的控制规律，将对系统品质产生不同的影响。

设调节器输出为 $m(t)$，如图 5-8 所示，则函数关系

$$m(t) = F[e(t)] \tag{5-2}$$

即为系统的控制规律。

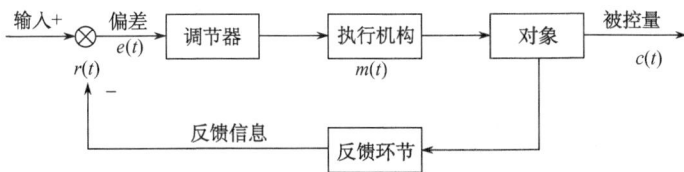

图 5-8　控制系统的一般表示

目前常用的控制规律有如下几种。

1. 位式控制规律

所谓位式控制规律，就是根据偏差的不同，调节器的输出只有两种（两位）状态：开关要么闭合，要么断开。位式控制简单、廉价，易于推广应用。但是，位式控制有一个先天性的缺点，就是被控量无稳态值，它在期望值附近不断地波动或振荡，因而控制精度不高。原因很简单：设想室温控制采用这种规律，开关全闭将使室温升高，而开关

全断使室温下降。一升一降，永无稳态值，如图 5-9 所示。

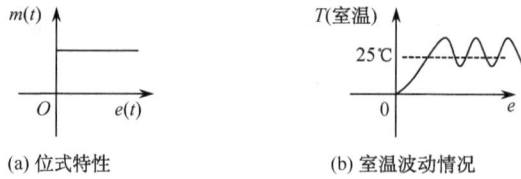

(a) 位式特性　　　　　(b) 室温波动情况

图 5-9　位式控制规律及其对系统被控量的影响

在社会经济系统中，如果政策大收大放，势必使系统无法获得稳态而产生震荡，甚至是比较激烈的震荡。

为克服位式控制系统被控量无稳态值的缺点，可采用比例控制规律。

2. 比例控制规律

在位式控制中，系统被控量无稳态值的重要原因是由于调节器输出与偏差间无比例关系。图 5-10 所示是一个炉温控制系统的示意图，采用比例控制规律。

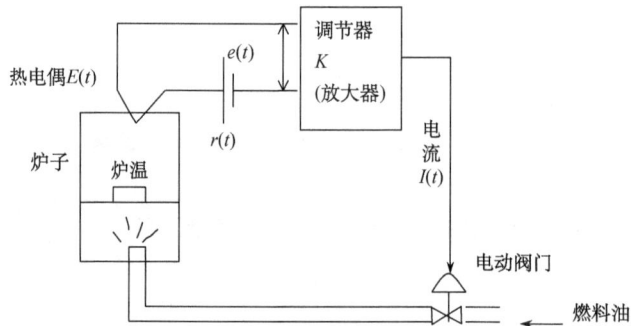

图 5-10　炉温控制系统示意图

在图 5-10 所示的系统中，测温元件热电偶冷端电势 $E(t)$ 与炉温成对应关系。电压 $r(t)$ 是给定信号，当 $E(t)$ 与 $r(t)$ 相等时，炉温严格与希望值相等。$E(t)$ 与 $r(t)$ 是反极性串联的，二者之差即为偏差电势 $e(t)$。$e(t)$ 经比例调节器放大，得到正比于 $e(t)$ 的输出电流 $I(t)$。$I(t)$ 与 $e(t)$ 的比例系数为 K，即

$$I(t) = K \cdot e(t) \tag{5-3}$$

其中，K 的量纲为安/伏。

调节器的输出电流作用于一个常闭型电动阀门（即失电时阀门全闭，通电后阀门开启，且电流增大阀门开度也增大），控制阀门的开度，进而控制燃料油的进油量（亦即耗油量）而使炉温得到控制。

若炉温低于希望值，则系统将发生如下一系列的自控过程：

炉温 ↓ → $E(t)$ ↓ → $e(t)$ ↑ → $I(t)$ ↑ → 阀门开度 ↑ → 炉温 ↑

当炉温由偏低趋近希望值时，则

$$e(t) \downarrow \to I(t) \downarrow \to 阀门开度 \downarrow \to 阻止炉温继续上升$$

在这种自控过程的最终，被控量炉温获得动态平衡，被维持在一个稳态值上。

比例控制规律与系统品质如图 5-11 所示。

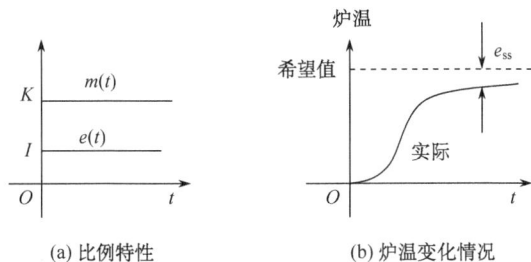

(a) 比例特性　　　　(b) 炉温变化情况

图 5-11 比例控制规律及其对系统被控量的影响

比例控制规律虽然使被控量有稳态值，但其最大缺点是被控量无法与希望值相等，即出现图 5-11（b）中的两者之差 e_{ss}，我们将 e_{ss} 称为静差。产生静差的原因很简单，我们可用反证法说明之。

设在图 5-10 中炉温保持在希望值上，则

$$E(t) = r(t) \to e(t) = 0 \to I(t) = K \cdot e(t) = 0 \to 阀门全闭 \to 炉温 \downarrow$$

显见，炉温无法保持在希望值上，也即系统产生了静差。

由于比例控制规律使系统有稳态值，所以在精度要求不高的场合得到了广泛的应用。然而，由于比例控制规律无法消除静差而影响了它的应用范围。对要求精度很高的场合，可以采用下面说的控制规律。

3. 比例积分控制规律

如果调节器的输出 $m(t)$ 不仅与偏差 $e(t)$ 成正比，而且还对偏差 $e(t)$ 进行时间积分，则称系统具有比例积分控制规律。这种控制规律可用下式表示：

$$m(t) = K\Big[e(t) + \frac{1}{T_i}\int e(t)\mathrm{d}t\Big] \tag{5-4}$$

而 $m(t)$ 与 $e(t)$ 间关系可用图 5-12 表示。

在公式（5-4）中，T_i 称为积分时间常数。T_i 值大，则积分速度慢；T_i 值小，则积分速度快。

比例积分控制规律对定值控制系统而言，在理论上达到了完全消除静差。我们对图 5-10 的炉温控制系统进行分析：如果调节器改为比例积分型的，且设静差暂不为零，即 $e(t) \neq 0$，则积分作用将使输出 I 不断加大，从而使阀门开度不断增加，燃料油流量也不断加大，势必使炉温继续上升。只要偏差不为零，这种积分作用始终不断地起作用，控制作用不断增强，直至将静差完全消除为止。这种控制规律显然优于前面叙述过的位式控制与比例控制两种控制规律。

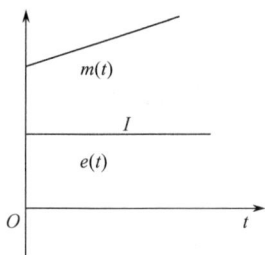

图 5-12　比例积分特性

社会经济系统中的"调节器"——领导决策层，事实上都在自觉不自觉地运用着这种控制规律。当他们发现本系统出现某种偏差时，往往下一道"补充规定"，来纠正偏差。"补充"意味着原来的决策或措施的力度尚不够，所以再增强控制作用——这就是"积分"作用。如果一道"补充规定"还不够，还不足以消除偏差，则可能会下第二道、第三道的规定"补充"。这些积分功能对消除静差起了一定的作用。

4. 比例积分微分控制规律

工程系统或社会经济系统，时常会遇到内外的各种扰动，这些扰动企图使系统被控量偏离希望值。如果扰动比较大，被控量偏离希望值将很大，对应偏差也将很大。由于积分作用是逐渐累积的，所以消除很大的偏差需要相当长的时间，也即控制时间太长。在这段过渡性的、动态的控制时间内也许系统已经出了故障，酿成了损失。为此，人们研究采用了比例积分微分控制规律。这种控制规律可用式（5-5）表达：

$$m(t) = K\left[e(t) + \frac{1}{T_i}\int e(t)\mathrm{d}t + T_d \frac{\mathrm{d}e(t)}{\mathrm{d}t}\right] \qquad (5\text{-}5)$$

公式（5-5）是由比例、积分、微分三项叠加而成的。比例、积分的作用前面已叙述过了。这里我们仅说明"微分"的作用。

$m(t)$ 中的微分项 $KT_d\dfrac{\mathrm{d}e(t)}{\mathrm{d}t}$，其大小仅与偏差 $e(t)$ 的变化率成正比，而与 $e(t)$ 本身绝对值的大小无关。T_d 是微分时间常数，T_d 大则微分作用强，反则反之。

我们假设图 5-10 中的调节器具有比例积分微分作用。我们又假设突然往炉子里放进大批需要热处理的冷工件，这批工件对控制系统而言显然是一个很大的扰动，如果不采取微分措施，炉温势必要极大地偏离希望值，依靠比例与积分的控制作用将炉温拉回到希望值需很长的时间。现在如果投入微分控制作用，情况就大不相同了，当大的扰动刚到来时，被控量的变化率很大，对应的偏差 $e(t)$ 的变化率也很大。这时被控量变化的绝对值还不太大。$e(t)$ 的大变化率使得 $KT_d\dfrac{\mathrm{d}e(t)}{\mathrm{d}t}$ 值很大，即阀门开度先于大偏差值到来时开得很大，使炉子加热量猛增，使炉温在下降得不很厉害时就得以回升，从而避免了大偏差的出现，大大缩短了调节时间，改善了系统的动态过渡的品质，起到了"防患于未然"的良好效果，控制论中称之为"超调"作用。

在目前的常规控制系统中，比例积分微分控制规律是一种较为理想的控制规律，无论系统的动态品质还是静态品质（静差）都比较好，因而被人们广泛地采用。工程系统中的比例积分微分调节器的系列产品很多、很成熟，可供用户方便地选用。

在社会系统中，发现危害社会治安的倾向来势凶猛（虽然刚开始时危害还不太大）时，采取"严打"的办法或者一些"矫枉过正"的措施是必要的，能起到"超调"的作用。否则，等受害面很广、受害度很深时再纠正、再治理，已经酿成很大损失了。

对于控制规律掌握和自觉运用，有助于系统工程实现总体目标的优化。

应当说明，对于社会经济系统来说，由于这些系统的复杂性，我们介绍的几种主要的控制规律，其适用性远不能与工程控制系统相比。如果将工程系统中的控制规律全盘照搬到社会经济系统中，企图用自然科学中的规律去控制社会经济过程，通常是不成功的。社会经济系统是复杂的大系统、巨系统，它们另有自身的控制规律，而这些规律有的已被人们掌握，有的则仍在探索之中。对这种复杂系统的控制规律的探索、掌握和应用，是系统工程的任务之一。还应当说明，我国在改革开放中提出的经验性命题"宏观调控，微观搞活"，是系统管理的一项基本的、普遍适用的原则。

5.4　信息论的基本知识

5.4.1　信息的含义与特征

信息论是关于信息的本质和传输规律的科学理论，是研究信息的计量、发送、传递、交换、接收和储存的一门新兴学科。

信息论的创始人是美国贝尔实验室的数学家香农（C. E. Shannon，1916—2001年），他为解决通信技术中的信息编码问题，突破老框框，把发射信息和接收信息作为一个整体的通信过程来研究，提出通信系统的一般模型，同时建立了信息量的统计公式，奠定了信息论的理论基础。1948 年香农与 W. Weaver（1894—1978 年）共同署名在 *Bell System Technical Journal* 上发表了论文 *A Mathematical Theory of Communication*，即《通信的数学理论》，成为信息论诞生的标志。

在信息论的发展中，还有许多科学家对它作出了卓越的贡献。例如，控制论的创始人维纳建立了滤波理论和信号预测理论，也提出了信息量的统计数学公式，维纳也被认为是信息论创始人之一。

客观世界是由物质、能量、信息三大要素组成的。信息是一种客观存在。系统的反馈主要是信息反馈。研究系统不能不研究信息。要素与要素之间、局部与局部之间、局部与系统之间、系统与环境之间的相互联系和作用，都要通过交换、加工、利用信息来实现；系统的演化，整体特性的产生，高层次的出现，都需要从信息观点来理解。信息也是系统工程的基本概念，信息论是系统工程的理论基础之一。

人类社会是不能离开信息的。人们的社会实践活动不仅需要对周围世界的情况有所了解，作出正确的反应，而且还要与周围的人沟通才能协调行动。就是说，人类不仅时刻需要从自然界获得信息，而且人与人之间也需要进行通信，交流信息。人类获得信息的方式有两种：一种是直接的，即通过自己的感觉器官，耳闻、目睹、鼻嗅、口尝、体触等直接了解外界情况；一种是间接的，即通过语言、文字、信号等传递消息而获得信息。通信是人与人之间交流信息的手段，语言是人类通信的最简单要素的基础。人类早期只是用语言和手势直接交流信息。文字使信息传递摆脱了直接形式，扩大了信息的储存形式，是一次信息技术革命。印刷术扩大了信息的传播范围和容量，也是一次重大的信息技术变革。真正的信息技术革命则是电报、电话、电视等现代通信技术的创造与发明，它们大大加快了信息的传播速度，增大了信息传播的容量。正是现代通信技术的发展导致了信息论的诞生。现在又有了卫星通信、信息网络、E-mail 等更加先进的通信技术。

信息论现在已经远远地超越了通信的范围，从经济、管理和社会的各个领域对信息论都开展了研究和应用。现在，信息论可以分成两种：狭义信息论与广义信息论。狭义信息论是关于通信技术的理论，它是以数学方法研究通信技术中关于信息的传输和变换规律的一门学科。广义信息论，则超出了通信技术的范围来研究信息问题，它以各种系统、各门学科中的信息为对象，广泛地研究信息的本质和特点，以及信息的获取、计量、传输、储存、处理、控制和利用的一般规律。广义信息论包含了狭义信息论的内容，其研究范围也比通信领域广泛得多，是狭义信息论在各个领域的应用和推广，它是一门横断学科。广义信息论，人们也称为信息科学。

英文 information 一词的含义是情报、资料、消息、报道、知识的意思。长期以来人们把信息看做是消息的同义语，简单地把信息定义为能够带来新内容、新知识的消息。但是后来发现信息的含义要比消息、情报的含义广泛得多，不仅消息、情报是信息，指令、代码、符号、语言、文字等，一切含有内容的信号都是信息。

汉语"信息"一词可以理解为信号与消息的总称，也常常泛指情报、数据、资料等。其实，信息与后面的这些名词所表达的概念是有区别的。例如，宇宙射线是一种信号，亘古以来它一直存在，但是只有到了近代，当人们对于物质结构有了相当认识之后，才能理解这种信号所表示的关于天体结构与运动的信息。如果某人对于交通规则一无所知，他就不会知道十字路口红绿黄灯所传递的信息。聋哑人的手势是一种信号，许多人可能不解其意。情报也是这样。一份密码情报中包含的信息在大庭广众之中可能谁也不能够破译。

所以，信号、消息、情报、数据与资料等，它们本身并不是信息，它们是信息的载体，其中可以包含信息、传递信息。它们的流动，就带动了信息的流动。好像火车的行驶带动旅客的流动一样。正是在这样的意义上，我们常常把各种信息载体如信号、消息、情报、数据、资料等简单地称为信息。

信息的基本特征至少有以下六点：

（1）客观性。信息反映的是客观存在的事实。它的真实性是它的一切效用的基础。信息反映的事实总是某个客观事物（或系统）的某一方面的属性。

（2）主观性。所谓信息的主观性是指信息的作用对于不同的主体是不同的，对它的接受和评价带有很强的主观性。这是信息与数据主要区别之一。

（3）抽象性。信息的本质是什么，物理学家、信息学家、哲学家长期争论不休，仅有的共识是：信息就是信息，既不是物质也不是能量——这是维纳的名言。

（4）可复制性。信息可以大量拷贝，例如，资料的复印，书籍的印刷。

（5）可共享性（无损耗性）。一条信息可以供多人使用，每人都拥有一条信息；不像苹果，一个苹果只能给一个人吃，吃完就没有了。

（6）系统性。这是指信息之间的有机联系。客观事物是复杂的、多方面的，要反映一个事物的全貌，绝不是单个信息所能完成的。信息的作用必须通过一系列有机组合起来的体系，才能有效地发挥出来。也就是说，"只知其一，不知其二""只见树木，不见森林"并不是正确的利用信息的方法，必须要形成一个科学的信息和信息处理的系统（包括指标系统和处理系统），这就是信息的系统性。

还有人从信息技术的角度归纳信息的特征如下：①可识别。②可转换。③可传递。④可加工处理。⑤可多次利用（无损耗性）。⑥在流通中扩充。⑦主客体二重性。信息是物质相互作用的一种属性，涉及主客体双方；信息表征信源客体存在方式和运动状态的特性，所以它具有客体性、绝对性；但接收者所获得的信息量和价值的大小，与信宿主体的背景有关，表现了信息的主体性和相对性。⑧能动性。信息的产生、存在和流通，依赖于物质和能量，没有物质和能量就没有能动作用。信息可以控制和支配物质与能量的流动。

现代科学认为，信息归根结底是物质的一种属性，信息不能离开物质和运动而单独存在。没有与物质和运动相分离的信息。一切信息都是在特定的物质运动过程中产生、发送、接受和利用的。信息的传递、交换、加工处理、储存、提取是凭借物质和运动来实施的。

还需要强调信息的时效性，信息对于接受者应是新资料、新知识，已经得知的数据、资料再作传送并不能增加信息。

5.4.2　信息的度量：熵

香农的狭义信息论第一个给出信息的一种科学定义：信息是人们对事物了解的不确定性的消除或减少。在香农寻找信息量的名称时，数学家冯·诺依曼建议称为"熵"（entropy），理由是不确定性函数在统计力学中使用了熵的概念。在热力学中，熵是物质系统状态的一个函数，它表示微观粒子之间无规则的排列程度，即表示系统的紊乱度。维纳也说："信息量的概念非常自然地从属于统计学的一个古典概念——熵。正如一个系统中的信息量是它的组织化程度的度量，一个系统中的熵就是它的无组织程度的度量，这一个正好是那一个的负数。"这说明信息量与熵是两个相反的量，信息是负熵，它表示系统获得信息后无序状态的减少或消除，即消除不确定性的大小。从通信理论看，信息是消除事物不确定性的手段，信息量是在通信中消除了的不确定性，亦即增加了的确定性。

以上所说，可以用下面的公式表示：

$$信息（量）= 通信前的不确定性 - 通信后尚存的不确定性 \qquad (5-6)$$

设从某个事件 X 中得知的可能结果是 x_i，$i=1, 2, \cdots, n$，记为 $X=\{x_1, x_2, \cdots, x_n\}$，各种结果出现的概率分别是 P_i，$i=1, 2, \cdots, n$，则事件 X 中含有的信息量为

$$H(X) = -\sum_{i=1}^{n} P_i \cdot \log_2 P_i \qquad (5-7)$$

$H(X)$ 就称为 X 的熵，用"比特"（bit）作为度量单位。1 比特的信息量是指含有两个独立均等概率状态的事件所具有的不确定性能被全部消除所需要的信息。例如，1 枚硬币落下，出现正面和反面的概率相等，均为 1/2，即 $P_1 = P_2 = 0.5$，根据公式（5-7）计算，这一事件的信息量为

$$H(X) = -[0.5 \times \log_2(0.5) + 0.5 \times \log_2(0.5)] = \log_2 2 = 1（比特）$$

如果对于事件 X，它的某种结果 x_k 出现的概率 $P_k = 1$，那么其他各种结果 x_i 的 $P_i = 0 (i \neq k)$。令 $0 \cdot \log_2 0 = 0$，则由公式（5-7）得

$$H(X) = 0 = \min \tag{5-8}$$

如果 $X = \{x_1, x_2, \cdots, x_n\}$，$P_i = \dfrac{1}{n}$，则由公式（5-7）得

$$H(X) = \log_2 n = \max \tag{5-9}$$

一般地，

$$0 \leqslant H(X) \leqslant \log_2 n \tag{5-10}$$

当 $n = 2$ 时，即 $X = \{x_1, x_2\}$，若 $P_1 = P_2 = \dfrac{1}{2}$，则

$$H(X) = \log_2 2 = 1 = \max \tag{5-11}$$

根据公式（5-10），对于 P_i 的各种取值，有

$$0 \leqslant H(X) \leqslant 1 \tag{5-12}$$

图 5-13 显示了有两种可能的结果时信息量的曲线（注意 $P_1 = 1 - P_2$）。

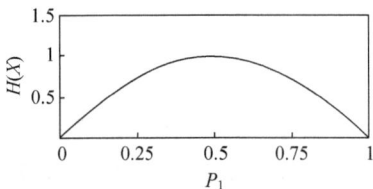

图 5-13　有两种可能结果时信息量的曲线

我们可以这样理解：某项试验，如果人们事先确知它一定成功，即 P（成功）$=1$，那么，做完试验以后，人们就不急于看到试验报告，因为试验报告不会带来什么信息，如果这项试验成功与失败的可能性各半，那么，人们就急于看到试验报告，此时试验报告包含的信息量最大。工厂的生产也是如此，如果对于市场情况不明，就一定要花力气去做市场调查。

社会越向前发展，人类的工作和生活越依赖于信息。现在，人类社会开始从工业时代向信息时代转变，信息概念在内容、形式、种类、质量、数量、规模诸方面日趋多样复杂。在技术科学层次上谈信息，总是同人的活动联系在一起的。一切人工系统都需要从信息论的观点考虑它的设计、管理、使用、改进等问题。

信息概念具有普遍意义，它已经广泛地渗透到各个领域。信息科学具有方法论性质，信息方法具有普适性。所谓信息方法就是运用信息观点，把事物看做是一个信息流动的系统，通过对信息流程的分析和处理，达到对事物复杂运动规律认识的一种科学方法。它的特点是撇开对象的具体运动形态，把它作为一个信息流通过程加以分析。信息方法着眼于信息，揭露了事物之间普遍存在的信息联系，对过去难以理解的现象从信息概念作出了科学的说明。信息论为控制论、自动化技术和现代化通信技术奠定了理论基础，为研究大脑结构、遗传密码、生命系统和神经病理学开辟了新的途径，为管理科学化和决策科学化提供了思想武器。

5.4.3　信息与管理的关系

管理的全过程，就是信息处理与流动的过程。没有信息，就无法管理。

管理信息是信息的一种类型，它从管理中产生，又为管理服务。对于一个企业来说，所谓管理信息，就是对于经过处理的数据诸如生产图纸、工艺文件、生产计划、各种定额标准等的总称。这些信息是产品生产过程的客观反映，通过处理、总结，形成一定的报表文件，并以此为依据反过来指导生产过程的不断改进和完善。例如，加工车间的作业计划，就是通过生产计划、材料单、工艺路线等原始资料的处理后产生的一种管理信息，它反过来又成为指导生产、控制生产进度、进行科学管理的有效依据和手段。

要进行有效的管理，必须对信息提出一定的要求。管理对于信息的要求，可以归结为：准确、及时、适用与经济。

信息必须准确。有了准确的信息，我们才能作出正确的决策。如果信息不准确，搞所谓"假账真算"，就不能对系统运行发挥指导作用。尤其要反对弄虚作假、"谎报军情"，贻误工作。

所谓及时，有两层意思：一是对于时过境迁而不能追忆的信息要及时记录，二是信息传递的速度要快。如果信息不能及时提供各级管理部门使用，就会失去它的价值，变成废纸一堆。

所谓适用，是指信息的详简程度。现代化工业企业内部与外部的信息是大量而复杂的，各级管理部门所要求的信息就其范围、内容和精度来说是各不相同的。必须提供适用的信息，使各级各部门的管理人员能及时看到与己有关的准确信息，以便进行有效的管理。如果让各级领导人员去阅读长篇累牍的原始资料，势必要浪费时间，不仅徒劳无功而且会贻误工作。反之，如果只向基层管理人员提供纲领性文件，他们就无法开展实际工作。

在满足准确、及时、适用的前提下，要尽量减少信息处理的费用，这就是经济性的要求。

从适用性而言，管理中的信息可按各种特性分类，不同特性的信息则适用于不同的决策。下面，我们从不同的决策要求来看信息的特性：

按时间特性分，可把信息分成历史的、现行的或是未来的三类；

按信息来源分，可把信息分成内部的信息和外部的信息，对外部信息或资料，须分析考证其正确性；

按信息涉及范围、深度及详细程度分，可把信息分成详细的和摘要的两种，如新学生报到注册，学校部门须了解每个学生的姓名、性别、年龄等详细情况，而国家教育部只需知道入学总人数、专业分布及男女生比例等；

按信息发生率分，可把信息分成高发生率的信息与低发生率的信息；

按组织特性分，可把信息分成组织严密的信息与组织不严密（概略的）的信息两种，如零件加工工艺信息的组织严密性强，而对某事物的看法因人而异，且不可能收集到有关全部看法的信息，这是组织不严密的信息；

按精确度分，可将信息分成高度精确的信息与适度精确的信息；

按数量化特性分，可把信息分为定量的信息与定性的信息；等等。

表 5-1 说明了信息特性与决策种类之间的关系。从表中可知，日常业务所需的信息是历史的和现行的，结果可预测；大多数信息是企业内部本身的数据，通常要求数据有严密的组织及较高的精确度；多数是可以定量计算的。战略性决策所需的信息一般属于预测性的未来的远景数据，大部分数据来源于外界，信息的内容比较概要，且定性的部分多于定量的。战术性决策所需的信息，则介于上述两者之间。

表 5-1   信息特性与决策种类

信息特性	决策种类		
	经常性	战术性	战略性
时间性	历史的，现行的	⟶	未来的
期待性	预知的	⟶	突发的
来源	企业内部	⟶	企业外部
涉及范围	详细的	⟶	摘要的
发生率	高	⟶	低
组织程度	严密	⟶	概略
精确度	高度精确	⟶	适度精确
数量化	定量为主	⟶	定性为主

管理需要信息，信息也需要管理，两者结合，产生了管理信息系统（management information system，MIS），这是管理中用来进行信息处理、存储和调用的一种系统，其用途是向各级管理人员迅速及时地提供有效的情报，以便作出正确的分析和决策。

习题 5

5-1   系统工程的理论基础主要有哪些？

5-2   系统论在系统科学体系中处于什么位置？

5-3   运筹学是如何产生的？它的主要内容有哪些？

5-4   控制论是何时产生的？它的奠基作是什么？

5-5   信息论是何时产生的？它的奠基作是什么？

5-6   什么是反馈？什么是正反馈、负反馈？它们的特点和用处是什么？

5-7   你对"信息就是信息，既不是物质也不是能量"如何理解？

5-8   信息有哪些属性？

5-9   "熵"（entropy）的含义是什么？信息量如何计算？

5-10   管理对于信息的要求是什么？信息是否越多越好？

5-11   你现在获取信息的途径有哪些？主要途径是什么？

第6章

系统模型与仿真

6.1 引言

系统（system）、模型（即系统模型，system model）、仿真（即系统仿真，system simulation）这三个概念是密切相关的，是一根链条上的三个环节。模型是系统的代名词。我们说某一个模型，就代表着某一个系统或某一类系统，反之，我们说某一个系统，就意味着使用它的某一种模型或某一组模型。模型方法是系统工程的基本方法。研究系统一般都要通过它的模型来研究。

有了系统模型，特别是有了系统的数学模型，有可能用解析法求解，如果不能用解析法求解，就只能用系统仿真的方法求解了。解析法求解稍微复杂一些的数学模型，就需要使用计算机，人工手算不胜其烦，甚至是不可能的。系统仿真的大多数问题，必须使用计算机。

系统仿真的概念人们其实并不陌生，系统仿真技术也广泛使用。幼儿园的孩子在老师带领下做"老鹰抓小鸡"的游戏就是一种系统仿真。下象棋、下军棋也是系统仿真。春节晚会的彩排、青年教师的试讲、用于司法教学的模拟法庭，都是系统仿真。医药事业中研制新药不可或缺的药品试验——从小白鼠试验直至志愿者临床试验，都是系统仿真。这些仿真，不用或很少运用计算机，主要是由人运用实物进行仿真运作。

军事演习是两军作战的系统仿真。现在，计算机在军事演习中发挥越来越大的作用，但是主要角色还是演习双方的官兵和武器装备，即真刀真枪、实兵实弹。"人机结合，以人为主。"

网络游戏也属于系统仿真，那是游戏者利用计算机造成的虚拟对象、虚拟环境进行的，离开计算机和网络是玩不起来的。

系统仿真，可以是用实际的系统结合模拟的环境条件，或者用系统模型结合实际的环境条件，或者用系统模型结合模拟的环境条件，对系统的运行进行试验研究和分析，从而寻找解决问题的方案。通过系统仿真，可以估计系统的行为和性能，或者了解系统的各个组成部分之间的相互影响，以及各个组成部分对于系统整体性能的影响；可以比较各种设计方案，以便获得最佳设计；可以对一些新建系统的理论假设进行检验；也可以训练系统的操作人员。

根据是否使用计算机，可以把系统仿真分为计算机系统仿真和非计算机系统仿真两大类。这里需要说明：许多系统仿真需要借助计算机（即电子计算机）作为工具来开展，但是并非全部系统仿真都是计算机仿真，也不是说有了计算机以后才产生系统仿真的。所谓非计算机仿真，是指直接使用实物系统进行仿真，这是在计算机出现之前就已经存在的仿真手段。例如，军事演习是古代就有的，而电子计算机诞生至今才不过半个多世纪。

系统建模是系统研究的核心工作，运筹学等课程主要是解决系统建模问题。系统仿真也有专门的课程。本章介绍系统模型与分类、系统模型构建的一些思路、相似原理与系统仿真的一些基本内容。

6.2 系统模型的定义与特征

定义：系统模型是对于系统的描述、模仿和抽象，它反映系统的物理本质与主要特征。

列宁说："物质的抽象、自然规律的抽象、价值的抽象以及其他等，一句话，一切科学的（正确的、郑重的、非瞎说的）抽象，都更深刻、更正确、更完全地反映着自然。"

系统模型高于实际的某一个系统而反映同类系统的共性。所谓"同类"，其意义是比较广泛的，例如，一个机械系统与一个电路系统，似乎很不相同，但是在"相似系统"的意义上，它们可以是同类的，可以用其中一个便于构建的系统去代替另一个系统进行研究。在自组织理论中，哈肯研究激光现象所建立的激光动力学方程与艾根研究生物分子进化过程所建立的生物进化方程极为相似，两个截然不同的领域却由"同类"的方程所描述，事实证明，这不是出于巧合，而是有更基本的原理在起作用，都是自组织过程。

对于同一个系统，从不同的角度，或者用不同的方法，可以建立各种模型。同一个模型，特别是数学模型，对它的参数和变量赋予具体各异的物理意义，可以用来描述不同的系统。

构造模型是为了研究系统，对模型一般有以下基本要求：

（1）真实性：反映系统的物理本质。

（2）简明性：反映系统的主要特征（而不是所有细节），简单明了，容易求解。

（3）完整性：系统模型应包括目标与约束两个方面。

（4）规范化：尽量采用现有的标准形式的模型，或对于标准形式的模型加以某些修改，使之适合研究新的系统。因为标准形式的模型通常有成熟的解法，有标准的计算机程序可以调用。规范化的要求并不排斥创造新的模型；相反，应该积极创造新的模型，使之规范化，从而可以解决同一类的若干问题。

以上各条要求是对立的统一，特别是真实性与简明性这两条。所以，掌握以下原则是重要的：

（1）模型的作用，不在于也不可能表达系统的一切特征，而是表达它的主要特征即物理本质，特别是表达我们最需要知道的那些特征。一个成功的模型须在以上各条要求之间恰当地权衡与折中。

（2）模型的完整性，实际上体现了建立一个系统的需要与可能两个方面。一个系统的完整的数学模型，特别是其解析形式，通常由目标函数和约束条件两个方面组成，以线性规划模型最为典型。同时，考虑模型的完整性，对系统运作的环境也要有设定。

模型一词对应的英语单词通常是 model。在汉语中，与模型相近的单词有模式、方式、榜样等；在英语中与 model 相近的单词有 mode、pattern、type 等。一般而言，在工程技术中，模型一词用得比较多，在社会科学领域，模式、方式用得比较多，如现在国际上经常说"中国模式"。榜样也在社会科学领域用得比较多，榜样是具有典型意义的人物和事物，是褒义词。在系统工程中，主要是用模型一词，在中性意义上使用。

建立系统模型是一种创造性的劳动，不仅是一种技术性的劳动，也是一种经验型、技巧性的劳动。所谓"戏法人人会变，各有巧妙不同"，对于同一个系统，不同的人员建立的模型可能大不相同，有巧拙优劣之分。企图提出一些教条，对一切系统建立模型都能照搬照用，显然是不现实的。必须一切从实际出发，具体问题具体分析。必须实事求是，从理论与实践的结合上解决问题。

6.3　系统模型的分类

6.3.1　系统模型的几种分类

系统模型的种类很多，下面介绍模型的分类，目的在于从不同的角度来认识模型的多样性，选择建立适当的模型以研究系统。

1. 系统模型的分类方法之一

从系统模型的形式来分，可以分为三大类：物理模型、数学模型和概念模型。

（1）物理模型。所谓"物理的"（physical），是广义的，具有物质的、具体的、形象的含义。物理模型又可分为以下几种：

第一，实体模型——即系统本身。对于实体模型可以近距离观察，可以"零距离接触"、深入其中，例如，对社会系统、社会事件进行实地调查。

实体模型包括抽样模型，例如，标准件的生产检验、药品的检验，是从总体中抽取一定容量的样本来进行，样本就是实体模型。案例研究的案例，也是一种实体模型。

第二，比例模型——即对于系统按比例放大或缩小而建立的模型，使之适合放在桌面上，或者可以放置于室内进行研究。

第三，模拟模型——根据相似系统原理，利用一种系统去代替另一种系统。这里说的"相似系统",是指物理形式不同而有相同的数学表达式特别是有相同的微分方程的系统。在工程技术中,常常是用电学系统代替机械系统、热学系统进行研究。

现在还有三维动态模型,介乎实物模型与模拟模型之间。

(2)数学模型。这是用数学语言对系统所作的描述与抽象。依据所用的数学语言不同,数学模型可以分为以下几类:

第一,解析模型——用解析式子表示的模型;

第二,逻辑模型——表示逻辑关系的模型,如方框图、计算机程序等;

第三,网络模型——用网络图形来描述系统的组成元素以及元素之间的相互关系(包括逻辑关系与数量关系),如统筹法的统筹图;

第四,图像与表格——这里说的图像是坐标系中的曲线、曲面和点等几何图形,以及甘特图、直方图、切饼图等,它们通常伴有数据表格。

(3)概念模型。这是指如下形式的模型:任务书、明细表、说明书、技术报告、咨询报告等,以及表达概念的示意图和其他形式。这种模型不如数学模型或物理模型来得好,在工程技术中很难直接使用,但是在系统工程的工作之初,问题尚不明晰,物理模型和数学模型都很难建立,则不得不采用这一类模型。

对各种模型都要一分为二。物理模型显得形象生动,但是不易改变参数。数学模型容易改变参数,便于运算、求最优解,但是很抽象,难以看出其物理意义。各类模型对于系统研究的关系如图 6-1 所示。

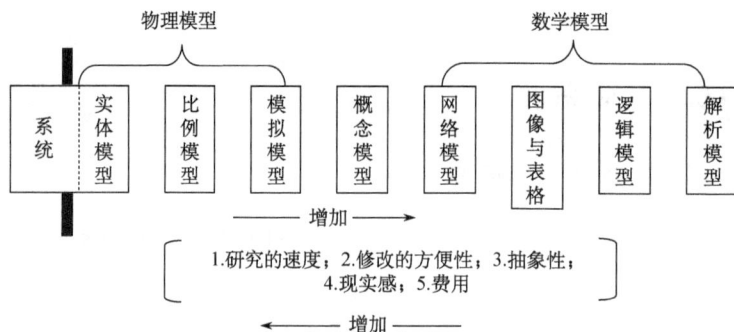

图 6-1　系统模型分类与特征比较

系统工程力求采用数学模型,开展定量研究,实现从定性到定量的综合集成。但是,开展定性研究,概念模型是不可少的。

2. 系统模型分类方法之二

这种分类方法如图 6-2 所示。各种模型的意义如下:

(1)同构模型——模型与系统之间存在一一对应关系(同构关系);

(2)同态模型——模型与系统的一部分存在着一一对应关系(同态关系);

(3)形象模型——将研究对象经过某种度量的或标尺的变换而得到的模型,模型与对象之间仅存在度量与尺度的差异,如地球仪等;

(4)模拟模型——在不同性质的系统之间建立起同构或同态关系,如电路振荡与机械振动的模拟模型；

（5）符号模型——对象的组成元素与相互间关系都由逻辑符号表示；

（6）数学模型——用数学符号与公式来描述研究对象的结构与内在关系；

（7）启发式模型——运用直观、观察、推理或经验，并联系已知的理论与已构成的模型知识，这样建立的模型称为启发式模型；

（8）白箱模型——对研究对象内部的结构和特性完全清楚了解而建立的模型；

（9）黑箱模型——对研究对象内部的结构与特性完全不了解而建立的模型；

图 6-2　模型分类方法之二

（10）灰箱模型——对系统内部结构与特性只有部分了解而建立的模型。

还有不少对系统模型的分类方法，例如，根据学科性质，可以分为运筹学模型、计量经济学模型、投入产出模型、经济控制论模型、系统动力学模型等。

3. 系统的数学模型的分类

系统的数学模型除了图 6-1 所示的分类以外，还有多种分类。例如：

（1）静态模型和动态模型。静态模型是指系统的各描述量都是标量，标量之间的关系是不随时间的变化而变化的，一般都用代数方程来表达。动态模型是指系统各描述量全部或部分是变量——即随时间变化而变化，一般用微分方程或差分方程来表示。经典控制理论中常用的系统的传递函数也是动态模型，因为它是从描述系统的微分方程经拉普拉斯变换而来的。

（2）分布参数模型和集中参数模型。分布参数模型是用各类偏微分方程描述系统的动态特性，而集中参数模型是用线性或非线性常微分方程来描述系统的动态特性。在许多情况下，分布参数模型借助于空间离散化的方法，可简化为复杂程度较低的集中参数模型。

（3）连续时间模型和离散时间模型。模型中的时间变量是在一定区间内连续变化的模型称为连续时间模型，上述各类用微分方程描述的模型都是连续时间模型。在处理集中参数模型时，也可以将时间变量离散化，所获得的模型称为离散时间模型。离散时间模型是用差分方程描述的。

（4）随机性模型和确定性模型。随机性模型中变量之间关系是以统计值或概率分布的形式给出的，而在确定性模型中变量间的关系是确定的、没有随机性的。

（5）参数模型与非参数模型。用代数方程、微分方程、传递函数描述的模型都是参数模型，建立参数模型就在于确定模型中的各个参数。通过理论分析总是得出参数模型。非参数模型是直接或间接地从实际系统的实验分析中得到的响应，如通过实验记录到的系统脉冲响应或阶跃响应就是非参数模型。运用系统辨识的方法，可以把非参数模

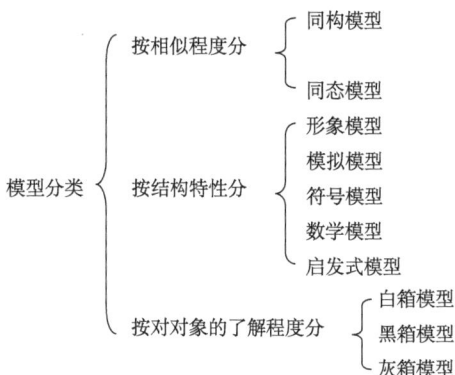

型转变为参数模型。如果实验前可以决定系统的结构，则通过实验就可以直接得到参数模型。

（6）线性模型和非线性模型。线性模型中各变量之间的关系是线性的，满足叠加原理，即几个不同的输入量同时作用于系统时，其响应等于几个输入量单独作用于系统的响应之和。线性模型简单，应用广泛。非线性模型中各变量之间的关系不是线性的，不满足叠加原理。在一定的限制条件下，非线性模型可以线性化为线性模型，方法是把模型的非线性变量在工作点邻域内展开成泰勒级数，保留一阶项，略去高阶项，就可得到近似的线性模型。

6.3.2　模型库与模型体系

各种模型的集合，称为模型库。尺有所短，寸有所长；任何一种模型，都有自己的优点与不足。多种模型互相取长补短，组成模型体系，才能解决复杂系统的综合性问题。例如，系统动力学模型适宜于长期的、总量的研究，对于近期的、细节的研究则不精确。计量经济学和线性规划模型恰恰相反。系统动力学与计量经济学模型主要利用时间序列的历史数据，而线性规划与投入产出模型利用横断面数据。在系统工程项目研究中，把各种适用的模型拿来组成一个模型体系，既可以利用纵剖面的历史数据，又可以利用横断面的最新数据；既可以进行宏观的、总量的、长期的研究（战略研究），又可以进行微观的、细节的、近期的研究（战术研究）。同时，还可以利用代尔菲（Delphi）法、层次分析法（AHP）等，把一些定性因素量化，实现定量分析与定性分析相结合的研究。

模型库与模型体系不同。首先，模型库中的模型是形式的模型，是"封存待用"的模型，可以用于任何适用的场合，因而具有普遍适用的意义；而模型体系中的模型已经启封运用于某个特定的课题，它们在形式的框架中已经装进了具体的内容。其次，模型库中封存的各种模型之间没有有机的联系，而模型体系则是依据课题研究的需要，从模型库中选择多种合适的模型加以配置的。模型体系具有整体的功能。模型库好比是装有全部棋子的木盒，而模型体系则是在棋子棋盘上摆出的阵势。

在同一个系统的各种模型中，不同的模型可能具有类似的功能，如预测功能。于是，同一种功能可以用几种不同的模型来实现，它们相互验证、补充和加强。此外，同一种模型也可以在系统的不同层次上建立并交互运行。例如，线性规划模型可以建立在全厂层次上，安排全厂的生产计划，也可以在车间层次上，安排具体一些的生产计划，它们构成线性规划模型群。模型群是模型体系中的分体系，即完成局部任务的小一些的模型体系。

在一个模型体系中，各个模型的变量允许而且欢迎有交集，即某些变量可以既出现在这个模型中，又出现在那个模型中。其好处是可以相互印证运算结果，修改模型参数，保证研究成果的合理性。

对于系统工程的项目研究而言，选择模型、建立模型体系是十分重要的。而对于系统工程的基本建设而言，开发新模型、充实模型库是十分重要的。系统工程项目研究经验的积累，必将导致新模型的开发、新方法的出现、新概念与新理论的诞生，从而推动系统工程学科的发展。

6.4　系统模型的构建方法与示例

6.4.1　系统模型构建方法概述

建立系统模型是一种具有创造性的劳动。建模方法难以一一列举，这里简单介绍几种思考方法：直接分析法、数据分析法、情景分析法、代尔菲法、移植法、嫁接法、渐进改良法等。

1. 直接分析法

当研究的问题比较简单又足够明确时，可以根据物理的、化学的、经济的规律，通过一般的推理分析，将模型构造出来，这就是直接分析法。

2. 数据分析法

有些对象的结构性质不很清楚，但可以对反映系统功能的数据进行分析来探讨系统结构模型。这些数据是已知的，或者是事先按照需要收集起来的。

数据分析法包括抽样调查与统计分析，包括时间序列分析、相关分析和横断面数据分析。时间序列分析和相关分析通常是用最小二乘法寻找拟合曲线或回归曲线，然后合理外推，预测系统未来的情况。横断面数据分析（某一年度或其他时点的数据）在经济计量学中有多种模型，线性规划与投入产出分析就是利用横断面数据开展研究的。

统计模型一定要进行统计检验。

数据分析是定量研究方法，要注意与定性研究相结合。例如，有两组数据，不管三七二十一拿来就作相关分析，可能得出很高的相关系数，但是，这两组数据本身有可能是毫无关系的。设想张家生了一个孩子，隔壁李家栽了一棵小树，张家的孩子不断长高长大，李家的小树也不断长高长大，采集两组数据进行相关分析，其相关系数肯定是很高的，但是，两者究竟相关不相关呢？又如，运用最小二乘法对于数据作回归分析，首先要绘制散点图，定性判断这些散点大概是呈现直线状还是曲线状，如果你不管三七二十一就用直线去拟合，而实际上并不是直线状，所得到的拟合直线是没有多少意义的。

推而广之，定性研究是定量研究的向导，定量研究为定性研究提供支持。所以，定量研究要与定性研究相结合，实现从定性到定量的综合集成。

3. 情景分析法

情景分析法通常用于建立概念模型。情景分析法是分析系统当前的状态和所处的环境，预测不同的政策举措可能产生的效果。情景分析法大多数靠经验、直觉和逻辑推理。

4. 代尔菲法

这是一种专家调查法。它通过多轮征询专家群体中的个人意见并且进行统计分析和反馈，使专家意见的总体质量不断改善。实践表明，代尔菲法（delphi technique）采用的征询意见方式，可以起到和情景分析法同样的作用，得到的预测结果较之会议讨论往往要准确些。代尔菲法适用于预测未来事件何时发生、某项指标在未来的数值（数量级）等。

5. 移植法

移植法是把一种学科的模型移植到另一种学科，如把物理学、生物学的模型移植到经济领域和管理领域。但是，简单移植往往是不成功的，需要考虑复杂的人的因素和社会因素。

6. 嫁接法

嫁接法是把两种模型结合起来，形成一种新的模型。

7. 渐进改良法

对现有模型考虑如何改进，增加或者减少变量，增加或者减少约束条件，用来研究比较复杂的问题，成为新的模型。

模型有粗细之分。一般地说，在研究一个新系统时，首先是搞一个简单的粗模型，以求得对于系统的解能有一个概略的了解，找到前进的方向，然后，将模型逐步细化，求得较为精确的解。

6.4.2　数学模型构建示例

建立数学模型的一般步骤如下：①明确目标；②找出主要因素，确定主要变量；③找出各种关系（内含的科学定律，产品生产的物耗、能耗等）；④明确系统的资源和约束条件；⑤用数学符号、公式表达各种关系和条件；⑥代入历史数据进行"符合计算"，检查模型是否反映所研究的问题；⑦简化和规范模型的表达形式。

由于现实系统的复杂性和易变性，我们往往需要修正现有的模型。有时我们建立的模型过于复杂，求解困难，这就要把模型加以简化与近似。对模型进行修正与简化的方法通常有：

（1）去除一些变量。例如，应用优选法模型时，如果变量太多，试验次数就会大大增加。我们可以根据已有的经验，抓住其中一两个主要变量进行优选试验，往往可以事半功倍。

（2）合并一些变量。即把性质类同的一些变量合并为一个变量，以减少变量的数目。例如，国民经济平衡模型，本来要考虑成千上万种产品，在《中国 2002 年投入产出表》中，为了采集数据和计算分析方便，就把它们划分为 122 个产品部门，同时，还进一步合并为 42 个产品部门；《中国国民经济核算体系（2002）》把我国的国民经济分为 21 个产业部门。

（3）改变变量的性质。通常采用的办法有：把某些变量看成常量；把连续变量看做离散变量；把离散变量看做连续变量；限定变量在一定范围内变动。

（4）改变变量之间的函数关系。把非线性关系近似为线性关系可以简化问题，这是常常采用且行之有效的办法。但是，自组织理论告诉我们：对于线性化要保持警惕，如果在线性化求得解答之后能够尝试一下求解原来的非线性问题，也许会有意外的收获。在随机模型中，常用一些熟知的概率分布函数，如正态分布、指数分布等，去代替那些不太好处理的概率分布函数。

（5）改变约束。增加某些约束，或去掉某些约束，或对约束进行一些修改。一般地，增加约束后得到的解答偏低，称之为保守的或悲观的解。减少约束后得到的解答偏高，称之为冒进的或乐观的解。虽然两者都不是真正的解，但是可以指出解的范围，这在对系统进行初步估计时是很有用处的。

下面通过几个例子说明一些数学模型的形式与构建的方法。

1. 线性规划模型的构建

线性规划是重要的运筹学模型，模型的形式比较整齐划一，包含目标函数与约束条件两部分，所有的变量关系都是线性表达式。各种线性规划模型都有统一的解法——单纯型法（simplex method），这是线性规划的"万能解法"，有标准程序可以引用。特殊的线性规划模型还有专门的解法，如运输问题的线性规划模型可以用表解法（西北角法、最小元素法等）求解。

下面通过例题来说明。

例 6-1（任务安排问题）　某工厂有甲、乙两种产品需要安排生产，单位利润分别是 6 百元与 4 百元。生产每单位甲产品，需要用一车间 2 天时间和二车间 3 天时间，生产每单位乙产品，需要用一车间 1 天时间和二车间 3 天时间。现在一车间共有 10 天可使用，二车间有 24 天可使用。乙产品的市场需要量最多是 7 单位。问：甲、乙两种产品各生产多少，可使总利润为最高？试建立其数学模型。

解：根据题意，可以建立表 6-1。

表 6-1　例 6-1 的已知条件

项目	甲产品	乙产品	资源
一车间	2 天	1 天	10
二车间	3 天	3 天	24
需要量	不 限	7 单位	
利 润	6 百元	4 百元	

记总利润为 Φ，设甲产品 x_1 单位，乙产品 x_2 单位，由表 6-3 很容易建立模型：

$$\max\Phi = 6x_1 + 4x_2 \qquad (a)$$

$$s.t. \begin{cases} 2x_1 + x_2 \leqslant 10 & (b) \\ 3x_1 + 3x_2 \leqslant 24 & (c) \\ x_2 \leqslant 7 & (d) \\ x_1, x_2 \geqslant 0 & (e) \end{cases} \qquad (6\text{-}1)$$

其中，$s.t.$ 为 subject to 的缩写，表示"约束条件"。由于 x_1 与 x_2 为产品所拟生产的数量，故有非负约束式（e）。整个模型（6-1）是说：在约束条件（b）～（e）的要求下，求目标函数式（a）的极大值。

该模型的最优解是 $x_1 = 2$（单位），$x_2 = 6$（单位），最高总利润 $\Phi_{max} = 36$（百元）。

例 6-2（营养问题） 某医药公司计划用甲、乙两种原料来生产一种维生素胶丸。原料甲每单位含有 0.5 毫克维生素 A，1.0 毫克维生素 B_1，0.2 毫克维生素 B_2，0.5 毫克维生素 D。原料乙每单位含有 0.5 毫克维生素 A，0.3 毫克维生素 B_1，0.6 毫克维生素 B_2，0.2 毫克维生素 D。原料甲每单位成本 0.3 元，原料乙每单位成本 0.5 元。每粒胶丸中的最低含量为：2 毫克维生素 A，3 毫克维生素 B_1，1.2 毫克维生素 B_2，2 毫克维生素 D。公司的目标是使总成本为最低，试建立一个线性规划模型。

解：根据题意，可以建立表 6-2。

表 6-2 例 6-2 的已知条件

项目	原料甲	原料乙	最低含量
维生素 A/毫克	0.5	0.5	2
维生素 B_1/毫克	1.0	0.3	3
维生素 B_2/毫克	0.2	0.6	1.2
维生素 D/毫克	0.5	0.2	2
单位成本/元	0.3	0.5	

设每粒胶丸的总成本为 Z，设两种原料各用 x_1 与 x_2 单位，则由表 6-2 得

$$\min Z = 0.3x_1 + 0.5x_2$$

$$s.t. \begin{cases} 0.5x_1 + 0.5x_2 \geqslant 2 \\ x_1 + 0.3x_2 \geqslant 3 \\ 0.2x_1 + 0.6x_2 \geqslant 1.2 \\ 0.5x_1 + 0.6x_2 \geqslant 2 \\ x_1, x_2 \geqslant 0 \end{cases} \quad (6\text{-}2)$$

该模型的最优解是：$x_1 = 3$（单位），$x_2 = 1$（单位），总成本最小值：$Z = 1.4$（元）

上面两个模型都只有两个变量（二维），可以用图解法求解。三个及更多个变量的线性规划模型，不能使用图解法，可以采用单纯型法（simplex method），它是线性规划问题的"万能解法"，有标准程序可以上计算机求解。

例 6-3（运输问题） 设有甲、乙、丙三个仓库，存有某种货物分别为 7 吨、四吨和 9 吨。现在要把这些货物分送 A、B、C、D 这四个商店，其需要量分别为 3 吨、6 吨、5 吨和 6 吨，各仓库到各个商店的每吨运费以及收、发总量如表 6-3 所示。

表 6-3　某运输问题

仓库＼商店	A	B	C	D	发量/吨
甲	5 元/吨	12 元/吨	3 元/吨	11 元/吨	7
乙	1 元/吨	9 元/吨	2 元/吨	7 元/吨	4
丙	7 元/吨	4 元/吨	10 元/吨	5 元/吨	9
收量/吨	3	6	5	6	20

现在要求确定一个运输方案：从哪一个仓库运多少货到哪一个商店，使得各个商店都能得到货物需要量，各个仓库都能发完存货，而且总的运输费用最低？试建立其数学模型。

解：记总运费为 Z，设 x_{ij} 为 i 仓库运到 j 商店的货物量，其中 $i=1$，2，3，分别代表甲、乙、丙仓库，$j=1$，2，3，4，分别代表 A、B、C、D 商店，则根据题意可得

$$\min Z = 5x_{11} + 12x_{12} + 3x_{13} + 11x_{14}$$
$$+ x_{21} + 9x_{22} + 2x_{23} + 7x_{24}$$
$$+ 7x_{31} + 4x_{32} + 10x_{33} + 5x_{34}$$

$$s.t. \begin{cases} x_{11} + x_{12} + x_{13} + x_{14} = 7 \\ x_{21} + x_{22} + x_{23} + x_{24} = 4 \\ x_{31} + x_{32} + x_{33} + x_{34} = 9 \quad \text{（由发量关系）} \end{cases} \tag{6-3}$$

$$\begin{cases} x_{11} + x_{21} + x_{31} = 3 \\ x_{12} + x_{22} + x_{32} = 6 \\ x_{13} + x_{23} + x_{33} = 5 \\ x_{14} + x_{24} + x_{34} = 6 \quad \text{（由收量关系）} \end{cases}$$

$$x_{ij} \geqslant 0, \quad i=1,2,3; \quad j=1,2,3,4$$

该模型的最优解之一是

$$X_{11} = 2(吨), X_{13} = 5(吨), X_{21} = 1(吨), X_{24} = 3(吨), X_{32} = 6(吨),$$
$$X_{34} = 3(吨), 其他 X_{ij} = 0$$
最低总运费 $Z_{\min} = 86(元)$

还有一组最优解：

$$X_{13} = 5(吨), X_{14} = 2(吨), X_{21} = 3(吨), X_{24} = 1(吨), X_{32} = 6(吨),$$
$$X_{34} = 3(吨), 其他 X_{ij} = 0$$
最低总运费 $Z_{\min} = 86(元)$

运输问题是一类特殊的线性规划问题，它可以用单纯形法求解，同时，它具有自己的特殊解法——表解法。

类似的问题还有很多，这就是所谓的规划问题，归纳起来，有两种意思：

第一，对于给定的人力、物力、财力等资源进行规划，以实现利润最高。

第二，对于给定的任务进行规划，争取用最少的人力、物力、财力等资源去完成它，使得成本最低。

在线性规划模型中，目标函数有求极大与求极小两种，它们都可以化为求极大的形式；非负约束之外的约束条件有的是大于等于式子，有的是小于等于式子，有的是等式，它们都可以统一化为大于等于式子。从而，各种线性规划模型都可以化为统一的标准形式，运用标准程序上计算机求解。

各种线性规划模型可以化为以下的"标准形式"：

$$\max\Phi = c_1x_1 + c_2x_2 + \cdots c_nx_n$$

$$s.t. \begin{cases} a_{11}x_1 + a_{12}x_2 + \cdots + a_{1n}x_n \leqslant b_1 \\ a_{21}x_1 + a_{22}x_2 + \cdots + a_{2n}x_n \leqslant b_2 \\ \cdots\cdots \\ a_{m1}x_1 + a_{m2}x_2 + \cdots + a_{mn}x_n \leqslant b_m \end{cases} \tag{6-4}$$

$$x_j \geqslant 0, \quad j = 1, 2, \cdots, n$$

n 称为线性规划的"维数"，m 称为线性规划的"阶数"，变量 x_j（$j=1$, 2, $\cdots$, n）为待求解的未知数，称为"决策变量"。

把所有的系数 a_{ij} 排列起来，就得到一个 $m \times n$ 矩阵，记作 A，即

$$A = (P_1, P_2, \cdots, P_n) = \begin{bmatrix} a_{11} & a_{12} & \cdots & a_{1n} \\ a_{21} & a_{22} & \cdots & a_{2n} \\ \vdots & \vdots & & \vdots \\ a_{m1} & a_{m2} & \cdots & a_{mn} \end{bmatrix} \tag{6-5}$$

矩阵 A 称为线性规划的"系数矩阵"。矢量

$$b = (b_1, b_2, \cdots, b_m)^{\mathrm{T}} \tag{6-6}$$

称为"约束矢量"或"右端矢量"。矢量

$$C^{\mathrm{T}} = (c_1, c_2, \cdots, c_n) \tag{6-7}$$

称为线性规划的"价值矢量"或"判别矢量"，它是由目标函数的系数组成。并记

$$X = (x_1, x_2, \cdots, x_n)^{\mathrm{T}} \tag{6-8}$$

这样，线性规划的数学模型可以简单表示为

$$\max\Phi = C^{\mathrm{T}}X$$

$$s.t. \begin{cases} AX \leqslant b \\ X \geqslant 0 \end{cases} \tag{6-9}$$

或

$$\max\{\Phi = C^{\mathrm{T}}X \mid AX \leqslant b, X \geqslant 0\} \tag{6-10}$$

2. 投入产出分析模型

投入产出分析（input-output analysis），是由美国经济学家 W. W. Leontief 于 20

世纪 30 年代创建的，它的基本模型是一种简单的矩形表格（投入产出表），配以矩阵的初等运算，成功地解决了国民经济系统各部门之间错综复杂的数量关系，为制订国民经济计划提供了卓有成效的手段。投入产出分析的数学模型都是线性表达式，可以作为约束条件，配以一定的线性目标函数，就构成线性规划模型。所以，在一些线性规划教材中也介绍投入产出模型。

例 6-4　生产 1 吨钢要用多少度电？

这个问题似乎很容易回答：查一下钢厂的消耗指标即可。但是，钢厂生产所消耗的电仅仅是炼钢直接消耗的电，而炼钢需要先炼铁，炼铁需要先开采铁矿石，开采铁矿石需要有采矿机械，采矿机械也需要用钢来制造，更不用说还要采煤、炼焦、运输、发电，各个生产环节上的职工需要穿衣吃饭，这就需要农民种地，需要纺纱织布、粮食加工等，所有这些环节也需要消耗电；就是说，炼钢是全社会许多行业、许多人员共同劳动的结果，那么，生产 1 吨钢，全社会需要消耗多少度电？我们可以用图 6-3 来表示。

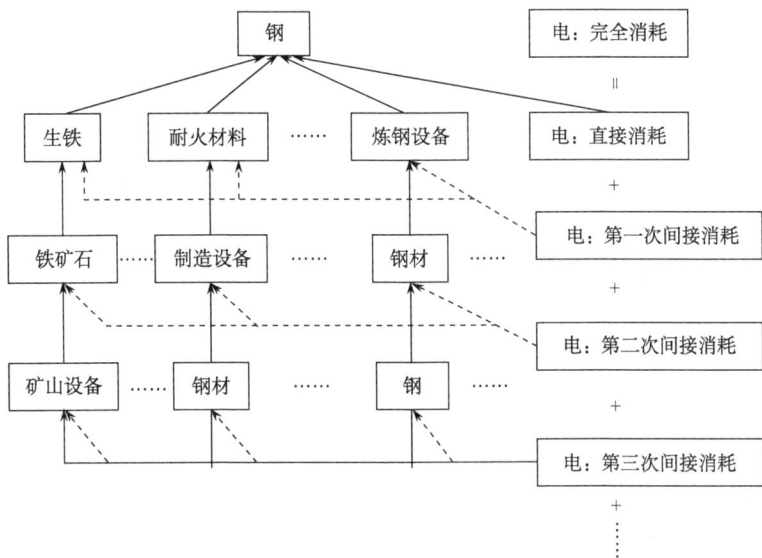

图 6-3　炼钢对电的直接消耗与间接消耗

由图 6-3 可知：

完全消耗 ＝ 直接消耗 ＋ 第一次间接消耗 ＋ 第二次间接消耗 ＋ 第三次间接消耗 ＋ ……

图中，第三次间接消耗又出现了"钢"——于是，可以再一次把图 6-3 在这里接着画下去，再画下去，无穷无尽。在数学上这叫做无穷级数，好在这个无穷级数是收敛的，就是说，级数之和是一个有限数——与生产实践相符合。

记炼钢部门为 j 部门，一年之中生产了 x_j 吨钢；记电力部门为 i 部门，j 部门生产 x_j 吨钢直接消耗了 x_{ij} 度电，令

$$a_{ij} = \frac{x_{ij}}{x_j}, \qquad i,j = 1,2,\cdots,n \qquad (6\text{-}11)$$

a_{ij} 表示第 j 部门生产单位产品所需要的第 i 部门的投入量，称为直接消耗系数，即钢厂

生产 1 吨钢直接消耗了多少度电。

设国民经济系统有 n 个部门，则 i，$j=1$，2，$\cdots$，n，于是，直接消耗系数 a_{ij} 有 $n\times n$ 个，对于一个现实的国民经济系统，所有的 x_{ij} 与 x_j 都是可以统计出来的，就是说，它们都是已知数，那么，$n\times n$ 个直接消耗系数 a_{ij} 运用公式（6-10）很容易计算出来，把它们写成一个 $n\times n$ 矩阵 A，

$$A = \{a_{ij}\} = \begin{bmatrix} a_{11} & a_{12} & \cdots & a_{1n} \\ a_{21} & a_{22} & \cdots & a_{2n} \\ \vdots & \vdots & & \vdots \\ a_{n1} & a_{n2} & \cdots & a_{nn} \end{bmatrix} \tag{6-12}$$

记 j 部门对 i 部门的完全消耗系数为 b_{ij}，则根据图 6-3，有

$$b_{ij} = a_{ij} + \sum_{k=1}^{n} a_{ik} \cdot a_{kj} + \sum_{s=1}^{n}\sum_{k=1}^{n} a_{is} \cdot a_{sk} \cdot a_{kj}$$
$$+ \sum_{t=1}^{n}\sum_{s=1}^{n}\sum_{k=1}^{n} a_{it} \cdot a_{ts} \cdot a_{sk} \cdot a_{kj} + \cdots,$$
$$i,j = 1,2,\cdots,n \tag{6-13}$$

记 $B = \{b_{ij}\}_{n\times n}$，称为"完全消耗系数矩阵"，则公式（6-13）可以改写为

$$B = A + A^2 + A^3 + \cdots \tag{6-14}$$

由于直接消耗矩阵 A 具有列和小于 1 的性质，且 A 的最大特征根之模小于 1，则有

$$I + A + A^2 + A^3 + \cdots = (I-A)^{-1}$$

其中，I 为 $n\times n$ 单位矩阵。于是，公式（6-14）可以改写为

$$B = (I-A)^{-1} - I \tag{6-15}$$

公式（6-15）即为所求。

在这里可以看到一个"神奇的"转换——反映了数学的"魔力"：单独 1 个 b_{ij} 难以计算，把 $n\times n$ 个 b_{ij} 放在一起，利用等比无穷级数与矩阵的简单运算，就一揽子都计算出来了。

于是，事情变得比较简单：已知 x_{ij} 与 x_j，根据公式（6-11）计算 a_{ij}，排列成一个矩阵 A，根据公式（6-15）计算 B，就得到 $n\times n$ 个 b_{ij}，那么，不但炼 1 吨钢需要消耗多少度电的问题迎刃而解，而且培养一名大学生需要花费多少钱（家长需要花费多少钱，全社会需要花费多少钱）等问题一下子都迎刃而解了。

根据我国第一张投入产出表——1973 年投入产出表，炼 1 吨钢对电的直接消耗是 199 度，完全消耗是 690 度，后者是前者的 3.47 倍；根据 2002 年投入产出表，完全消耗系数大约是直接消耗系数的 1.98 倍（消耗量均有大幅度降低）。

投入产出分析是美国经济学家里昂节夫（W. W. Leontief，1906—1999 年）的卓越贡献，他因此而获得了 1973 年度诺贝尔经济学奖。现在，经联合国推广，全世界所有国家和地区都运用投入产出分析来研究国民经济，制订国民经济计划。我国现在是"逢二逢七"编制投入产出表，最新出版的是《中国 2002 年投入产出表》[①]。

---

① 利用 2002 年数据，国家统计局国民经济核算司组织编制，中国统计出版社于 2006 年 8 月出版。

3. 决策树模型示例

决策树模型是一种网络模型。网络模型形象直观，画起来容易，看起来方便。网络模型的种类比较多，后面第 8 章介绍的统筹法是目前用得很普遍的一种方法和模型，基本上我国的每一个建筑施工队都在用，而且用得很好，这与著名数学家华罗庚生前大力推广是分不开的。

例 6-5（网络模型，运用决策树模型求解多阶段决策问题）　设要新建一个工厂，有两个方案：一是建大厂，需要投资 300 万元；一是建小厂，需要投资 160 万元。两者的使用期限均为 10 年，估计在此期间，产品销路好的可能性为 0.7，销路差的可能性为 0.3，两个方案的年利润如表 6-4 所示。问：应该建大厂还是建小厂？

表 6-4　已知条件

方案	销路好，0.7	销路差，0.3
建大厂	100 万元	−20
建小厂	40	10

解：画出决策树如图 6-4 所示。

图 6-4 中，除了已知数据以外，其他数据都是通过计算得到（计算方法略），结论：建大厂，期望受益为 340 万元。

例 6-6（续例 6-5）　如果考虑两阶段决策：先建小厂，如果销路好，三年后扩建。扩建投资需要 180 万元，使用期七年，每年盈利 110 万元。问：整个问题的最优方案是什么？

解：现在这个问题要分为前三年和后七年两个阶段考虑，决策树如图 6-5 所示。

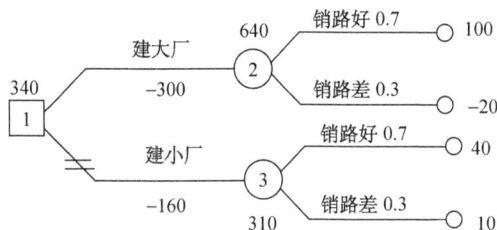

图 6-4　建厂问题的决策树（单阶段）

注："建小厂"的树枝上打的记号表示"剪枝"，即舍去建小厂的方案。下同。

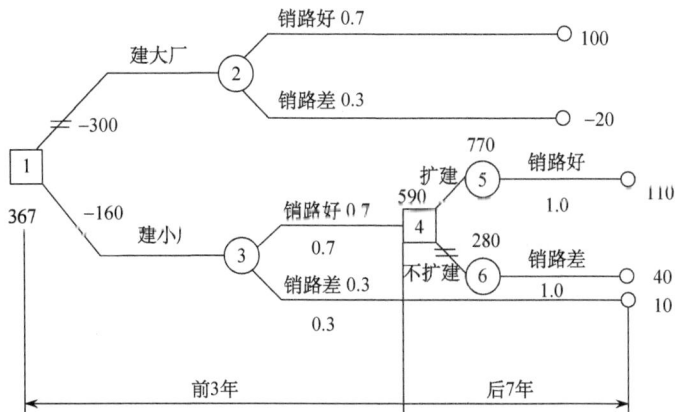

图 6-5　建厂问题的决策树（两阶段）

通过计算，结论是：先建小厂，如果销路好，三年后进行扩建，如果销路差，则不扩建，总的期望受益为 367 万元。

6.4.3　物理模型构建示例

1. 力学模拟模型

例 6-7　某公司拥有几个加工厂，它们的位置如图 6-6 所示。现在公司想建造一个转运仓库，要使运输的总费用最小，这仓库应设何处？

假设公司各工厂 S_i 的位置为 (x_i, y_i)，其运输费用为货重乘距离，再乘以吨公里运费（这里不妨设为 1）。假设各处需求货量各为 $W_1, W_2, W_3, \cdots, W_n$，则仓库 S 的位置 (x, y) 应使总费用 $C(x, y)$ 达到最小，即

$$\min C(x,y) = \sum_{i=1}^{n} w_i \sqrt{(x-x_i)^2 + (y-y_i)^2} \qquad (6\text{-}16)$$

对于这个看起来并不复杂的目标函数，求最优解却不太容易，一般可用迭代法求其近似解。如果运用比拟思考法，可以考虑力矩平衡的模型。当力矩平衡时，总力矩和最小，对应于费用和最小。所以考虑用图 6-7 的力学模型来求解。其构造方法：水平支起一块带有坐标刻度的平板，在相应各工厂所在的坐标位置处钻孔，在每一个小孔中穿过一根细绳，其一端垂在板下吊一个砝码，其重量为 w_t，w_i 与工厂 i 的用料 W_i 成一定的比例，另一端都在板面上拴住一个小环。当系统平衡时小环停留下来的位置 $S(x, y)$ 就是最佳场址的一个很好的近似。

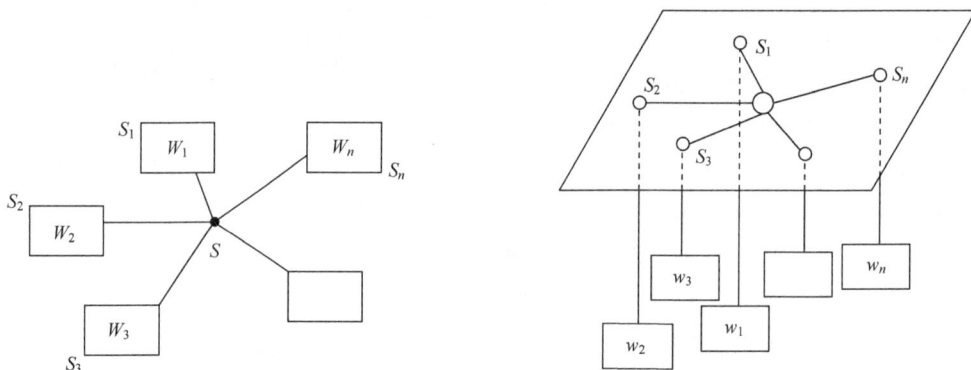

图 6-6　实际问题

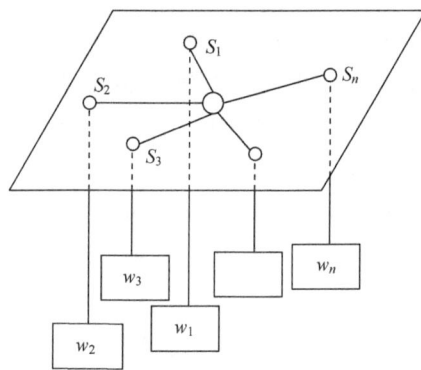

图 6-7　力学模拟

类似的问题有不少。例如，一个形状复杂的图形，要计算它的面积是很困难的。然而，我们可以这样处理：把这个图形准确地画在一块质地均匀的薄板上，把它切割下来，称出它的重量，然后，除以单位面积的重量，就得到了这个复杂图形的面积。或者，用均匀的颗粒铺满这个图形，然后把这些颗粒称称重量也可以解决这个问题。

阿基米德称王冠的故事脍炙人口，他由此发现了浮体定律。三国时代曹冲称象的故

事也同样给人以启发。总之，一些问题可以通过改变思路获
得解决。

2. 电路系统与机械系统的相似性

例 6-8　设有质量—阻尼—弹簧系统（MNK 系统），如
图 6-8 所示，试建立其微分方程与状态方程。

解：取坐标轴 y，其原点 O 为系统静平衡时质量 M 的质
心位置。弹簧力 Ky 与位移 y 的方向相反，阻尼力 $N\dot{y}$ 与速
度 $\dot{y}$ 的方向相反，由牛顿力学第二定律，有

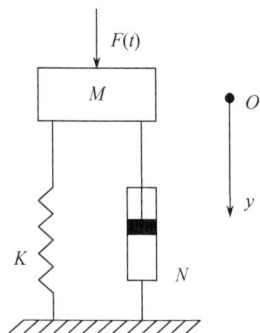

图 6-8　MNK 系统

$$M\ddot{y} = F(t) - Ky - N\dot{y}$$

即

$$M\ddot{y} + N\dot{y} + Ky = F(t) \tag{6-17}$$

此即描述该 MNK 系统的微分方程。给定初始条件 $y(0)$ 与 $\dot{y}(0)$，即可求解运动曲线 y
$-t$ 或 $\dot{y}-t$。下面将公式（6-17）改写为状态方程。

描述这一系统的状态最少需要两个变量，如 M 的位置 y 与速度 $\dot{y}$，故选状态变量
x_1、x_2 构成状态矢量为

$$\boldsymbol{X} = \begin{bmatrix} x_1 \\ x_2 \end{bmatrix} = \begin{bmatrix} y \\ \dot{y} \end{bmatrix} \tag{6-18}$$

于是，

$$\dot{\boldsymbol{X}} = \begin{bmatrix} \dot{x}_1 \\ \dot{x}_2 \end{bmatrix} = \begin{bmatrix} \dot{y} \\ \ddot{y} \end{bmatrix} \tag{6-19}$$

即

$$\begin{cases} \dot{x}_1 = x_2 \\ \dot{x}_2 = -\dfrac{K}{M}x_1 - \dfrac{N}{M}x_2 + \dfrac{F}{M} \end{cases} \tag{6-20}$$

写成矩阵形式

$$\begin{bmatrix} \dot{x}_1 \\ \dot{x}_2 \end{bmatrix} = \begin{bmatrix} 0 & 1 \\ -\dfrac{K}{M} & -\dfrac{N}{M} \end{bmatrix} \begin{bmatrix} x_1 \\ x_2 \end{bmatrix} + \begin{bmatrix} 0 \\ \dfrac{1}{M} \end{bmatrix} \cdot \boldsymbol{F} \tag{6-21}$$

或记为

$$\dot{\boldsymbol{X}} = \boldsymbol{AX} + \boldsymbol{BF} \tag{6-22}$$

其中，

$$\boldsymbol{A} = \begin{bmatrix} 0 & 1 \\ -\dfrac{K}{M} & -\dfrac{N}{M} \end{bmatrix}, \boldsymbol{B} = \begin{bmatrix} 0 \\ \dfrac{1}{M} \end{bmatrix} \tag{6-23}$$

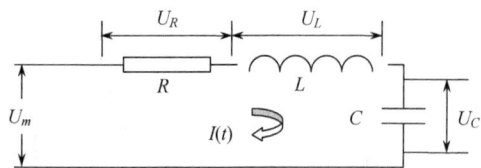

图 6-9 LRC 系统

公式（6-19），或公式（6-20）与公式（6-21）即为该系统的状态方程。

例 6-9 图 6-9 为一个由电感、电阻与电容组成的电路系统（LRC 系统）。作为输入，加入电源电压 $U_m(t)$，则电路内产生电流 $I(t)$，在 R、C、L 上的压降分别为 $U_R(t)$、$U_C(t)$、$U_L(t)$。试建立其微分方程与状态方程。

解： 根据克希霍夫电压定律，有

$$U_m(t) - U_L(t) - U_C(t) - U_R(t) = 0 \tag{6-24}$$

又有

$$U_L = L\frac{dI}{dt},\ U_R = RL,\ U_C = \frac{1}{C}\int I dt \tag{6-25}$$

把它们分别代入公式（6-25），则有

$$L\frac{dI}{dt} + RI + \frac{1}{C}\int I dt = U_m \tag{6-26}$$

因为 $I = \frac{dQ}{dt}$，Q 为电量，则公式（6-26）可写为

$$L\frac{d^2Q}{dt^2} + R\frac{dQ}{dt} + \frac{1}{C}Q = U_m \tag{6-27}$$

现选一组状态变量 $x_1 = Q$，$x_2 = I = \frac{dQ}{dt}$，用矢量表示：

$$\boldsymbol{X} = \begin{bmatrix} x_1 \\ x_2 \end{bmatrix} = \begin{bmatrix} Q \\ I \end{bmatrix},\ \dot{\boldsymbol{X}} = \begin{bmatrix} \dot{x}_1 \\ \dot{x}_2 \end{bmatrix} = \begin{bmatrix} \dot{Q} \\ \dot{I} \end{bmatrix} \tag{6-28}$$

所以状态方程为

$$\begin{cases} \dot{x}_1 = x_1 \\ \dot{x}_2 = -\frac{1}{LC}x_1 - \frac{R}{L} + \frac{1}{L}U_m \end{cases} \tag{6-29}$$

用矩阵方程表示则为

$$\begin{bmatrix} \dot{x}_1 \\ \dot{x}_2 \end{bmatrix} = \begin{bmatrix} 0 & 1 \\ \frac{-1}{LC} & \frac{R}{L} \end{bmatrix} \cdot \begin{bmatrix} x_1 \\ x_2 \end{bmatrix} + \begin{bmatrix} 0 \\ \frac{1}{L} \end{bmatrix} \cdot \boldsymbol{U}_m \tag{6-30}$$

将公式（6-30）与公式（6-21）相比较，则有以下对应关系：

力 F 与源电压 U_m；速度 $\frac{dy}{dt}$ 与电流 I；位移 y 与电量 Q；质量 M 与电感 L；阻尼系数 N 与电阻 R；弹簧刚度 K 与电容 C 的倒数 $\frac{1}{C}$。

这就表明机械系统与电路系统可以互相模拟。这两个系统称为"相似系统"。这种相似性称为"力—电压相似性"。还有一种"力—电流相似性"，我们用例 6-10 来说明。

例 6-10　设有如图 6-10 所示的电路系统，试建立其微分方程与状态方程。

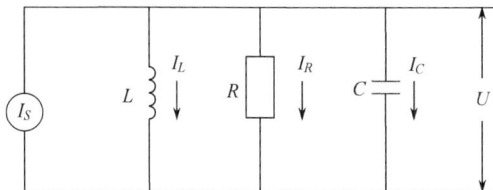

图 6-10　LRC 系统

解：根据克希霍夫电流定律，有

$$I_L + I_R + I_C = I_S \tag{6-31}$$

其中，

$$I_L = \frac{1}{L}\int U\,dt\ ,\quad I_R = \frac{U}{R}\ ,\quad I_C = C\frac{dU}{dt} \tag{6-32}$$

方程（6-31）可写为

$$\frac{1}{L}\int U\,dt + \frac{U}{R} + C\frac{dU}{dt} = I_S \tag{6-33}$$

考虑到磁通 ψ 与 U 之间存在以下关系

$$\frac{d\psi}{dt} = U \tag{6-34}$$

所以方程（6-33）可写为

$$C\cdot\frac{d^2\psi}{dt^2} + \frac{1}{R}\cdot\frac{d\psi}{dt} + \frac{1}{L}\psi = I_S \tag{6-35}$$

选择状态变量 $x_1 = \psi$，$x_2 = \dot\psi$，则状态方程为

$$\begin{cases} \dot{x}_1 = x_2 \\ \dot{x}_2 = \dfrac{-1}{LC}x_1 - \dfrac{1}{RC}x_2 + \dfrac{I_S}{C} \end{cases} \tag{6-36}$$

用矩阵表示

$$\begin{bmatrix} \dot{x}_1 \\ \dot{x}_2 \end{bmatrix} = \begin{bmatrix} 0 & 1 \\ \dfrac{-1}{LC} & \dfrac{1}{RC} \end{bmatrix}\begin{bmatrix} x_1 \\ x_2 \end{bmatrix} + \begin{bmatrix} 0 \\ \dfrac{1}{C} \end{bmatrix}\cdot \boldsymbol{I}_S \tag{6-37}$$

将公式（6-37）与机械系统的公式（6-21）比较，二者具有以下的相似性：

电流 I_S 与力 F，电容 C 与质量 M，电阻的倒数 $\frac{1}{R}$ 与阻尼系数 N，电感的倒数 $\frac{1}{L}$ 与弹簧刚度 K，电压 $U=\dot\psi$ 与速度 $\dot{y}$，磁通 ψ 与位移 y。

这就是"力—电流相似性"。

下面我们不加推导，再列出一些相似系统之间的对应关系，如表 6-5 所示。

表 6-5 相似系统的对应关系

系统	参数						方程
电路系统	电压 U	电流 I	电量 Q	电阻 R	电感 L	电容 C	$L \cdot \dfrac{\mathrm{d}I}{\mathrm{d}t} + RI + \dfrac{1}{C}\int I\,\mathrm{d}t = U$
直线机械运动	力 F	速度 v	位移 y	阻尼 N	质量 M	刚度 K	$M \cdot \dfrac{\mathrm{d}v}{\mathrm{d}t} + Nv + K\int v\,\mathrm{d}t = F$
回转机械运动	力矩 T	角速度 ω	角位移 θ	阻尼 β	惯性矩 J	刚度 K	$J \cdot \dfrac{\mathrm{d}\omega}{\mathrm{d}t} + \beta_t + K\int \omega\,\mathrm{d}t = T$
液压系统	压力 P	流量 q	容积 V	阻尼 β	惯性 M	液容 C	$M \cdot \dfrac{\mathrm{d}q}{\mathrm{d}t} + \beta_t + \dfrac{1}{C}\int q\,\mathrm{d}t = P$
气流系统	压力 P	流量 q	容积 V	阻尼 β	惯性 M	气容 C	$M \cdot \dfrac{\mathrm{d}q}{\mathrm{d}t} + \beta_t + \dfrac{1}{C}\int q\,\mathrm{d}t = P$

在表 6-5 中，电路系统的方程是列出的一阶微分方程，由 I 与 Q 的关系，我们很容易把它改写为二阶微分方程。其他系统的方程也可类似地改写。在表 6-5 中是按电压 U 为驱动函数来列写对应关系的。由例 6-10 可知，我们还可以把电流作为驱动函数来写出另一组对应关系。

6.5 系统仿真

6.5.1 系统仿真概述

本节先概述系统仿真的基本情况与研究进展。然后介绍系统仿真的两种典型类型：一是军事演习，它是"人机结合，以人为主"；一是虚拟现实和网络游戏，它是完全依靠计算机来进行的。最后叙述一个综合性的例子，包括人工仿真和计算机仿真。

所谓仿真，就是模仿真实，它并不是在对象系统上直接得到结果，而是基于相似原理，构建一个仿真模型，模仿对象系统的运行，研究对象系统的性能与可能的运行结果。

系统仿真是 20 世纪 40 年代以来伴随着计算机技术的发展而迅速形成的一门新技术。最初，仿真技术主要用于航空、航天、原子反应堆等价格昂贵、周期长、危险性大、实际系统试验难以实现的少数领域，后来逐步发展到电力、石油、化工、冶金、机械等工业部门，并且进一步扩大到社会系统、经济系统、交通运输系统、生态系统等领域。

计算机系统仿真是系统仿真的重要分支，发展很快。用于仿真的计算机有三种类型：模拟计算机、数字计算机和混合计算机。数字计算机还可分为通用数字计算机和专用数字计算机。模拟计算机主要用于连续系统的仿真，称为模拟仿真。在进行模拟仿真时，依据仿真模型（在这里是排题图）将各运算器按要求连接起来，并调整有关的系数器。改变运算器的连接形式和各系数的调定值，就可修改模型。仿真结果为图像，可连续输出。模拟计算机的人机交互性好，适合于实时仿真。改变时间比例尺还可实现超实时的仿真。20 世纪 60 年代前的数字计算机由于运算速度低和人机交互性差，在仿真中应用受到限制。现在数字计算机已具有很高的速度，某些专用的数字计算机的速度更高，已能满足大部分系统的实时仿真的要求，由于软件、接口和终端技术的发展，人机交互性也已有很大提高，因此数字计算机已成为现代仿真的主要工具。混合计算机把模拟计算机和数字计算机联合在一起工作，充分发挥模拟计算机的高速度和数字计算机的高精度、逻辑运算和存储能力强的优点。但是这种计算机系统造价较高，只宜在一些要求严格的系统仿真中使用。除了计算机以外，仿真硬件还包括一些专用的物理仿真器，如运动仿真器、目标仿真器、负载仿真器、环境仿真器等。

蒙特·卡罗（Monte Carlo）法，以摩纳哥赌城蒙特·卡罗命名，是一种随机仿真（random simulation）法。它是 20 世纪 40 年代中期由数学家冯·诺依曼等发明的，是为了当时原子能事业发展的需要。它以概率统计理论为指导，使用随机数（或更常见的伪随机数）来解决很多系统的仿真问题。蒙特·卡罗法也是一种统计模拟法，在金融工程、宏观经济学、计算物理学（如量子热力学、空气动力学）等领域应用广泛。

美国麻省理工学院（MIT）教授福瑞斯特（J. W. Forrester）创立的系统动力学（system dynamics，SD），也是一种系统仿真方法，在社会经济系统研究中得到了比较广泛的使用。例如，罗马俱乐部 1972 年发表的研究报告《增长的极限》就是运用 SD 方法开展研究的。

美国圣菲研究所（SFI）研制了一种软件平台 Swarm，用于复杂系统研究。

系统仿真也具有局限性，主要表现在：①它选择仿真方案的方法实际上是枚举法，有可能遗漏掉最优方案；②相对解析法而言，系统仿真成本高、费时间、操作复杂。

系统仿真在工程系统工程中是行之有效、不可或缺的，在社会系统工程中目前只能局部运用，而且应该在定性研究的指导下进行。

6.5.2　军事演习

军事演习是在想定情况诱导下进行的作战指挥和行动的演练，是部队在完成理论学习和基础训练之后实施的近似实战的综合性训练，是军事训练的高级阶段。按规模，演习分为战术演习、战役演习；按对象，分为首脑机关演习和实兵演习；按形式，分为室内演习和野外演习、单方演习和对抗演习、实弹演习和非实弹演习、分段演习和综合演习；按目的，分为示范性演习、试验（研究）性演习和检验（考核）性演习。联合军事演习，是指两个以上军种或两支以上军队联合进行的军事演习。

演习分很多种，有实兵演习、司令部演习、兵棋推演等。近年来推广计算机模拟演习，是兵棋推演的一种升级。下面主要叙述实兵演习。

实兵演习是除了实战外最能检验军队战斗力的一种考核方式。演习通常分为红军、蓝军，两军分别设有司令部，由上级军事指挥部门派出演习导演组，由导演组设定演习情况，红军、蓝军根据设定的演习课目进行实兵演练。演习中投入的装备都是现役装备，步兵轻型武器一般配发空包弹，只需要在枪口加装一个装置，空包弹可以形象地模拟出武器发射的光、声、烟尘,只要人没有站在枪口前一米以内距离,一般不会造成人员伤亡。重型装备实弹射击如火炮覆盖、坦克、强击机等演练课目都是真实的,但攻击的范围内一般没有人员。参加演习的军队按照规定的时间完成演习课目,一般不会造成人员、装备的损失。

现在还有一种实兵演习的方法,即在装备上安装激光装置,发射的激光对人眼是安全的,同样人员和装备上也安装有激光接收装置,被激光照射后,根据命中的部位冒出相应的烟雾,由导演组派出的观察员判定装备、人员被击毁(击沉)或是战损退出战场。

演习不一定是以人员、装备的损失来确定演习的成败。如两栖登陆演习,只要进攻方能登陆上岸,巩固登陆场,达成演习的战役目标,损失没有超过标准,都能被演习导演组评定为演习获胜。

海湾战争后,我军成立了外军模拟部队,建设了设施完备的训练基地,有针对性地对部队进行轮训和实战演习、演练,演习更加贴近于实战。演习成为考核一个部队战备水平和实战能力的试金石。

诸军种联合虚拟演习建立一个"虚拟战场",使参战双方同处其中,根据虚拟环境中的各种情况及其变化,实施"真实的"对抗演习。在这样的虚拟作战环境中,可以使众多军事单位参与到作战模拟来中,而不受地域的限制,大大提高了战役训练的效益;还可以评估武器系统的总体性能,启发新的作战思想。

虚拟军事演习系统可以任意增加联合演习的次数。这样便于作战方案与理论的研究。传统的实兵演习周期长、耗费大,借助虚拟军事演习系统进行训练,就可以较小的代价、较短的时间实施大规模战区、战略级演习,并可通过多次演习或一次演习多种方案,发现、解决实战中可能出现的问题。进行指挥员训练利用虚拟现实技术,根据侦察情况资料合成出战场全景图,让受训指挥员通过传感装置观察双方兵力部署和战场情况,以便判断敌情,定下正确决心。例如,美国海军开发的"虚拟舰艇作战指挥中心"就能逼真地模拟与真的舰艇作战指挥中心几乎完全相似的环境,生动的视觉、听觉和触觉效果,使受训军官沉浸于"真实的"战场之中。虚拟现实技术可以使相距几千公里的士兵与作战指挥人员在网络上进行对抗作战演习和训练,效果如同在真实的战场上一样。

6.5.3　虚拟现实

虚拟现实(virtual reality,VR),又称为灵境技术。虚拟现实是利用电脑模拟产生一个三维空间的虚拟世界,提供使用者关于视觉、听觉、触觉等感官的模拟,让使用者如同身历其境一般,可以及时地、没有限制地观察三度空间内的事物。例如,在地面舱中训练飞行员:地面舱在支架上可以作六个自由度的运动,周围展示飞行中看到的蓝天白云和居高临下看到的地面,使地面舱中的飞行员就好像真的驾驶飞机在天空飞行一样。这样可以大大节省开支,减少危险。

虚拟现实是人们通过计算机对复杂数据进行可视化操作与交互的一种全新方式,与传统的人机界面以及流行的视窗操作相比,虚拟现实在技术思想上有了质的飞跃。

虚拟现实中的"现实"是泛指在物理意义上或功能意义上存在于世界上的任何事物或环境，它可以是实际上可实现的，也可以是实际上难以实现的或根本无法实现的。而"虚拟"是指用计算机生成的意思。因此，虚拟现实技术是指用计算机生成一种特殊环境，人可以通过使用各种特殊装置将自己"投射"到这个环境中去，并且可以操作、控制这个环境，实现特定的目的。

网络游戏对虚拟现实技术的快速发展起了巨大的需求牵引作用。尽管存在众多的技术难题，虚拟现实技术在竞争激烈的游戏市场中还是得到了越来越多的重视和应用。可以说，电脑游戏自产生以来，一直都在朝着虚拟现实的方向发展。从最初以文字为交互内容的 MUD 游戏（multiple user domain，多用户虚拟空间游戏，始于 1979 年），到二维游戏，再到三维游戏，网络游戏在保持其实时性和交互性的同时，逼真度和沉浸感正在一步步地提高和加强。

虚拟现实技术可以用于模拟训练。采用虚拟现实技术可以使受训者在视觉和听觉上真实体验战场环境，熟悉作战区域的环境特征。用户通过必要的设备可与虚拟环境中的对象进行交互作用、相互影响，从而产生"沉浸"于等同真实环境的感受和体验。

训导人员在单兵模拟训练与评判应用系统中可设置不同的战场背景，给出不同的情况，而受训者则通过立体头盔、数据服、数据手套或三维鼠标操作传感装置，可作出或选择相应的战术动作，输入不同的处置方案，体验不同的作战效果，进而像参加实战一样，锻炼和提高技战术水平、快速反应能力和心理承受力。与常规的训练方式相比较，虚拟现实训练具有环境逼真、"身临其境"感强、场景多变、训练针对性强和安全经济、可控制性强等特点。如美国空军用虚拟现实技术研制的飞行训练模拟器，能产生视觉控制，能处理三维实时交互图形，且有图形以外的声音和触感，不但能以正常方式操纵和控制飞行器，还能处理虚拟现实中飞机以外的各种情况，如气球的威胁、导弹的发射轨迹等。

6.5.4　综合示例：某导弹系统的仿真

这是一个综合性例子。在这个例子中，将依次做四件事情：①描述问题和构建仿真模型；②简单的人工仿真；③计算机仿真；④分析仿真结果。

1. 描述问题和构建仿真模型

设一个导弹系统有 N 枚导弹，每枚导弹的命中率相同，是已知数，现在要设计一个方案来有效地摧毁敌人目标。发射是持续进行的，只要有 1 枚导弹命中目标，目标即被摧毁，其后的导弹就停止发射。发射过程由指挥部（带有一个观察站）来控制。该导弹系统如图 6-11 所示。

为了有效地击中目标，我们希望知道该导弹系统配备几枚导弹最为合适。显然，配备的导弹少，则摧毁目标的可能性就小。随着导弹配备数目增加，摧毁的可能性增大，但是导弹数目太多，是一种浪费。此外，如果操作技术提高了，或者武器性能改进了，

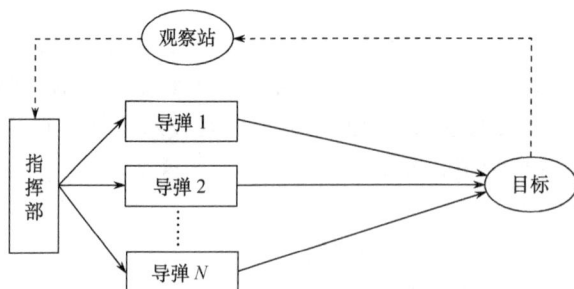

图 6-11 某导弹系统示意图

也会引起单枚导弹命中率的变化,当命中率改变时,导弹的数目应该作怎样的调整呢?诸如此类的问题,用计算机仿真技术来解决很方便。在实际中,类似的问题经常会遇到,如在生产活动或设计工作中确定设备数量,也属于这一类问题。

为了构建仿真模型,要对系统活动进行分析。首先要明确,考察系统效果的指标是敌人目标被摧毁的概率。假定以 A 表示敌人目标被摧毁这一事件,如果在 Q 次试验中 A 事件出现的次数为 m,当 Q 充分大时,事件 A 出现的概率为 m/Q,这就是本系统的目标函数,显然它是与导弹命中率和导弹数目有关的。其次要明确:系统的可控因素是什么?显然是导弹命中率和导弹数目,这两个因素变化直接影响导弹系统的效果。最后要明确系统的行为。在这个系统中只有一个活动即导弹发射;"只要有 1 枚导弹命中目标,此后的导弹就停止发射"就是系统的活动准则,即仿真准则。

根据上述分析,系统的运行过程可以描述如下:系统有 N 枚导弹,每枚导弹命中率是 p;敌人目标一出现,系统就进入活动,导弹依次发射;如果第一枚导弹没有命中目标,则第二枚导弹发射;如果 N 枚导弹都没有击中目标,则认为这一轮发射失败,把失败次数记录下来,然后开始第二轮模拟发射;如果在第二轮试验中有 1 枚导弹射中目标,则认为这一轮试验成功,然后再开始第三轮发射;如此一轮一轮重复试验下去,直到 Q 轮试验进行完毕,然后统计有多少轮试验失败,多少轮试验成功,就可以计算出命中敌人目标的概率是多少。

以上过程用框图表示如图 6-12,这就是计算机仿真模型。按照该图,在发射前,规定导弹的数目 N,命中率 p,模拟次数 Q,这些就是进行系统仿真活动的初始数据和条件;令 $N=2$, $p=0.5$, $Q=20$。

导弹发射由一个计数器来记录。计数器由 J 表示,一开始,$J=0$,发射 1 枚导弹,J 就加 1,用计算机语句表示就是 $J=J+1$,其含义是把变量 J 的存贮单元内容加上 1 再存回到这个单元中去。

当发射 1 枚导弹后,要考虑它是否命中目标,这是与导弹命中率 p 有关的随机事件,可以用在区间 (0,1) 之间均匀分布的随机数来确定这个事件的结果:如果 $p=0.5$,那么规定落在 (0,0.5) 之间的随机数对应发射成功,而规定落在 (0.5,1) 之间的随机数对应发射失败。

当有 1 枚发射命中目标时,就认为发射成功一轮,此后再模拟下一轮发射。若 N

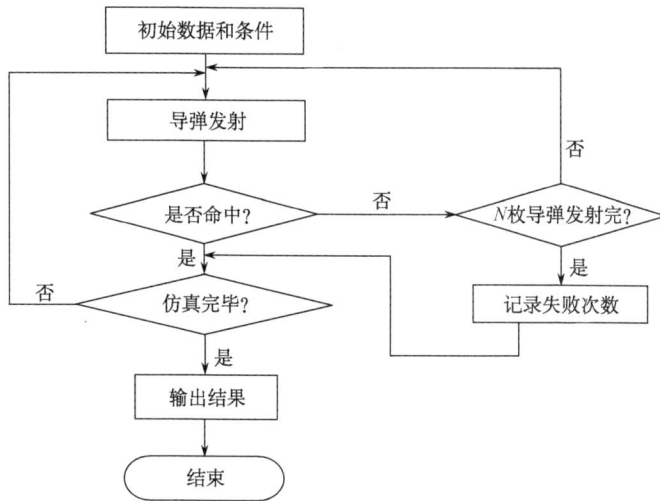

图 6-12　某导弹系统的仿真模型

枚导弹中没有 1 枚导弹击中目标，即 $J=N$，就认为这一轮试验失败。这时，计数器记录下失败的次数。然后再进行下一轮仿真。

上述过程一轮一轮进行下去，直到进行完 20 轮为止，然后输出打印结果。

2. 简单的人工仿真

正如很多科学计算在计算机上进行前需要手工试算一样，在进行计算机仿真之前，如果能进行一次手工仿真，对于检查模型的正确性和节省计算机使用时间都是有好处的。当然，对于一些复杂的大系统，要做手工仿真是非常困难和烦琐的，大多数情况下是不可能的。这里选用非常简单的系统参数，以便进行人工仿真：令命中率 $p=0.5$，因为它可以用抛掷一枚硬币来实现。规定硬币出现正面表示命中目标（H），出现反面表示没有命中（T），并且为了人工模拟方便，假定只有两枚导弹，即 $N=2$。

这样，在一轮试验中至多抛掷 2 次硬币。如果第一次获得成功，就不掷第二次；如果某一轮试验成功，以 1 表示，失败则以 0 表示。20 轮结果如表 6-6 所示，其中 H 表示正面，T 表示反面。

从表 6-6 可以看出，在 20 轮试验中，16 轮是成功的，所以命中概率近似为 16/20 $=0.8$。这个简单的人工仿真过程很容易扩展到计算机仿真过程。

如果命中率 p 不是 0.5，而是 0.7，那么用抛掷硬币的办法来模拟导弹发射成功与否就不可能了。如果导弹枚数增加，以及仿真次数增加，工作量随之加大，人工仿真即便可以进行，也是不可取的。这时势必改用计算机仿真来代替人工仿真。

表 6-6　抛掷硬币模拟导弹发射　　　　　　　　$p=0.5$，$N=2$

模拟次数	第一次抛掷	第二次抛掷	结 论
1	H		1
2	H		1
3	T	H	1
4	H		1
5	T	T	0
6	H		1
7	T	H	1
8	T	H	1
9	T	T	0
10	H		1
11	H		1
12	T	H	1
13	H		1
14	H		1
15	H		1
16	H		1
17	H		1
18	T	T	0
19	T	T	0
20	H		1

3. 计算机仿真

为了用计算机来进行仿真，必须根据仿真模型来编写计算机程序。该例的一种计算机仿真程序如下：

```
10     LNPUT  N，P，Q
20     FOR   I = 1  TO  Q
30     FOR   J = 1  TO  N
40     RI = RND（X）
50     IF  R1＜P  THEN 80
60     NEXT  J
70     F = F + 1
80     NEXT  I
90     S1 = F/Q
100    S2 = 1 − S1
```

```
110      PRINT  P, N, S1, S2
120      GOTO   10
130      END
```

程序中的 RND（X）是计算机的随机数函数发生器，它产生在（0，1）区间均匀分布的随机数。分别取 $p=0.7$，0.5，0.33，0.25；$N=2$，3，4，代入程序运行，结果如表 6-7 所示。

表 6-7　程序运行结果

命中率	导弹数	失败率	摧毁率
	2	0.087 0	0.913 0
0.7	3	0.026 9	0.973 1
	4	0.007 4	0.992 6
	2	0.244	0.756
0.5	3	0.137	0.863
	4	0.07	0.93
	2	0.449	0.551
0.33	3	0.31	0.69
	4	0.195	0.805
	2	0.555	0.445
0.25	3	0.411	0.589
	4	0.325	0.675

同样的结果也可以采用下面的 C 语言代码的程序得到：

```
main ()
{int N, Q, C = 0; float P;
    for (i = 1; i <= Q; i + +)
    { while (j < N + 1)
      { if (rand () <= P)
        {C = C + 1;
        break;}}}
S2 = C/Q;
S1 = 1 - S2;
printf ("%f, %d, %f, %f", P, N, S1, S2);
}
```

4. 结果仿真分析

该例也可以用解析法来求解。令 s_1 表示失败的概率，s_2 表示成功的概率，N 表示导弹数目，p 表示每枚导弹的命中率。很显然，在一轮试验中，N 枚导弹同时都失败的概率为

$$s_1 = (1 - p)^N \tag{6-38}$$

那么，摧毁目标的概率为

$$s_2 = 1 - s_1 = 1 - (1-p)^N \tag{6-39}$$

据此可以计算出不同导弹数目和不同命中率情况下摧毁目标的概率，计算数据列于表 6-8。表中列出了仿真数据和计算数据。这里，不管用哪种方法，所得结果都是一种统计值，因此，要分析它们的误差范围。

已定义击中目标的随机事件 A，A 出现的概率是 s，再定义一个定量 δ_i，表示第 i 次试验中事件 A 的出现与否。当事件 A 出现时，$\delta_i = 1$，否则 $\delta_i = 0$。对于 Q 次独立试验，事件 A 出现的次数为

$$m = \sum_{i=1}^{N} \delta_i \tag{6-40}$$

事件 A 出现的频率为 m/Q，当 Q 充分大时，它近似服从正态分布，数学期望值是

$$E\left(\frac{m}{Q}\right) = \frac{Qs}{Q} = s \tag{6-41}$$

均方差是

$$\sigma = \sqrt{s(1-s)/Q} \tag{6-42}$$

根据正态分布，变量 m/Q 以概率 0.997 落在 $(s-3\sigma, s+3\sigma)$ 的范围内，亦即

$$\left|\frac{m}{Q} - s\right| < 3\sqrt{s(1-s)/Q} \tag{6-43}$$

有关这个系统的误差估计的数据列在表 6-8 的最后三列中。从表 6-8 中我们看到：无论是仿真所得数据，还是解析法计算所得的数据都落在允许的误差范围 $(s-3\sigma, s+3\sigma)$ 之内，就是说，计算机仿真得到的结果是可信的。

到这里，该导弹系统的计算机仿真工作完成。根据表 6-8 的数据，可以编制多种方

表 6-8 某导弹系统在各种条件下的命中率

命中率	导弹数	仿真结果	计算结果	σ	$s+3\sigma$	$s-3\sigma$
0.7	2	0.913 0	0.910 0	0.002 8	0.921 5	0.904 5
	3	0.973 1	0.973 0	0.001 6	0.978 0	0.968 2
	4	0.992 6	0.991 9	0.000 86	0.995 2	0.990 0
0.50	2	0.756	0.750	0.013 6	0.790 6	0.709 2
	3	0.863	0.875	0.010 5	0.906 5	0.843 5
	4	0.930	0.936	0.007 7	0.960 5	0.914 6
0.33	2	0.551	0.551	0.015 7	0.598 3	0.503 9
	3	0.690	0.699	0.014 5	0.742 8	0.655 7
	4	0.805	0.798	0.012 7	0.836 5	0.760 4
0.25	2	0.445	0.438	0.015 7	0.484 6	0.390 4
	3	0.589	0.578	0.015 6	0.625 0	0.531 3
	4	0.675	0.684	0.014 7	0.727 7	0.639 5

案。至于选择何种方案，这是决策者的事情。例如，在命中率为 0.33 的条件下，如果要求总的摧毁目标概率在 70% 以上，那么至少要配备四枚导弹；如果命中率提高到 0.50，只要两枚导弹就可以了。

习题 6

6-1　系统模型的含义是什么？对模型的要求是什么？

6-2　什么是系统模型的真实性？

6-3　系统模型有哪些种类？

6-4　什么是系统的数学模型？系统的数学模型分为哪些类型？

6-5　试以系统的数学模型为例，说明系统模型完整性的含义。

6-6　什么是系统的模型体系？为什么要运用系统的模型体系？

6-7　系统仿真的含义是什么？系统仿真有哪些种类？

6-8　系统模型与系统仿真的作用是什么？

6-9　请关注系统建模方法与系统仿真技术的新进展。

第7章

系 统 分 析

■ 7.1 引言

系统分析（systems analysis，SA）有广义与狭义之分。

在 Hall 三维结构中，系统分析是系统工程方法论逻辑维的一个步骤，这是狭义的系统分析。在系统分析之前的逻辑步骤是系统综合——提出构建系统的几种粗略的备选方案（alternatives），系统分析就是对这些方案进行演绎、细化，建立数学模型进行计算和分析。在系统分析之后要进行系统评价，它实际是又一次的系统综合，即把系统分析的结果进行综合，对各个备选方案的优劣进行评价。

广义的系统分析是把系统分析作为系统工程的同义语，例如，国际应用系统分析研究所（International Institute for Applied Systems Analysis，IIASA），这是国际上著名的系统工程研究机构。美国著名的咨询机构兰德公司（RAND Corporation）也标榜系统分析，而且形成了兰德型系统分析。

系统分析要注意吸纳其他学科的成果。在计算机技术和信息技术等学科中，大量运用系统、系统分析以及系统综合、系统集成等概念和方法，应该从中吸取营养充实到系统分析——亦即充实到系统工程——的一般理论与方法中来。其他学科的一些成果对开展系统工程有利者，尽管没有运用多少系统和系统工程术语，但如果移植过来并且赋予系统论的解释，就会更加出色。

本章在选材上作了一番斟酌，与其他系统工程教材相比，有些"与众不同"。在企业管理中经常用到的 PESTEL 分析、SWOT 分析与 Porter 五力分析其实也是系统分析的方法，它们可以用于系统的发展战略与规划研究。本章把它们引入了。这些分析方法的侧重点有所不同，但是都是强调从多种角度、多种因素进行分析，这正是系统工程原理所要求的。

在系统分析中应该采用"问题导向"，即具体问题具体分析。就是说：根据所研究的问题，寻找一切可以使用的方法，包括各种定性的方法、定量的方法，从定性与定量的结合上开展研究。

7.2　兰德型系统分析

兰德型系统分析的要素为目标、备选方案、费用、模型、准则。分别说明如下：

（1）目标。系统的目标是人们对于系统的要求，是系统分析的前提。对于系统分析人员来说，最初的也是最重要的事情就是摆明问题，了解系统所要实现的目标，以避免方向性错误。

（2）备选方案。方案是试图实现目标的各种途径和办法。应该提出多种备选方案，没有方案就没有分析的对象。方案可能不是很显眼，不能一下子就找得出来，一定要探索和提出多种方案。应该注意，"什么也不做"或者说"安于现状"，这通常也是一种方案，称为"零发案"。"一动不如一静"，只要我们还没有证明它是不可行的或者不及其他方案，就不应放弃它。此外，必须至少提出两种有所作为的方案。

一般情况下，兰德会向项目委托人提供多达五个决策咨询选择，并将每一种选择在政治、经济、公共关系等方面可能产生的后果及利弊，一并忠告用户，向决策者提供科学、客观、公正而全面的决策建议。不同的人和不同性格的决策者，会从这些选择中作出不同的决策，从而得到不同的结果。

（3）费用（又称成本）。这里所谓费用是指每一方案为实现系统目标所需消耗的全部资源（用货币表示）。要研究费用的构成，计算系统的"寿命周期总费用"（life cycle cost，LCC）。各种方案的费用构成可能很不一样，必须用同一种方法去估算它们，才能进行有意义的比较。

（4）模型。模型是对于系统本质的描述，是方案的表达形式。凭借模型，我们对方案进行分析计算和模拟，获取各种方案的效能数字和其他信息。

（5）准则。准则是根据目标提出的评判标准，是目标的具体化，是系统效能的量度，用以评价各种备选方案的优劣。准则必须定得恰当，便于度量。

兰德型系统分析是广义的系统分析。同时，兰德型系统分析重视成本与效益的分析，因此往往称为成本—效益分析（cost-effectiveness analysis）。

除了这五项要素以外，有时还把"结论"与"建议"作为后续的两项要素，兹说明如下：

结论。系统分析人员要把自己的研究成果归纳为详略适当的结论与附件，其中一定不要用难懂的术语与复杂的数学证明与推导，要让决策人员容易理解和使用。系统分析小组的人员在研究过程中必须占有大量的原始资料、运算记录、基础数据，这些东西并不需要全部提交给决策人员（但是要把它们整理好、保存好，以备查证）。

建议。系统分析人员应根据分析结果提出理由充足的、关于行动方案的科学建议。同时，分析人员应当牢记：他的作用只是阐明问题与提供建议，而不是坚持某种主张与进行决策。

系统分析应该避免以下若干弊病：①问题界定不明确；②问题界定不恰当；③系统

范围规定得不合适；④方案有重大缺陷或方案个数太少；⑤准则不适当；⑥立场不公正；⑦数据不真实；⑧模型不正确；⑨模型使用不当；⑩对相关因素处理不当；⑪采用了不正确的假设；⑫忽视了不确定因素；⑬样本不足；⑭缺少反馈；⑮没有及时与决策者对话；⑯各自为政，缺少联系；⑰忽视了主观因素；⑱过早地作出结论；等等。

7.3　PESTEL 分析

7.3.1　从 PEST 分析到 PESTEL 分析

PEST 分析是从四个方面（四大因素）对所研究的系统（如一个地区、部门或企业集团）进行背景分析，四大因素是政治因素（political）、经济因素（economic）、社会因素（social）、技术因素（technological）。

PESTEL 分析是在 PEST 分析基础上加上环境因素（environmental）和法律因素（legal），共计六个方面或六大因素。

PESTEL 分析模型又称大环境分析，是分析宏观环境的有效工具。六大因素说明如下：

（1）政治因素（political）。这是指对系统运行具有实际与潜在影响的政治力量和有关的政策、法律及法规等因素。

（2）经济因素（economic）。这是指系统外部的经济结构、产业布局、资源状况、经济发展水平以及未来的经济走势等。

（3）社会因素（social）。这是指系统所在的社会环境中，成员的历史发展、文化传统、价值观念、教育水平以及风俗习惯等因素。

（4）技术因素（technological）。技术因素不仅包括那些引起革命性变化的发明，还包括与企业生产有关的新技术、新工艺、新材料的出现和发展趋势以及应用前景。

（5）环境因素（environmental）。系统是在环境中活动的，环境影响系统的功能与行为，对于企业而言，自然条件、市场条件、交通与通信条件等环境因素都是十分重要的。

（6）法律因素（legal）。系统外部的法律、法规、司法状况和公民法律意识所组成的综合系统。

图 7-1 表示 PESTEL 分析的因素。为了使得它们便于理解，其中保留了 European、UK directives 等在研究特定问题时考虑的子因素。

在 PESTEL 分析中，文化因素和历史因素都并入社会因素考虑了。这当然是可以的，但是，这样一来，社会因素就显得太庞大了。例如，要对中国和美国作对比研究，在文化和历史方面的巨大差别是不能不考虑的。可以考虑把文化因素和历史因素从社会因素中拿出来进行分析，把六大因素分析变为八大因素分析。

下面是美国某企业集团进行 PESTEL 分析所考虑的六大因素：

（1）对企业战略有影响的政治因素：①政府的管制和管制解除。②政府采购规模和政策。③特种关税。④专利数量。⑤中美关系。⑥财政和货币政策的变化。⑦特殊的地

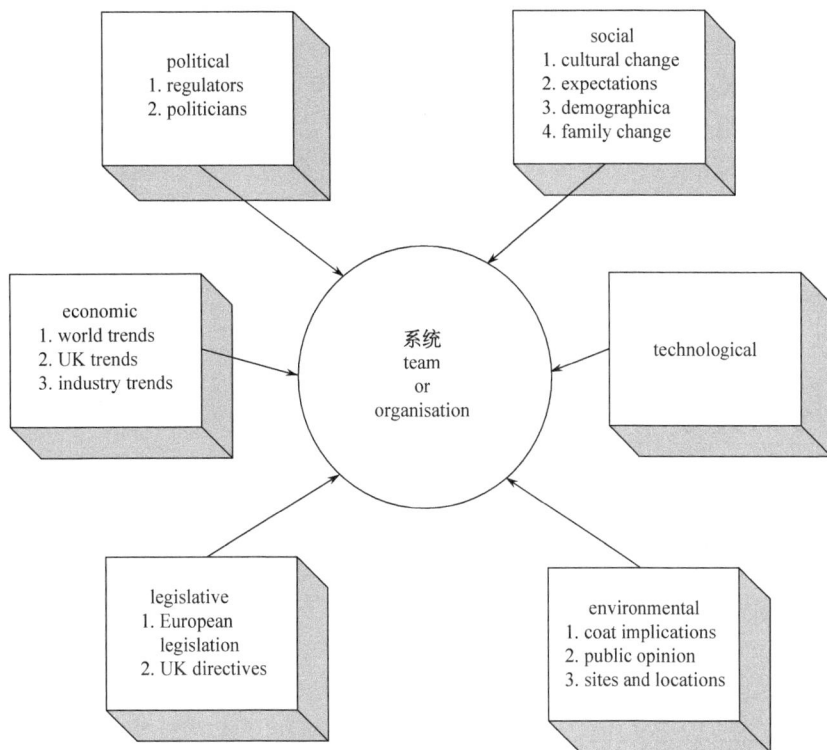

图 7-1   PESTEL 分析的因素

方及行业规定。⑧世界原油、货币及劳动力市场。⑨进出口限制。⑩他国的政治条件。⑪政府的预算规模。

（2）对企业战略有影响的经济因素：①经济转型。②可支配的收入水平。③规模经济。④消费模式。⑤政府预算赤字。⑥劳动生产率水平。⑦股票市场趋势。⑧进出口因素。⑨地区间的收入和销售消费习惯差别。⑩劳动力及资本输出。⑪财政政策。⑫欧盟政策。⑬居民的消费趋向。⑭通货膨胀率。⑮货币市场利率。⑯汇率。⑰国民生产总值变化趋势。

（3）社会文化因素：①企业或行业的特殊利益集团。②国家和企业市场人口的变化。③生活方式。④公众道德观念。⑤对环境污染的态度。⑥社会责任。⑦收入差距。⑧人均收入。⑨价值观、审美观。⑩对售后服务的态度。⑪地区性趣味和偏好评价。

（4）技术因素：①企业在生产经营中使用了哪些技术？②这些技术对企业的重要程度如何？③外购的原材料和零部件包含哪些技术？④上述的外部技术中哪些是至关重要的？为什么？⑤企业是否可以持续地利用这些外部技术？⑥这些技术最近的发展动向如何？哪些企业掌握最新的技术动态？⑦这些技术在未来会发生哪些变化？⑧企业对以往的关键技术曾进行过哪些投资？⑨企业的技术水平和竞争对手相比如何？⑩企业及其竞争对手在产品的开发和设计、工艺革新和生产等方面进行了哪些投资？⑪外界对各公司的技术水平的主观排序怎么样？⑫企业的产品成本和增值结构是什么？⑬企业的现有技术有哪些能应用？利用程度如何？⑭企业实现目前的经营目标需要拥有哪些技术资源？⑮公司的技术对企业竞争地位的影响如何？是否影响企业的经营战略？

（5）环境因素：①其他企业的概况（数量、规模、结构、分布）。②该行业与相关行业发展趋势（起步、摸索、落后）。③对相关行业影响。④对其他行业影响。⑤对非产业环境影响（自然环境、道德标准）。⑥媒体关注程度。⑦可持续发展空间（气候、能源、资源、循环）。⑧全球相关行业发展（模式、趋势、影响）。

（6）法律因素：①世界性公约、条约。②基本法（宪法、民法）。③劳动保护法。④公司法和合同法。⑤行业竞争法。⑥环境保护法。⑦消费者权益保护法。⑧行业公约。

7.4 SWOT 分析

7.4.1 什么是 SWOT 分析

SWOT 分析在战略与规划研究中是常用的方法之一。SWOT 分析是从以下四个方面对系统（如企业、区域经济系统）进行分析：优势（strength）、劣势（weakness）、机会（opportunity）和威胁（threat）。如图 7-2 所示。其中，优势和劣势是系统的内部要素，机会和威胁是系统的外部要素（来自环境）。

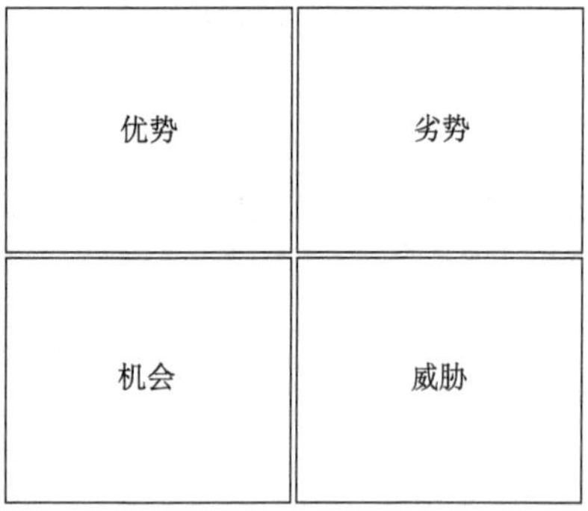

| 优势 | 劣势 |
| 机会 | 威胁 |

图 7-2 SWOT 分析

SWOT 分析法又称为态势分析法。从整体上看，SWOT 可以分为两部分：第一部分为 SW，主要用来分析内部条件；第二部分为 OT，主要用来分析外部条件。利用这种方法可以从中找出对自己有利的、值得发扬的因素，以及对自己不利的、要避开的东西，从而发现存在的问题，找出解决办法，并明确以后的发展方向。根据 SWOT 分析，可以将问题按轻重缓急分类，明确哪些是目前急需解决的问题，哪些是可以稍微推后一点的事情，哪些属于战略目标上的障碍，哪些属于战术上的问题，将这些事项列举出来，依照矩阵形式排列，然后用系统分析的思想，将各种因素匹配起来加以分析，从中得出一系列相应的结论，帮助领导者作出正确的决策和规划。

进行 SWOT 分析时，主要有以下几个方面的内容：

（1）分析环境因素：运用各种调查研究方法，找出系统所处的各种环境因素和内部因素。环境因素包括机会（O）和威胁（T），它们是外部环境对系统发展直接有影响的有利因素和不利因素，属于客观因素。

（2）分析内部因素：包括优势（S）因素和弱点（W）因素，它们是系统在其发展中自身存在的积极因素和消极因素，属主动因素。在调查分析这些因素时，不仅要考虑到历史与现状，而且更要考虑未来发展问题。

（3）构造 SWOT 矩阵：将调查得出的各种因素根据轻重缓急或影响程度等排序方式，构造 SWOT 矩阵。在此过程中，将那些对系统发展有直接的、重要的、大量的、迫切的、久远的影响因素优先排列出来，而将那些间接的、次要的、少许的、不急的、短暂的影响因素排列在后面。

（4）制订行动计划：在完成内外因素分析和构造 SWOT 矩阵之后，便可以制订出相应的行动计划。制订计划的基本思路是：发挥优势，克服弱点；利用机会，化解威胁；考虑过去，立足当前，着眼未来。运用系统综合的方法，将所考虑的各种因素相互匹配起来，得出指导系统未来发展的若干备选方案。

7.4.2　SWOT 分析的步骤与注意事项

以公司为例，进行 SWOT 分析一般有以下七个步骤：

（1）组建一个团队（至少是三人小组），坐下来讨论；

（2）使用一块书写板；

（3）首先，考虑公司内部的优势和劣势，写下来；

（4）然后，考虑公司外部的机会和威胁（主要是市场方面），也写下来；

（5）从战略上部署公司如何充分地利用机会，尤其是那些能够发挥公司的优势、能够迅速见效的机会；

（6）接下来考虑如何减轻公司的劣势；

（7）最后，看看如何利用公司的优势和市场的杠杆力量去避开那些威胁。

这是一个简化的使用 SWOT 的方法，即便只是粗略地依照上面的步骤来做一遍，也会对公司的未来发展有所感知，收到立竿见影的效果。

应用 SWOT 分析要注意以下事项：①必须对公司的优势与劣势有客观的认识；②必须区分公司的现状与前景；③必须尽可能考虑得全面一些；④必须与竞争对手进行具体比较，看看你是优于还是劣于你的竞争对手。

常常发生的情况是：

优势和劣势分不清。如果说"本公司的某某功能很好，是优势"，这是对的；如果说"政府信息化力度不够，是劣势"，这就不对了，这是危机；

优势和机会分不清。如果说"本公司周围有很多外资企业，信息化环境很好，这是优势"，这是不对的，这是机会。

怎样判断一个要素在 S、W、O、T 之间的归属呢？办法很简单，S 和 W 是内因，你的公司、人才、产品等，比别人好的是优势，不如别人的叫劣势；O、T 是外因，产业政策、市场环境、客户资源等，对自己有利的叫机会，对自己不利的叫危机或挑战。见图 7-3。

还要注意：SWOT 分析需要形成多种多样的 D（decisions，可供选择的决策），而形成 D 需要将四要素排列组合。建议在进行 SWOT 分析时，每个方面都列举三个要素：

	对自己有利	对自己不利
内因	优势S	劣势W
外因	机会O	威胁T

图 7-3　SWOT 框图

S_1，S_2，S_3；W_1，W_2，W_3；O_1，O_2，O_3；

T_1，T_2，T_3。

然后把所有的因子排列组合起来：

利用优势，克服劣势（SW）：S_1W_1，S_1W_2，S_1W_3；S_2W_1，S_2W_2，S_2W_3；S_3W_1，S_3W_2，S_3W_3。

利用优势，抓住机会（SO）：S_1O_1，S_1O_2，S_1O_3；S_2O_1，S_2O_2，S_2O_3；S_3O_1，S_3O_2，S_3O_3。

利用优势，消除威胁（ST）：S_1T_1，S_1T_2，S_1T_3；S_2T_1，S_2T_2，S_2T_3；S_3T_1，S_3T_2，S_3T_3。

……

抓住机会，消除威胁（OT）：O_1T_1，O_1T_2，O_1T_3；O_2T_1，O_2T_2，O_2T_3；O_3T_1，O_3T_2，O_3T_3。

剔除其中的无效组合，对留下来的组合逐一给出一个 D；把重要的可行的 D 找出来，按照重要性排序；找出最重要的几个 D，开展深入细致的研究，为领导提供决策咨询。

7.4.3　SWOT 分析的几个简单事例

这里先看几个简单事例，比较详细的案例见第 7.9 节。

1. 沃尔玛（Wal-Mart）的 SWOT 分析

优势——沃尔玛是著名的零售业品牌，它以物美价廉、货物繁多和一站式购物而闻名；

劣势——虽然沃尔玛拥有领先的 IT 技术，但是由于它的店铺布满全球，这种跨度会导致某些方面的控制力不够强；

机会——采取收购、合并或者战略联盟的方式与其他国际零售商合作，专注于欧洲或者大中华区等特定市场；

威胁——所有的竞争对手都以 Wal-Mart 为赶超目标。

2. 星巴克（Starbucks）的 SWOT 分析

优势——星巴克集团的盈利能力很强，2004 年的收入超过 6 亿美元；
劣势——星巴克以产品的不断改良与创新而闻名，因而顾客的要求很高；
机会——新产品与服务的推出，如在展会销售咖啡；
威胁——咖啡和奶制品成本的上升。

3. 耐克（Nike）的 SWOT 分析

优势——耐克是一家极具竞争力的公司，公司创立者与 CEO 菲尔·奈特（Phil Knight）最常提及的一句话便是"商场如战场"（Business is war without bullets）；
劣势——耐克拥有全系列的运动产品（没有重点产品）；
机会——产品的不断研发；

威胁——受困于国际贸易。

7.4.4　POWER SWOT 分析法

POWER SWOT 分析法是 SWOT 分析法的高级形式。POWER 是五大要素的缩写：个人经验（personal experience）、规则（order）、加权（weighting）、重视细节（emphasize detail）、等级与优先（rank and prioritize）。下面以市场营销经理为例加以说明。

1. P：个人经验

市场营销经理如何运用 SWOT 分析呢？他需要的是把自己的经验、技巧、知识、态度与信念结合起来。他的洞察力与经验是很重要的。

2. O：规则——优势或劣势，机会或威胁

市场营销经理经常会不由自主地把机会与优势、劣势与威胁的区别搞混。图 7-3 表示，优势与劣势是内在的，机会与威胁是外在的。

3. W：加权

在 SWOT 分析中，一些要素会比其他要素更重要，因此需要将各种要素进行加权以示其轻重缓急。例如，威胁 A 10％，威胁 B 70％，威胁 C 20％（三种威胁的权数为 100％）。

4. E：重视细节

SWOT 分析常常会忽略细节、推理和判断。比如说，在"机会"中可能会有"技术"这个词，但是"技术"这个词本身并不能说明什么，完整的说法应该是："（某种）技术能够使得市场营销人员通过移动设备更靠近顾客，它能给我们公司带来独特的竞争优势。"

5. R：等级与优先

一旦细节得到添加以及要素得到评价，SWOT 分析便能够进入下一个步骤，即得到一些战略性启示。例如，你可以开始选择那些能够对你的营销策略产生最重要影响的要素。比如说机会 A＝25％，机会 B＝15％，C＝60％，那么你的营销计划就首先着眼于机会 C，然后是机会 A，最后才是机会 B。接着，在优势与机会之间寻找一个切合点把当前的优势与今后的机会挂起钩来。最后要尝试将威胁转化成机会，并进一步转化成优势。

SWOT 分析具有很强的主观性，不同的人会得出不同的结论。SWOT 分析可与 PESTEL 分析和 Porter 五力分析等工具一起使用。

7.5 Porter 五力分析

7.5.1 五种力量

Porter 又称五力分析（five forces analysis），由美国学者迈克尔·波特（Michael E. Porter）提出。五力分析认为，一个企业通常受到五种力量的压迫或威胁，它们是：

(1) 市场准入的威胁（新的进入者的威胁，the threat of entry），包括：①经济规模，如大宗采购的益处；②市场准入门槛（成本），如采用最新科技的成本是多少；③分销渠道的便捷性，如竞争对手是否已经建立了分销渠道；④公司规模以外的成本优势，如员工的个人关系、大公司所缺少的知识、学习曲线效应；⑤竞争对手会进行报复吗；⑥政府行为，如政府是否会颁布新的法律从而降低我们公司的优势地位；⑦差异化竞争，如香槟品牌不会被仿冒，这就降低了市场环境对公司的影响；等等。

(2) 买家的力量（the power of buyers），包括：①寡头垄断造成产品的高价格，如大型连锁超市；②市场上存在大量的同质化小供应商，如为大型连锁超市供货的农产品小型供应商；③更换供应商的低成本，如更换车队；等等。

(3) 供应商的力量（the power of suppliers），供应商与买家的力量是相对的，包括：①更换供应商的高成本，如更换软件供应商；②强势品牌效应，如凯迪拉克、必胜客、微软；③整合供应商的可能性，如啤酒制造商购买酒吧；④客户分散的市场状况引起的低议价能力，如偏远地域的加油站；等等。

(4) 替代产品的威胁（the threat of substitutes），包括：①完全可替代产品，如电子邮件替代传真、手机代替固定电话；②非完全可替代产品，如旅游视频替代旅游公司；③非必备品，如香烟（禁烟）；等等。

(5) 竞争对手（competitive rivalry），包括：竞争对手越多则市场风险越大，供应商与买家的议价能力也就越强。

M. E. Porter 用图 7-4 表示五力分析模型。图 7-5 是它的模仿画法。但是，这两个图在画法上是有缺陷的，我们在第 7.5.2 节将予以说明。

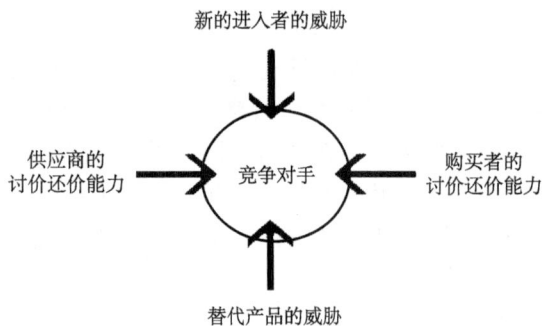

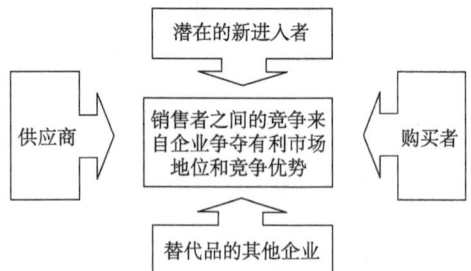

图 7-4　Porter 五力分析模型

图 7-5　五力分析模型的一种画法

图 7-6 是 2008 年暨南大学与顺德信用社开展合作研究中画出的五力分析模型。根据具体研究对象，其中五种力量的名称略有不同，它在画法上是正确的。

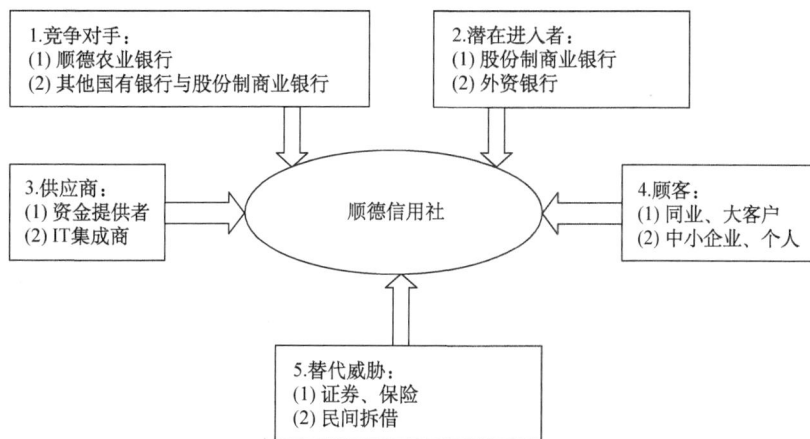

图 7-6　顺德信用社的五力分析模型（2008 年）

任何企业，无论是国内的或国际的，无论生产产品的或提供服务的，竞争态势都体现在这五种竞争的作用力上。因此，五力分析模型是企业制订竞争战略时经常利用的工具。五力决定了产业的盈利能力，因为它们影响价格、成本和投资收益等因素。例如，供应商议价的能力会影响原材料成本和其他投入成本，竞争的强度影响价格以及竞争的成本；新的竞争者入侵的威胁会限制价格，为防御入侵需要进行投资。如果企业能通过这五种力量来影响所在产业的竞争优势，那它就能从根本上改善或削弱产业吸引力，从而改变本产业的竞争态势。

M. E. Porter 的五力分析是针对企业而提出的，用于微观分析。如果把五种力量赋予适当的解释，也可以推广使用于中观或宏观的系统分析。

*7.5.2　对于 Porter 五力分析的两点质疑

1. 质疑之一：Porter 的五力分析模型画得正确吗

图 7-4 与图 7-5 表示的五力分析模型，尽管很流行，但是有毛病。

首先，我们要问：你是为谁做五力分析？当然是"为自己"——为本企业，即为你所研究的对象企业，而不是"为他人作嫁衣裳"，那么，本企业在哪里呢？不知道，图 7-4 与图 7-5 上都没有显示，本企业没有立足之地。

其次，一个箭头表示一个力，图上只有四个箭头，就是说，只有四个力，那么，就不是五力分析，只是"四力分析"——第五个力没有表示出来；

最后，物理学告诉我们，力有三要素——大小、方向、作用点，五力分析并不研究力的大小，这里且不论，但是力的方向与作用点是不能不考虑的。我们要问：这些力的作用点是谁？回到"首先"：力的作用点应该是本企业——你的研究对象——它受到了五个力的作用。

根据以上三点理由，我们应该把本企业放在中心位置，五个施力者环绕在它的周围，它们施加的五个力都指向本企业，如图7-6所示。事实上，竞争对手的威胁是最直接、最重要的，应该把它放在第一位，图7-6就是这么做的。

此外，我们还可以延伸 M. E. Porter 的研究：相对而言，哪个力大一些，我们就把相应的箭头画得粗一些（只是定性的表示，不反映具体的数量关系）。

2. 质疑之二：企业周围只有敌对势力吗

Porter 的五种力量都是敌对势力，没有友好的势力，这符合实际情况吗？能不能"化干戈为玉帛"，化不利因素为有利因素？合作与竞争并存，危险与机遇同在，"办法总比困难多"，等等，这些问题都是应该考虑的。

7.6   技术经济分析

技术经济分析是系统分析的一个重要方面，甚至是一个独立的学科，并不从属于PESTEL 分析。所谓技术经济分析，就是对技术方案的经济效益进行分析、计算和评价，从中区分出技术上先进、经济上合理的优化方案，为决策工作提供科学的依据。

7.6.1   技术与经济的关系

1. 技术的含义

所谓技术，是指根据生产实践经验和自然科学原理，为实现一定的目的而提出的解决问题的各种操作技能，以及相应的劳动工具、生产的工艺过程或作业方法。也可以说，技术是对于包括劳动工具、劳动对象和劳动者技能在内的一种范畴的总称。它是变革物质、进行生产的手段，是科学与生产相联系的纽带，是改造自然、推动经济发展和社会进步的力量。

作为技术的延伸，出现了"软技术"。

2. 经济的含义

"经济"一词含义丰富。第一是指生产关系，如经济制度、经济基础等名词中的经济概念；第二是指物质财富的生产以及相应的交换、分配、消费，如通常所说的经济活动即指生产与流通过程；第三是指节约与收支情况，如日常生活及生产中常说的"经济实惠"，等等。技术经济分析术语中的"经济"一词，其含义主要是指节约与收支情况。

3. 技术与经济的关系

在人类社会物质生产中，技术与经济是密切相关的，它们是互相促进、互相制约的两个方面。经济发展的需要是技术进步的原动力和方向，技术进步则是推动经济发展的重要条件和手段。"科学技术是第一生产力。"

技术的经济目的性是十分明显的。对于任何一种技术，都不能不考虑其经济效益。

技术不断发展的过程同时也是其经济效益不断提高的过程。随着技术进步，人类能够用较少的人力、物力获得更多更好的产品或服务。从这一方面看，技术的先进性同它的经济合理性是一致的。先进的技术通常具有较高的经济效益。

另一方面，在技术的先进性及其经济性之间又存在着一定的矛盾。因为在实际生产中采用何种技术，不能不受当时当地的自然条件与社会条件的约束，而条件不同，同一种技术所带来的经济效益也不同。某种技术在特定条件下体现出较高的经济效益，在另一种条件下则不是这样。可能从长远发展来看应该采用某种技术，而从近期利益来看却需要采用另外一种技术。所以考察技术不仅要看先进性，还要看适用性。

研究技术和经济之间的合理关系，寻求技术和经济协调发展的规律，是技术经济学的重要任务。技术经济分析作为系统工程的一项内容，主要是应用技术经济学的研究成果，同系统思想和定量化系统方法相结合，服务于系统工程的实践活动。

技术经济分析在追求经济效益的同时，必须兼顾社会效益和生态效益。任何技术，不但可以带来正面效应，也可以带来负面效应。当代社会，人的物质享受大大丰富了，但是生活质量却有很多问题：环境污染、生态恶化、臭氧层空洞、水土流失、资源枯竭，等等。所以，不少学者提出疑问：科学技术究竟给人类带来了什么？是福还是祸？我们今天能发展，后代还能不能发展？人类已经发出呼声：要与大自然和平共处，要实现可持续发展。进行技术经济分析时应该对此充分重视。

7.6.2 技术经济分析的基本指标

进行技术经济分析，必须有一套指标体系，用来衡量生产活动的技术水平和经济效益。不同的工业部门或企业，其技术经济指标体系不尽相同，都是同自身的产品、原材料、机器设备、工艺过程等相适应的。但是，在各种指标体系中，有一些指标是构成其他指标的基本要素，而且在技术经济分析中是首先要考察的，称为基本指标，如产值、成本、收入、投资、价格等。

1. 产值：总产值与净产值

（1）总产值：这是企业或部门在一定时期内生产活动成果的货币表现。它可以按下式计算：

$$S = \sum_{i=1}^{n} k_i x_i \tag{7-1}$$

其中，k_i 为第 i 种产品（或服务）的价格；x_i 为第 i 种产品（或服务）的产量（或工作量）。

这里所说的产品与服务，包括成品、半成品、在制品和其他生产活动成果。

从政治经济学的观点看，总产值由三部分构成：

$$S = C + V + M \tag{7-2}$$

其中，C 为已消耗的生产资料的转移价值；V 为劳动者为自己创造的价值；M 为劳动者为社会创造的价值。

从国民经济宏观而言，总产值计算包含了许多重复，这是不合理的，所以，在我国目前的国民经济核算体系中已经不采用总产值指标。在微观经济分析中，总产值仍然可以作为一个参考指标。

（2）净产值：这是企业或部门在一定时期内生产活动新创造的价值。它反映生产活动的净成果，是计算国民收入的基本依据。计算净产值有生产法与分配法两种方法。

生产法，是以总产值减去生产过程中的物质消耗（原材料、燃料、外购电力、生产用固定资产折旧等）所得的余额为净产值。记净产值为 N，可表示为

$$N = S - C \tag{7-3}$$

其中，S 与 C 的含义同公式（7-2）。

分配法，是从国民收入初次分配的角度出发，把构成净产值的各种要素直接相加之和作为净产值。用公式表示为

$$N = V + M \tag{7-4}$$

或

$$净产值 = 工资 + 税金 + 利润 + 其他 \tag{7-5}$$

联系公式（7-2），由公式（7-3）与公式（7-4）所得的结果应该相等。但在实际运用中，两者计算结果往往不一致。按生产法计算比较准确，但是计算工作比较复杂；按分配法计算则要简单一些。

2. 成本

企业的产品成本，即企业制造（或包括销售）产品所发生的费用，主要包括消耗掉的生产资料价值和支付出的劳动报酬。产品成本的构成如表 7-1 所示。产品成本与产品价值之间的关系如表 7-2 所示。

表 7-1 产品成本的构成

原材料	燃料和动力	工资和动力	废品损失	车间经费	企业管理费	销售费用
车间成本						
工厂成本						
完全成本						

表 7-2 产品价值的构成

产品价值 $W = C + V + M$								
物化劳动的价值补偿 $C = C_1 + C_2$					活劳动创造的新价值 $V + M$			
劳动手段的 价值补偿 C_1		劳动对象的 价值补偿 C_2			为自己劳动 V		为社会劳动 $M = M_1 + M_2$	
基本 折旧费	大修理 费用	原材料	燃料	动力	其他消 耗材料	工资	奖金	利润 M_1	税金 M_2
产品成本：$C = C_1 + C_2 + V$								

表 7-2 中的基本折旧费与大修理费用主要包含在表 7-1 的车间经费中，部分地包含在企业管理费中。两者分析问题的角度有所不同。

3. 收入：销售收入与纯收入

销售收入是售出产品（或服务）后的收入，即已售出的产品（或服务）的价值。它与总产值不同，总产值包括已生产的与正在生产的产品的价值。

纯收入又称作盈利，是销售收入扣除产品成本后的余额。它是产品价值中劳动者为社会创造的新价值，包括税金和利润。

4. 投资

投资是指为实现技术方案所花费的资金，分为固定资产投资和流动资金。

固定资产投资是指新建、改建、扩建和恢复各种生产性和非生产性固定资产所花费的资金。所谓固定资产，其特点是能长期使用而不改变本身的实物形态，其价值随着生产过程的持续进行以其本身的磨损（折旧）而逐渐转移到产品成本中去。

流动资金是指用于购买生产所需的原材料、半成品、燃料、动力，以及支付工资与各种活动费用的投资。其特点是随着生产过程和流通过程的持续进行，不断地由一种形态转化为另一种形态。

通常所说的基本建设投资，其中绝大部分用于厂房、设备、仪表、建筑物的购置并形成固定资产；少部分用于施工管理、购置施工机械、生产准备及人员培训等方面，这部分不形成固定资产。

5. 价格

价格是商品价值的货币表现。工业品的价格由产品成本、税金和利润构成。它分为出厂价格、批发价格和零售价格三种，其构成情况如表 7-3 所示。

表 7-3 工业品价格的构成

生 产 成 本	税 金	利 润	批发商业流通费用	批发商业利润税金	零售商业流通费用	零售商业利润税金
出 厂 价 格						
批 发 价 格						
零 售 价 格						

商品从生产企业到顾客手中，每经过一道中间环节，其价格就会增加，现在，常常有出厂价（格）、直接销售、货仓式销售，减少了中间环节，价格自然便宜了许多。

7.6.3 技术经济分析的若干相对指标

1. 反映资金占用的指标

（1）每百元产值占用的流动资金：它一般是年度定额流动资金的平均占用额与同

期总产值之比；

（2）每百元产值占用的固定资产：它一般是固定资产年度平均原值与同期总产值之比。

2. 利润率指标

（1）资金利润率：利润总额与所占用资金总额（固定资金和流动资金）之比；
（2）工资利润率：利润总额与工资总额之比；
（3）成本利润率：利润总额与产品成本之比；
（4）产值利润率：利润总额与产值之比。

3. 劳动生产率

它反映劳动者的生产能力，通常是用劳动者在单位劳动时间内所生产的产品数量计算，或者用单位产品所耗费的劳动时间计算。

4. 其他相对指标

例如，单位产品原材料、燃料、动力消耗量，原材料利用率等。必须看到：由于在生产技术和管理方面的落后，我国许多产品的单位能耗、物耗高于国际先进水平，造成巨大的浪费，这是必须尽快扭转的。要从粗放型生产转变为集约型生产、节约型生产；整个社会要转变为资源节约型社会、环境友好型社会，构建循环经济与和谐社会。

7.6.4 技术经济分析的可比性

技术经济分析的可比性是指不同的技术方案之间比较经济效益时所必须具备的前提条件。对两个以上的技术方案进行技术经济效益比较时，必须在满足需要、消耗费用、价格指标以及时间等四个方面具备可比条件。

1. 满足需要可比

满足需要可比是指相比较的各个技术方案能够满足同样的社会实际需要，彼此之间可以互相替代。一个方案与另一个方案相比较，首先必须在满足社会需要上是相当的。例如，都是汽车制造方案，都能满足社会对汽车的某种需要。其次，还应考虑到方案能提供的数量与社会实际需要量是否符合的问题。如果两者不符，提供量小于需要量，社会需要得不到充分满足；提供量大于需要量，就会造成积压，给社会带来损失。短缺经济与过剩经济都是不好的。因此，一个方案与另一个方案相比较，必须满足相同的社会需要，否则它们之间就不能互相替代，就不能互相比较。无论哪一个技术方案，总是以其一定的品种、质量和数量的产品来满足社会需要的，故不同技术方案在满足需要方面可比，就是在产量、质量和品种方面使之可比。

2. 消耗费用可比

消耗费用可比是指在计算和比较费用指标时，必须考虑相关费用，各种费用的计算必须采取统一的原则和方法。

"考虑相关费用"就是不仅计算比较方案本身的各种费用,而且要从整个国民经济系统出发,计算和比较因实现本方案而引起生产上相关的环节(或部门)所增加(或节约)的费用。某一部门或某一生产环节的消耗增减,必然会引起与之相关的其他部门或生产环节的耗费变化。例如,机械工业是为国民经济各部门提供机器、设备、仪器、仪表等劳动手段的,机械制造技术方案的经济效益不仅表现在本部门,最终必定会在国民经济系统的其他生产部门得到反映。所以,只有用系统的观点,全面地考虑相关的费用,消耗费用才是可比的。

"采用统一的原则"是指在计算技术方案的消耗费用时,各个方案的费用结构和计算范围应当一致。

"采用统一的方法"是指计算各项费用的方法必须一致。

3. 价格可比

对各个技术方案进行技术经济效益比较时,无论是投入的费用,还是产出的收益,都要借助于价格来计算,所以价格必须是可比的。

价格可比是指在计算各技术方案的经济效益时,必须采用合理的、一致的价格。

"合理的价格"是指价格能够反映产品价值,各种产品之间比价合理。价格不合理怎么办?一种办法是采用计算价格或理论价格代替现行市场价格,以最大限度地排除现行市场价格中人为因素的影响。另一种办法是避开现行价格,采用计算相关费用的方法。例如,计算电力机车方案的经济效益时,不用电能价格,而用电厂和输电线路的全部费用;同时,在计算蒸汽机车方案的经济效益时,也不用煤炭价格,而用计入煤矿和煤炭运输的全部消耗费用,这样就可以符合价格可比的条件。国外在进行投资效益评价时,采用影子价格(shadow price)。

"一致的价格"是指价格种类的一致。由于技术进步和劳动生产率的提高,产品价格是在变化的,故在进行技术方案经济效益比较时应采用相应时间期的价格指标。

下面介绍我国国民经济经济核算中的"当年价格""可比价格"与"不变价格"的含义。

当年价格,即报告期当年的实际价格。例如,1999 年我国国内生产总值为81 910.9亿元,它反映 1999 年在我国领土范围内所生产的以货币表现的产品和劳务总量。

可比价格,指计算各种总量指标所采用的扣除了价格变动因素的价格,可进行不同时期总量指标的对比。按可比价格计算总量指标有两种方法:一种是直接用产品产量乘某一年的不变价格计算;另一种是用价格指数进行缩减。

不变价格,指以同类产品某年的平均价格作为固定价格,用于计算各年的产品价值。按不变价格计算的产品价值消除了价格变动因素,不同时期对比可以反映生产的发展速度。

我国国家统计局先后制订全国统一的不变价格如下:1952~1957 年使用 1952 年工(农)业产品不变价格;1957~1970 年使用 1957 年不变价格;1971~1980 年使用 1970

年不变价格；1981～1990 年使用 1980 年不变价格；1991～2000 年使用 1990 年不变价格；2001 年开始使用 2000 年不变价格。

4. 时间可比

时间可比主要应该考虑两个方面的问题：

（1）对经济寿命不同的技术方案作经济效益比较时，必须采用相同的计算期作为比较的基础。如果有甲、乙两个方案，它们的经济寿命分别为 10 年和 5 年，我们不能拿甲方案在 10 年间的经济效益去与乙方案在 5 年间的经济效益作比较。因为甲、乙两个方案时间上不可比，只有采用相同的计算期，计算它们在同一时期内的费用与效益，才有可比性。

目前采用的计算期有两类：

第一，当相比较的各个技术方案的经济寿命有倍数关系时，采用寿命的最小公倍数。例如，上述甲、乙两个方案，它们的经济寿命的最小公倍数为 10 年，则两个方案的计算期也应为 10 年，设想乙方案重复建设一次，即以两个乙方案的效益与费用与一个甲方案的效益与费用相比较，见图 7-7。

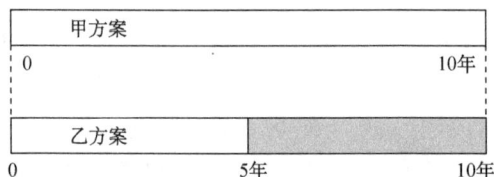

图 7-7   方案的计算期比较

第二，当相比较的各个技术方案的经济寿命没有倍数关系时，一般采用 15 年为计算期，即计算各个技术方案在 15 年间的效益和费用，作互相比较。

（2）技术方案在不同时间内发生的效益和费用，不能将它们直接简单相加，必须考虑时间因素的影响。资金具有时间价值，其有关的概念及计算方法在第 7.7 节介绍。

以上可比条件，简言之，即"口径相同"。

7.7   资金的时间价值与等效计算

7.7.1   什么是资金的时间价值

进行系统分析尤其是技术经济分析必须考虑资金的时间价值，进行资金在不同时点的等效计算。

资金与时间有密切关系，资金具有时间价值。今天可以用来进行投资的一笔现金比将来同一数量的资金更有价值。因为，当前可用的资金能够立即进行投资并在将来获得更多的资金。将来才能收取的资金则不能在今天投资，也无法赚得更多的资金。

资金的时间价值可以这样说：若将资金存入银行，相当于资金所有者放弃了对这些资金的使用权利，按放弃时间长短所得到的代价称为资金的时间价值，通常用利息来表示。如果是向银行借贷而占用资金，则要付出一定的利息作为代价。我们要评价方案的经济效益，应该考虑资金的时间价值，对各方案的成本与效益进行适当的折算，使它们具有可比性。

利息通过利率来计算。利率是经过一定期限后的利息额与本金之比，通常用百分数表示。例如，本金 100 元，一年以后的利息为 6 元，则年利率 $i = 6/100 \times 100\% = 6\%$。计算利率的时间单位有年、月、日等。

利息的计算有单利法与复利法之分。用单利法计息时，仅用本金计算利息，不把先前周期的利息加入本金，即利息不再产生利息。用复利法计息时，要把先前周期的利息加入本金，即利息再生利息。基本计算公式如下：

$$单利法： \qquad F = P(1 + i \cdot n) \qquad (7\text{-}6)$$

$$复利法： \qquad F = P(1 + i)^n \qquad (7\text{-}7)$$

其中，P 为本金（现值）；i 为利率；n 为计算利息的周期数；F 为本金与全部利息之和，简称本利和（将来值）。

复利法比较符合资金在社会再生产过程中实际运动的情况。下面主要按复利法介绍。

7.7.2 资金的等值计算

考虑到资金的时间价值，同一笔资金在不同时点上的数值是不等的。反过来可以说，在不同时点上数值不等的资金折合到同一时点上可能是相等的。这种折合就是资金的等值计算，分以下各种情况叙述。为了便于对比，所举各例均按年利率 $i = 5\%$，周期数 $n = 5$ 年，来考虑"资金额 1 万元"的问题。

1. 整付本利和问题

问题：一次整付本金 P，利率为 i，经过 n 期后的本利和为多少？

解：我们可将问题用图 7-8 所示时间标尺来说明。

计算公式为

$$F = P(1 + i)^n \triangleq P\mu_{PF} \qquad (7\text{-}8)$$

公式（7-8）即为复利法基本公式（7-7），其中 $\mu_{PF} = (1 + i)^n$ 称为"整付本利和系数"。

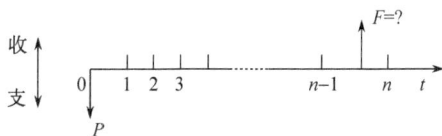

图 7-8 整付本利和问题图示

例 7-1 现金 1 万元存入银行，年利率为 5%。问：5 年后本利和将为多少？

解：
$$F = P \cdot (1 + i)^n$$
$$= 10000 \times (1 + 0.05)^5$$
$$= 12762.86 （元）$$

2. 整付现值问题

由公式（7-8）进行逆运算：

$$P = \frac{F}{(1+i)^n} \triangleq F \cdot \mu_{FP} \qquad (7\text{-}9)$$

其中

$$\mu_{FP} = \frac{1}{(1+i)^n} = \frac{1}{\mu_{PF}}$$

称为"整付折现系数"。

公式（7-9）说明，在利率为 i 时，n 期后的一笔资金 F 如何折算为现值。

例 7-2　如果银行年利率为 5%，为在 5 年后获得本利和 1 万元，现在应一次存入多少现金？

解：

$$P = \frac{F}{(1+i)^n}$$
$$= \frac{10000}{(1+0.05)^5}$$
$$= 7835.26 \text{（元）}$$

现在我们可以进一步说明资金等值的概念。如果年利率为 8%，由公式（7-8），现在的 100 元（资金 I）在 5 年后为 146.93 元：

$$100 \times (1+0.08)^5 = 146.93 \text{（元）}$$

反之，由公式（7-9），5 年后的 146.93 元（资金 II）折合现值为 100 元：

$$146.93 \times \frac{1}{(1+0.08)^5} = 100 \text{（元）}$$

我们说，资金 I 与 II 是等值的。这两笔资金同在任一时点上的数值应该相等，例如，在第 3 年末，资金 I 与资金 II 的数值为 125.97 元：

$$100 \times (1+0.08)^3 = 125.97$$
$$= 146.93 \times \frac{1}{(1+0.08)^{5-3}} \text{（元）}$$

这两笔资金等值概念可用图 7-9 表示。

3. 等额分付本利和问题

问题：如果每期期末发生（储蓄或借贷）等额本金 A，利率 i，经过 n 期后本利和为多少？如图 7-10 所示。

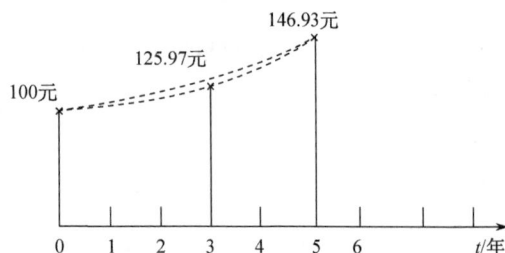

图 7-9　资金等值概念的图示

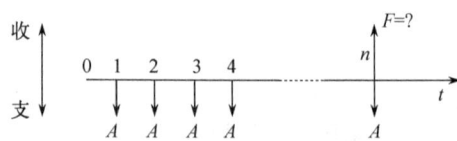

图 7-10　等额分付本利和问题的图示

解：反复运用公式（7-8），可得表 7-4。

表 7-4 等额分付本利和问题计算

期 数	期末本金	n 期末将来值
1	A	$A(1+i)^{n-1}$
2	A	$A(1+i)^{n-2}$
⋮	⋮	⋮
$n-2$	A	$A(1+i)^2$
$n-1$	A	$A(1+i)$
n	A	A

n 期后本利和（总额）为

$$F = A + A(1+i) + A(1+i)^2 + \cdots + A(1+i)^{n-1}$$

上式右边为等比级数前 n 项，故

$$F = A \cdot \frac{(1+i)^n - 1}{i} \triangleq A \cdot \mu_{AF} \tag{7-10}$$

其中

$$\mu_{AF} = \frac{(1+i)^n - 1}{i}$$

称为"等额分付本利和系数"。公式（7-10）即为等额分付本利和计算公式。

例 7-3 某企业每年末从利润中提取 2000 元存入银行，为在 5 年后新建职工俱乐部用，如果年利率为 5%，问：该俱乐部的投资为多少？

解：

$$F = A \cdot \frac{(1+i)^n - 1}{i}$$

$$= 200 \times \frac{(1+0.05)^n - 1}{0.05}$$

$$= 11051.26(元)$$

4. 等额分付现值问题

将公式（7-10）代入公式（7-9），得

$$P = \frac{F}{(1+i)^n} = A \cdot \frac{(1+I)^n - 1}{i(1+i)^n} \triangleq A \cdot \mu_{AP} \tag{7-11}$$

其中

$$\mu_{AP} = \frac{(1+i)^n - 1}{i(1+i)^n} = \frac{(1+i)^n - 1}{i} \cdot \frac{1}{(1+i)^n} = \mu_{AF} \cdot \mu_{FP}$$

μ_{AF} 称为"等额分付现值系数"。公式（7-11）表示：每期期末发生等额资金 A，利率为 i，经过 n 期后的本利和折合为现值 P 是多少？

公式（7-11）亦可这样推导：

$$P = \frac{A}{1+i} + \frac{A}{(1+i)^2} + \cdots + \frac{A}{(1+i)^n}$$
$$= A \frac{(1+i)^n - 1}{i(1+i)^n}$$

例 7-4　如果某工程投产后每年纯收入 2000 元，按年利率 5% 计算，能在 5 年内连本带利把投资全部收回，问：该工程开始时投资为多少？

解：

$$P = A \cdot \frac{(1+i)^n - 1}{i(1+i)^n}$$
$$= 2000 \times \frac{(1+0.05)^5 - 1}{0.05 \times (1+0.05)^5}$$
$$= 8658.95 (元)$$

5. 等额分付积累基金问题

由公式（7-10）进行逆运算，得

$$A = F \cdot \frac{i}{(1+i)^n - 1} \triangleq F \cdot \mu_{FA} \qquad (7\text{-}12)$$

其中

$$\mu_{FA} = \frac{i}{(1+i)^n - 1} = \frac{1}{\mu_{AF}}$$

μ_{FA} 称为"等额分付积累基金系数"。公式（7-12）表示：为在第 n 期末积累起基金 F，在利率为 i 的情况下每期末需等额投入多少资金？如图 7-11 所示。

例 7-5　为在 5 年后得到 1 万元基金，在年利率为 5% 的情况下，每年末应等额发生多少现金？

解：

$$A = F \cdot \frac{i}{(1+i)^n - 1}$$
$$= 1000 \times \frac{0.05}{(1+0.05)^5 - 1}$$
$$= 1809.75 (元)$$

6. 等额分付资本回收问题

问题：初始投资为 P，年利率为 i，为在 n 期末将投资全部收回，每期期末应等额回收多少？如图 7-12 所示。

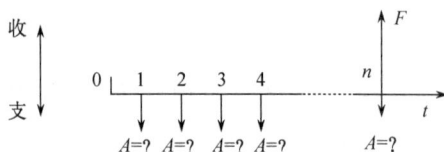

图 7-11　等额分付积累基金问题的图示　　　图 7-12　等额分付资本回收问题的图示

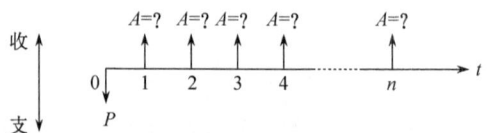

要回答这个问题, 只需由公式 (7-11) 进行逆运算:

$$A = P \cdot \frac{i(1+i)^n}{(1+i)^n - 1} \tag{7-13}$$

$$\mu_{PA} = \frac{i(1+i)^n}{(1+i)^n - 1} \triangleq F \cdot \mu_{FA}$$

其中, μ_{PA} 称为 "等额分付资本回收系数"。

例 7-6 设有贷款 1 万元, 年利率 5%, 在第 5 年末还完, 问: 每年末应等额偿还多少?

解:

$$\begin{aligned}
A &= P \cdot \frac{i(1+i)^n}{(1+i)^n - 1} \\
&= 1000 \times \frac{0.05 + (1+0.05)^5}{(1+0.05)^5 - 1} \\
&= 2309.78(元)
\end{aligned}$$

7. 投资回收期的计算

在公式 (7-13) 中, 如果已知 A、P 与 i, 要求期数 n, 这是投资回收期的计算问题。由公式 (7-13) 不难推得如下公式:

$$n = \frac{-\lg(1 - P \cdot i/A)}{\lg(1+i)} \tag{7-14}$$

由公式 (7-11) 亦可推得这一公式。

8. 单利法的几个公式

单利法的基本公式 (7-6) 可解决整付本利和问题:

$$F = P(1 + i \cdot n) \tag{7-15}$$

将此公式变形, 可解决整付现值问题:

$$P = \frac{F}{1 + i \cdot n} \tag{7-16}$$

利用公式 (7-15), 类似于公式 (7-10) 的推导, 有

$$\begin{aligned}
F &= A + A(1+i) + A(1+2i) + \cdots + A[1 + (n-1)i] \\
&= nA\left[1 + \frac{1}{2}(n-1)i\right] \tag{7-17}
\end{aligned}$$

此即期末等额分付本利和公式。

如果每期期末发生等额本金 A, 利率为 i, 共 n 期, 其本利和折合为现值是多少? 准确的计算公式为

$$P = \frac{A}{1+i} + \frac{A}{1+2i} + \cdots + \frac{A}{1+ni}$$

$$= \sum_{k-1}^{n} \frac{A}{1+k \cdot i} \tag{7-18}$$

此即单利法的期末等额分付现值公式，其右边为调和级数（即每一项的倒数构成等差级数）。如果先按公式（7-17）计算，然后代入公式（7-16），则得

$$P = \frac{nA \left[1 + \frac{1}{2}(n-1)i \right]}{1+in} \tag{7-19}$$

公式（7-19）应用较为方便，但计算结果不如用公式（7-18）准确。

7.8 代尔菲法与头脑风暴法

7.8.1 代尔菲法

当我们对于预测对象尚未掌握足够的数据资料，或者社会与环境因素的影响是主要的，因而难以进行定量预测时，就采用定性预测的方法。定性预测方法一般用于远景估计和长期规划。

定性预测的基本方法是专家调查法。例如，向专家作调查访问或者召集专家开座谈会，就是专家调查法的直接方式。这种直接调查的方法简便易行，但是受人们的心理因素影响较大，特别是面对面开座谈会时，并不总是所有的专家都能做到知无不言，言无不尽。

这里介绍的代尔菲法（delphi technique）亦是一种专家调查法。它是依靠若干专家背靠背地发表意见，各抒己见；同时，对专家们的意见进行统计处理和信息反馈，经过几轮循环，使得分散的意见逐次收敛，最后达到较高的准确性。这种方法是美国兰德公司于1964年发明的。

1964年，兰德公司的数学家发明这种方法后，曾组织了76名美国专家和6名欧洲专家，预测未来50年内的科学突破、人口增长、新武器系统、航天技术、自动化技术、战争可能性等6个方面（称为预测目标）的49个问题（称为预测事件）。经过4轮专家征询和评估，有31个事件得到满意的结果。后来的科学技术的进展表明，这些预测结果是很准确的。

1. 代尔菲法的基本程序

（1）确定目标。目标选择应是本系统或本专业中对发展规划有重大影响而意见较为有分歧的课题。预测期限以中远期为宜（如预测到2020年或2050年）。

（2）选择专家。代尔菲法的主要工作之一是通过专家对未来事件的发生与否作出概率估计，因此，专家选择是预测成败的关键。其主要要求有：①要求专家总体的权威程度较高。②专家的代表面应该广泛。通常应包括技术专家、管理专家、情报专家和高层决策人员。③严格执行专家推荐与审定的程序。审定的内容主要是了解专家对预测目标的熟悉程度，是否有时间参加预测等。④专家人数要适当。人数过少当然不行；而人数过多，则数据收集和处理的工作量大，预测周期长，对预测结果的准确性提高并不多。

一般以 20~50 人为宜，大型预测可达 100 人左右。

（3）设计评估意见征询表。代尔菲法的征询表格没有统一的格式，但是要求符合以下原则：①表格的每一栏目要紧扣预测目标，力求使预测事件与专家所关心的问题保持一致。②表格简明扼要。设计得好的表格通常是使专家思考的时间长、应答填表的时间短。③填表方式简单。对不同类型的事件（如方针政策，技术途径，实现时间，费用分析，关键技术的重要性、迫切性和可能性等）进行评估时，尽可能让专家以数字或字母表示其评估结果。

（4）专家征询的轮次与轮间的信息反馈。经典代尔菲法一般包括 3~4 轮征询。

第一轮：事件征询。发给专家的征询表格只提出预测目标，而由专家提出应预测的事件。

例如，美国国防部组织一次预测，第一轮只提出一个预测目标——到 2000 年时，有哪些关键技术将对未来战争发生重大影响？专家们从不同的角度，提出了集成电路、计算机、激光、空间技术等 100 多项事件；组织者经过筛选、分类、归纳和整理，用准确的技术语言制订出事件一览表，作为第二轮征询表发给专家。

第二轮：事件评估。专家对第二轮表格中的各个事件作出评估。评估的主要内容有：①产量评估或新技术突破的年份预测；②事件的正确性、迫切性和可能性评估；③方案择优（择优选一或择优排队）；④投资比例的最佳分配。

专家的评估结果应以最简单的方式表示。如上述第①项用年份或产量数字表示；第②项以方案的顺序号表示；第③项以等级号（如 1、2、3）或分值（五分制或百分制）表示；第④项以百分比或费用数字表示。不要求专家阐述其评估理由；即使是回答型事件，也只要求阐述其基本论点而不要求提供详细论据。第二轮征询表收回后，立即进行统计处理，求出专家总体意见的概率分布，并制订第三轮征询表。

第三轮：轮间信息反馈与再征询。将前一轮的评估结果进行统计处理，得出专家总体的评估结果的分布，求出其均值与方差，将这些信息反馈给各位专家，并对他们进行再征询。专家在重新评估时，可以根据总体意见的倾向（由均值反映）及其分散程度（由方差反映）来修改自己在前一轮的评估意见，而无须说明修改的理由。

第四轮：轮间信息反馈与再征询。类似于第三轮。这样就能得到一致程度较高的结果，从而写出预测结果报告。至此，预测工作即告结束。

在实际预测中，对于经典代尔菲法有时作出某些变通，并称为派生代尔菲法。例如：①取消第一轮征询，由组织者根据已掌握的资料直接拟定事件一览表，以减轻专家负担并缩短预测周期；②提供背景材料和数据，以缩短专家查找资料或计算数据的时间，使得他们能在较短的时间内作出自己的评估；③部分地取消反馈；等等。

2. 评估结果的处理

代尔菲法的一项重要工作是每轮征询之后的结果分析和处理。在处理之前，要将定性评估结果进行量化。常用的量化方法是将各种评估意见分为程度不同的等级，或者将不同的方案用不同的数字表示，然后求出各种评估意见的概率分布。在概率分布中，由均值来表示最有可能发生的事件，由方差来表示不同意见的分散程度，以便作出下一轮评估。

前述四类事件（即第二轮介绍的四项主要评估内容）的处理方法和表达方式如下：

（1）产量和年份预测数据的处理。一般用四分位图表示处理结果。现以 13 位专家对军用微处理机在部队装备的年份评估为例，其评估值按顺序排列如图 7-13 所示。

1987 1988 1989 1990 1991 1993 1994 1994 1994 1995 1996 1997 1999 （年）

     (A)   (B)   (C)

图 7-13 评估值按顺序排列

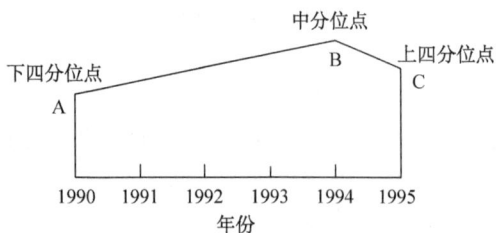

图 7-14 专家意见分散程度示意图

在处理时，将该时间轴分为四等分，B 为中分位点，它所对应的年份为中位数 1994 年，A 为下四分位点，C 为上四分位点，上、下四分位点之间的区间是 1990～1995 年，表示了专家意见的分散程度，如图 7-14 所示。如果在下一轮征询中将这些信息反馈给各位专家，那么，原来预测年份为 1987 年、1988 年、1989 年以及 1996 年、1997 年、1999 年的几位专家就有较大可能放弃或修改各自的评估意见，自动向中位数靠拢，使得评估结果相对集中。经过几轮征询后，可以得到一致程度很高的结果。

（2）事件的正确性、迫切性和可能性。评估结果的处理分为分值评估和等级评估两种。分值评估可采用五分制或百分制。等级评估可采用等级序号作为量化值。

在分值评估中，计算均值和方差的公式为

$$\overline{x} = \frac{\sum_{i=1}^{m} x_i}{m} \tag{7-20}$$

$$\sigma^2 = \frac{1}{m-1} \sum_{i=1}^{m} (x_i - \overline{x})^2 \tag{7-21}$$

其中，m 为专家总人数；x_i 为第 i 位专家的评分值。

在等级评估中，计算均值和方差的公式为

$$\overline{x} = \frac{\sum_{i=1}^{N} x_i n_i}{(\sum_{i=1}^{N} n_i - 1)} \tag{7-22}$$

$$\sigma^2 = \frac{\sum_{i=1}^{N} (x_i - \overline{x})^2 n_i}{(\sum_{i=1}^{N} n_i - 1)} \tag{7-23}$$

其中，N 为评估等级数目；x_i 为等级序号（1，2，…，n）；n_i 为评为第 i 等级的专家人数。

专家们根据前一轮所得出的均值与方差信息来修改自己的意见，从而使 $\bar{x}$ 值逐次接近最后的评估结果，同时，使 σ^2 越来越小。这样，事件的准确性越来越高，意见的离散程度越来越小。

（3）方案选择的结果处理。用优先程度的顺序号作为量化值进行数据处理，或者用优先程度的分值进行数据处理。公式如上所述。

在分值评估时，还可计算另一个指标：满分频率。记满分频率为 k_j，则

$$k_j = \frac{m_j}{m} \tag{7-24}$$

其中，m_j 表示对第 j 方案给满分的专家人数。k_j 越大，表示第 j 方案的重要性越高。

为表示对第 j 方案的专家意见一致程度，可以采用变异系数 v_j，

$$v_j = \frac{\sqrt{\sigma_j^2}}{\bar{x}_j} = \frac{\sqrt{\dfrac{1}{m-1}\sum\limits_{i=1}^{m}(x_{ij}-\bar{x}_j)^2}}{\dfrac{1}{m}\sum\limits_{i=1}^{m}x_{ij}} \tag{7-25}$$

其中，x_{ij} 为第 i 位专家对第 j 方案的评估值；$\bar{x}_j$ 为第 j 方案的均值；σ_j^2 为第 j 方案的方差。v_j 越小，表示专家们对于第 j 方案的意见一致性越好。

（4）投资比例的最佳分配。投资比例最佳分配的结果处理也采用上述各公式计算均值与方差等。

最后，再谈谈数据的加权处理问题。鉴于专家们从事的工作及其经验各不相同，对各种问题的应答不可能都具有相同的权威程度。为了提高预测精度，除了要求专家对他所不熟悉的问题不作评估外，组织者对他所了解的问题也要根据其熟悉程度进行加权处理。最简单的加权方法是在统计专家人数时，将每位专家的权威系数计算在内。例如，在择优选一的评估中，计算第 k 方案的百分比加权公式为

$$K_{J_k} = \frac{\sum\limits_{i=1}^{n_k} C_{J_i}}{\sum\limits_{i=1}^{n} C_{J_i}} \tag{7-26}$$

其中，K_{J_k} 为在 J 事件中选中第 k 方案的百分比；n 为评估 J 事件的专家总人数；n_k 为选中 J 事件中第 k 方案的专家人数；C_{J_i} 为第 i 位专家了解 J 事件的权威系数；C_{J_i} 主要根据专家的经历、职务、年龄以及专家的自我评定等情况来确定。

3. 几点注意

（1）专家之间的横向保密性是代尔菲法的一大特点与关键。通常，应邀参加预测的专家们互不知晓，每一位专家并不了解别人发表了何种意见，每一位专家都只与预测工作的组织者发生纵向联系。这样做，是为了完全消除心理因素的影响。

（2）选择专家时不仅要注意选择精通技术、有一定名望、有学科代表性的专家，同时要注意选择边缘学科、社会学和经济学等方面的专家。选择专家时还要考虑到他是否有足够的时间填写意见征询表。经验表明：一位身居要职的著名专家匆忙填写的征询

表，其价值往往不如一位普通专家认真填写的征询表。

（3）并非所有的专家都熟悉代尔菲法，因此，预测工作的组织者在制订征询表的同时，要对代尔菲法作出说明。重点是讲清代尔菲法的特点、实质、轮间反馈的作用，以及均值、方差等统计量的意义；还要讲清征询意见的横向保密性。

（4）专家评估的最后结果是建立在统计分布的基础上的，它具有一定的不稳定性。不同的专家总体，其直观评估意见和一致性不可能完全一样。这是代尔菲法的主要不足之处。但是，由于代尔菲法简单易行，对许多非技术性因素反应敏感，能对多个相关因素的影响作出判断，因而，它是一种值得推广的定性预测方法。

7.8.2 头脑风暴法及其他

1. 头脑风暴法

美国 BBDO 广告公司的奥斯本（A. F. Osborn）提出一种头脑风暴法（brain storming，BS）。它是以小组会的形式进行，每次参加者 5～10 人为宜。主持者一般不发表意见，以免影响会议的自由气氛，他要头脑冷静，反应灵敏，善于启发诱导。为使会议气氛活跃，规定四项原则：①不批评别人的意见——这一点最重要。②欢迎自由奔放地思考。③提出的建议与方案越多趣好。④结合别人的意见继续思考，对别人提出的设想加以发展。这种做法称为方案的"免费搭车"。这样，人们的思路就会越来越开阔，越来越深入。

按照这四项原则去做，往往能在与会者的头脑中卷起一场创造的"风暴"。

国外经验证明：采用头脑风暴法提出方案的数量，要比同样一些人单独提方案多70%。下面介绍一下此法是如何进行的。

（1）准备工作。这主要是指会议主持者要做好事先准备。他对在咨询中可能产生的各种情形应做到心中有数，但他在会议上不说出自己的见解。

（2）召开会议。参加者不宜太多，也不能太少，以 6～10 人为好。成员应是各方面、各专业的人。主持人要有热情、有干劲、善于制造气氛。他对别人提的方案要敏感，并适当给予赞扬。会场要布置得舒适大方，窗明几净。整个会议要作记录或录音。

（3）要注意功能定义的表现方式。功能定义都是用文字表达的，同样的意思可用不同的文字来表达。所以，功能定义是否恰当，对提出方案影响很大，有时甚至会得出完全不同的结果。

（4）提方案。提方案时，不要谈既有的办法，只根据功能定义去考虑用什么方法和手段可以完成这种功能。可以提各种各样的方案，一个会提上一两百个，甚至几百个。会议主持者应表现出充分的信心，并随时给予启发引导。

（5）对方案作评价。会议结束后，主持人对提出的方案从技术上到经济上作评价。例如，对新产品方案的咨询，在技术上要考虑产品质量、可靠性、安全性、生产条件、技术水平、工艺性及生产上的一些制约条件，在经济上考虑直接劳务费、材料费、设备的投资以及由于改进和变更所引起的费用等。

头脑风暴法的优点很多。它是产生新思想的催化剂；是科学的调研方法，避免了过去那种调查会往往受到一两个权威所左右，并且有意无意地去迎合领导的意图的现象。国外常把头脑风暴法的基本精神拓广开来。例如，在训练经营领导时也运用头脑风暴法。

头脑风暴法的活动，往往也用于对战略性问题的探索上。把科学家、哲学家、技术专家、管理专家、经济学家、社会学家、历史学家请来，相聚一堂，对某个战略性问题发表意见。他们在一起高谈阔论。有时在科学家们思路枯竭、停滞不前时，哲学家一句妙语，竟能使人顿开茅塞；或许在管理专家、经济学家们争论不休时，历史学家一个典故，往往使人豁然开朗，出现"柳暗花明又一村"的局面。因此，这种咨询活动是不断涌现新思想、新观念、新方案、新成就的有效方法之一，将会迸发出集体智慧之光。

2. 头脑写照法

下面简单介绍头脑写照法中的两种具体方法。

（1）小卡片技术。小卡片技术是一种特殊的创造性技术。邀请 5～10 人参加，他们把对于某个问题的意见写在小卡片上（不必署名），在提问后先粗略地按不同的基本思想对小卡片加以整理，然后再在粗略分类的基础上按各种关系继续进行详细整理。小卡片技术的特点是：

第一，人人都在一定的时间内能充分提出自己的意见；

第二，使用起来比较简单、迅速；

第三，使用这种方法时其他与会者的意见可能对整理者产生直接的影响；

第四，需要特殊的辅助工具（小卡片可用任何形式贴在墙上）。

（2）635 法。635 法是一种逐步使用头脑风暴法的创造性技术。

635 法的基本原理可用以下的过程来说明：

第一步：选定 6 位参加者；

第二步：每个参加者在 5 分钟之内把 3 个可以解决所提出问题的方案写在一张纸条上；

第三步：把写完方案的纸条按次传给下一位参加者；

第四步：每个参加者在从上一位参加者那里得到的纸条上再写出与人家不相同的 3 个解决问题的方案；

第五步：现在，在每一张纸条上已经有 6 个解决问题的方案，再将纸条传给下一个参加者……

这个过程在 30 分钟以后结束。每一张纸条上提出了 6×3 个解决问题方案，这样，总共有 108 个方案。

因为共有 6 个解决问题的人，每 5 分钟提出 3 个解决问题的方案，所以这种方法称为"635 法"。

这种方法还可略加改变。例如，与头脑风暴法不同，在使用这种方法时不一定要把参加者集中到同一个地点。

■7.9　案例研究

下面选用了三个案例。这些案例的文字都比较简短，便于教学。案例 1 我国啤酒酿制行业的 PESTEL 分析；案例 2 美的集团的 SWOT 分析；案例 3 某研究生个人发展的 SWOT 分析。案例 3 是谁都能仿照做的。前两个案例材料的缺点是，分析之后缺少综合，没有提出发展战略或行动方案。

7.9.1　案例 1　我国啤酒酿制行业的 PESTEL 分析

按照 PESTEL 的框架模型，对我国啤酒酿制行业进行分析，进而探究影响该行业的结构性驱动因素以及这些宏观因素之间所存在的相互影响和彼此制约的根本性联系。

1. 政治因素

从政治因素方面来分析，目前及未来若干年内，中国及世界的政治形势基本趋于稳定，"和平与发展"是当代世界的两大主题，是世界各国人民的共同愿望，中国围绕着这一时代主题，大力发展同其他国家的贸易伙伴关系。随着加入 WTO，中国的关税壁垒逐一取消，国外的产品随即进入中国。据不完全统计，有近 40 个外国品牌的啤酒在国内生产，产量占到全国的 4.3%，国家原来对啤酒行业的保护和鼓励政策，如今荡然无存，随之而来的是面临着国外品牌啤酒的挑战，从而对我国啤酒行业造成一定冲击。同时，也存在一定的有利因素：进口关税的降低，使得啤酒行业可以扩大啤酒原料及先进设备的选择余地，例如，进口的大麦通常质量好，工艺容易控制，从而降低了生产的成本；通过引进国外的先进装备，有利于提高啤酒的酿制水平；此外，也有利于我国的啤酒产品进入国际市场。

2. 经济因素

经济周期是一个反映经济"繁荣—缓慢衰落—低潮—恢复高涨"的往复变化的过程。据相关统计资料显示，我国目前正处于第三个经济周期的上升阶段。国务院发展研究中心对于中国 2001~2020 年的经济增长率进行预测的结果表明，2001~2010 年中国的 GDP 增长率将达到 7.9%，因此，可以预测中国在未来若干年内继续保持稳定的、可持续的经济发展势头。中国经济大环境的良好发展态势，预示了啤酒行业将继续保持强劲的发展势头。

自 20 世纪 90 年代初，受国有企业经营不景气的影响，国有企业出现大量下岗、失业人员，就业问题成为制约中国经济社会发展的"瓶颈"，但从每年啤酒销量逐年递增的态势来看，失业并没能影响到啤酒行业的发展，相反，啤酒因其作为廉价的消费品，从而成为人们愁烦时发泄的工具，快乐时的兴奋剂，交际场合及倾诉衷肠时的有效媒介。啤酒因其兼容并包（快乐与忧愁的分享及保健的功效）的独特功效，决定了消费群体受经济影响的状况不是十分明显，可见，对大众消费群体的啤酒兴趣的建立和培养并加以正确引导、宣传是至关重要且极具有恒久魅力的。

3. 社会文化因素

（1）生活方式的变化。啤酒最早出现于古埃及和美索不达米亚（今伊拉克）地区，其制作方法由埃及经北非、伊比利亚半岛、法国传入德国。在德国南部，啤酒制造业空前发展，并由德国的啤酒技术人员将啤酒工艺传播到全世界。我国在改革开放后，受欧洲西方文化的影响，人们的饮食文化开始向西方靠拢，啤酒随之进入了中国[①]，人们对啤酒经历了从不了解到尝试再到如今的餐饮娱乐时的不可或缺，可见啤酒文化的深厚魅力。随着人们对啤酒功效的深入探索，得知啤酒非但含有人体所需要的氨基酸，并且还含有丰富的维生素 B_2、烟酸和矿物质，故而得名"液体面包"。此外，啤酒在校园内广泛兴起，已成为校园文化的重要组成部分。啤酒的适龄消费人群逐渐在向前延伸，现已扩大为 18～60 岁的人群，可见，啤酒行业有强大的消费群体。

（2）人口增长进程及分布的影响。首先，从我国人口的增长进程及趋势来看，自 20世纪 70 年代初我国开始大力推行计划生育政策以来，中国人口出生率、自然增长率均已显著下降，但历史积淀下的巨大的人口规模所决定的人口增量仍相当可观。据相关资料显示，2000 年，中国 18～60 岁人口规模已达 8.16 亿，是 1964 年的 2.15 倍，在未来的近 30 年内，这一年龄段的人口占总人口的比例都将保持在 60%以上。鉴于中国人口年龄结构呈现"两头小、中间大"的格局持续保持的势头，从啤酒的适龄消费群体来看，其前景仍是十分乐观的。

其次，纵观全球人口出生率、生育率的变动过程，总体趋势都是由高到低。发达国家出生率、生育率的下降早在工业革命时期即已开始，到 20 世纪末人口生育率已降至更替水平以下，甚至出现了人口负增长，因此，未来世界人口增长的重点集中在发展中国家和地区。2000 年，世界人口的 80.66%分布于发展中国家如尼日利亚、巴基斯坦等，2050 年这一比例将上升至 87.33%，人口负担加重。因此，从未来世界人口分布趋势以及啤酒的廉价、保健及时尚的特点来看，这一行业的未来发展趋势是向发展中国家挺进。

4. 科技因素

"改变人类命运最戏剧化的因素之一是技术"，企业的发展，离不开技术，没有技术和产品创新，就没有企业的成长与进步，就没有企业的未来。"燕京"之所以敢在市场上向世界啤酒大鳄叫板，正因为他们有技术创新、产品创新作为依托，可见，啤酒行业同科技的关系绝不逊色于 IT 业同科技的关系。然而，从我国的啤酒厂的整体现状来看，仍是水平较低、规模较小、物耗较高、效益较低，每生产 1 吨啤酒用水量在 8～40立方米，相应的排水量为 7～35 立方米，而发达国家的 1 吨啤酒用水量仅为 5～10 立方米，说明我国啤酒厂与国外发达国家啤酒厂的先进水平仍有一定差距。因此，不断进行技术革新、技术进步、节约有限资源、强化环保是啤酒制造业的发展趋势。

[①] 本书作者注：啤酒进入中国的历史还要早得多，在 20 世纪初，啤酒在哈尔滨、青岛等地已经流行。

5. 环保因素

从自然因素方面分析，绝大多数的工业生产活动不可避免地要破坏自然环境的质量，如今从联合国到世界各国政府都对环境的污染给予了足够的重视，并制订了相关的法律予以制止，这既是保护地球环境的客观需要，同时又是"人与自然和谐共处"的大势所趋。啤酒酿制行业与环境的因素是极为相关、不容忽视的。目前，考核啤酒工业废水水质采用的国家排放标准是 GB8978－1996《污水综合排放标准》，其中并未对啤酒工业单独规定污染物排放标准；随着污染控制和治理力度的加强，国家环保总局和国家质量监督检疫总局针对啤酒行业废水排放量大、有机污染浓度高、对环境污染严重、排放因子相对较少的特点，联合发布了符合啤酒工业废水排污特点的行业性废水排放标准——《啤酒工业污染物排放标准》，已从 2006 年 1 月 1 日开始实施，该标准为强制性标准。地球是我们共同的家园，环保是世界性关注的时代主题，任何行业都必须做好有关环保的善后处理才是长久经营之道，啤酒行业更是如此。

6. 法律因素

从法律因素分析，法律对行业的规范和发展起到了保障、监督和限制的作用。随着社会经济的发展，企业商业往来频繁，所处的市场环境日趋复杂，面临各种显在和潜在的法律问题。如果存在于企业经营过程中的法律问题不能够及时察觉，就会"积患成疾"，一旦爆发，企业可能会因此遭受重大损失。据国家质量监督检验检疫总局的说法，《中华人民共和国食品安全法》今年（2006 年）底即将出台，这就要求行业应从发展高科技入手，采用先进工艺与检测手段，去年的"啤酒甲醛事件"[1] 就反映出了啤酒行业对相关法律法规的忽视，给国内整个啤酒行业带来了一定的负面影响。

总之，政治的稳定性及其所采取的政治主张及行为，将直接给整体的经济环境带来不同程度的正、负面影响，经济水平所处的不同阶段和经济发展的不同速度又对其所属的社会文化及生活方式等产生不同程度的影响，经济为科技发展提供了物质保证，同时，技术革新又推动了经济不断向前发展，经济、科技的飞速发展，就要新增刚涉足领域的相关立法以及完善和健全已知领域中相关法律法规，而环保是人类及世界经济实现可持续发展的根本。[2]

7.9.2　案例 2　美的集团的 SWOT 分析

创建于 1968 年的美的集团，是一家以家电业为主，涉足房产、物流等领域的大型综合性现代化企业集团，是中国最具规模的家电生产基地和出口基地之一。

1980 年，美的正式进入家电业；1981 年开始使用美的品牌；2001 年，美的转制为民营企业；2004 年，美的相继并购合肥荣事达和广州华凌，继续将家电业做大做强。

目前，美的集团员工达 7 万人，拥有美的、威灵等十余个品牌，除顺德总部外，还在

---

[1]　本书作者注：2005 年 7 月 5 日媒体曝光。

[2]　本书作者注：这一段话比较空泛，没有归纳出有实用价值的结论来。

广州、中山、安徽芜湖、湖北武汉、江苏淮安、云南昆明、湖南长沙、安徽合肥、重庆、江苏苏州等地建有 10 大生产基地，总占地面积达 700 万平方米；营销网络遍布全国各地，并在美国、德国、日本、中国香港、韩国、加拿大、俄罗斯等地设有 10 个分支机构。

美的集团一直保持着健康、稳定、快速的增长。20 世纪 80 年代年均增长速度为 60%，90 年代年均增长速度为 50%。21 世纪以来，年均增长速度超过 30%。

在 2005 年 8 月商务部公布的"2004 年中国出口额最大的 200 家企业"名单中，美的位列第 57 位。2005 年 9 月，国家统计局中国行业企业信息发布中心公布的"2004 年度中国最大 500 家大企业（集团）"中，美的荣列第 59 位。

2005 年，美的集团整体实现销售收入达 456 亿元，同比增长 40%，其中出口额超过 17.6 亿美元，同比增长 65%。在"2005 年中国最有价值品牌"的评定中，美的品牌价值已从 2004 年的 201.18 亿元跃升到 272.15 亿元，位居全国最有价值品牌第 7 位。

2006 年 6 月，由广东企业联合会、广东省企业家协会评定的"2006 广东企业 100 强"中，美的集团名列第 4 位。2006 年 7 月，国家统计局公布的"中国最大 500 家企业"美的集团排名第 53 位。2006 年 9 月中国企业联合会、中国企业家协会第五次向社会公布了中国企业 500 强年度排行榜，美的集团位列第 63 位。

2006 年，美的集团整体实现销售收入达 570 亿元，同比增长 25%，其中出口额 22 亿美元，同比增长 25%。在"2006 年中国最有价值品牌"的评定中，美的品牌价值跃升到 311.90 亿元，位居全国最有价值品牌第 7 位。

该企业在中国企业联合会、中国企业家协会联合发布的 2006 年度中国企业 500 强排名中名列第 63 位，2007 年度中国企业 500 强排名中名列第 70 位，12 月 5 日，2007 中国最有价值品牌报告发布，美的以 378.29 亿元人民币的品牌价值位居第 7 位，较上一年增长了 66 亿元。

2007 年中国最有价值品牌报告共发布了 43 个品牌的价值，与上一年比较，各大企业的品牌价值都有了较大增长，平均品牌价值增长 14%。报告认为，中国最有价值品牌真正构成行业领导力和话语权的，是以家电、电子品牌为代表的海尔、联想、美的等品牌，其高品质的产品和服务、突出的创新能力，带来的是中国自主品牌影响力的迅速提升。报告还指出，近十几年来，家电品牌从数百个并存到现在几个品牌主导市场，行业已由低水平的竞争进入品牌竞争阶段，行业内的品牌强强联合将加速进行，品牌建设显得尤为重要。

在保持高速增长的同时，美的集团也为地方经济发展作出了积极的贡献，从 20 世纪 90 年代至今上缴税收超过 90 亿元，为社会福利、教育事业捐赠超过 8 000 万元。

展望未来，美的将继续坚持有效、协调、健康、科学的发展方针，形成产业多元化、发展规模化、经营专业化、业务区域化、管理差异化的产业格局。拥有健康的财务结构和明显的企业核心竞争优势，并初步具备全球范围内资源调配使用的能力，以企业整体价值最大化为目标，进一步完善企业组织架构和管理模式，在 2010 年成为年销售额突破 1 000 亿元人民币的国际化消费类电器制造企业集团，跻身全球白色家电制造商前五名，成为中国最有价值的家电品牌。

优势：第一，优秀团队，营销高手。美的集团主要产品有家用空调、商用空调、大型中央空调、风扇、电饭煲、冰箱、微波炉、饮水机、洗衣机、电暖器、洗碗机、电磁炉、热水器、灶具、消毒柜、电火锅、电烤箱、吸尘器、小型日用电器等大小家电和压缩机、电机、磁控管、变压器、漆包线等家电配套产品；拥有中国最大最完整的空调产业链和微波炉产业链，拥有中国最大最完整的小家电产品和厨房用具产业集群。美的空调的营销团队是业内公认的营销高手，学习能力强，反应速度快，体系建设好。第二，上下一体化，配套能力强。美的是空调行业中为数不多的既能做上游压缩机、电机，又做两器、整机的企业，纵深的产业链提供了强大的配套能力。

劣势：美的集团多元化发展，从家电进入汽车，同时兼并了华凌、荣事达等同类企业，扩张速度过快，在一定程度上削弱了空调的竞争力。

机会：经过多年的培育，"美的"品牌在国内已经从知名度进入到认知度、美誉度的建设阶段。在中央电视台（央视）2008 年黄金资源广告招标会上，集团以 1.117 1 亿元人民币拍得央视 2008 年奥运会决赛直播贴片套装广告和"2008 年春节联欢晚会报时"广告。借助奥运会、春晚等具有影响力的重大活动，美的高端品牌的形象得以有力地强化。

为了适应企业战略发展的需要，美的在加强国内市场稳扎稳打的同时，也加快了海外扩张的步伐，有步骤有重点地建立国际品牌形象。2008 年是中国的奥运年，同时也是集团发展的关键年，完善自身产业结构，进一步拓展国际市场，增强品牌竞争力、树立强势品牌地位是美的集团今后的发展方向。

威胁：小家电业务亏损，影响了投资者及商家信心；渠道资源不断流失，竞争对手不断发起挑战。[①]

7.9.3　案例 3　某研究生个人发展的 SWOT 分析

1. 个人背景

基本情况：研究生×××，男，1981 年出生，1999 年 9 月考入北京××大学信息管理系本科某专业，2003 年 7 月毕业；2003 年 9 月考入中国科学院文献情报中心，专业方向是信息资源组织与管理，导师×××教授，现读研一。

2. 内部因素与外部环境分析

1）内部因素分析

（1）优势（strengths）：①生活态度比较积极，善于发现事物和环境积极的一面；②待人真诚，放得开，并乐于与人交往和沟通，善于开导别人；③喜欢思考问题，有一定的分析能力，并有寻根究底的兴趣，一定要将事情想清楚；④有责任心、爱心，并且喜欢做相关的工作；⑤做事比较认真、踏实，有浓厚的学习兴趣和一定的实力，比如英语方面；⑥心思细腻，考虑问题比较细致；⑦逻辑性和条理性较好，有一定的书面表达能力；⑧喜欢能让自己静下心来的工作环境，能自己控制和安排自己的工作、跟人打交

---

①　本书作者注：到此为止只能说是"半成品"，因为作了 SWOT 分析之后，没有提出相应的建议。

道的工作。

（2）劣势（weaknesses）：①竞争意识不强，对环境资源的利用不够主动，也就是与环境的交互能力不够；②口头表达有时过于细节化、不够简洁；③做事不够果断，尤其事前作决定的时候老是犹豫不决；④工作、学习有些保守，冒险精神不够，没有结合长远目标，并且创新能力有待提高；⑤组织管理人员的能力和经验欠缺；⑥做事有时拖拉，不够雷厉风行；⑦不喜欢机械性重复的工作，也不喜欢没有计划没有收获的忙乱，不喜欢应酬和刻意的事情。

2）外部环境分析

（1）机会（opportunities）：①就专业方面来说，现在是一个信息爆炸的时代，各种渠道获得的各种类型的信息浩如烟海，对很多人来说，海量的信息只会让他们感到无所适从，而这也就产生了对于信息进行组织和管理使之有序化的需求，因此就大的环境来说，这个专业方向是很有发展前景的；②加入世界贸易组织后，中国面临的国际化形势给个人也提供了更多的机会，可以在更宽广的舞台展现个人优势，比如英语作为国际交流的工具发挥的作用就很大；③中国科学院这个环境本身给我们提供的很好的软硬件条件不容忽视，有机会参与一些科研项目，学以致用，也可以积累更多的实践经验，同时有很多的机会与行业高层人士接触、交流、学习，提高自身素质；④身边有很多优秀的同学，有很多向他们学习的机会，并且有构建良好的人际关系的条件。

（2）威胁（threats）：①国际化的环境同时也意味着国际范围的竞争和挑战，对个人素质要求也就更高了，对于英语来说，就不能只满足于听、写，表达能力也至关重要；②距离毕业还有一年半的时间，而离找工作只有一年的时间，并且找工作的时候并不是用人单位用人高峰期，就业的机会不是很多；③优秀的人很多，而机会不一定是均等的，这时就不单单是知识的比拼，更是对个人发现机会、展示自己并把握机会能力的考验。

3. 未来的选择

从事与专业相关的并且能很好地发挥与人沟通能力的职业，比如教育事业、信息咨询行业等，既能跟个人爱好结合，又能有比较满意的待遇。

4. 现在的准备

如果今后要从事教育事业，就要考虑继续深造的必要；但是，就个人而言，想先工作两年有一些实际的体验，也多积累些经费，然后再去学习。因此：

首先，需要注意的是主动与环境交互。去挖掘身边的资源和机会，对将来能够从事的职业有清楚的了解。

其次，加强适应职业要求的专业素质，提高英语口语表达能力。

最后，突出培养自己的表达能力和表现能力。在现代社会激烈的竞争形势下尤其重要，所谓好酒还怕巷子深，只有专业技能不行，还要能够积极地展示自己。

习题 7

7-1　什么是系统分析？

7-2   什么是 PESTEL 分析？

7-3   什么是 SWOT 分析？

7-4   什么是五力分析？五力分析模型应该怎么画？

7-5   什么是技术经济分析？其中"技术"与"经济"的含义是什么？

7-6   什么是方案的可比性？

7-7   资金为什么具有时间价值？资金的等值计算有哪些基本类型？

7-8   复利法的基本公式是什么？它与单利法有什么区别？

7-9   试了解我国银行的计息方法和存贷款利率。

7-10   代尔菲法的要点是什么？它的基本步骤有哪些？

7-11   头脑风暴法的要点是什么？

7-12   对你自己进行 SWOT 分析。

7-13   编写或寻找一个系统分析案例。

第 8 章

系统综合与系统评价

8.1 引言

这里要再次谈谈系统评价与系统综合、系统分析、决策等环节的关系。这些环节都是 Hall 逻辑维的步骤。

首先是系统综合与系统分析的关系。

分析与综合是逻辑范畴的一对概念。系统分析与系统综合是以系统为对象的分析与综合，比一般的分析与综合要复杂得多。

系统综合与系统分析是紧密结合、交错进行的。要了解一个系统，首先要进行系统分析，包括一要弄清系统由哪些要素构成，二要确定系统要素是按照什么方式相互联系形成一个统一整体的，三要进行环境分析，明确系统所处的环境，系统与环境如何互相影响，环境的特点和变化趋势。

如何由局部认识获得整体认识，这是系统综合所要解决的问题。分析—重构方法用于系统研究，重点应该放在如何由部分重构整体。重构是系统综合的方法之一。系统综合的核心是把握系统的整体涌现性。首先是信息的综合，即综合对局部的认识以求得对整体的认识，或综合低层次的认识以求得对高层次的认识。在系统分析之后，根据对局部的描述直接建立对于整体的描述，是直接综合。一般的简单系统就是可以进行直接综合的系统。简单巨系统由于规模巨大，微观层次的随机性具有本质意义，直接综合方法无效，可行的办法是统计综合。复杂巨系统则连统计综合也无能为力，需要新的综合方法。

系统综合与系统分析相结合，还意味着系统综合与系统分析是要多次反复交替进行的，两者是互为前提、互为基础的。通过交替进行，对系统的微观认识、局部认识越来越深化，对系统的整体认识越来越提高。

系统综合比系统分析要困难得多。从物理意义而言，系统的拆解是分析，系统的组装是综合。还原论的特点就是把复杂事物层层分解，能够有效地研究细分的各个部分，但是对于细分研究之后的复原却没有多少好办法。例如，一只精密的机械式手表，把它拆解很容易，但是，你能够把零部件重新组装起来吗？即便你能够重新组装起来，你能够保证手表原有的准确性吗？一支队伍，遣散很容易，重新召集起来就不容易了。大系统如何？复杂巨系统如何？组建一个新的系统，通常是很困难的。

用同样的要素组建起来的系统，其形态可能很不一样，其功能可能大不相同。例如，第 2 章讲的"田忌赛驷"，双方的驷没有变，但是，田忌的比赛策略改变之后，比赛的结果就大不一样了。一副七巧板，可以拼出许多不同的图形。在可靠性工程中，同样的一组元器件，组成串联系统或并联系统，系统的功能是截然不同的。

系统可以事先设计的情况是很多的。如各种工程项目（三峡大坝、青藏铁路等），设计好了，按照设计方案施工建造，按期完工，投入运行。第 29 届奥运会与残奥会按照预定计划于 2008 年 8 月在北京胜利召开，非常成功。

另外许多系统的情况则不一样。写一本书，事先拟好写作提纲，收集有关材料进行写作，在写作过程中，可能多次修改提纲，重新写作某些章节，直至完成整本书稿。整本书稿与最初的写作提纲相比，可能有比较大的改变。一副围棋，黑白两色棋子再简单不过了，然而，高明的棋手对弈的时候，摆出的棋局却是千变万化的；而且，一个棋局，只能在对弈过程中产生，无法事先设计出来（事先设计出来的棋局，肯定不是真实的棋局，只是纸上谈兵而已）。"世事如棋局"。中国的改革开放，靠的是"摸着石头过河"，一些西方人士认为"没有理论"不符合他们的理论，但是，30 多年来，中国的改革非常成功。前苏联与东欧国家的改革，采用了西方的理论来设计改革方案，结果怎么样呢？

系统综合包括研究方法的综合与研究结果的综合。从定性到定量综合集成，概括了两方面的高度综合。

恩格斯说："归纳和演绎，正如分析和综合一样，是必然相互联系着的。"这句话也可以这样理解：分析与综合，正如归纳与演绎一样，是必然互相联系着的。我们可以通过归纳与演绎的知识，来加深对分析与综合以及对系统分析与系统综合的理解。

再看系统评价与系统综合的关系。

系统评价也是系统综合，就是说，两者具有共性。在图 4-4 中，系统评价是在系统分析之后的又一次系统综合，其目的是对多种备选方案给出综合性的结论：这些方案是否可行？如果可行，它们的优劣如何？对于优劣程度要给出数量化的结论和依据。

再看系统评价与决策的关系。

系统评价是系统工程后期的工作，是直接为决策工作服务的。系统评价是决策的前奏。系统评价就是根据备选方案满足评价指标体系的程度，对它们作出确切的评价，从中区分出最优方案、次优方案和满意方案送交决策者。

送交决策者的方案至少要有两个——不含"零方案"。"零方案"就是"什么也不干"、维持现状的方案；在确认有"要干点什么"的方案比它优越之前，不要轻易否定它。

系统评价与决策有两点区别：第一，系统评价是一项技术性工作，由系统工程项目组作为乙方承担；而决策则是甲方的工作，是甲方领导人的权力与责任。第二，系统评价是决策的依据，但是重大问题的决策往往还有一些"看不见的"因素（如决策者的个性与品质）或"不公开的"因素（如政治因素、商业机密）在起作用，这些因素往往难以纳入乙方的系统评价工作之中。出于各方面的考虑，甲方领导人选择的方案不一定是最优方案。根据系统工程的咨询性，决策步骤并非系统工程人员的工作。但是对于决策技术的研究，则是系统工程的课题之一。

系统评价与系统分析、决策的关系如图 8-1 所示。其中指标数量化、量纲统一化和指标归一化等概念在第 8.2 节说明。

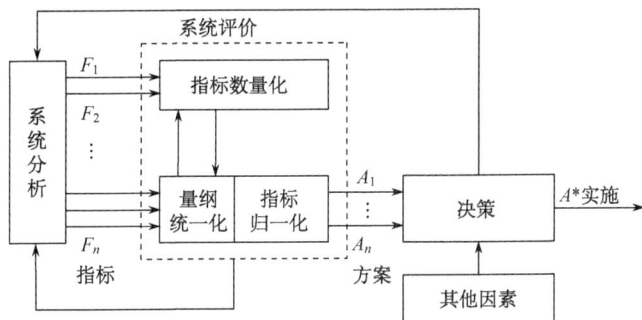

图 8-1　系统评价与系统分析、决策的关系

8.2　综合评价指标体系

8.2.1　系统评价的困难所在

中国系统工程的主要倡导者之一、中国科学院院士张钟俊教授指出：研究系统切忌"瞎子摸象"。

当评价问题是单项指标时，其评价工作是容易进行的；当系统为多项指标时，这项工作就困难得多了。可以打这样的比方：在一群人之中要评选个子最高的，这很容易办到；要评选最胖的，也还不难；要评选一个最高又最胖的，或者评选一个最健康的，这就不容易了。工薪阶层买一件比较讲究的衣服有时也很为难，因为它是个多目标问题。

系统工程的问题还要复杂得多。系统往往是多目标或多指标的，这些目标或指标构成一个体系。例如，评选优秀学生，必须考虑德、智、体诸方面，每一方面又分成若干项目。购买一台计算机，需要考虑价格、运算速度、存储容量、输入—输出能力、可维护性，以及从厂商得到的服务与支持等。开发一种新产品，必须考虑研制周期、研制费用、期望利润、原材料供应、市场容量、竞争对象等因素。系统评价要求对于多个系统（或系统方案）作出明确的评价，对于不同的方案作出孰优孰劣的比较，而且是用数字来说话。在系统工程应用研究项目中，当我们找到的方案满足评价指标体系的要求时，工作才算完成；否则，还要进行下一轮工作。

系统评价工作的困难还有以下两项：

（1）有的指标没有明确的数量表示，甚至同使用人或评价人的主观感觉与经验有关，如系统使用的方便性、舒适性；

（2）不同的方案可能各有所长。设有两个方案 A_1、A_2，如果在全部指标上，方案 A_1 均优于或等于 A_2，这时当然很容易取舍；但是情况常常是在一些指标上，A_1 比 A_2 优越，而在另一些指标上，A_2 比 A_1 优越，这时就很难定夺。指标越多，方案越多，问题就越是复杂。

针对以上困难，解决的办法是：①建立评价指标体系；②各项指标数量化；③所有指标归一化。

各项指标数量化之后，必须使之量纲一元化，才能做到所有指标归一化。例如，汽车的时速与油耗均是数量化指标，但是它们的量纲不同，还不能把它们简单地加在一起。

量纲一元化的重要方法是无量纲化。我们可以将各种方案在同一项指标下加以比较，采用排队打分法，使各种方案都得到无量纲的"分"；当各项指标都有了得分以后，我们可以采用加权平均法计算每一方案的总分，根据总分的高低评价各个方案的优劣。

系统评价工作是经常遇到的。例如，评选优秀学生，考核干部，评价地区社会经济科技发展水平，评价投资环境，评价生活质量，评价综合国力，等等。落实科学发展观也涉及系统评价问题。

最后要说明一下：在系统评价中，"目的""目标""指标"等几个术语固然有一些区别，但是它们是同一个范畴之中的概念，一般而言，"目的"是比较概括的，"指标"是比较具体的，"目标"则居中，不过这些差别在这里并不重要。在系统评价中，主要使用"指标"一词，综合评价指标体系由一级指标、二级指标、三级指标……构成，是一个多层次结构。二级指标是一级指标的细分，三级指标是二级指标的细分，等等。越是细分的指标（低层次指标），越要注意它的数量表示。

8.2.2　建立评价指标体系的若干要点

对于一个系统评价问题，建立评价指标体系要注意以下几点：①列写指标因素要考虑周全，避免重大的遗漏；②指标之间应该互相独立，避免交叉，尤其要避免有包含与被包含关系；③指标宜少不宜多，宜简不宜繁；④要考虑搜集数据的可能性与方便性，尽量利用现有的统计数据；⑤对于各项指标因素分配的权重要适当。

前三点可以概括为"最小覆盖原理"。

为了说明第③点，不妨举一个极端的例子来说明——单项指标有时也能解决问题。在第二次世界大战中，曾经争论商船是否要安装高射炮的问题。有人用击落敌机的概率作为评价指标，认为不应该安装。据统计，商船上安装的高射炮击落来犯敌机的概率只有 4%，似乎不合算，应该把这些高射炮转移到地面的高射炮阵地上去。但是，有人提出商船装高射炮的目的不在于击落敌机，而在于威胁敌机使之不敢低飞投弹从而保护自己，因此，应以商船被击沉率作为评价指标。统计表明：安装高射炮的商船被击沉的比例是 10%，不装高射炮的商船被击沉的比例是前者的 2.5 倍。所以问题的结论很明确：商船应该安装高射炮。

不过，大多数问题没有这么简单，必须要建立一个含有多项指标的评价指标体系。

在确定指标时应注意以下原则：

第一，要有长远观点：选择对于系统的未来有重大意义的目标和指标；

第二，要有总体观点：着眼于系统的全局利益，必要时可以在某些局部作出让步；

第三，注意明确性：指标务必具体明确，力求用数量表示；

第四，多指标时应注意区分主次、轻重、缓急，以便加权计算综合评价值；

第五，权衡先进性和可行性：指标应该是先进而经过努力可以实现的，要注意实现指标的约束条件；

第六，注意标准化：以便于同国际国内的同类系统进行比较，争取先进水平；

第七，指标数不宜过多，不要互相重叠与包含；

第八，指标计算宜简不宜繁，尽量采用现有统计口径的指标或者利用简单换算可以得到的指标。

工程项目在制订指标时一般要考虑下述几个方面：

第一，运行指标，包括技术指标；

第二，经济指标，包括直接的与间接的经济效益，而且要考虑全寿命周期总费用（包括研究设计费用、建造费用、运行与维护费用、退役与报废费用等）；

第三，社会指标，包括项目与国家方针政策符合的程度和社会效益；

第四，环境指标，包括环境保护与可持续发展。

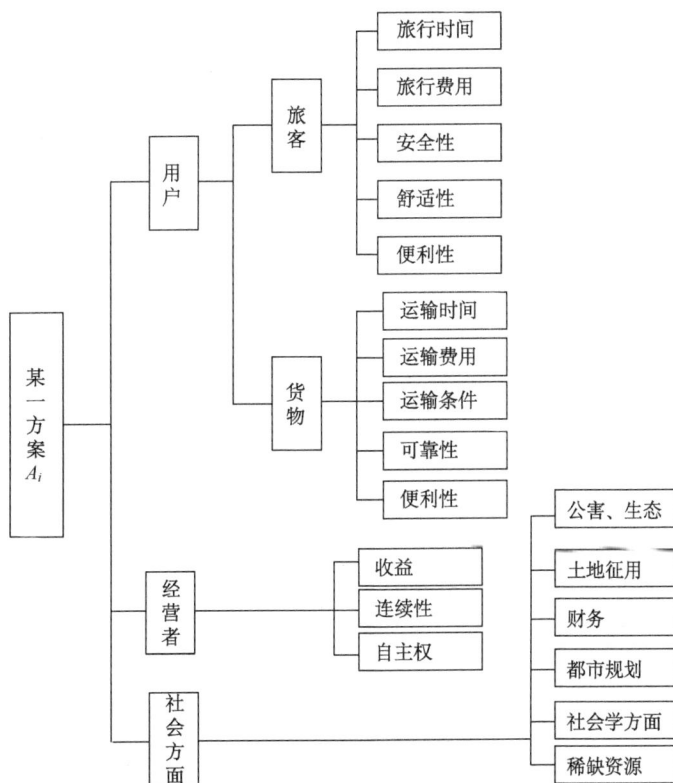

图 8-2　交通运输方案评价的一种指标体系

指标的制订应由领导部门、设计部门、生产部门、用户、投资者等方面共同参与，而且要有足够的透明度和舆论监督（举行信息发布会、听证会等），以求指标体系全面、准确、合理、公平。指标一经制订，不得单方面更改。

指标体系中往往会有相互矛盾的指标出现。处理矛盾的方法有两种：一种是剔除次要指标，建立无矛盾的指标体系，另一种是让矛盾的指标共存，折中兼顾。

例 8-1　评价交通运输系统方案的一种指标体系，如图 8-2 所示。

在这一个评价指标体系中，"用户""经营者""社会方面"等三大要素称为一级指标；

"旅客""货物"等两项要素是一级指标"用户"的二级指标，"收益""连续性""自主权"等三项要素是一级指标"经营者"的二级指标，"公害、生态""土地征用"等六项要素是一级指标"社会方面"的二级指标；

二级指标"旅客"还分为"旅行时间""旅行费用""舒适性"等五项三级指标，二级指标"货物"还分为"运输时间""运输条件"等五项三级指标，构成层次分明的评价指标体系。

每一项指标不是等量齐观的，所以每一项指标都要分配一个合适的权重。这是一项技术性很强的工作，需要由专家群体给出咨询意见，层次分析法是一种常用的方法。

8.2.3　评价指标体系具有很强的导向作用

评价指标或评价指标体系具有很强的导向作用。

先举一个简单的例子。现在高校教师业绩考核有一项很重要的指标：在高档次学术刊物上发表的论文数量。为了激励，一些学校对于发表论文给予重奖，并且在职称晋升等方面给予优先。其导向作用是很明显的：一些人只追求数量，不讲究质量，使得论文水平普遍下降。

再举一个例子：国民经济考核指标。现在世界各国普遍采用的国内生产总值（gross domestic product，GDP）是一个比较好的国民经济综合统计指数，它比工业总产值或工农业总产值要合理得多。GDP 是计算国民经济三大产业的增加值之和，避免了工业总产值或工农业总产值的重复计算。但是，在一些地方，由于盛行"产值增，领导升"的不合理现象，搞成了"GDP 挂帅"，只讲发展生产、提高产值，只讲"形象工程""标志性建筑"，不讲环境保护和可持续发展，所以造成了极大的负面效应。这就是GDP 的导向作用。许多有识之士已经提出"绿色 GDP"的概念，并且试探性地提出了考核指标体系。

国际上已经提出了"人类发展指数"（human development index，HDI）和国民幸福指数（gross national happiness，GNH，也称"国民幸福总值"），试图替代 GDP。

HDI 是由联合国开发计划署在《1990 年人文发展报告》中提出的用以衡量联合国各成员国经济社会发展水平的指标，是对传统的 GNP 指标挑战的结果。制订人类发展指数的原则是：①能测量人类发展的基本内涵；②只包括有限的变量以便于计算并易于管理；③这是一个综合指数而不是过多的独立指标；④既包括经济又包括社会选择；

⑤保持指数范围和理论的灵活性；⑥ 有充分可信的数据来源保证。

HDI 由三个指标构成：预期寿命、成人识字率和人均 GDP 的对数。这三个指标分别反映了人的长寿水平、知识水平和生活水平。

国民幸福指数 GNH 是由不丹王国的国王提出的，他认为"政策应该关注幸福，并应以实现幸福为目标"，人生的"基本的问题是如何在物质生活（包括科学技术的种种好处）和精神生活之间保持平衡"。在这种执政理念的指导下，不丹创造性地提出了由政府善治、经济增长、文化发展和环境保护四级组成的 GNH。国民幸福指数 GNH 的计算方法有两种：

$$国民幸福指数 = 收入的递增 / 基尼系数 \times 失业率 \times 通货膨胀 \tag{8-1}$$

公式（8-1）中的基尼系数（gini coefficient）是反映收入分配公平性、测量社会收入分配不平等的指标。

$$国民幸福指数 = 生产总值指数 \times a\% + 社会健康指数 \times b\% + 社会福利指数 \times c\%$$
$$+ 社会文明指数 \times d\% + 生态环境指数 \times e\% \tag{8-2}$$

其中，a，b，c，d，e 分别表示生产总值指数、社会健康指数、社会福利指数、社会文明指数和生态环境指数所占的权数，具体权重的大小取决于各政府所要实现的经济和社会目标。

基尼系数是意大利经济学家基尼（Corrado Gini，1884—1965 年）于 1912 年提出的，定量测定收入分配差异程度，国际上用来综合考察居民内部收入分配差异状况的一个重要分析指标。其经济含义是：在全部居民收入中，用于进行不平均分配的那部分收入占总收入的百分比。

基尼系数最大为 1，最小为 0。前者表示居民之间的收入分配绝对不平均，即 100％的收入被少部分人全部占有了；而后者则表示居民之间的收入分配绝对平均，即人与人之间收入完全平等，没有任何差异。这两种情况只是在理论上的绝对化形式，在实际生活中一般不会出现。因此，基尼系数的实际数值只能介于 0～1。

基尼系数由于给出了反映居民之间贫富差异程度的数量界线，可以较客观、直观地反映和监测居民之间的贫富差距，预报、预警和防止居民之间出现贫富两极分化，因此得到世界各国的广泛认同和普遍采用。

按照联合国有关组织规定，基尼系数若低于 0.2 表示收入绝对平均，0.2～0.3 表示比较平均，0.3～0.4 表示相对合理，0.4～0.5 表示收入差距较大，0.6 以上表示收入差距悬殊。通常把 0.4 作为收入分配差距的"警戒线"。一般发达国家的基尼指数在 0.24～0.36。

据报道，今后我国将推出幸福指数、人的全面发展指数、地区创新指数以及社会和谐指数等新的统计内容。推出这些指数，是为了适应各方面对国家经济社会协调发展、人的全面发展以及民生、人文等方面的需求。

8.3 可行解与非劣解

要解决系统问题（构建新系统，改造已有的系统，或者解决某一个复杂问题），我们把每一种可行的方案都称为一个"可行解"，备选方案都应该是可行解。可行解的个数可能很多，首先从中区分出"劣解"与"非劣解"，淘汰劣解，保留非劣解，然后再用其他方法进一步评选。

所谓劣解，指的是这样一种可行解：它的各项指标均不优于且至少有一项指标劣于另一个可行解。设有 n 项指标，每项指标的评价值为 F_i，则对于劣解 X 来说，必然可以找到另一个可行解 X_0，使得

$$F_i(X) \leqslant F_i(X_0), i = 1, 2, \cdots, n \tag{8-3}$$

其中，至少有一个 F_i 使得＜成立，这里＜表示"劣于"（不同的指标，可能是以小为劣，如汽车的时速；也可能是以大为劣，如汽车的油耗）。

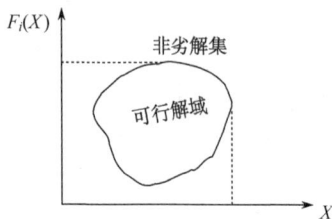

最优解当然是要在非劣解中去找。

图 8-3 表示在二维指标空间中可行解与非劣解的概念，可行解域右上方的边界就是非劣解集。

表 8-1 与表 8-2 给出如何区分劣解的例子，设其中的数字以大为优。在表 8-1 中，很明显，方案 C 在两项指标上均劣于 B 或 A，故方案 C 为劣解。但是方案 A 与 B 各有所长，现在无法进一步区分，它们都是非劣解。

图 8-3 可行解与非劣解

表 8-1   劣解与非劣解示例之一

项目	F_1	F_2	性质
A	10	11	非劣解
B	12	10	非劣解
C	9	8	劣解

表 8-2   劣解与非劣解示例之二

项目	F_1	F_2	F_3	性质
A	5	8	7	非劣解
B	4	9	2	非劣解
C	4	8	7	劣解
D	3	10	6	非劣解
E	2	9	8	非劣解

在表 8-2 中，对于方案 C，可以找到方案 A，使得公式（8-3）成立，故方案 C 为劣解。

8.4　指标评分法

8.4.1　排队打分法

如果指标因素有明确的数量表示，如汽车的时速、油耗，工厂的产值、利润等，就可以采用排队打分法。

设有 m 种方案，则可采用 m 级记分制：最优者记以 m 分，最劣者记以 1 分，中间各个方案可以等步长记分（步长 1 分），也可以不等步长记分，灵活掌握；或者各项指标均采用 10 分制，最优者满分为 10 分；百分制与之相类似。

8.4.2　专家打分法

这是一种感觉评分法或经验评分法，用于没有明确数量表示的指标评分。

例如，对多台设备的可操作性进行评价，可以请若干名专家——即有经验的操作者——来试车，按其主观感觉和经验，对每台设备按一定的记分制来打分。如对每台设备分别作出良、可、差的判断，记录下来，然后分别给以 3、2、1 分，再相加求和，最后将和数除以操作者的人数，就是各台设备的得分。

例 8-2　设有 5 台设备，15 个操作者，其操作感受情况记录为表 8-3，评分结果也表示在表中。显然，样机 Ⅵ 的可操作性最佳，样机 Ⅴ 次之。

对于各个得分 F_j，我们可以化为百分制得分 B_j（最高分为 100 分）：

$$B_j = \frac{F_j}{F_{\max}} \times 100 \qquad (8\text{-}4)$$

其中

$$F_{\max} = \max_j \{F_j\} \qquad (8\text{-}5)$$

如果公式（8-4）右端不是乘以 100，而是乘以 10，则化为 10 分制得分（最高分为10 分）。

我们也可将得分 F_j 作以下处理：

$$f_j = \frac{F_j}{\sum\limits_{j=1}^{n} F_j} \qquad (8\text{-}6)$$

f_j 称为"得分系数"。

例 8-2 的得分作以上转化如表 8-4 所示。

8.4.3　两两比较法

这也是一种感觉（经验）评分法。它是将方案两两比较而打分，然后对每一方案的得分求和，并进行百分化处理等。打分时可以采用 0~1 打分法、0~4 打分法或多比例打分法等。下面分别说明。

表 8-3　样机操作的感觉与评分

操作者 \ 样机	Ⅰ	Ⅱ	Ⅲ	Ⅳ	Ⅴ
1	差	可	差	可	良
2	良	差	差	差	可
3	可	差	良	可	差
4	可	可	良	可	可
5	差	差	可	可	可
6	可	可	良	良	可
7	差	差	可	良	可
8	可	可	可	可	良
9	良	可	良	良	良
10	差	可	可	良	良
11	可	可	差	良	可
12	可	良	良	良	良
13	良	可	良	良	良
14	良	可	可	良	良
15	可	可	可	良	良
列计 良（a）	4	1	6	9	8
列计 可（b）	7	10	6	5	6
列计 差（c）	4	4	3	1	1
$3a+2b+c=S$	30	27	33	38	37
得分：$F=S/15$	2.00	1.80	2.20	2.53	2.47

表 8-4　分值的转换

方案（样机）	Ⅰ	Ⅱ	Ⅲ	Ⅳ	Ⅴ	Σ
得分 F_j	2.00	1.80	2.20	2.53	2.47	11
百分制 B_j	79.1	71.1	86.9	100	97.6	—
10 分制	7.91	7.11	8.69	10	6.76	—
得分系数 f_j	0.182	0.164	0.200	0.230	0.224	1.00

1. 0～1 打分法

0～1 打分法也叫强制确定法。

设有 n 种方案，我们排成一个 $n \times n$ 方阵，其元素

$$a_{ij} = \begin{cases} 1, & \text{当方案 } i \text{ 比 } j \text{ 优时,} \\ 0, & \text{当方案 } i \text{ 比 } j \text{ 劣时,} \\ \text{不填}, & \text{当 } i=j \text{ 时。} \end{cases} \tag{8-7}$$

很显然，有 $a_{ji}=1-a_{ij}$，即：当 $a_{ij}=1$ 时，$a_{ji}=0$；当 $a_{ij}=0$ 时 $a_{ji}=1$，a_{ij} 总是表示第 i 方案得到的分数；若第 i 方案与第 j 方案相当，分不出优劣时，则令 $a_{ij}=$

$a_{ji}=0.5$。

表 8-5 是一个例子。

表 8-5　0~1 打分表

方案 j 方案 i	I	II	III	IV	V	得分 F
I	—	1	1	0	1	3
II	0	—	1	0	1	2
III	0	0	—	0	1	1
IV	1	1	1	—	1	4
V	0	0	0	0	—	0
$\sum$						10

按照公式（8-7）打分，通常有一个方案的得分为 0，有时需要避免这种情况，可以规定 $a_{ii}=1$。于是，对应于表 8-5，可以得到表 8-6。

表 8-6　另一种 0~1 打分表

方案 j 方案 i	I	II	III	IV	V	得分 F
I	1	1	1	0	1	4
II	0	1	1	0	1	3
III	0	0	1	0	1	2
IV	1	1	1	1	1	5
V	0	0	0	0	1	1
$\sum$						15

2. 0~4 打分法

这种打分法比 0~1 打分法来得细一些。当两个方案 i 与 j 同等优越时，则令 $a_{ij}=a_{ji}=2$；当方案 i 比 j 稍微优越时，令 $a_{ij}=3$，$a_{ji}=1$；当方案 i 比 j 显著优越时，令 $a_{ij}=4$，$a_{ji}=0$。表 8-7 表示了一个例子。

表 8-7　0~4 打分表

方案 j 方案 i	I	II	III	IV	V	得分 F
I	—	4	3	0	2	9
II	0	—	4	1	3	8
III	1	0	—	1	4	6
IV	4	3	3	—	3	13
V	2	1	0	1	—	4
$\sum$						40

3. 多比例打分法

0～4打分法可以看成一种比例打分法，两个方案的得分分别成如下比例：4：0，3：1,2：2，两者得分之和为4。在多比例打分法中，两者得分之和为1，其比例可以1：0,0.9：0.1, 0.8：0.2, 0.7：0.3, 0.6：0.4, 0.5：0.5，这样的分档就更加细了。表8-8说明了一个例子。

表 8-8　多比例打分表

方案 i ＼ 方案 j	I	II	III	IV	V	得分 F_i
I	—	1	0.8	0.1	0.5	2.4
II	0	—	0.9	0.3	0.6	1.8
III	0.2	0.1	—	0.2	0.9	1.4
IV	0.9	0.7	0.8	—	0.8	3.2
V	0.5	0.4	0.1	0.2	—	1.2
$\sum$						10

表8-5～表8-8都是一个评分员作两两比较时的打分结果。为了提高打分的准确性（客观性），可以请多个评分员用共同的打分法各自独立地打分，然后求得分的平均值。

8.4.4　体操计分法

体育比赛中许多评分、计分法可以应用到系统工程中来。如体操计分法：请 n 名有资格的裁判员各自独立地对表演者（这里是系统或方案）按10分制评分，得到 n 个评分值，然后去掉1个最高分，去掉1个最低分，将中间的 $n-2$ 个分数相加，除以 $n-2$ 就是最后的得分。

8.4.5　连环比率法

连环比率法是一种确定得分系数或加权系数的方法，我们用表8-9来说明。操作方法：

（1）由上而下填写暂定分数列。

对比 A_1 与 A_2，设前者的优越性是后者的2倍，则对应于 A_1 填写2.0；

对比 A_2 与 A_3，设前者的优越性仅为后者的一半，则对应于 A_2 填写0.5；

类似地，对应于 A_3 与 A_4 填写3.0与1.5；

最后 A_5 填写1.0。

（2）由下而上填写修正分数列。

取 A_5 为基础值，其修正分数为1.00；

用1.00乘以 A_4 的暂定分数1.5，得到 A_4 的修正分数为1.50；

用1.50乘以 A_3 的暂定分数3.0，得到 A_3 的修正分数为4.50；

类似地，得到 A_2 与 A_1 的修正分数为2.25与4.50。

对所有修正分数求和：

$$\sum_{j=1}^{5}(A_j \text{ 的修正分数}) = 13.75$$

（3）计算得分系数 f_j。

$$f_j = \frac{A_j \text{ 的修正分数}}{\sum\limits_{j}(A_j \text{ 的修正分数})} \tag{8-8}$$

例如，

$$f_1 = \frac{4.50}{13.75} = 0.33$$

$$f_2 = \frac{2.25}{13.75} = 0.16$$

表 8-9　连环比率法打分表

方　案	暂定分数	修正分数 F_j	得分系数 f_j
A_1	2.0	4.50	0.33
A_2	0.5	2.25	0.16
A_3	3.0	4.50	0.33
A_4	1.5	1.50	0.11
A_5	1.0	1.00	0.07
$\sum$	—	13.75	1.00

很显然，f_j 满足如下关系式：

$$0 \leqslant f_j \leqslant 1, \quad \sum_{j}^{n} f_j = 1 \tag{8-9}$$

这正是统计学中对于权系数的定义（按照习惯，权系数记为 W_j）。用连环比率法确定权系数时，只需要把"优越性"的比较换为"重要性"的比较即可。

8.4.6　逻辑判断评分法

逻辑判断评分法是根据一定的功能相对逻辑关系，确定其功能系数的一种方法。这里用案例来说明。

某产品有 12 个元器件是主要零（部）件，它们提供了整个产品的主要功能，利用逻辑判断评分法，可以最终确定综合性指标价值系数。如表 8-10 表示。

在表 8-10 中，第 1 列"成本系数"和第 2 列"功能相对关系"为已知，12 个零（部）件的序号是按功能由高到低的顺序，在表中由上到下排列。这个顺序，事先已用强制确定法求出。现在的任务是通过逻辑判断，得出各零（部）件的功能相对关系。

由下而上，逐个进行比较，写出第 3 列"功能分数"：

（1）把功能最低的零件 12 的功能分数定为 10；

（2）以此为基准，由下而上，由功能低的零（部）件向功能高的零（部）件依次对每个零（部）件估分，在估分中应注意符合第 2 列功能相对关系的限制；

（3）第 4 列功能系数的确定是由各零（部）件的功能分数除以功能分数的合计值；

（4）第 5 列价值系数为功能系数与成本系数的比值，可以按照前面说的方法，化为百分制等。

在步骤（2）中，在满足功能相对关系限制的条件下，功能分数取多大要看实际情况。例如，因为 $F_{11} > F_{12}$，而 $F_{12} = 10$，所以 F_{11} 取为 11；而 $F_{10} > F_{11}$，表中 F_{10} 取 16，这是由本例的具体情况决定的（本例取自一个实际的案例）。

表 8-10　逻辑判断评分表

零件序号	成本系数/%	功能相对关系	功能分数	功能系数	价值系数
1	25.55	$F_1 > F_2$	458	25.14	0.98
2	15.44	$F_2 > F_3$	383	21.99	1.42
3	25.83	$F_3 > F_4 + F_5 + F_8$	351	20.15	0.78
4	1.17	$F_4 > F_5$	173	9.93	8.49
5	1.29	$F_5 > F_6$	132	7.58	5.88
6	16.7	$F_6 > F_7$	95	5.45	0.33
7	0.12	$F_7 > F_8 + F_9$	73	4.19	34.92
8	2.36	$F_8 > F_9$	33	1.90	0.81
9	3.80	$F_9 \geqslant F_{10} + F_{11}$	27	1.55	0.41
10	0.98	$F_{10} > F_{11}$	16	0.92	0.99
11	2.64	$F_{11} > F_{12}$	11	0.63	0.24
12	4.17	基准	10	0.57	0.14
合计	100		1 742	100	

8.5　指标综合的基本方法

指标综合的基本方法是加权平均法。在使用加权平均法对各个方案进行指综合之前，各项指标均已数量化，并且已化为统一的记分制。

加权平均法具有两种形式，分别称为加法规则与乘法规则。

下面，记方案 A_i 对指标 F_j 的得分（或得分系数）为 a_{ij}，将 a_{ij} 排列为评价矩阵，如表 8-11 所示。

表 8-11　加权平均法的基本表

指标因素 F_j		F_1	F_2	$\cdots$	F_n	综合评价值 Φ_i
权重 W_j		w_1	w_2	$\cdots$	w_n	
方案 A_i	A_1	a_{11}	a_{12}	$\cdots$	a_{1n}	
	A_2	a_{21}	a_{22}	$\cdots$	a_{2n}	
	$\vdots$	$\vdots$	$\vdots$	$\vdots$	$\vdots$	
	A_m	a_{m1}	a_{m2}	$\cdots$	a_{mn}	

8.5.1　加法规则

例 8-3　2008 年 8 月，第 29 届奥运会与残奥会在北京成功举办。前三名的奖牌数如表 8-12、表 8-13 所示。有人提出一种打分计算法：1 枚金牌 3 分，1 枚银牌 2 分，1 枚铜牌 1 分，加和得到总分。即

$$总分 F = 3x + 2y + z \tag{8-10}$$

其中，x、y、z 分别为金牌、银牌、铜牌数。按照公式（8-10）计算，各国代表团的总分列于表 8-12、表 8-13 的最右边。

奥运会我国运动员总分 227 分（含中华台北运动员 4 分），居第一位；美国总分 220 分，居第二位；俄罗斯总分 139 分，居第三位。残奥会我国内地运动员总分 439 分，居第一位，加上中国香港和中华台北运动员得分，共计 467 分，第一位的优势更加显著；英国总分 215，居第二位；美国总分 206，居第三位。

表 8-12　2008 年北京奥运会奖牌榜前三名

排名	国家/地区	金牌	银牌	铜牌	总数	总分
1	中国（内地）	51	21	28	100	223
	中华台北			4	4	4
2	美国	36	38	36	110	220
3	俄罗斯	23	21	28	72	139

表 8-13　2008 年残奥会奖牌榜前三名

排名	国家/地区	金牌	银牌	铜牌	总数	总分
1	中国（内地）	89	70	52	211	439
	中国香港	5	3	3	11	24
	中华台北	1		1	2	4
2	英国	42	29	31	102	215
3	美国	36	35	28	99	206

世界上还有一种声音：主张按照"人均奖牌数"来计算，即一国的奖牌数除以该国的人口数，如同计算人均 GDP 一样，那么，亚洲某国大概是第一位。

一些运动员个人的成绩是十分优异、令人惊叹的。例如，美国运动员菲尔普斯的游泳、牙买加运动员博尔特的短跑等。

计算公式（8-10）体现了加权平均法的加法法则。图 8-4 给出了加权平均法加法规则的一般思路。方案 i 的综合评价值 Φ_i 按如下公式计算：

$$\Phi_i = \sum_{j=1}^{n} w_j a_{ij}, \, i = 1, 2, \cdots, m \tag{8-11}$$

其中，w_j 为权系数，满足如下关系式：

$$0 \leqslant w_j \leqslant 1, \, \sum_{j-1}^{n} w_j = 1 \tag{8-12}$$

按照公式（8-12）规范化，在引例中，

$$w_金 = 3/6, w_银 = 2/6, w_铜 = 1/6, w_金 + w_银 + w_铜 = 1$$

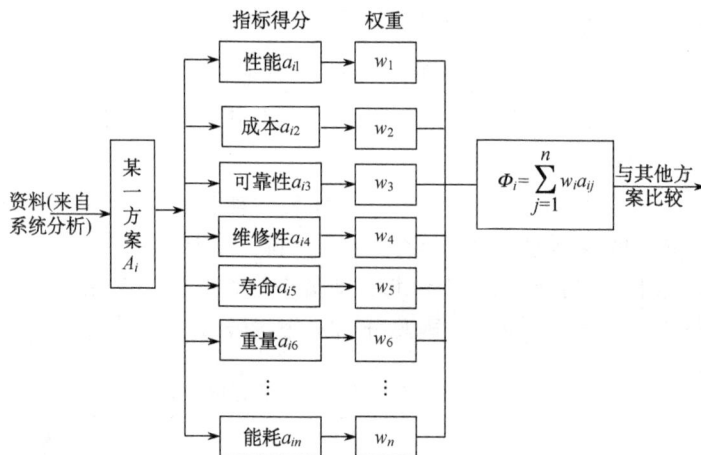

图 8-4　加法规则示意图

例 8-4　设有 3 个方案，5 项指标，数据如表 8-14 所示，试计算各个方案的评价值。

解：按公式（8-7）计算各个方案的评价 Φ_i：

$\Phi_1 = 0.4 \times 7 + 0.3 \times 6 + 0.15 \times 9 + 0.1 \times 10 + 0.05 \times 2$

$\quad = 2.8 + 1.8 + 1.35 + 1 + 0.1 = 7.05$

$\Phi_2 = 0.4 \times 8 + 0.3 \times 6 + 0.15 \times 4 + 0.1 \times 2 + 0.05 \times 8$

$\quad = 3.2 + 1.8 + 0.6 + 0.2 + 0.4 = 6.20$

$\Phi_3 = 0.4 \times 4 + 0.3 \times 9 + 0.15 \times 5 + 0.1 \times 10 + 0.05 \times 6$

$\quad = 1.6 + 2.7 + 0.75 + 1 + 0.3 = 6.35$

$\because \quad \Phi_1 > \Phi_3 > \Phi_2$

$\therefore \quad$ 方案 A_1 最优。

表 8-14　加法规则例题

指标 F_j		F_1	F_2	F_3	F_4	F_5
权重 W_j		0.4	0.3	0.15	0.1	0.05
方	A_1	7	6	9	10	2
案	A_2	8	6	4	2	8
A_i	A_3	4	9	5	10	6

8.5.2　乘法规则

乘法规则用下列公式来计算各个方案的评价值 Φ_i：

$$\Phi_i = \prod_{j=1}^{n} a_{ij}{}^{w_j}, i = 1, 2, \cdots, m \tag{8-13}$$

其中，a_{ij} 为方案 i 的第 j 项指标的得分；w_j 为第 j 项指标的权重。

对公式（8-13）两边求对数，得

$$\lg\Phi_i = \sum_{j=1}^{n} w_j \lg a_{ij}, i = 1, 2, \cdots, m \tag{8-14}$$

对照公式（8-11），可知这是对数形式的加权平均法。

乘法规则应用的场合是要求各项指标尽可能取得较好的水平，才能使总的评价值较高。它不允许哪一项指标不及格。只要有一项指标的得分为零，不论其余的指标得分多高，总的评价值都将是零，因而该方案将被淘汰。例如，一个系统的各项技术指标尽管很好，但是有碍于政治因素或政策因素，还是会被否决的，即"一票否决制"。

相反，在加法规则中，各项指标的得分可以线性地互相补偿。某一项指标的得分比较低，其他指标的得分都比较高，总的评价值仍然可以比较高。任何一项指标的改善，都可以使得总的评价值提高。例如，衡量人民群众生活水平，衣、食、住、行等任何一个方面的提高都意味着生活水平的提高。在应用中，往往对单项指标得分与总分都规定"分数线"，例如，高考和考研的录取工作，这实际上是加法规则与乘法规则的综合运用。

下面介绍"理想系数法"（即 TOPSIS 法），实际上它是乘法规则的应用。

理想系数法的步骤：

（1）用某种评分方法对每种方案的各项功能进行评分。

（2）按下式计算功能满足系数 f_i：

$$f_i = \frac{\text{该方案之总分 } F_i}{\text{理想状态总分 } F} \tag{8-15}$$

（3）按下式计算经济满意系数 e_i：

$$e_i = \frac{\text{基本成本} - \text{该方案预计成本 } C_i}{\text{基本成本}} \tag{8-16}$$

（4）计算方案的理想系数 Φ_i：

$$\Phi_i = \sqrt{f_i \cdot e_i} \tag{8-17}$$

理想系数 Φ_i 是在功能和成本两个方面综合衡量方案距离理想状态的程度。显然，有

$$0 \leqslant f_i \leqslant 1, 0 \leqslant e_i \leqslant 1, \text{且} 0 \leqslant \Phi_i \leqslant 1$$

若 $\Phi_i = 0$，则方案完全不理想；若 $\Phi_i = 1$，则方案为理想状态。应当保留 Φ_i 数值高的方案。

例 8-5　在某地森林防火工作中，对于林火探测系统有四种可行方案，它们从技术上按照表 8-15 所示标准进行评分，评分结果与功能满足系数如表 8-16 所示。

公式（8-16）中的成本基数（基本成本）按林火平均损失的 1/30 计算，这里取为 119 万元。各方案的经济满意系数如表 8-17 所示，最后按公式（8-17）算得各方案的理想系数亦如表 8-17 所示，显见，应选择方案 D 或 C。

对比公式（8-17）与公式（8-13），我们可以看到，在公式（8-17）中，是取

$$w_1 = w_2 = 1/2$$

表 8-15　例 8-5 的评分标准

方案	理想状态	好的方案	较好方案	较差方案	差的方案	不予考虑
评分	5	4	3	2	1	0

表 8-16　例 8-5 的中间计算表

功能\方案	可靠性	连续性	气候环境影响	信息传递速度	后勤供应	维修保养	总分 F_i	功能满足系数 $f_i = F_i / F$
A. 飞机瞭望	4	3	2	5	4	3	21	$f_A = 0.70$
B. 机载红外照相	5	3	3	5	4	2	22	$f_B = 0.73$
C. 地面红外仪	4	5	5	4	3	4	25	$f_C = 0.83$
D. 人工瞭望塔	4	4	4	4	3	5	24	$f_D = 0.80$
理想状态	5	5	5	5	5	5	30	$F = 30$

表 8-17　例 8-5 的计算结果

方案	方案预计成本/万元	经济满意系数 e_i	理想系数 Φ
A. 飞机瞭望	37.5	$e_A = 0.68$	$\Phi_A = 0.690$
B. 机载红外照相	75.5	$e_B = 0.36$	$\Phi_B = 0.513$
C. 地面红外仪	19.2	$e_C = 0.84$	$\Phi_C = 0.835$
D. 人工瞭望塔	10.9	$e_D = 0.91$	$\Phi_D = 0.853$

*8.6　指标综合的其他方法

指标综合，除加权平均法以外，还有一些其他的方法，其基本思想都是使多项指标

因素归一化（除后面的"主次兼顾法""指标分层法"外）。

8.6.1　比率法

当一个系统同时并存两项同向单调的指标因素的时候，我们可以用比率法将它们化为单一指标：相对指标或无量纲指标。

我们回顾物理学中关于比重的概念：

$$比重\ d = \frac{重量\ W}{体积\ V} \tag{8-18}$$

引入比重的概念，并且规定水的比重为 1，就很好地解决了各种物质——比如说木头和钢铁——的轻重浮沉问题。某物质的比重 $d = 7.8$ 克/厘米^3，就是说"每单位体积（1 厘米^3）内含有该种物质 7.8 个重量单位（克）"，这就是一种相对指标。

我们在成本效益分析中用到了利率 i，是一项无量纲的指标，它表示"每单位资金的期利息额"；例如，年利率 $i = 10\%$，就表示每 1 元资金的年利息为 0.1 元，或每 100 元资金的年利息为 10 元。投入产出分析中的直接消耗系数与完全消耗系数也是相对指标。

8.6.2　乘除法

设系统具有 n 项指标因素（$n > 2$）：$f_1(X)$，$f_2(X)$，$\cdots$，$f_n(X)$，均大于 0，如果要求其中 k 项指标如 $f_1(X)$，$f_2(X)$，$\cdots$，$f_k(X)$ 达到最小，其余（$n-k$）项指标即 $f_{k+1}(X)$，$f_{k+2}(X)$，$\cdots$，$f_n(X)$ 达到最大，则可定义：

$$U(X) = \frac{f_1(X) \cdot f_2(X) \cdot \cdots \cdot f_k(X)}{f_{k+1}(X) \cdot f_{k+2}(X) \cdot \cdots \cdot f_n(X)} \tag{8-19}$$

为单一指标，求其最小值；或定义

$$U'(X) = \frac{f_{k+1}(X) \cdot f_{k+2}(X) \cdot \cdots \cdot f_n(X)}{f_1(X) \cdot f_2(X) \cdot \cdots \cdot f_k(X)} \tag{8-20}$$

为单一指标，求其最大值。

8.6.3　功效系数法

设系统具有 n 项指标 $f_1(X)$，$f_2(X)$，$\cdots$，$f_n(X)$，其中有 k_1 项越大越好，k_2 项越小越好，其余（$n-k_1-k_2$）项要求适中。现在分别为这些指标赋予一定的功效系数 d_i，$0 \leqslant d_i \leqslant 1$，其中 $d_i = 0$ 表示最不满意，$d_i = 1$ 表示最满意；一般地，$d_i = \Phi_i(f_i(X))$，对于不同的要求，函数 Φ_i 有着不同的形式，如图 8-5 所示，当 f_i 越大越好时选用（a），越小越好时选用（b），适中时选用（c）；$f_i(X)$ 转化为 d_i 后，用一个总的功效系数

$$D = \sqrt[n]{d_1 \cdot d_2 \cdot \cdots \cdot d_n} \tag{8-21}$$

作为单一指标，希望 D 越大越好（$0 \leqslant D \leqslant 1$）。

D 具有综合性，例如，当某项指标 d_k 很不满意时，$d_k = 0$，则 $D = 0$，如果各项指

标都令人满意，$d_k \approx 1$，则 $D \approx 1$。

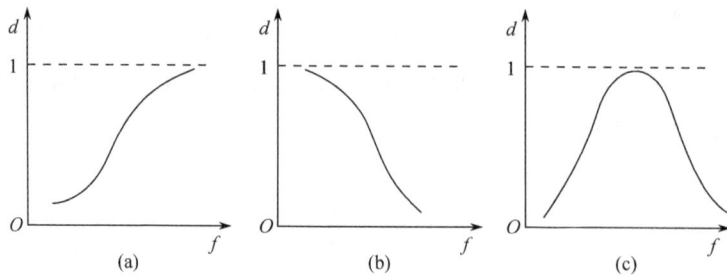

图 8-5　功效系数曲线

例 8-6　设某产品有四项指标：f_1 表示产量，允许在 $40 \sim 100$ 件变化；f_2 表示产品的硬度，允许在 $3.2 \sim 4.4$ 变化；f_3 表示能耗，允许在 $6.0 \sim 8.5$ 千瓦变化；f_4 表示产品合格率，不允许低于 50%；显然 f_1 与 f_4 越高越好，f_3 越低越好，而 f_2 设以适中为好，它们的功效函数 Φ_i（$i = 1, 2, 3, 4$）如图 8-6 所示，今有两种工艺方案，满足四项指标的情况，如表 8-18 所示，试评价两种方案的优劣。

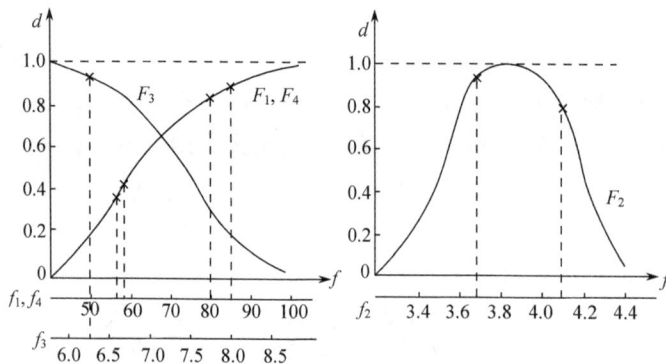

图 8-6　例 8-6 的功效系数曲线

表 8-18　两种工艺方案的指标

指标 方案	f_1	f_2	f_3	f_4
A_1	58	3.7	6.5	80
A_2	57	4.1	6.5	85

解：由表 8-18 可见，两种方案中，指标值 f_3 是相同的，其他指标各有所长，难以判别哪种方案好。根据表 8-18 的数据查找图 8-6 各曲线，得到功效系数如表 8-19 所示。

表 8-19　两种工艺方案的指标转换

项目	d_1	d_2	d_3	d_4	D
A_1	0.43	0.94	0.94	0.84	0.752
A_2	0.41	0.8	0.94	0.90	0.726

总的功效系数

$$D = \sqrt[4]{d_1 \cdot d_2 \cdot d_3 \cdot d_4}$$

分别算得 $D_1 = 0.752$，$D_2 = 0.726$，显见　$D_1 > D_2$，所以方案 A_1 比 A_2 好。

公式（8-21）其实是加权平均法乘法规则公式（8-13）的特例：

$$w_1 = w_2 = \cdots = w_n = \frac{1}{n}$$

8.6.4　主次兼顾法

设系统具有 n 项指标因素 $f_1(X)$，$f_2(X)$，$\cdots$，$f_n(X)$，$X \in R$，如果其中某一项指标最为重要，设为 $f_1(X)$，希望它取极小值，那么我们可以让其他指标在一定约束范围内变化，来求 $f_1(X)$ 的极小值，就是说，将问题化为单项指标的数学规划：

$$\min f_1(X), X \in R'$$
$$R' = \{X \mid f' \leqslant f_i(X) \leqslant f'', i = 2, 3, \cdots, n. \ X \in R\} \qquad (8\text{-}22)$$

例如，一个化工厂，要求产品的成本低、质量好，同时还要求污染少，如果降低成本是当务之急，则可以让质量指标和污染指标满足一定约束条件，求成本的极小值；如果控制污染是当务之急，则可以让成本指标和质量指标满足一定约束条件，求污染的极小值；等等。

8.6.5　指标规划法

设系统具有 n 项指标因素，对于每一项指标 $f_i(X)$ 预先规定了一个最优值（或者希望达到的理想值）f_i^*，要求各项指标值 $f_i(X)$ 尽可能地接近 f_i^*，这时可以用指标规划法定义某种单项指标 $U(X)$，求其极小值。具体来说，$U(X)$ 可以取以下各种形式：

（1）定义

$$U(X) = \sum_{i=1}^{n} [f_i(X) - f_i^*]^2 \qquad (8\text{-}23)$$

为单一指标，求其极小值。

实际上，公式（8-23）表达了最小二乘法的概念。如果对各项 $f_i(X)$ 的重视程度不同，可以用加权最小二乘法：

$$U(X) = \sum_{i=1}^{n} w_i [f_i(X) - f_i^*]^2 \qquad (8\text{-}24)$$

（2）定义

$$U(X) = \max_i | f_i(X) - f_i^* | \qquad (8\text{-}25)$$

为单一指标，求其极小值。

（3）取各理想值 f_i^* 为各项指标分别可能达到的最优值（如极小值）：

$$f_i^* = \min_{X \in R} f_i(X) , \ i = 1,2,\cdots,n \qquad (8\text{-}26)$$

于是我们得到一个理想点

$$F^* = (f_1^*, f_2^*, \cdots, f_n^*)^{\mathrm{T}}$$

它是各项指标的共同归宿。一般不大可能实现该理想点 F^*，因为各项指标不大可能同时达到各自的最优值。我们作指标矢量

$$\boldsymbol{F}(\boldsymbol{X}) = (f_1(X), f_2(X), \cdots, f_n(X))^{\mathrm{T}}$$

则可定义指标矢量的模

$$U(X) = \| \boldsymbol{F}(\boldsymbol{X}) - F^* \| \qquad (8\text{-}27)$$

为单一指标，求其极小值。

模的具体形式可以不同，得到的最优解也不同。一般可以取

$$\| \boldsymbol{F}(\boldsymbol{X}) - F^* \| = \left\{ \sum_{i=1}^{n} [f_i(X) - f_i^*]^p \right\}^{\frac{1}{p}} = L_p(X) \qquad (8\text{-}28)$$

其中，$p \in (1, \infty)$，而 $p=2$ 用得最多，这时模 $U(X) = L_2(X)$ 其实就是欧氏空间中的距离；要求模最小，就是要求找到的解（方案）与理想点 F^* 的距离为最近，如图 8-7 所示。而当 $p \to +\infty$ 时，

$$L_\infty(X) = \max | f_i(X) - f_i^* | \qquad (8\text{-}29)$$

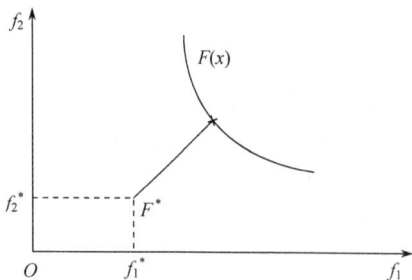

图 8-7　理想点示意图

8.6.6　指标分层法

指标分层法就是把各项指标按其重要性先排一个队，重要的排在前面。如已排成序列 $f_1(X)$，$f_2(X)$，$\cdots$，$f_n(X)$。然后对第 1 项指标求最优（设为最小），找出所有最优解的集合 R_1，再在 R_1 内对第 2 项指标求最优，其所有最优解的集合记为 R_2 $\cdots\cdots$如此继续，直到求出第 n 项指标的最优解为止。上述过程可以记作

$$\begin{cases} f_1(X^{(1)}) = \min_{X \in R_0} f_1(X) \\ f_2(X^{(2)}) = \min_{X \in R_1} f_2(X) \\ \vdots \\ f_n(X^{(n)}) = \min_{X \in R_{n-1}} f_n(X) \end{cases} \qquad (8\text{-}30)$$

其中

$$R_i = \{X \mid \min f_i(X), X \in R_{i-1}\}, i = 1,2,\cdots,n-1 \qquad (8\text{-}31)$$

且 $R_0 = R$。这种方法的前提是：R_1，R_2，…，R_{n-1} 均不是空集，而且其中均不止一个元素。这在实际问题中往往很难做到，于是有一种比较宽容的方法：这种方法在求后一个指标的最优解时，不必在前一个指标的最优解集合中找，而是在一个对其最优解有宽容的集合中去找。这时，只需要把公式（8-31）改写为

$$R_i = \{X \mid f_i(X) < f_i(X^{(1)}) + a_i, X \in R_{i-1}\}, i = 1, 2, \cdots, n-1 \qquad (8\text{-}32)$$

其中，$R_0 = R$，而 $a_i > 0$，表示宽容限度。

8.6.7 层次分析法

层次分析法（analytic hierarchy process，AHP）是由美国匹茨堡大学教授 T. L. Saaty 于 20 世纪 70 年代末提出的，它以定性与定量相结合的方法处理多种决策因素，将人的主观判断用数量形式表达和处理，系统性强，使用灵活、简便，在社会经济研究的多个领域得到了广泛的应用，尤其是可以解决综合评价指标体系的指标赋权问题。

限于篇幅，这里就不介绍了，请参阅其他资料（孙东川，杨立洪，钟拥军，2005）。

习题 8

8-1 系统分析、系统综合、系统评价三者的关系如何？

8-2 系统评价的重要性是什么？

8-3 系统评价的困难是什么？

8-4 建立系统评价指标体系要注意哪些原则？

8-5 如何使得定性指标数量化？

8-6 指标综合的基本方法是什么？加法规则和乘法规则各有什么特点？

8-7 加法规则和乘法规则的基本公式是什么？

8-8 试设计一个评价优秀学生的指标体系（包括指标及其权重）。

8-9 考核干部通常是从德、能、绩、勤等四个方面进行综合评价，请你设计一个评价指标体系（包括指标及其权重）。

8-10 注意从学术刊物上搜集指标评分和指标综合的其他方法。

8-11 层次分析法为什么要进行一致性检验？

8-12 层次分析法采用 1～9 标度法的含义是什么？

8-13 注意从学术刊物上发现系统评价的案例。

8-14 我国近两年的 GDP 是多少？人均 GDP 是多少？基尼系数是多少？

8-15 你所在地区近两年的 GDP 是多少？人均 GDP 是多少？基尼系数是多少？

8-16 查找绿色 GDP 的考核指标体系。

8-17 查找人类发展指数（HDI）的文献。

8-18 查找国民幸福指数（GNH）的文献。

第 9 章

价值工程与 TRIZ

■ 9.1 引言

价值工程（value engineering，VE）是系统工程的一个专题，在企事业单位有广泛的应用。

价值工程是第二次世界大战之后在美国产生的。在大战期间的美国，武器装备只要是能够实现战术技术性能指标要求并满足交货期限，企业所花费的成本总能得到支付而且有利可图。所以，产品的设计与改进很少从降低成本方面考虑。企业只愁不能按期生产出满足军方要求的产品，不愁因为成本高而销售不掉。有时遇到原材料紧缺的问题，然而，前方的需要压倒一切，原材料紧缺的问题可以不惜代价去解决，甚至在缺少导线的时候，可以用银替代铜来制作。随着战争的结束，解决问题的方式必须来一个变革。正是在这种背景下，价值工程诞生了。

美国通用电气公司的工程师麦尔斯（L. D. Miles，1904—1985 年）在采购工作中研究了材料的代用问题。例如，给某电器产品涂易燃涂料的时候，要在地板上铺设一层当时奇缺的石棉板。身为采购部门主管的麦尔斯在市场上找到一种不燃烧的纸来作为代用品，不仅采购容易，而且价格便宜。在大量的实践中，麦尔斯总结出一套在保证产品功能的前提下降低成本的科学方法，称之为"价值分析"（value analysis，VA），1947 年发表在《美国机械师》杂志上。价值分析引起了广泛的注意，相继为美国各企业和政府部门以及世界各国所采用。1954 年，美国海军舰船局设立专门机构，推行这种方法，并将之改称为"价值工程"。

价值分析（VA）与价值工程（VE）代表了一种科学方法发展的两个阶段。人们往往把针对现有产品的活动称为价值分析，把针对新产品的活动称为价值工程。后者包括产品的开发设计阶段，前者则不包括。但是这些区别是不重要的，两个名称常常混用。此外，还有"价值研究""价值管理""价值革新"等名称并用。价值工程发展到今天，可以分为四个阶段：①寻找代用品；②改进现有产品；③开发新产品；④提高到系统工程的高度，扩大应用到基建施工、经营管理和事业单位的管理工作等方面。这四个阶段亦作为价值工程的四种形式，在各个领域广泛地使用着。价值工程又被称为"价值管理"（value management，VM），例如，在我国香港，它主要用于建筑业。

价值工程在早期有一个典型例子。美国的工程师在对一艘海军登陆艇进行分析时，发现有一只方形的不锈钢容器，价格 500 美元，其功能仅是储存 200 加仑汽油。而市场上有两种现成的用普通钢板制造的油桶供应，一种容量为 250 加仑，每只售价 35 美元，另一种容量 60 加仑，每只售价 6 美元，如果用一只大的，或用四只小的，加上管道系统在内 80 美元就足够了。艇上原设计的容器既无防锈要求也无耐酸耐碱要求，显然可用现成油桶代替，仅此一项就可节约 420 美元，单项成本节约五倍以上。

日本佳能照相机公司应用价值工程来开发 AE-1 型照相机。他们采用大规模集成电路，不仅有效地实现了自动曝光等一系列性能，领先于同类型照相机，而且使机械零部件的数目大大减少。在设计中对零部件公差用电子计算机精确计算并且合理分配，结合精密的冲压和机械加工，实现了无调整装配，提高了产品的可靠性与稳定性。他们还研究和采用工程塑料代替金属构件。这样，AE-1 型照相机与同类型产品相比，整机重量减轻一半左右，性能提高，而价格却降低 20%，极大地提高了竞争能力。在 20 世纪 70 年代的石油危机中，日本的汽车公司研制小汽车，也成功地运用了价值工程。

回顾日本引进并推广价值工程的过程是颇有意思的。1955 年，日本人了解到美国拥有价值工程这种方法，但是当时日本工业正处于景气时代，企业对价值工程不感兴趣。尽管一些专家、学者作了介绍和宣传，价值工程在日本没有取得什么进展。20 世纪 60 年代初，日本产业界遇到了不景气，资源短缺问题迫使企业认真考虑有效利用资源和降低成本的问题，于是，价值工程受到重视，在日本推广和发展起来了。

美国的统计资料表明，开展价值工程可降低成本 10%～30%，活动经费与经济收益之比为 1：12。德国的统计资料表明，开展价值工程可降低成本 30%～40%，活动经费与经济收益之比为 1：20。

我国从 1978 年开始引进和推广价值工程，一大批企业取得了显著的成果。1987 年颁布了国家标准 GB8223-87《价值工程基本术语和一般工作程序》。价值工程被誉为实现物美价廉之路。对于构建资源节约型社会、环境友好型社会，价值工程具有直接的意义。现在它的应用领域已经不限于制造业，其拓展应用情况我们在第 9.6 节介绍。

TRIZ 是由前苏联发明家根里奇·阿奇舒勒（G. S. Altshuller，1926—1998 年）创立的。TRIZ 的意思是"发明问题的解决理论"。英文缩写 TRIZ 的全文是 teoriya resheniya izobreatatelskikh zadatch，它们是用英文拼写的俄文缩写 ТРИЗ 及其全文 теория решения изобретательских задач，英文的意译为 theory of inventive problem solving（TIPS）。

据有关材料介绍，2001 年，波音公司邀请 25 名前苏联 TRIZ 专家，对波音 450 名工程师进行了两星期培训加讨论，取得了 767 空中加油机研发的关键技术突破，最终波音战胜空客公司，赢得了 15 亿美元空中加油机订单。

2003 年，"非典"肆虐时，新加坡的研究人员利用 TRIZ 的 40 条创新原理，提出了防止非典的一系列方法，许多措施为新加坡政府采用，收到了很好的效果。

2004 年，UT 斯达康通讯有限公司运用 TRIZ 解决机顶盒天线连接问题和电磁兼容问题，缩短了新产品研发周期，节省大量研发经费。

现在，TRIZ 的应用领域已经从工程技术领域扩展到管理、社会等方面。

近几年，我国有关部门非常重视 TRIZ。本书第 9.8 节简单介绍 TRIZ。第 9.7 节是两个案例，案例 1 是价值工程的，案例 2 是 TRIZ 的。

9.2 价值工程的基本原理

9.2.1 价值工程中的价值观

价值工程中所说的价值（value），系由下式定义：

$$V = \frac{F}{C} \tag{9-1}$$

其中，F 为产品的功能（function）；C 为用户在购置与使用该产品的全寿命过程中支付的总费用（whole life-cycle cost，WLCC）。也就是说，所谓产品的价值，就是用户支付单位总费用所获取的功能。下面我们重点谈谈功能与总费用这两个概念。

如果我们要问：企业生产某种产品，其目的是什么？如何实现？要正确回答这两个问题，必须站在用户的立场上先回答下面的问题：用户购买某种商品，其目的是什么？如何满足？

用户购买手表，其目的不在于获得手表的结构，而在于获得其功能（计时）。用户购买汽车，其目的也不在于获得汽车结构，而在于获得其功能（乘人、载物）和服务（如维修，维修服务不好的汽车是不能赢得用户的）。用户购买其他商品莫不如此——为了获得其功能和服务。那么，企业生产某种商品，其目的就应该是为用户可靠地、满意地提供他们所需要的功能和服务。

这一概念很重要，因为它使企业摆脱了产品结构的束缚，为广泛采用科学技术的新成果求得最优设计方案与经营方案打开了广阔的思路。例如，传统的机械式手表，若从结构上去分析，几乎已经是尽善尽美了。但从功能的角度去分析，它不如石英电子钟计时准确，所以一旦出现了使石英电子钟微型化的新技术时，电子手表很快就诞生了。

用户为获得某些功能和服务而购买某种商品，要求它具有一定的使用寿命。用户不但要付出购置费用，还要付出使用费用（含维护费用，下同）。记购置费用为 C_1，使用费用为 C_2，则

$$C = C_1 + C_2 \tag{9-2}$$

其中，C 为用户支付的总费用（或总成本），又称为商品的"全寿命周期总费用"，用户希望其数值最小。

一般来说，上述各种费用与商品的功能 F 具有如图 9-1 所示的关系。就是说，商品的功能越好，其购置费用越高，而使用费用越低；总费用为 U 形曲线，有一个最低点 A（F^*，C^*），称为最佳点。

用户的购置费用通常就是商品的价格，它同企业的生产成本有如下的基本关系：

价格 — 税利 ＝ 生产成本 （9-3）

作为新产品开发，这里的生产成本应该包括研制成本，所以，生产成本是企业的目标成本。如果把目标成本也记为 C_1，那么，站在用户的立场上，企业也应该按照公式（9-2）来考虑问题，使得产品的全寿命周期费用 C 为最小。因此，图 9-1 对企业同样适用。

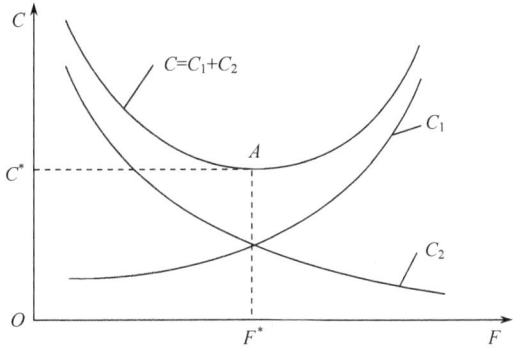

图 9-1 产品的费用与功能的关系

如果企业不考虑总费用 C，而是片面追求降低其生产成本 C_1，使得产品功能低劣，用户就要支付较多的使用费用 C_2，那么，只是企业把生产成本转嫁给用户而已，这是行不通的。

需要说明一点：在价值工程中，产品与商品、成本与费用分别是作为同义词来使用的。

9.2.2 提高产品价值的途径

价值工程是以公式（9-1）为基础，从产品的功能与成本的结合上去研究问题，努力提高产品的价值。可以明确地给它下一个定义：

价值工程是以功能分析为核心的有组织的努力，其目标是以最低的总成本可靠地、满意地实现产品（或服务）的必要功能。

由于价值工程以功能分析为核心，所以有人将价值工程直接称为功能分析技术。由公式（9-1）可知，提高产品（或服务）的价值，可以有以下途径：

（1）功能提高而总成本降低，即

$$\frac{F\uparrow}{C\downarrow} = V\uparrow\uparrow$$

这里用↓表示降低，↑表示提高，↑↑表示提高得更多；下面还以～表示基本不变。

（2）功能提高而总成本不变，即

$$\frac{F\uparrow}{C\sim} = V\uparrow$$

（3）功能不变而总成本降低，即

$$\frac{F\sim}{C\downarrow} = V\uparrow$$

（4）成本略有提高而功能提高得更多，即

$$\frac{F\uparrow\uparrow}{C\uparrow} = V\uparrow$$

从数学上看，似乎还有第五种途径：$\dfrac{F\downarrow}{C\downarrow\downarrow}=V\uparrow$，即功能有所降低而成本降低得更多。从消除产品的过剩功能而言，这是合理的；如果是降低产品的必要功能，这种途径是不可取的。降低了产品的必要功能就难以可靠地、满意地实现用户的要求，产品就会销售不出去。例如，谁也不愿花钱（哪怕价格很便宜）去购买计时不准的手表或图像失真的电视机。

从上面的几种功能与成本的变动关系可知，价值工程不是单纯着眼于成本的降低，它的核心是提升价值 V。这就克服了传统的成本管理的片面性，为创新活动开辟了途径。

企业在开展价值工程时，一般是从第三种途径开始，即保证满足用户要求的原有功能 F，设法改进产品设计以降低总成本。作出成绩以后，再进一步设法提高功能 F，从而使价值进一步提高。

根据公式（9-2），成本由两大部分组成。从企业来说，降低总成本 C 可以有以下几种情况：

其一，C_1 与 C_2 同时降低，这是最理想的。

其二，C_1 降低，C_2 保持不变。

其三，C_1 保持不变，C_2 降低。

以上三种情况都为用户所欢迎而有利于销售。

其四，C_1 降低得多，而 C_2 略有增加，这时，为了照顾用户利益，销售价格应当适当降低，否则对用户不利，势必影响销售。

其五，C_1 略有增加，而 C_2 降低得多，这时，可以适当调高销售价格并且向用户作出说明，使得企业能够享受到开展价值工程活动带来的利益。

价值工程是有组织的努力活动，其中包含两方面的意思：第一，价值工程有一定的活动程序；第二，开展价值工程要有相应的组织机构，有领导地进行。要发挥组织的力量和集体的智慧，单枪匹马是难以成功的。进行功能分析，涉及很多方面的技术问题。研究全寿命周期总成本，涉及产品的开发、设计、生产、制造、销售、使用、维护等各个环节的费用问题。价值工程要把企业中研究、设计、工艺、计划、管理、销售、服务、采购等各方面的人员集中起来，组成价值工程小组，配以有权威的领导，才能开展实际工作。

9.2.3　价值工程的另一分支

对于价值的定义，除公式（9-1）外，还有

$$价值(V) = \frac{效益(E)}{成本(C)} \tag{9-4}$$

这样，便形成了从效益出发的价值工程分支，它便于开展与企业经营管理有关的研究。它对企业经营的方案、计划等一系列活动赋予评价的尺度。

类似地，这一分支具有以下三方面内容：①其核心是对企业经营进行效益分析；②其目标是以最低的总成本获得企业或经营的高效益；③它是一种有组织的努力。

由公式（9-4）可知，价值工程的这一分支其实是成本效益分析。价值工程的两大分支都可以归入技术经济分析。

9.3 价值工程的活动程序

价值工程开展的过程，就是发现问题和解决问题的过程。归纳起来，由浅入深地提出以下七个问题：①这是什么？②这是干什么用的？③它的成本是多少？④它的价值是多少？⑤有其他方法能实现这种功能吗？⑥新方案的成本是多少？⑦新方案能满足要求吗？

为了回答和解决这些问题，价值工程的活动是分阶段按步骤地进行的，如表 9-1 所示。

表 9-1 价值工程的活动步骤

VE 活动步骤	围绕的问题
选择对象和收集资料	
功能分析———定义	1. 这是什么？
———整理	2. 它是干什么用的？
———评价	3. 它的成本是多少？
	4. 它的价值是多少？
制订改进方案———提出方案	5. 还有其他方法能实现这种功能吗？
———评价方案	6. 新方案的成本是多少？
———决定方案	7. 新方案能满足要求吗？

价值工程开展的过程还可以图 9-2 表示。

1. 选择对象

首先是选择价值工程的对象产品，其次要在对象产品的零部件中选择重点对象。

（1）如果是针对新研制的产品，则开展活动的时机最好选择在开发研究和设计阶段。因为产品的功能和成本主要决定于生产前的研究设计阶段；一旦投入批量生产则牵连因素多，改变的代价大，价值工程的活动效果必然要受到影响。图 9-3 表示了以上关系。

（2）如果针对现有产品，则可参考以下原则来选择对象：①成本高或利润少者；②产量多者；③结构复杂者；④型号老者；⑤体积、重量大者；⑥质量差，用户意见大者；⑦竞争激烈者；等等。

（3）用 ABC 分析法选择对象，将在第 9.5 节详细介绍。

（4）在计算价值系数之后，还可根据价值系数来进一步选择对象，如图 9-2 右边的反馈环节所示，其具体方法将在第 9.5 节介绍。

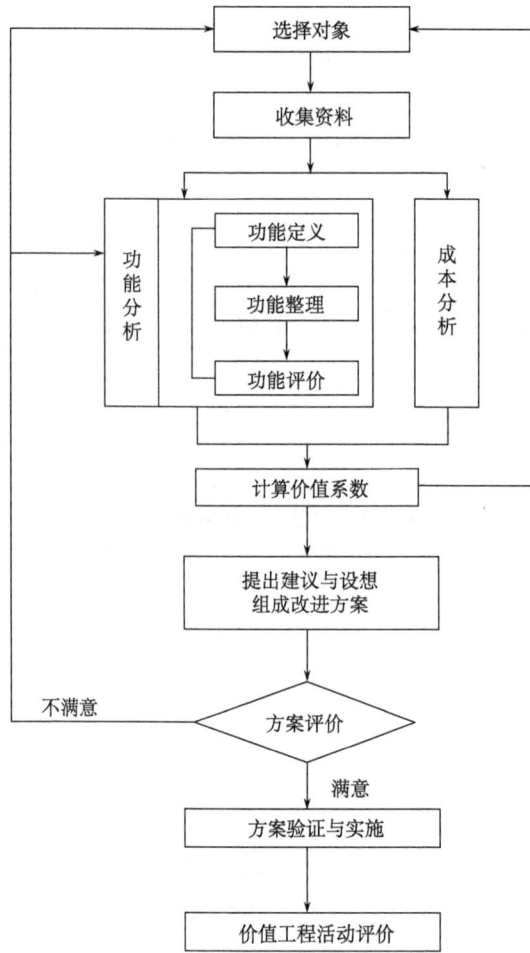

图 9-2 价值工程开展的过程

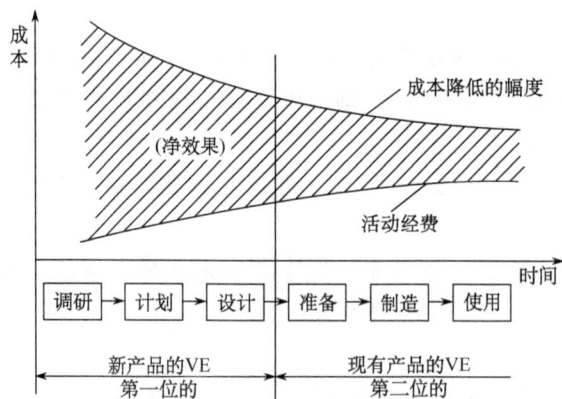

图 9-3 价值工程的对象选择

2. 收集资料

价值工程活动对象选择以后，要围绕对象收集各种有关的资料和情报。如果活动对象是某种产品，则所需收集的情报和资料大致如下：

(1) 用户的情报：包括使用目的、使用环境、操作水平、保养程度、维修条件以及用户对产品的意见与要求等，如果是消费品，还需了解用户的经济收入、身份、审美观点、地区习俗或民族习惯等；

(2) 市场的情况：市场要求，市场容量，竞争产品的价格、利润、销售量、质量指标及其用户反映等；

(3) 技术资料：本产品设计、制造等方面的技术档案，国内外同类产品的设计方案、产品结构、加工工艺、设备、材料、标准、产量、成品率与良品率，以及各类标准、手册、产品目录、专利等；

(4) 经济资料：产品的成本构成，其中包括生产费用、销售费用、维护费用以及运输、储存、分配等费用，外购件、外协件的价格和成本等；

(5) 本企业的基本情况；

(6) 同行企业的情况；

(7) 宏观经济政策、产业政策等。

需要收集的资料与情报很难举尽，需视具体情况灵活掌握。关键在于情报资料的可靠性，若不可靠，则会影响整个活动的效果，甚至前功尽弃，故需去伪存真、去粗取精、由此及彼、由表及里，进行加工整理。

3. 功能分析

功能分析包括功能定义、功能整理、功能评价。在进行功能分析的同时，要进行成本分析。在两者的基础上，再计算对象产品各零部件的价值系数。根据价值系数，通过一定的方法，进一步筛选出价值工程活动的重点对象。这是一系列技术性很强的工作，也具有基本性与情境性，将在第 9.4 节与第 9.5 节作详细介绍。

4. 提出建议与设想，组成改进方案

这是在收集情报和功能分析的基础上进行创新的一步，即用新的、更经济、更合理的办法可靠地实现某种功能。要鼓励人们提出各种各样的建议与设想，集思广益，使其逐步完善和具体化，形成若干个在技术上和经济上都有所改进的方案。这是一种创造性的劳动，应该注意以下几点：

(1) 要敢于打破框框，不受原设计束缚，自由思考，完全根据功能要求来设想实现功能的手段；

(2) 要组织具有不同知识、不同经验的人在一起讨论，从不同的角度思考，互相启发；

(3) 不迷信权威，不带任何偏见；

(4) 以背靠背方式为主，在面对面讨论时不提任何批评性意见；

（5）主持者要表扬敢于打破框框、标新立异的人，不管其所提建议与设想是否会被采纳。

第 7.8 节介绍的头脑风暴法、头脑写照法是经常采用的。

有了大量的建议、设想与方案，可以用树形图加以整理，使之条理化，如图 9-4 所示。图中右边的每一根树梢均代表着一种方案，它的完整含义可由树梢向左直到树根的路线来描述。

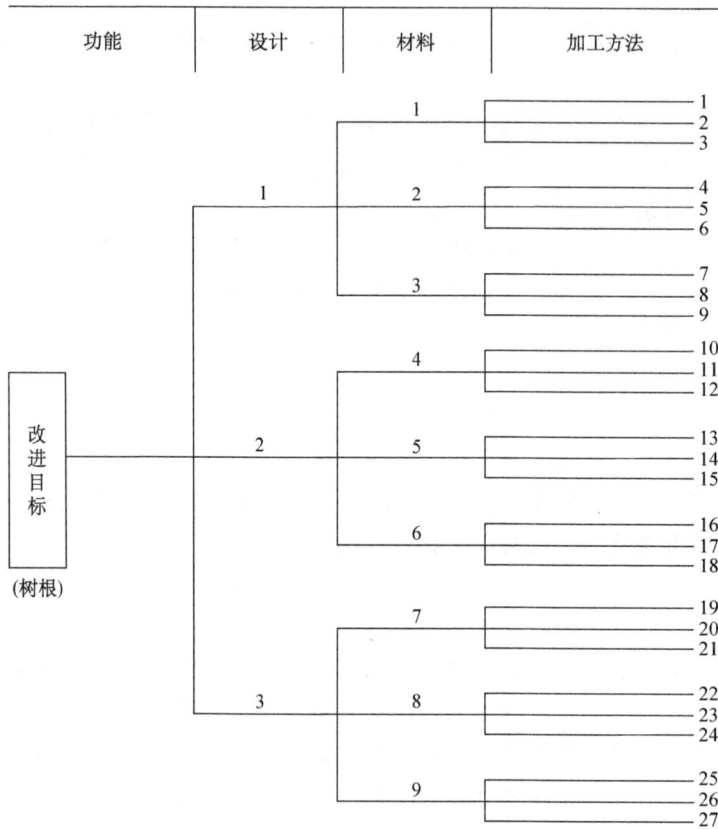

图 9-4　树形图

5. 方案评价

方案评价就是系统评价。因此，第 8 章所提出的各种方法在这里都适用。为了提高工作效率，方案评价可以分为概略评价与精确评价两步来做。

（1）概略评价。概略评价的标准，是功能的实现程度和所需费用高低，如图 9-5 所示。

图中，技术性的各条款需用文字或数字说明，经济性诸条款只需作个选择性记号即可（如打√）。

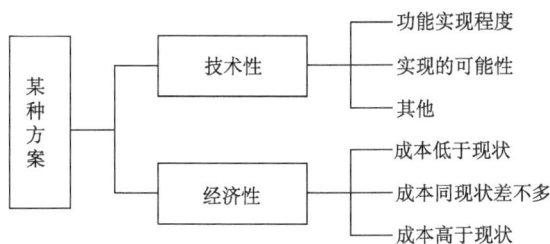

图 9-5 概略评价

在概略评价中不要轻易淘汰某一种方案。求同存异，即使小组中只有一个人赞成的方案，也应该保留，以作精确评价。对淘汰的方案要分析原因，看它可否加以改进，其优点能否并入其他方案。保留下来供精确评价的方案不应只有一个。淘汰某个方案绝对不应同提出该方案的个人有任何瓜葛；淘汰某个方案绝不意味某人丢脸，更不允许别人对他讽刺挖苦。价值工程小组应该自始至终搞好团结，保持融洽。

（2）精确评价。对于概略评价中保留下来的方案，要进行培养和提高，并使之具体化，然后再进行精确评价。

6. 方案验证与实施

经上述步骤选出的最优方案，须进行试验验证。验证内容有二：
（1）验证方案中的规格和条件；
（2）验证方案评价表中列出的优缺点。

试验步骤为：
（1）确定试验方法、设备、材料、日期、负责人及试验结果的评价标准；
（2）在本厂或协作厂进行试验；
（3）整理并评价试验结果，同预定的评价标准比较。

根据比较结果，决定继续试验或停止试验，并将最后的试验结果写成正式提案，呈报上级部门审批后付诸实施。

7. 价值工程活动评价

方案实施后要进行总结和评价，其评价指标有

（1）全年净节约额＝（改进前成本－改进后成本）×年产量－价值工程活动费用

$$(9-5)$$

（2）节约的百分数＝$\dfrac{改进前成本-改进后成本}{改进前成本}\times100\%$ （9-6）

（3）单位费用节约额＝$\dfrac{全年净节约额}{价值工程活动费用}$ （9-7）

（4）单位时间节约额＝$\dfrac{全年净节约额}{价值工程活动延续时间}$ （9-8）

9.4 功能分析与成本分析

价值工程中所说的功能,其实是指物品的使用价值,即物品所能满足人们需要的效用。它是商品的自然属性。产品的功能以满足用户要求为准则。

一种产品(或零部件)往往具有多种功能,可以按照不同的分类标准将它们分类。

根据功能的重要程度可以分为基本功能和辅助功能。基本功能是产品及其零部件要达到使用目的所不可缺少的功能,也是产品及其零部件得以存在的条件;如果去掉基本功能,它们就失去了存在的必要。例如,手机的基本功能是打电话和接听电话,平口虎钳的基本功能是夹紧工件。辅助功能则处于次要的、从属的地位。手机可以辅以显示日历、闹钟提醒等功能,平口虎钳可以兼做铁砧敲敲打打,这些都是辅助功能。又如衣服,其基本功能是遮体、御寒,衣服上带有各种口袋,就提供了存放物品(钢笔、证件、票夹等)的辅助功能。价值工程要保证产品的基本功能,改善其辅助功能。

产品的功能还可以依据不同用户的特点与需要分为必要功能与不必要功能(或多余功能、冗余功能)。例如,带有电子表的圆珠笔,具有写字与计时两大功能,对于某些工作人员来说,这两大功能都是必要的,一笔两用,十分方便;但是对于小学生来说,计时功能是多余的,反而会使他们上课不专心听讲,玩弄那个电子表,因此,家长还是为孩子买一支便宜而简单的圆珠笔为好。又如某型吉普车,它曾经备有前加力器,在越野时很需要,而在平坦大道上行驶时,却成了多余的功能,是发动机的额外负担。一名员工发现了这个问题,"对症下药",使它在不用时可以解脱,从而使油耗下降 10%,还减轻了前加力系统的机械磨损。开展价值工程,要确保必要功能,补充其不足,同时,要寻找并取消多余功能。

产品的功能还可以按满足要求的性质分为使用功能和艺术功能(又称为品位功能、美学功能)。使用功能是指产品达到某种特定用途的功能,它通过产品的基本功能和辅助功能来实现。艺术功能是指产品具有某种欣赏的功能。由于产品的性质不同,有的产品只要求提供使用功能,机械工业的绝大多数产品以及汽油、酒精等化工产品都属于这一类。有的产品则主要是艺术功能,如工艺美术品、装饰品等。还有相当多的产品则要求同时具备这两种功能,特别是与人民生活有关的轻工业产品和某些机械工业产品,如家用电器、手机、衣服、照相机、小汽车等。应该指出,这类产品的艺术功能在吸引顾客、提高市场竞争能力中起着很大作用。在价值工程中对两种功能的资金耗费都不应忽视。

现在许多商品的豪华包装不可取。例如,月饼精美的包装盒恐怕比其中的月饼要贵多少倍,多数都是要扔掉的,造成极大的浪费。但是,月饼厂家的激励竞争,使得豪华包装愈演愈烈,甚至搞得很离谱,如月饼盒里放入手表或手机来推销,恐怕属于不正之风。

下面按照图 9-2 来分别叙述功能分析的各个步骤。

9.4.1 功能定义

1. 什么叫功能定义

功能定义就是用简单明确的语言结构来描述对象的功能。

一种产品的功能，主要是产品总体满足用户需要的能力；而产品的组成部分即零部件功能，则是指该零部件在总体中的职能或用途。给各项功能下定义，是为了限定功能概念，明确功能概念所包含的本质，以便与其他功能概念相区别。因此，在进行功能定义时，既要对产品的功能下定义，又要对每个零部件的功能下定义。

一种产品的设计方案就是要把满足用户需求功能的手段加以具体化。在设计之初，功能的概念往往是抽象的，只有通过设计的实践才逐步浮现并完成既定功能的具体结构。功能定义就是为了弄清楚设计的出发点。如果设计者不能准确地把握这一点，就不可能设计出价值高的产品。

2. 功能定义的方法

对功能下定义，最简单而常用的办法是采用一个动词加一个名词的动宾结构。例如，提供光源、传递扭矩、增大压力、防止震动、减少摩擦力、承受冲击力等。其中，动词是十分重要的，必须准确地加以选择，因为它决定着实现这一功能的手段和提出改进方案的方向。动词改变了，会引起整个设计方向的变动。例如，如果功能定义是"提供光源"，那么实现这一功能的手段应当是各种发光物体，像电灯、油灯、蜡烛等。如果定义是"反射光源"，那么实现功能的手段将是各种反光镜、反光器之类。名词应尽量采用易于度量的物理名词。例如，煤气灶的基本功能，定义为"提供热源"就比定义为"提供火源"更好，因为"热"有现成的度量单位"卡"。桌子腿的基本功能，定义为"支承桌面"就不如定义为"支承重量"来得好。下面以平口虎钳（图 9-6）为例，将其零部件的功能定义列于表 9-2 中。从这个例子中可以看出，一个零部件可以有几个功能，一个功能有时也需要由几个零部件来实现。

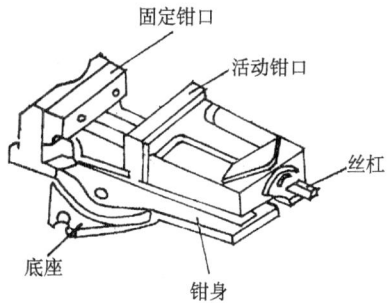

图 9-6 平口虎钳示意图

表 9-2 平口虎钳零部件功能表

序号	零部件名称	功能定义
1	钳身	支承钳口及丝杠母，固定虎钳
2	固定钳口	夹紧工件
3	活动钳口	夹紧工件
4	丝杠	压紧钳口
5	固定丝杠母	承受压力
6	手柄（未画出）	施加旋力

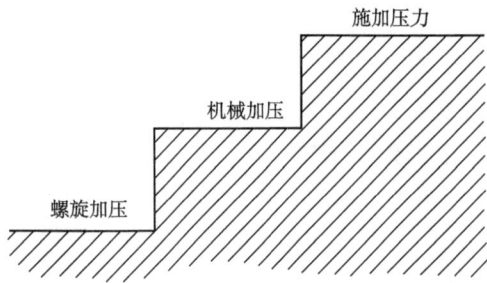

图 9-7　抽象思维的阶梯

功能定义应该意境开阔，不妨抽象一些。例如，平口虎钳为了夹紧工件，必须有一些部件提供"施加压力"这一功能。就常见的平口虎钳来说，是采用螺旋加压。如果我们就拿"螺旋加压"作为功能定义，就限制了我们的思略。因为实现螺旋加压的方案，除了螺旋副（丝杠母与丝杠）以外，很难设想什么别的方案。如果我们换成抽象一些的定义"机械加压"，那么思考的范围就会宽广一些，此时除螺旋副的方案之外，还有偏心压紧、摩擦压紧等各种机械式压紧的方案。我们还可以再抽象一些，去掉限制词"机械（式）"，仅采用"加压"亦即"施加压力"这个动宾结构作为功能定义，这时意境就十分开阔，可以设想更多的方案：除机械式方案以外，还有气压式、液压式、电磁式等施加压力的手段，有可能创造出与传统结构完全不同的设计来。图 9-7 表示抽象思维的阶梯，站得高则"视野开阔"——摆脱现有产品设计的束缚，为创新思维提供广阔的空间。

9.4.2　功能整理

1. 功能整理的目的

所谓功能整理，就是将已经定义的功能加以系统化，明确它们之间的关系，正确体现用户所要求的功能。产品往往是由许多相互密切联系的零部件组成，而一个零部件又往往具有几种功能并同时发挥作用。产品越复杂，零部件就越多，功能的数量也就越多，功能之间的关系也越加复杂。价值工程要求从大量定义了的功能中把握住必要功能。为了达到这个目的，必须进行功能整理。

2. 功能整理的基本方法：功能系统图

各个零部件的功能是相互联系的，为完成产品的整体功能而共同发挥作用。每个功能都有自己的目的。以上面的平口虎钳为例，"施加压力"这个功能，其目的是"压紧钳口"，而"压紧钳口"这个功能的目的是为了"夹紧工件"。反过来看，"夹紧工件"这个目的则是通过"压紧钳口"这个手段来实现的，等等。从这一分析中可以看出，各零部件功能间的相互关系可以通过"目的—手段"的形式来描述，如图 9-8 所示。

从图 9-8 可见，某个特定功能，从它的上一级功能来看，它是手段，从它的下一级功能来看，它又是目的。弄清楚"目的—手段"的关系，就可以把产品中各零部件功能间的相互关系系统化。为了便于分析，我们把上一级的功能叫做上位功能，表示目的；

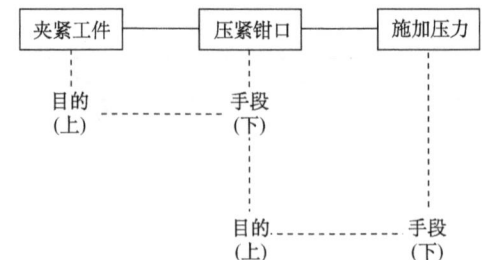

图 9-8　目的—手段关系图

把下一级的功能叫做下位功能，表示手段。

功能整理就是根据"目的—手段"（也就是"上位功能—下位功能"）的关系来整理零部件之间的关系，画成功能系统图，如图 9-9 所示。图中 F_0 是整个产品的最终功能，是用户提出的基本要求，是最上位功能。F_1，F_2，F_3 是实现功能 F_0 的手段，是它的下位功能。但它们又是 F_{ij}（$i=1$，2，3；$j=1$，2，3，4）的目的，是 F_{ij} 的上位功能。通过这样的关系，可以把产品设计的意图用功能系统图来表示出来。这就把对产品结构的思考转为对功能的思考，不受现有设计和现有结构的束缚，去开辟新的途径，用最好的手段和最经济的办法实现用户对产品功能的要求。

功能系统图是产品功能及其零部件功能之间关系的一览表。它表明了产品最终目的和最终用途，也表达了实现产品最终目的的全部手段。每一种产品都可以用功能系统图来表示。根据功能系统图可以构思产品的结构和形状。

功能系统图可以画得粗略些，也可以画得细致些。简单的产品可以画得细致些，直到每个零部件的功能。复杂的产品可以由粗到细，先按部件分解，画出整个产品的功能系统图；然后按零部件分解，画出每个部件的功能系统图。只有这样，才便于进行功能评价及提出改进方案，采用新原理，设计出新结构的产品。

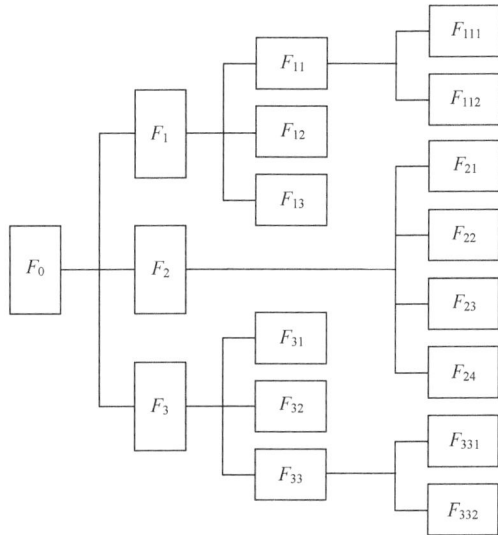

图 9-9 产品的功能系统图

绘制产品的功能系统图，可通过下述提问来实现：①这个功能要达到什么目的？②这个功能怎样实现？第一个提问可以找出上位功能，第二个提问可以找出下位功能。

3. 功能整理举例

以白炽电灯泡为例。它的最终目的（最上位功能）是提供光源。怎样提供光源？使灯泡发光。怎样使它发光？加热灯丝。怎样加热灯丝？供给电能。……这样一直追问下去，把全部零部件功能的相互关系表示出来，如图 9-10 所示。

4. 功能整理的作用

（1）掌握必要功能。产品的价值取决于实现必要功能所花费的成本是多少，为了提高价值，一定要正确掌握所要求的功能。功能整理正是找出产品与零部件的必要功能的有效方法。通过功能系统图可以评价各零部件功能的相对重要性，从整体出发找出提高价值的途径。

（2）去掉多余功能。在排列产品零部件功能相互关系的过程中，有时会出现挂不上关系的功能，这可能是多余功能。通过功能系统图，从目的和手段的关系上进行分析，

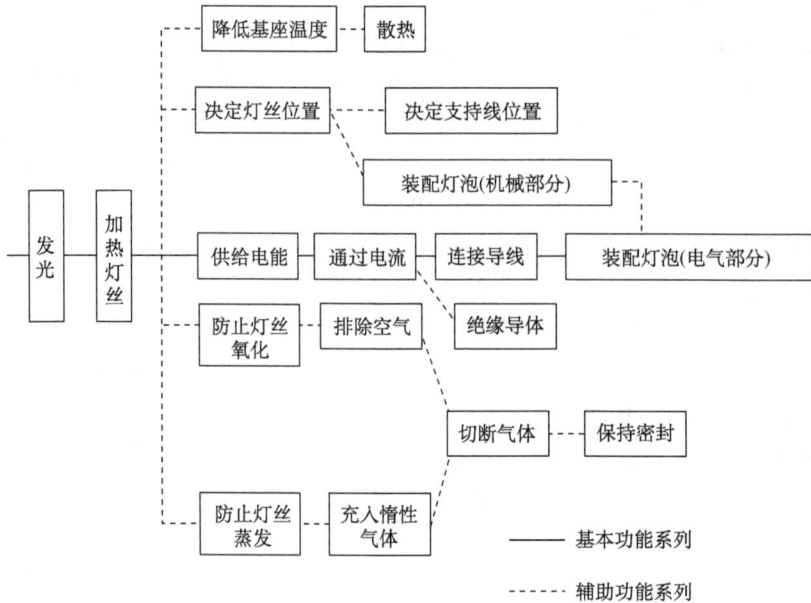

图 9-10　灯泡的功能系统图

才能确定功能的必要性。若是多余功能，就应该取消，以降低产品成本，提高产品的价值。

（3）正确掌握功能范围。从功能系统图的一般形式图 9-9 可知，为实现功能 F_1，需要有下位功能 F_{11}，F_{12}，F_{13}，以及 F_{11} 的下位功能 F_{111}，F_{112}，而与功能 F_{21}，F_{31} 等的关系不大甚至没有关系，这种相互依存的一个局部联系叫做一个"功能范围"。当研究提高产品功能的措施时，不是以个别零部件的功能为对象，而是以一个功能范围为对象，这样才能大幅度提高产品功能。有了功能系统图，才能明确所要改善的功能范围。由此可见，功能整理对于获得提高产品价值的线索是非常重要的。

（4）确定改进对象。要提高功能范围 F_1 的价值，改进对象可以是 F_1，也可以是 F_{11}，F_{12}，F_{13}。如果把上位功能 F_1 作为改进对象，改善的幅度就大得多；相反，如果以 F_{11}，F_{12}，F_{13} 等下位功能为改进对象，虽然方案具体，比较容易实现，但改进幅度就小得多。因此选择改进对象，应该尽量是上位功能。

9.4.3　功能评价

功能评价的关键在于各项功能指标的数量化。第 8 章介绍的评分法在这里都是适用的：

（1）排队打分法。

（2）专家打分法。

（3）两两比较法，包括 0~1 打分法、0~4 打分法、多比例打分法。

（4）体操计分法。

（5）连环比率法。在应用各种评分法时，应该注意邀请用户作为评分员。这里再介绍一种分级评分法。在第 9.7 节还要介绍一种"逻辑判断评分法"。

（6）分级评分法。分级评分法是依据功能系统图进行的，它适用于零部件与功能并非一一对应的复杂情况。它的基本思路是：首先定出产品的功能总分，为计算方便，可取 100、1 000 这样的整数；然后依据功能系统图，按适当的比例系数（权系数）将总分逐级往下分配给各项功能；最后合计各个零部件的功能得分。

例 9-1 某产品的功能系统图及其分级如图 9-11 所示。

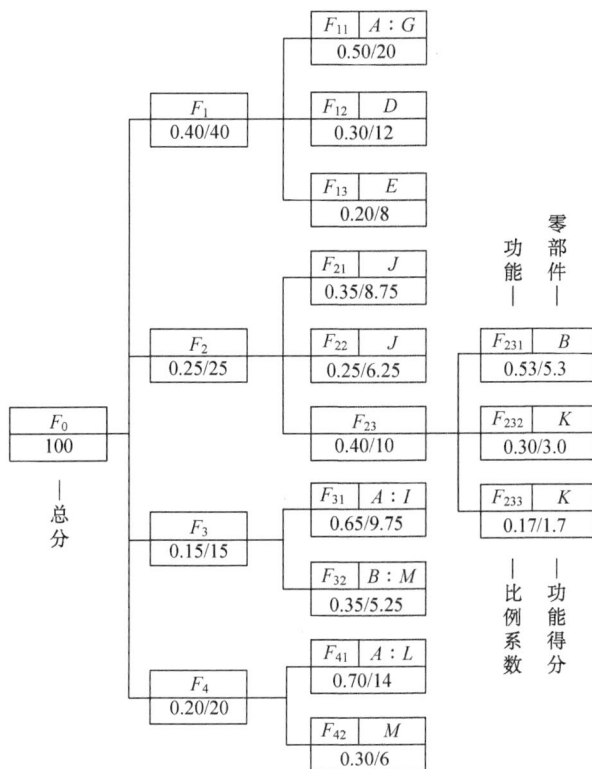

图 9-11 某产品的功能系统图及其分级

图中，产品的功能总分 $F_0 = 100$。各级功能的比例系数与得分满足下列关系式：

$$\begin{cases} \sum_{i=1}^{m} w_i = 1 \\ F_i = w_i \cdot F \end{cases} \tag{9-9}$$

$$\begin{cases} \sum_{j=1}^{n} w_{ij} = 1, \quad i = 1, 2, \cdots, m \\ F_{ij} = w_{ij} \cdot F_i, \quad j = 1, 2, \cdots, n \end{cases} \tag{9-10}$$

$$\begin{cases} \sum_{k=1}^{p} w_{ijk} = 1, \quad i = 1, 2, \cdots, m \\ F_{ijk} = w_{ijk} \cdot F_{ij}, \quad k = 1, 2, \cdots, p \end{cases} \tag{9-11}$$

其中，

$$w_1 = 0.40, F_1 = 0.40 \times 100 = 40$$
$$w_2 = 0.25, F_2 = 0.25 \times 100 = 25$$
$$w_3 = 0.20, F_3 = 0.20 \times 100 = 20$$
$$w_4 = 0.20, F_4 = 0.20 \times 100 = 20$$
$$w_{11} = 0.50, F_{11} = 0.50 \times 40 = 20$$
$$w_{12} = 0.30, F_{12} = 0.30 \times 40 = 12$$
$$\cdots\cdots$$
$$w_{42} = 0.30, F_{42} = 0.30 \times 20 = 6$$
$$w_{231} = 0.53, F_{231} = 0.53 \times 10 = 5.3$$
$$w_{232} = 0.40, F_{232} = 0.30 \times 10 = 3$$
$$w_{233} = 0.17, F_{233} = 0.17 \times 10 = 1.7$$

在图 9-11 中，右端树梢上的功能称为"基础功能"。一项基础功能可以由几个零部件承担，那么，应将此基础功能的得分按照适当的比例系数（权系数）分配给各个零部件，一个零部件又可以担当几项基础功能，那么，应将该零部件由各项基础功能得分中分配到的分数相加。其中，在功能 F_{11} 中，设 $A:G = 0.40:0.60$，则

$$F_{11}(A) = 0.40 \times 20 = 8$$
$$F_{11}(G) = 0.60 \times 20 = 12$$

在功能 F_{31} 中，设 $A:I = 0.55:0.45$，则

$$F_{31}(A) = 0.55 \times 9.75 = 5.36$$
$$F_{31}(I) = 0.45 \times 9.75 = 4.36$$

在功能 F_{32} 中，设 $B:H = 0.36:0.64$，则

$$F_{32}(B) = 0.36 \times 5.25 = 1.89$$
$$F_{32}(H) = 0.64 \times 5.25 = 3.36$$

在功能 F_{41} 中，设 $A:L = 0.26:0.74$，则

$$F_{41}(A) = 0.26 \times 14 = 3.64$$
$$F_{41}(L) = 0.74 \times 14 = 10.36$$

于是，对于零部件 A 来说，其得分 F_A 为

$$F_A = F_{11}(A) + F_{31}(A) + F_{41}(A)$$
$$= 8 + 5.36 + 3.64 = 17$$

对于零部件 A 来说，

$$F_B = F_{32}(B) + F_{321}$$
$$= 1.89 + 5.30 = 7.19$$

表 9-3 列出了各个零部件的功能得分及其功能系数。

表 9-3　零部件的功能得分及其功能系数

零部件		功能得分	功能系数	零部件		功能得分	功能系数
1	A	17.00	0.170 0	7	I	4.39	0.043 9
2	B	7.19	0.071 9	8	J	15.00	0.150 0
3	D	12.00	0.120 0	9	K	4.70	0.047 0
4	E	8.00	0.080 0	10	L	10.36	0.103 6
5	G	12.00	0.120 0	11	M	6.00	0.060 0
6	H	3.36	0.033 6	合计		100.00	1.000 0

在求得每个零部件的功能得分以后，要化成功能系数。记零部件的功能得分为 F_i，其功能系数为 f_i，则

$$f_i = \frac{F_i}{\sum_{i=1}^{n} F_i} \tag{9-12}$$

这样算得的功能系数相当于统计学中的权系数，即满足关系式：

$$0 \leqslant f_i \leqslant 1, \sum_{i=1}^{n} f_i = 1 \tag{9-13}$$

9.4.4　成本分析

1. 零部件的成本系数

根据企业的成本资料，算得产品各零部件的成本 C_i，则零部件的成本系数为

$$c_i = \frac{C_i}{\sum_{j=1}^{n} C_j} \tag{9-14}$$

2. 功能的成本系数

为了把对象产品与同类型产品的先进水平作比较，我们还要计算功能的成本系数。为此，首先要确定每项功能的成本是多少。功能的成本要通过零部件的成本来换算。有以下三种基本情况：

（1）功能与零部件为一一对应关系，该功能的成本就是相应零部件的成本；

（2）一种功能由多个零部件来实现，该功能的成本就是这些零部件的成本之和；

（3）一个零部件具有多种功能，应该按照每种功能在这个零部件上占据的重要程度来分摊该零部件的成本。

记功能 i 的成本为 C_i，其成本系数为 c_i，则

$$c_i = \frac{C_i}{\sum_{j=1}^{n} C_j} \tag{9-15}$$

公式（9-15）看起来与公式（9-14）完全一样，但是含义有所不同：一是计算零部

件的成本系数，一是计算功能的成本系数。

例 9-2 某产品功能的成本系数计算，如表 9-4 所示。

表 9-4 某产品的成本系数计算

零部件		功能				
代号	现状成本	F_1	F_2	F_3	F_4	F_5
I	100			100		
II	450	250		100		100
III	150		50	50	50	
IV	300	50	150		100	
合计	1 000	300	200	250	150	100
	C	C_1	C_2	C_3	C_4	C_5
成本系数 $c_i = C_i/C$		0.3	0.2	0.25	0.15	0.10

3. 两点说明

（1）由于零部件的成本系数比较容易计算，而一个零部件往往只具有一种主要功能，所以往往把零部件的成本系数用作它所实现的主要功能的成本系数。

（2）这里所用的成本资料实际上只是企业的生产成本，这是产品的全寿命周期成本中的 C_1 部分；那么，如何按照用户观点考虑使用成本 C_2 呢？这应该在产品设计中给予认真考虑。一方面，是把用户的利益用适当的功能指标来反映，例如，主要零部件的耐用性、维护修理的方便性以及产品的能耗指标等；另一方面，应该如同规定产品的性能指标一样，对产品的使用成本作出规定，后者在设计中只许降低，不许提高。

9.4.5 价值系数的计算

已知零部件 i 的功能系数 f_i，成本系数 c_i，则价值系数 v_i 为

$$v_i = f_i/c_i \tag{9-16}$$

价值系数 v_i 的数值有三种情况：

$v_i \approx 1$ 说明分配在该零部件上的成本比重合理，即功能与成本相匹配；

$v_i < 1$ 说明分配在该零部件上的成本比重偏高或者功能不足，这是价值工程要改进的重点对象；

$v_i > 1$ 说明该零部件比较重要而分配的成本比重却比较低，可能有过剩的功能或不必要的功能存在。

价值工程的目标在于提高产品的价值，v_i 似乎越大越好，然而在这里还需进一步作分析。首先，v_i 是零部件的价值系数而不是产品的价值，前者与后者的关系是局部与全局的关系，有 $v_i > 1$ 者，就一定有 $v_i < 1$ 者。其次，$v_i > 1$ 有两种具体情况：其一，这个零部件的功能很重要，但是原设计中给它分配的成本偏低，因而未能充分实现。这时，它应该作为价值工程活动的对象。例如，某些产品的包装或外观功能很重要，如果

分配成本过低则会影响销售，这时适当增加一些成本，充分实现这项功能就是应该的了。采取这样的措施之后，v_i 就会变小。其二，$v_i > 1$ 的确是合理的，我们不把相应的零部件作为价值工程的对象，给它分配的成本并不改变；但是，价值工程活动是要降低总成本的，总成本降低以后，该零部件的成本所占总成本的比例会升高，那么，v_i 也会变小。

下面举一个例题，从功能评分开始，直到价值系数的计算。

例 9-3 某汽车电器厂对某型点火线圈开展价值工程活动的部分情况如下：

（1）对于 11 个零部件，请九位评价人员分别用 0～1 打分法评分，其中某一位评价人员的评分表如表 9-5 所示。

表 9-5 某一位评价人员的打分

零部件代号	A	B	D	E	G	H	I	J	K	L	M	得分
A:初级线圈	×	0	1	1	1	1	1	1	1	1	1	9
B:次级线圈	1	×	1	1	1	1	1	1	1	1	1	10
D:外壳	0	0	×	0	1	0	0	1	0	1	1	4
E:高压绝缘盖	0	0	1	1	×	1	1	1	1	1	1	8
G:包装物	0	0	0	0	×	0	0	0	0	0	0	0
H:导磁片	0	0	1	0	1	×	0	1	0	1	1	5
I:铁芯片	0	0	1	0	1	1	×	1	1	1	1	7
J:瓷板	0	0	0	0	1	0	0	×	0	0	1	2
K:瓷托	0	0	1	0	1	1	0	1	×	1	1	6
L:密封垫圈	0	0	0	0	1	0	0	1	0	×	1	3
M:绝缘套	0	0	0	0	1	0	0	0	0	0	×	1
合计												55

（2）将九位评价人员的打分取平均值，然后计算功能系数，如表 9-6 所示。

表 9-6 9 位评价人员的打分及计算

零部件代号	评价人员									平均得分 F_i	功能系数 f_i
	1	2	3	4	5	6	7	8	9		
A	9	9	9	9	10	10	10	10	9	9.444	0.171 7
B	10	10	10	10	9	9	9	9	10	9.556	0.173 7
D	4	5	5	6	4	3	5	4	8	4.889	0.088 9
E	8	7	8	8	5	8	6	6	7	7.0	0.127 3
G	0	0	1	1	1	0	0	1	0	0.444	0.008 1
H	5	6	4	5	6	6	5	6	5	5.333	0.097 0
I	7	8	7	7	8	7	8	8	6	7.333	0.133 3
J	2	2	2	2	2	1	3	3	2	2.111	0.038 4
K	6	4	6	4	7	5	6	6	1	5.0	0.090 9
L	3	3	3	3	3	2	2	2	4	2.778	0.050 5
M	1	1	0	0	0	4	1	0	3	1.111	0.020 20
合计					55					55	1.000 0

（3）查现状成本资料，计算零部件的成本系数，见表 9-7。

（4）计算价值系数，见表 9-7。

表 9-7　例 9-3 的计算

零部件	现状成本/元	现状成本系数/%	功能系数 f_i/%	价值系数	按 f_i 分配现状成本/元	按 f_i 分配目标成本/元	成本降低幅度/元	VE 后预计成本/元
	(1)	(2)=(1)/7.047	(3)	(4)=(3)/(2)	(5)=(3)×7.047	(6)=(3)×6.000	(7)=(1)-(6)	(8)
A	1.628	23.10	17.17	0.743 3	1.210	1.030	0.598	1.030
B	2.996	42.51	17.37	0.408 6	1.224	1.042	1.954	1.042
D	0.660	9.37	8.89	0.948 8	0.626	0.534	0.126	0.534
E	0.511	7.25	12.73	1.755 9	0.897	0.764	−0.253	0.511
G	0.255	3.61	0.81	0.224 4	0.057	0.049	0.206	0.049
H	0.205	2.91	9.70	3.333 3	0.684	0.582	−0.377	0.205
I	0.172	2.44	3.84	1.573 8	0.271	0.230	−0.058	0.172
J	1.550	2.20	9.09	4.131 8	0.641	0.545	−0.390	0.155
K	1.350	1.92	5.05	2.630 2	0.356	0.303	−0.168	0.135
L	0.195	2.77	13.33	4.812 3	0.939	0.800	−0.605	0.195
M	0.135	1.92	2.02	1.052 1	0.142	0.121	0.013	0.121
合计	7.047	100	100		7.047	6.000	1.016	4.149

在表 9-7 中还作了一些其他计算。第 5 列是按功能系数分配现状总成本，其数字与第 1 列现状成本分配情况是不同的。现状总成本是 7.047 元，假设要降低为目标总成本 6.00 元，其按功能系数分配的情况如第 6 列所示。将第 1 列减去第 6 列的对应数字，其结果如第 7 列所示，表明开展价值工程活动所应实现的零部件成本降低幅度。第 8 列则是将第 1 列与第 6 列的对应数字取极小值，它表明价值工程活动后的预计成本。因为，如果按功能系数分配的零部件目标成本（第 6 列）较低，那么，我们将尽可能去实现它，如果零部件的现状成本（第 1 列）较低，那么，我们将尽可能保持它。当然，在两种情况下，作为前提，都必须确保产品以及零部件的功能不降低或有所升高，第 8 列数字只是一种参考值。

9.4.6　目标成本法：另一种计算价值系数的方法

企业生产某种产品（下称现状产品），往往以国内外同类产品中的先进水平作为目标产品，开展价值工程活动就是要使自己的现状产品赶上或超过目标产品。这里介绍的目标成本法的出发点，是现状产品与目标产品之间以功能为基础的可比性。例如，同类型的两种汽车，开启车门的方式可能不一样，但是它们都有开启车门的要求或功能，因而可以用目标产品实现某一功能的成本作为赶超目标，并将此目标成本分配到现状产品实现该功能的零部件上去。

设现状产品有 n 项功能 F_1，F_2，…，F_n，其现状成本分别是 C_1，C_2，…，C_n；目标产品实现相应功能的成本分别是 C'_1，C'_2，…，C'_n，则现状产品与目标产品关于功

能 F_i 的价值分别为

$$V_i = F_i/C_i, i = 1,2,\cdots,n \tag{9-17}$$

$$V_i' = F_i/C_i', i = 1,2,\cdots,n \tag{9-18}$$

按下式定义现状产品第 i 项功能 F_i 的价值系数 v_i：

$$v_i \equiv V_i/V_i' = \frac{F_i/C_i}{F_i/C_i'}, i = 1,2,\cdots,n$$

即

$$v_i = \frac{C_i}{C_i'}, i = 1,2,\cdots,n \tag{9-19}$$

用话语来叙述：

$$某功能的价值系数 = \frac{实现该功能的目标成本}{实现该功能的现状成本} \tag{9-20}$$

一般情况下，$v_i < 1$，说明在实现功能 F_i 所花费的成本上，现状产品比目标产品高；也有可能 $v_i \geqslant 1$，则说明在实现功能 F_i 所花费的成本上，现状产品是属于先进水平。可以按照价值系数 v_i 的大小来确定现状产品功能改进的优先次序和改进幅度，其改进幅度：

$$\Delta = C_i - C_i' \tag{9-21}$$

采用目标成本法开展价值工程活动的步骤：

（1）确定现状产品各个零部件的现状成本；

（2）将零部件的现状成本换算成功能的现状成本 C_i；

（3）确定目标产品的功能成本 C_i'；

（4）按照公式（9-19）计算功能的价值系数 v_i，并将各个价值系数由小到大排列，确定价值工程的重点对象；

（5）按照公式（9-21）计算功能成本改进幅度 Δ_i；

（6）将功能成本改进幅度 Δ_i 换算为零部件的成本改进幅度 δ_i；

（7）寻找技术方案，实现改进目标。

9.5　ABC 分析法与最合适区域法

ABC 分析法与最合适区域法是价值工程中用来确定重点对象的两种主要的定量分析方法。ABC 分析法又称为 ABC 管理法或 Pareto 法，它不但应用于价值工程中，而且应用于质量管理、库存管理以及生产作业计划工作中，应用于政治经济学等社会科学领域中。

9.5.1　什么是 ABC 分析法

ABC 分析法利用 ABC 曲线进行分类分析。ABC 曲线又叫做 Pareto 曲线。1897年，意大利经济学家 Vilfredo Pareto（1848—1923 年）在研究人口与财富分配的规律时，总结了以下现象：占总人口百分比很少的一部分人，他们所占有的财富却占社会总财富的很大部分；其余的大多数人只占有社会总财富的很少部分。他把前者称为 A 类，把后者再分为 B 类与 C 类，且用图 9-12 所示的曲线来描述。其中横坐标为"人口累计百分比"，纵坐标为"财富累计百分比"。

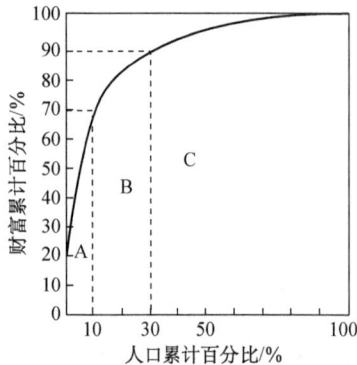

图 9-12   ABC 曲线示意图

事实上，在许多生产活动与社会活动中也存在着类似的关系。例如，在质量管理中，少数不良因素（或少数几道工序、少数几台设备）所造成的不合格品，占不合格品的绝大部分；在物资管理中，少数几种物资占用很大比例的资金；在千百种商品的销售中，少数几种商品的销售额占据销售总额的极大部分；在运动会上，少数几个团体或选手，可能夺得很多的奖牌。平均主义在这些情况下是找不到市场的。

显然，如果把每一种活动中的各种对象不加区分，等量齐观，一刀切，那是不科学的。必须把它们区别轻重缓急，采取不同措施加以处理，以便抓住主要矛盾，做好整个工作。ABC 分析法正是使这种思想方法数量化。

9.5.2   ABC 曲线的画法

在价值工程中，采用如下步骤来画出 ABC 曲线：

（1）按对象产品的零部件种类成本大小，从大到小将所有零部件种类顺序排列；

（2）计算各零部件种类的累计成本及其百分比；

（3）计算各零部件种类的累计数及其百分比；

（4）以零部件种类累计百分比为横轴，以零部件种类成本累计百分比为纵轴，建立坐标系；

（5）在坐标系中绘制 ABC 曲线，将所有零部件种类分成 A、B、C 三大类，其分类标准如表 9-8 所示。显然，A 类零部件应作为重点对象。

表 9-8   ABC 分类标准

类别	零件种类所占百分比/%	各类成本所占百分比/%
A	5～15	70～80
B	10～20	10～20
C	70～80	5～10

例 9-4   某对象产品由 50 种零部件共 124 个组成，单位产品所需的各种零部件数量、零部件单位成本等数据如表 9-9 所示（已按零部件种类成本大小排序），试绘制 ABC 曲线并且作出 ABC 分类。

表 9-9　例 9-4 的数据表

零件名称（略）	零件数量/件	零件种类累计/种	零件种类累计百分比/%	零件单位成本/(元/件)	零件种类成本/元	零件种类成本百分比/%	零件种类累计成本/元	种类累计成本百分比/%
			(4)=(3)/50		(6)=(2)×(5)	(7)=(6)/235		(9)=(8)/235
×××	8	1	2	8	64	27.2	64	27.2
×××	9	2	4	5	45	19.1	109	46.3
×××	4	3	6	10	40	17.0	149	63.3
×××	12	4	8	2.5	30	12.8	179	76.1
×××	2	5	10	4	8	3.4	187	79.5
×××	3	6	12	1.8	5.4	2.3	192.4	81.8
×××	1	7	14	3.6	3.6	1.5	196	83.3
⋮	⋮	⋮	⋮		⋮	⋮	⋮	⋮
×××	1	50	100	0.08	0.08	0.034	235	100
合计	124	50			235	100		

解：在表 9-9 中，第 1、2、5 列为已知条件，其余各列为计算结果。

建立坐标系，作图 9-13，其作法是：

从横轴原点开始，按照第 4 列与第 7 列的数据顺次作直方图；

从左向右，顺次将每一个直方叠加到前面的直方上去，得到以记号"〇"表示的一系列点，这一系列点也可以根据第 4 列与第 9 列的数列直接得到；

用一条光滑的曲线连接这一系列点；

最后，参考表 9-8 给出的分类准则画出两组虚线，将图形分成三部分，就将所有零部件分成 A、B、C 三大类。

由图 9-13 可知，A 类零部件包括前五种，它们的种类百分比占 10%，而成本百分比占了近 80%，这五种零部件就是重点对象。

在实际工作中，表 9-9 中第 7 列的计算与图 9-13 中的直方图均可不作。

由于表 9-8 给出的分类准则具有伸缩性，所以不同的人进行分类时，A、B、C 各类所包含的零部件可能有所出入。

注意，上面都是说的"零部件种类"而不是"零部件个数"。如果一个企业的产品种类众多，也可以

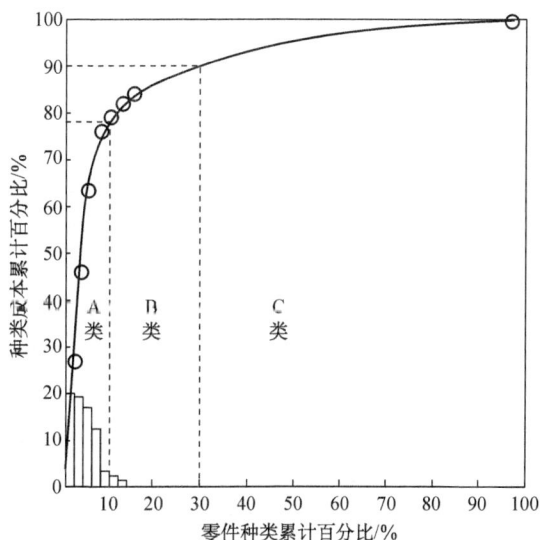

图 9-13　例 9-4 的 ABC 分类曲线图

用 ABC 分析法来选择对象产品，这时，只需将"零部件种类"改为"产品种类"即可。

属于 A 类的零部件应作为重点对象，其理由是这些零部件所占的成本比重大。但是成本比重大的零部件，并不一定就是需要或者可能作出重大改进的零部件。对于 A 类零部件经过功能分析，计算出它们的价值系数后，再运用最合适区域法或者其他方法，进一步从中选择重点对象。

9.5.3　最合适区域法

假设价值系数的计算结果是可靠的，那么，通过对价值系数的分析，可以进一步确定价值工程活动的重点对象。前面已经说过，如果某个零部件 $v_i \approx 1$，说明其成本与功能的匹配是合理的，$v_i > 1$，可能是不合理的，而 $v_i < 1$ 的零部件是价值工程活动的重点对象。这里，$v_i \approx 1$ 是用的近似等号。那么，合理与不合理的范围如何确定呢？价值系数法本身无法决定这种合理范围，原因在于计算相对值 f_i 与 c_i 的过程中丢失了绝对值 F_i、C_i 所包含的信息，现在介绍的"最合适区域法"可以克服这种局限性。

1. 最合适区域

如图 9-14 所示，选取成本系数 c 为横坐标，功能系数 f 为纵坐标，构成直角坐标系。所谓最合适区域，就是两支等轴双曲线：

$$c^2 - f^2 = 2S \text{（实轴在 } c \text{ 轴上）} \tag{9-22}$$
$$f^2 - c^2 = 2S \text{（实轴在 } f \text{ 轴上）} \tag{9-23}$$

在第一象限所包含的区域，其中 S 为待定参数。两支双曲线在第一象限可用以下方程表示：

$$f = \sqrt{c^2 - 2S}, c \geqslant \sqrt{2S} \tag{9-24}$$
$$f = \sqrt{c^2 + 2S} \tag{9-25}$$

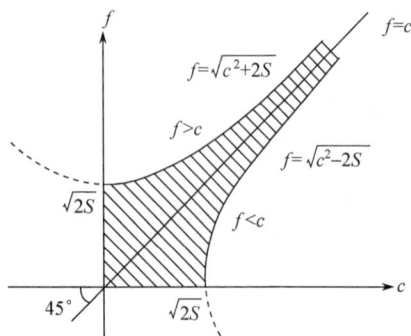

图 9-14　最合适区域

它们在两条坐标轴上的截距都是 $\sqrt{2S}$，若 $S = 50$，则 $2S = 100$，两支双曲线都以直线 $f = c$ 为对称轴与渐近线，而直线 $f = c$ 与坐标轴的夹角是 $45°$，在此直线上，价值系数 $v = f/c = 1$，所以它是理想线。两边的阴影区是容许价值系数 v_i 偏离的区域。很明显，区域的大小由参数 S 决定；每一个零部件都可以依据其成本系数 c_i 与功能系数 f_i 而在坐标系中找到一个点。这些点或者落在阴影区内，或者落在阴影区外。而且，在理想线下方 $f_i < c_i$，$v_i < 1$，在理想线上方，$f_i > c_i$，$v_i > 1$。

我们看到，阴影区在靠近 O 点的部分比较宽，远离 O 点的部分比较窄，越远越窄。由于横坐标表示成本系数 c_i，也就是说，对于成本系数较小的点子（零部件）采取相宽容的态度，对于成本系数 c_i 越大的点子，采取越为严厉的态度。因而，有利于找出价值工程活动所要改进的重点对象。

下面进一步说明最合适区域的原理。如图 9-15 所示，设 Q 点的坐标为 (x, y)，则由 Q 点向 45°直线引垂线，其垂足 P 点的坐标为 $((x+y)/2, (x+y)/2)$。Q 点与 P 点之间的距离为

$$r = \sqrt{(\frac{x+y}{2} - x)^2 + (\frac{x+y}{2} - y)^2} = \frac{1}{\sqrt{2}} \cdot |x - y| \qquad (9\text{-}26)$$

P 点与 O 点之间的距离为

$$l = \sqrt{(\frac{x+y}{2})^2 + (\frac{x+y}{2})^2} = \frac{1}{\sqrt{2}} \cdot |x + y|$$

令

$$S \equiv r \cdot l = \frac{1}{2} \cdot |x^2 - y^2| \qquad (9\text{-}27)$$

公式（9-27）可化为两个式子：

$$2S = x^2 - y^2, \text{若 } x > y \qquad (9\text{-}28)$$
$$2S = y^2 - x^2, \text{若 } y > x \qquad (9\text{-}29)$$

把 x 改写为 c，y 改写为 f，它们就是公式（9-22）与公式（9-23）。

很显然，r 反映 O 点偏离 45°理想线的程度，l 反映 Q 点远离 O 点的程度。如果把 $S = r * l$ 取为定值，则当 l 越大时 r 越小。

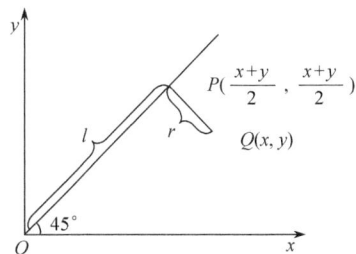

图 9-15 最合适区域的原理

2. 最合适区域与其他区域的比较

以图 9-14 所示双曲线区域作为宽容区的合理性还可以通过比较来鉴别。

图 9-16 所示两条虚线与 45°理想线的偏距相等，两条虚线之间的区域称为"等偏距宽容区"。B 点对 45°理想线的偏距比 A 点大，A 点在宽容区内，它代表的零部件是可以放过的，B 点在宽容区外，它所代表的零部件是要抓住的。但是，A 点的横坐标（成本系数）要比 B 点大得多，A 点的改进潜力（降低成本的可能幅度）要比 B 点大得多，所以，实际上我们应以 A 点为重点对象而宽容 B 点。

图 9-17 所示两条虚线与 45°理想线的偏角相等，两条虚线之间的区域称为"等偏角宽容区"。B 点对 45°理想线偏角比 A 点大，A 点在宽容区内，B 点在宽容区外；但是，A 点的横坐标（成本系数）要比 B 点大得多，A 点的改进潜力要比 B 点大得多，所以，我们应该宽容 B 而不宽容 A。

由此可见，等偏距宽容区与等偏角宽容区都难免"不审势则宽严皆误"，而最合适区域则好得多。这种最合适区域是日本东京大学田中教授提出来的，通常称为"田中区域"。

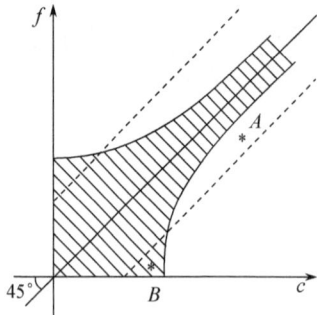

图 9-16   等偏距宽容区

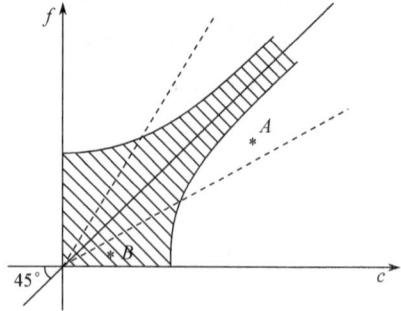

图 9-17   等偏角宽容区

*9.6   价值工程的拓展应用[①]

价值工程的应用范围不断拓展。主要的拓展有：从制造业扩展到服务业，从"硬的"有形产品扩展到"软的"无形产品，从产品改进扩展到企业整体管理；广泛应用于大型工程建设项目；从着重于成本降低扩展到"全面价值管理"；与其他管理方法相结合，如 6σ 管理等。

在各种拓展应用中，公式（9-2）即 $C = C_1 + C_2$ 中的 C 仍然是"全寿命周期总费用"（WLCC），C_1 则扩展为"生产者成本"或"服务者成本"，它包含开发设计成本、制造成本或直接服务成本、物流成本、营销成本等；C_2 扩展为"消费者成本"，它包含使用成本、维修保养成本、废弃处置成本。按照"谁生产谁回收"的原则，生产者应该采取"以旧换新"等方式回收消费者的废弃物品，一来降低消费者的成本，二来有利于环境保护和资源再造。

本节介绍把价值工程拓展应用到服务业的情况。

1. 价值工程的价值在服务业中的意义

价值是凝结在商品中的劳动成果。在服务业，服务就是商品，价值作为一种评价尺度，是指评价不同质量、不同价格的服务对于消费者、提供者的有益程度的一种尺度，是提供者和消费者双方衡量服务的共同准则。理性消费者在购买服务时，都会考虑服务的质量如何、能给自己带来哪些价值等；在全面衡量之后，他们会在心中给服务定价，进而考虑其真实的性价比，决定是否购买。这种评价观点体现着价值工程的价值观："对象所具有的功能与获得该功能的全部费用之比。"即价值工程的基本公式（9-1）：$V = F/C$。

从公式（9-1）可知，要提高服务的价值，就必须找到其成本与功能的最佳结合点。

---

①   本节内容来自《价值工程》2004 年第 4 期刊载的左小明、左伟光、林炜桐《价值工程在服务业中应用的探索》一文，文字有一些改动。

2. 价值工程的功能在服务业中的意义

用户需求的本质内涵是对象所具有的功能，并通过提供的服务获得所需功能。这一原理当然也适用于服务业。功能是价值工程的核心元素，是隐藏在价值工程对象背后的本质。功能是指对象满足使用者某种需要、为之提供效用的一种属性。它具有下列几个特性：

（1）功能具有主观—客观二重性。功能是依存于服务本身的客观属性，会因不同的服务属性不同而不同；同时，功能又依存于人们的主观感受，以人们对服务的需求的满足程度来衡量。这就要求在价值工程中全面把握这两个方面的问题。

（2）功能具有系统性。功能在服务系统中分为整体功能和局部功能，具有一定的结构体系。局部功能服务于整体功能，是整体功能实现的手段；而整体功能以满足用户需求为目的。所以在价值工程中，服务必须适应环境的要求，根据环境的变化调整价值工程对象的功能。

（3）功能载体具有替代性。实现同样的功能，可有多种途径，相同功能的载体是可以相互替代的。改变服务功能的载体，是价值工程创新活动的基本途径之一。功能载体的变化，没有改变原来的功能，如果带来成本的下降、价值的提高，就是价值工程的成功。

在价值工程中，功能满足消费者的需求。开展价值工程必须研究功能水平。功能水平是对功能的定性和定量描述。功能水平包括三方面的内容：功能等级，即功能水平的等级；必要的功能项目；功能完成度，即满足功能项目的特性值。价值工程研究它们，是为了寻找功能与成本的最佳结合点。价值工程要确定不同功能水平带来的成本水平的变化，进而确定采用何种方案。

3. 价值工程的成本在服务业中的意义

价值工程中的服务成本与传统的服务成本概念有所不同，前者是指服务的全寿命周期总成本。服务的寿命周期则是指一项服务从构思、设计、运作、提供、享用直至废止的整个时间段。服务的全寿命周期总成本包括运作成本和享用成本，表 9-10 把各种成本进行了归类。

表 9-10 服务的全寿命周期总成本的内容

服务寿命周期成本						
服务运作成本				服务享用成本		
服务研发成本	服务设计成本	服务制造成本	非制造成本	服务运行成本	服务维修成本	系统保养成本
服务期限（寿命）						

价值工程强调服务业在考虑降低服务成本时，还要考虑降低服务的享用成本。只有这样真正为消费者着想，服务才能具有真正的竞争力。

当然，并不是所有的服务都能用足寿命时间，也有许多提前结束寿命而报废的。这里就要考虑一个经济寿命的问题。在管理会计中，产品或服务的经济寿命是小于等于自然寿命的，因为使用到自然寿命的成本大于等于使用到经济寿命的成本。所以开展价值工程要考虑服务的经济寿命成本。

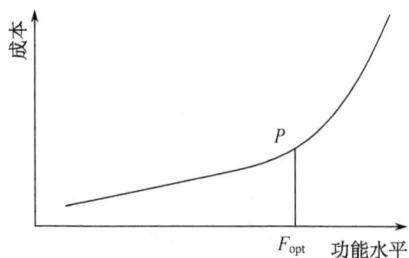

研究表明，在价值工程中，成本和功能的相关曲线大体符合指数曲线，如图 9-18 所示。

该曲线表明，功能与成本的相关性如下：依据对象功能的水平高低，以图中 F_{opt} 为分界点把图形分为低功能区和高功能区。在低功能区，随着功能水平的提高，成本上升比较缓慢，曲线斜率较小；当功能水平提高到一定程度后，进入高功能区，继续提高功能，会引起成本的大幅度上升。

图 9-18   功能-成本曲线

由于功能和成本的相关性，在开展价值工程活动时，首先确定服务的目标成本，再确定服务所需达到的功能水平，重点分析功能改进途径，以取得价值工程活动的成功。

4. 价值工程在服务业中应用途径

价值工程在服务业中应用的途径主要包括：

（1）从用户需求出发，进行功能分析。功能分析是价值工程的核心，要求在服务的研发和设计时，把重点从传统的对服务结构分析，转移到对服务功能分析。通过功能分析，发现用户需要哪些功能，不需要哪些功能，哪些功能是不足的，哪些是过剩的。只有这样，才能充分确定服务的成本水平，做到"知己知彼，百战不殆"，设计出好的服务产品。

（2）注重必要功能。各种服务都有核心功能，当然也有其他的附属功能。价值工程首先关注的是核心功能，保证实现必要功能，再考虑增加其他功能，或者出于降低成本的考虑，删除其附属功能。

（3）着眼于全寿命周期总费用。价值工程把眼光从传统的成本观念中扩展出来，考虑服务的全寿命周期总成本，这样才能真正为用户考虑，争取更多的市场和利润空间。

（4）实现服务的价值创造。价值工程是一种创新活动，通过功能分析，提出多种不同的方案，进行比较筛选，选出那些能够创造较大价值的最优方案，满足不同的服务需求。

（5）价值工程活动具有组织性。价值工程是依靠团队的集体智慧所进行的一项有计划、有组织的活动，这项活动能否有效开展，关键在于组织领导。

5. 服务业价值工程的分析对象的选择

价值工程最初是应用在原材料采购及其代用品研究的，后来被推广到工程、产品，并扩大到服务等诸多领域。开展价值工程也要花费成本，所以在运用时应该有重点地选择对象。其选择标准主要有：

（1）从设计的角度考虑。要选择那些差的服务，通过设计方案改进和创新加以提高。

（2）从服务成本的角度出发。把服务系统中成本高的商品作为其研究对象以降低成本。

（3）从提供服务功能的角度考虑。对那些用户反映大、市场前景不乐观、竞争能力差的服务进行研究，通过分析其性价比确定改进方案，从而提升服务价值。

（4）从服务附加价值的角度考虑。选择那些成本较高、附加值低的服务项目，通过服务创新和降低运作成本提升服务系统价值。

（5）从服务市场寿命的角度考虑。重点考虑不断推出新的服务，在新服务品种的开发研制以及投入市场的过程中应用价值工程，努力降低成本，提高效益。

随着服务业的运作从生产系统分离，更多的市场主体会在服务业中寻求新的商机，运作将越来越成熟。在全球化经济环境下，价值工程有助于服务业创造新商机。

9.7　案例研究

9.7.1　案例 1　对摄像管偏转聚焦线圈开展的价值工程[①]

本节提供案例虽然在时间上比较早，但是具有典型性，值得选用。

摄像管偏转聚焦线圈是各种电视摄像机的关键部件之一，它与摄像管相配合产生电视系统的最原始的信号。某广播器材厂生产的摄像管偏转聚焦线圈是为多管式彩色电视摄像机设计和生产的，其质量当时在国际交流中被确认达到世界先进水平。但该产品在国内多被用户用于制造黑白电视摄像机，对这些用户而言则存在着功能过剩、价格偏高的缺点。为此，该厂在试制用于黑白电视摄像机的通用型线圈时，开展了价值工程活动，具体情况包括以下几方面内容。

1. 功能分析

摄像管偏转聚焦线圈的基本功能是使电视摄像管阴极发射出的电子束在摄像管靶面上聚焦，并在水平和垂直两个方向上扫描。它的主要性能指标有三个：①清晰度；②几何畸变；③用于多管彩色摄像机时的重合误差。

整个产品由 44 种共计 89 个零部件组成，其中只有 12 个零部件是主要的，它们提供了整个产品的主要功能，它们的成本占总成本的 83.6%。各主要零部件的功能列于

---

① 本案例根据《系统工程理论与实践》1982 年第 1 期的文章，原作者：赵振东、赵启正、孙国弟、金振雄。

表 9-11。本书仅对主要零部件进行功能分析。

表 9-11　零部件的功能

零部件名称	主要功能	辅助功能
聚焦线圈	控制电子束聚焦	其骨架和前屏蔽罩配合，屏蔽干扰
行线圈	控制电子束作水平方向偏转	
帧线圈	控制电子束作垂直方向偏转	其骨架保证行线圈的同轴度
校正线圈	保证电子束以垂直方向打向靶面，使图像清晰，畸变对称，并有利于重合	
骨架	使所有零部件组装起来	保证同轴度
骨架头组件	引出信号，固定摄像管，接地	
静电屏蔽膜	屏蔽系统中的一部分，屏蔽对图像信号的干扰	
导磁筒	构成行线圈、帧线圈的磁路，以提高偏转灵敏度	隔离聚焦线圈和偏转线圈
前屏蔽罩	屏蔽系统的主要部分，屏蔽对图像信号的干扰	
外罩	封装产品，屏蔽外界干扰，提供基准位置	外观
线扎	供电	
阻容元件	阻尼行偏转电流对帧线圈的干扰	

2. 确定价值系数

（1）成本系数。每个零部件的成本与 12 个主要零部件成本之和的比值即为该零部件的成本系数，如表 9-12 所示。

表 9-12　确定价值系数

序号	零部件名称	成本系数/%	功能相对系数	功能分数	功能系数/%	价值系数/%
F_1	行线圈	25.55	$F_1 > F_2$	438	25.14	0.98
F_2	帧线圈	15.44	$F_2 > F_3$	383	21.99	1.42
F_3	聚焦线圈	25.83	$F_3 > F_4 + F_5 + F_6$	351	20.15	0.78
F_4	骨架	1.17	$F_4 > F_5$	173	9.93	8.49
F_5	骨架头组件	1.29	$F_5 > F_6$	132	7.58	5.88
F_6	外罩	16.70	$F_6 > F_7$	95	5.45	0.33
F_7	前屏蔽罩	0.12	$F_7 > F_8 + F_9$	73	4.19	34.92
F_8	线扎	2.36	$F_8 > F_9$	33	1.90	0.81
F_9	校正线圈	3.80	$F_9 \geqslant F_{10} + F_{11}$	27	1.55	0.41
F_{10}	阻容元件	0.93	$F_{10} > F_{11}$	16	0.92	0.99
F_{11}	导磁筒	2.64	$F_{11} > F_{12}$	11	0.63	0.24
F_{12}	静电屏蔽膜	4.17	（基准）	10	0.57	0.41
合计		100		1 742	100	

（2）功能系数。首先用强制确定法决定各个零部件按功能由高到低的顺序，在表 9-12 中从上到下排列；其次，以"逻辑判断评分法"得出各零部件的功能相对关系：由下而上，逐个进行比较，写出关系式；最后把功能最低的零部件功能分数定为 10，并以此为基准由低功能的零部件向高功能的零部件对每个零部件估分，在估分中应注意符合功能相对关系的限制。

参加以强制确定法决定功能顺序和估分的人员有主管设计师、工艺师、技术熟练的工人等五人，最后以平均值决定。

（3）价值系数。每个零部件的功能分数与 12 个零部件的总功能分数的比值即为该零部件的功能系数，见表 9-12。以成本系数和功能系数为 x 和 y 坐标，标出各零部件所在位置。选取 $|x^2 - y^2| = 25$ 为价值系数合理的区域界限，作价值系数分析图 9-19。由图可见，远离合理区域且成本系数较高的零部件有三种，即外罩、聚焦线圈和帧线圈。

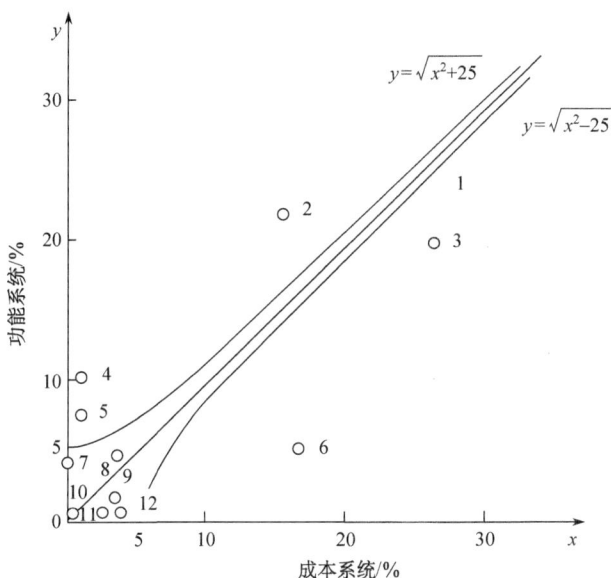

图 9-19　零部件价值系数分布情况

1. 行线圈；2. 帧线圈；3. 聚焦线圈；4. 骨架；5. 骨架头组件；6. 外罩；
7. 前屏蔽罩；8. 线扎；9. 校正线圈；10. 组容元件；11. 导磁筒；12. 静电屏蔽膜

3. 新的设计方案

新的设计方案的着眼点是改进外罩、聚焦线圈和帧线圈的设计。

外罩的价值系数为 0.33，原因是成本过高。原设计的外罩为整体式，其加工方法是用管材旋压后以车床切去多余尾料，再冲压成型，以小型真空炉退火。现由整体式改为结合式：罩身仍使用管材，只进行简单的打孔、卷边等加工，罩头用冲压加工而成，以大型真空炉退火。这样改变的结果使外罩的生产成本下降了 57.9%。

聚焦线圈的价值系数为 0.78，原因也是成本过高。原来是用铝材车制骨架，新方案是利用塑料模压，由此使成本降低了 53.5%，但是原铝制骨架有屏蔽作用，为了弥补屏蔽作用的削弱，将原前屏蔽罩改为新的形状，增加成本 0.40 元。与聚焦骨架节省 20 元相比，成本的这一点增加是值得的。

帧线圈的价值系数为 1.42，大于 1。对用于黑白摄像机的通用型偏转聚焦线圈来说，原设计方案的帧线圈功能过剩，其中每对帧线圈有两根镶条，其作用是提高彩色摄像机的重合精度，对新的设计目的这是多余的。去掉镶条，不但节省了镶条本身的材料及加工费，也简化了帧线圈的绕制工艺。新的设计使成本下降了 27.8%。

静电屏蔽膜、导磁筒和阻容元件的功能系数很低，这提示了取消它们的可能性。实验证明，将它们取消后不影响通用型偏转聚焦线圈的性能。于是新的方案中将它们取消。

新旧成本的对比列于表 9-13。

表 9-13　新方案与原方案的对比

序号	零部件及成本项目	原成本/元	新成本/元	成本降低百分比/%	降低数/元
1	行线圈	36.98	36.98		
2	帧线圈	22.34	16.14	27.8	6.2
3	聚焦线圈	37.38	17.38	53.5	20
4	骨架	1.69	1.69		
5	骨架头组件	1.87	1.87		
6	外罩	24.17	10.17	57.9	14
7	前屏蔽罩	0.17	0.57	−235.3	−0.4
8	线扎	3.42	2.02	40.9	1.4
9	校正线圈	5.50	2.10	61.8	3.4
10	阻容元件	1.34		100	1.34
11	导磁筒	3.82		100	3.82
12	静电屏蔽膜	6.04		100	6.04
13	其他	1.03	1.03		
14	工本费分摊	15.00	}	}	}
15	测试设备折旧	10.00	21.30	19.0	5.0
16	说明书	1.3			
合计		172.05	111.25	35.3	60.8

新产品与日本某名牌产品相比，其性能是良好的，见表 9-14。

表 9-14　两种产品的性能比较

性　能 ＼ 产　品	我国某厂产品	日本某名牌产品 3Q
几何畸变	<1%	<2%
菱形畸变	<1°	<1.5°
定位方式	精确同轴	大体同轴
外罩精度	<0.2 毫米	无明确要求
抗干扰性能	强	一般
校正方式	电磁	磁

4. 讨论

（1）本工作的关键在于估计功能分数，参与估计的人选是重要的。如果个别人员对产品功能认识不足，对总的结果可能有不利的影响。

（2）在产品零部件较少时，也可以不使用逻辑判断评分法，而直接从功能最低的零部件开始估分，以比较的方式直估至功能最高的零部件，从而得出功能系数。这样虽然显得有些粗糙，但是比简单使用强制确定法确定功能系数要精确得多。

（3）本分析工作进行于 1980 年年初，在以后近两年的生产中，又将行线圈的设计及加工工艺进行了变动，使其成本下降了 20 元，仍能满足通用型偏转聚焦线圈的性能要求。其现象似乎是行线圈的位置沿 $x=y$ 的直线"下滑"。这种"下滑"现象可能由多种原因产生，原因之一可能是在当时把行线圈的动能分数估得偏高造成的。如何更合理地确定功能系数是需要继续深入研究的课题。

*9.7.2　案例 2　用 TRIZ 创新方法寻找油价问题解决办法[①]

本案例试图用 TRIZ 创新方法寻找油价问题解决办法。这里先介绍这个案例，然后第 9.8 节再介绍 TRIZ 的基本知识。

油价问题一直是困扰我国经济社会发展和人民群众生活的一个基本问题。由于国内市场资源有限，国际市场资源价格较高，在进口资源占相当比例的情况下，造成购销价格严重倒挂、石油经营企业亏损严重、市场供应稳定性差等问题。

按照 TRIZ 理论，油价问题是一个典型的物理矛盾，即对一个系统参数有相反的、矛盾的要求：一方（石油企业）要求它价格高（大），另一方（油品消费者）又要求它价格低（小）。按照传统理论，解决此类问题只能采取折中的办法，即（高＋低）÷2。这种办法并未从根本上解决矛盾。

解决此类问题，TRIZ 理论给出了新的解决思路——分离原理，即按照系统内不同子系统的不同要求，分别对待，差别政策，以求问题彻底解决。按照这一思路，我们对油价问题的解决提出以下三层分离方案：第一层，基本需求和非基本需求分离；第二层，国内资源和国际资源分离；第三层，政府与市场分离。

---

① 本案例采自网站 http://www.triz.gov.cn/。

第一层是基本需求和非基本需求分离。根据油品消费与国计民生的关系将油品消费分为 A 和 B 两级四档，并假设额定数量、价格如表 9-15 所示（以私家车为例）。其中 A 级为基本消费，此类消费价格基本上保持稳定，原则上不涨价或涨价幅度较小。B 级消费为非基本消费，随行就市，由市场调节。

表 9-15 层级分档

消费层级	消费性质	额定数量	价格
A_1 级	必要消费	200 公升/辆·月	a
A_2 级	公共消费	201～500 公升/辆·月	$2a$
B_1 级	高级消费	501～700 公升/辆·月	a^2
B_2 级	奢侈消费	700 公升以上/辆·月	a^3

第二层是国内资源和国际资源分离，即国内资源供应基本需求，国际资源供应非基本需求。如此，基本消费价格 a 的构成应为国内资源成本＋石油企业合理利润，非基本消费价格 a^2、a^3 构成应为进口资源成本＋石油企业合理利润＋调节基金。在非基本消费价格中，进口资源成本是该类消费必须支出的必要成本，而调节基金是该类消费必须承担的社会责任。

第三层是政府与市场分离。政府与市场分离的基本条件是石油供销市场具有自调节功能。在第二层分离中给非基本消费价格中所设立的调节基金使石油供销市场具有了自调节功能。这也是 TRIZ 理论中的"自服务原则"。国内石油市场涨价的基本原因是进口资源涨价，在一、二层分离的基础上，当国内资源不足以供应基本需求，需要进口国际资源造成价格倒挂时，由非基本消费价格中的调节基金予以弥补，该基金的水平可根据进口资源量大小随时调节。这样，石油市场供应完全由石油企业根据国内外资源价格自我平衡，不再需要动用国家财政资源和国家政策资源，以减少政府系统资源支出和行政系统复杂性提高，同时有效地降低了可能的有害作用的发生。

按此思路，事关国计民生的基本石油消费需求由国内资源供应，价格原则上不变（或变幅较小），以保障国民经济平稳运行和反通胀。社会的非基本消费部分由进口资源供应，随行就市，高进高供，自求平衡。同时在非基本消费价格中设置的调节基金以保证国内基本需求的价格稳定。如此，不该涨的不涨，该涨的就涨。此项措施的实施需要耗费的资源是一辆车一张加油卡，加油站结合加油设备升级换代增设读卡器，以反映一定时间内加油的累计量，便于加油站确定该车此次加油的价格。总的来说，增加的资源并不多，系统的复杂性没有多大提高，重要的是国家并不增加资源消耗，而且还实现了该保的保，该限的限；作为消费者，则根据自己的经济能力和事情的轻重缓急确定石油消费行为，有利于节约资源，同时减少排放。在此情况下，国家将责成国有石油企业保证国内油品资源基本消费稳定供应，石油企业也将通过增加国内石油资源产量和提高管理水平创造利润，增加收入；同时国家授权石油企业根据国内基本消费需求量和国内资源供应量之间的差额而进口的国际资源量的大小，决定非基本消费价格中的调节基金量的大小，以保证国内基本消费需求量的稳定。这样，国有石油企业有责任也有手段保证整个国内油品市场的供应。

运用 TRIZ 理论的分离原理解决油价问题，反映了这样一个基本事实：在当今这个收入多元化、资源来源多元化、消费行为多元化的时代里，在一个基本经济系统里，用"一刀切"的办法，是难以反映各方需求，也难以解决基本矛盾的。必须按照唯物辩证法和矛盾论的思想，科学地拆解矛盾，对矛盾的不同方面采取不同的对策，才能实现矛盾诸方面的对立统一，使系统稳定运行。

*9.8　TRIZ 简介

2008 年 4 月 23 日，我国科学技术部、国家发展和改革委员会、教育部、中国科学技术协会等四大机构联合发文《关于加强创新方法工作的若干意见》（国科发财〔2008〕197 号），其中说："针对建立以企业为主体的技术创新体系的重大需求，推进 TRIZ 等国际先进技术创新方法与中国本土需求融合；推广技术成熟度预测、技术进化模式与路线、冲突解决原理、效应及标准解等 TRIZ 中成熟方法在企业的应用；加强技术创新方法知识库建设，研究开发出适应中国企业技术创新发展的理论体系、软件工具和平台。"

TRIZ 意即"发明问题的解决理论"，原来属于前苏联的国家机密，在军事、工业、航空航天等领域均发挥了巨大作用，被称为创新的"点金术"。

前面说过，TRIZ 是由前苏联发明家根里奇·阿奇舒勒（G. S. Altshuller, 1926—1998 年）创立的。TRIZ 的起源比较早，几乎与价值工程同步，从 1946 年开始。当时阿奇舒勒在苏联里海海军专利局工作，在处理世界各国著名的发明专利过程中，他总是思考这样一个问题：当人们进行发明创造、解决技术难题时，是否有可以遵循的科学方法和法则，从而能迅速地实现新的发明创造或解决技术难题呢？答案是肯定的。阿奇舒勒发现任何领域的产品改进、技术的变革、创新和生物系统一样，都存在产生、生长、成熟、衰老、灭亡的过程，是有规律可循的。人们如果掌握了这些规律，就会能动地进行产品设计并能预测产品未来发展趋势。阿奇舒勒毕生致力于 TRIZ 理论的研究和完善。在他的领导下，苏联的数十家研究机构、大学、企业组成了 TRIZ 的研究团体，他们分析了世界上近 250 万份高水平的发明专利，总结出各种技术发展进化遵循的规律与模式，以及解决各种技术矛盾和物理矛盾的创新原理和法则，建立一个由解决技术问题、实现创新开发的各种方法和算法组成的综合理论体系 TRIZ。

20 世纪 80 年代中期前，该理论对其他国家保密，让西方发达国家望尘莫及。80 年代中期，随着一批苏联科学家移居美国等西方国家，该理论扩散到全世界。一些大学将 TRIZ 列为工程设计方法课程。

TRIZ 有一个简短的定义：TRIZ 是基于知识的、面向人的、发明问题求解的、系统化的方法学。这个简短的定义包含的内容是很丰富的，有如下四个方面。

1. TRIZ 是基于知识的方法

（1）TRIZ 是发明问题求解的启发式方法的知识；
（2）TRIZ 大量采用自然科学及工程技术的知识；

（3）TRIZ 利用出现问题领域的知识，这些知识包括技术本身，相似或相反的技术或过程、环境、发展及进化。

2. TRIZ 是面向人的方法

TRIZ 中的启发式方法是面向设计者的，不是面向机器的。计算机软件仅起支持作用，而不能完全代替设计者，需要为处理这些随机问题的设计者们提供方法与工具。

3. TRIZ 是发明问题求解的理论与方法

（1）为了取得创新解，需要解决设计中的冲突，但解决冲突的某些步骤是不知道的；

（2）未知的解往往可以被虚构的理想解代替；

（3）理想解可通过环境或系统本身的资源获得；

（4）理想解可通过已知的系统进化趋势推断。

4. TRIZ 是系统化的方法

TRIZ 将系统分解为子系统，区分有用、无用及有害功能；这些分解取决于问题及环境，具有随机性。

（1）在 TRIZ 中，问题的分析采用了通用及详细的模型，该模型中问题的系统化知识是重要的；

（2）解决问题的过程系统化，以方便地应用已有的知识。

TRIZ 很强调系统思想，TRIZ 的核心思想主要体现在三个方面。首先，无论是一个简单产品还是复杂的技术系统，其核心技术的发展都是遵循着客观的规律发展演变的，即具有客观的进化规律和模式。其次，各种技术难题、冲突和矛盾的不断解决是推动这种进化过程的动力。最后，技术系统发展的理想状态是用尽量少的资源实现尽量多的功能。

TRIZ 包含丰富的内容，图 9-20 是一个简单的表示。

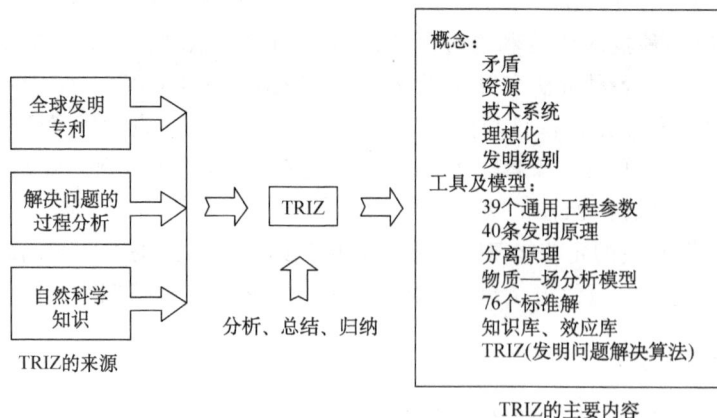

图 9-20　TRIZ 的来源与内容

TRIZ 与 VE 是相互独立发展起来的，两者有区别有联系。从公式（9-1）来看，TRIZ 与 VE 都是为了提高价值对象系统——产品或服务的价值。VE 的侧重点在于降低全寿命周期总成本 C，而 TRIZ 的侧重点在于通过技术途径提高功能 F，殊途同归，都是为了提高 V。

TRIZ 与 VE 可以互补，两者结合起来运用，可以更好地开展创新工作，同时实现"多、快、好、省"四项指标。

国内已经出版了介绍 TRIZ 的若干专著，以 TRIZ 为关键词在网络上也可以找到很多学习材料。

习题 9

9-1 价值工程所说的"价值"（value）是什么含义？它与政治经济学所说的"价值"等术语有什么区别？

9-2 为什么要"站在用户的立场上，考虑产品全寿命周期总费用"？

9-3 价值工程的活动步骤有哪些？

9-4 什么是功能系统图？如何绘制？

9-5 购买一件用品，它的功能是否越多越好？试分析你的手机哪些是必要功能，哪些是冗余功能，你喜欢这样的手机吗？为什么？

9-6 什么是零部件的价值系数？价值系数的三种计算值如何分别处置？

9-7 价值工程有哪些拓展应用？在服务业中它如何应用？

9-8 试运用价值工程原理安排一次旅游活动。

9-9 请找出一个新的价值工程案例。

* 9-10 请关注 TRIZ 及其应用。

第 10 章

发展战略与规划研究

10.1 引言

10.1.1 发展战略与规划研究的重要性

社会经济系统的战略一般都是发展战略，其目的是谋求整个系统的发展壮大。

发展战略与规划研究是系统工程固有的基本内涵。系统工程重视宏观研究，强调看全局、抓大事。系统发展战略是系统的头等大事，规划则是落实战略的。研究制订系统的发展战略的工作本身就是一项系统工程。

一个系统，不是实行正确的战略，就是实行错误的战略；不是自觉地实行某种战略，就是盲目地实行某种战略。我们当然希望自觉地实行正确的战略。这就需要认真开展战略研究和战略管理。

自 20 世纪 50 年代以来，世界各国的关系和社会经济活动日益复杂，全局性的、长远的发展方向和指导思想显得越来越重要，因而发展战略逐步引起了人们的重视。战略一词从军事领域广泛引申至政治、社会、经济等各个领域，其含义演变为泛指统领性的、全局性的谋略。"国家战略""全球战略""太空战略"等概念层出不穷。战术一词也随之运用于各个领域。

战略决定成败。一个系统——无论是一个国家、一个地区、一个部门、一个企业或者一所高校——要在复杂多变的环境中抓住时机、迎接挑战，就必须预见未来，及时作出战略选择，精心组织战略实施。必须从全局的、长远的观点出发，研究系统发展的指导思想和途径，研究系统的内部结构和运作模式，以及系统与子系统、子系统与子系统、系统与环境之间的关系以及它们相互交叉的效应，探讨各子系统结合在一起的内在依据、相互促进的动力和条件；并且根据客观形势的发展与变化，及时提出新的观念、新的思路以及新的政策和策略。在复杂多变的现代社会经济活动中，谁具有战略眼光，善于运筹帷幄，能够抓住战略时机，谁就能掌握主动权，获得成功。

研究与制订发展战略的过程是系统分析、系统综合与系统评价三者紧密结合、交错进行的。在这里，物理—事理—人理（WSR）系统方法论尤为重要，PESTEL 分析、SWOT 分析、Porter 五力分析是常用的工具。

本章主要介绍我国的国家发展战略，包括"三步走"战略、科学发展观与可持续发展战略；介绍国家发展战略体系和部门的、地区的发展战略研究，以及企业发展战略研究与战略管理。

10.1.2　战略的特征

战略具有下列基本特征：全局性、长期性、相对稳定性。

（1）全局性。战略是系统在一个较长的时期内谋求发展的全局性的指导思想，其目的是指导系统取得整体行动的胜利，而不限于某一局部的发展。例如，国家的社会经济发展战略，一般侧重于研究宏观的、全局的问题，包括国家领土与主权的完整、国民经济的全国布局、产业结构、人口构成和社会经济技术的协调发展等。

（2）长期性。战略是系统在一个较长的时期内相对稳定的行动指南，而不是为了某一事件的成败或短期利益而临时制订的。其着眼点不是当前而是未来，是谋求未来的、长远的发展。国家发展战略的实现甚至需要几代人锲而不舍、顽强地为之奋斗。因此，立足当前、放眼未来，兼顾当前和未来的利益，是研究与制订战略应该注意的问题。

（3）相对稳定性。系统的社会实践是一个动态过程，指导社会实践的战略也应该是动态的、能够及时调整或修订的，以适应社会经济活动的多变性。但是，战略必须具有较高的稳定性，才能对社会实践具有指导意义，否则就会使人们无所适从。

规划是为了实现战略所作出的中长期安排。与战略、规划相关的概念还有计划、策略等。

下面先梳理若干基本概念。

10.2　基本概念与术语

10.2.1　基本术语

1. 战略与战术

战略（strategy）一词最早是军事方面的概念。人类社会有了战争，就有了战略和战略研究。在中国古代，有关战争全局的筹划与指导曾使用兵略、谋略和方略等术语来表述战略，公元前 5 世纪前后的《孙子兵法》就含有大量的战略方面的内容。英语 strategy 一词源于希腊语 strategos，意为军事将领、地方行政长官。后来演变成军事术语，指军事将领指挥军队作战的谋略。

战略可按不同的标准划分类型。按作战性质划分，有进攻战略和防御战略；按作战持续时间划分，有速战速决战略和持久战略；等等。

1936 年 12 月，毛泽东在《中国革命战争的战略问题》中指出："战略问题是研究战争全局的规律的东西。"他还发表了《抗日游击战争的战略问题》（1938 年 5 月）、《论持久战》（1938 年 5 月）、《战争和战略问题》（1938 年 11 月 6 日）等文章。他指出抗日战争要打持久战是抗日战争的战略，历史证明这是英明正确的战略。毛泽东是举世公认的伟大的革命战略家。中国革命战争战略，是毛泽东军事思想的重要组成部分，是在中国共产党领导下，实行统一战线，依靠人民军队进行人民战争的战略。毛泽东军事思想关于战略的核心观点是人民战争思想，即广泛宣传群众、广泛发动群众、广泛依靠群众，使敌人陷入人民战争的汪洋大海之中。毛泽东的这一战略思想，指导中国共产党所领导的人民军队从弱小变为强大，从失败走向胜利。

战略的构成要素主要有战略目的、战略方针、战略力量、战略措施等，下面分别简单介绍。

1）战略目的

战略目的是战略行动所要达到的预期结果，是制订和实施战略的出发点和归宿。战略目的是根据战略形势和国家利益的需要确定的。不同性质的国家和军队，其战略目的不同。对于奉行防御战略的国家来说，维护国家和民族的根本利益、长远利益和整体利益，特别是维护国家的领土主权完整和统一是战略的基本目的。确定战略目的，强调需要与可能相结合，具有科学性和可行性，符合国家的路线、方针和政策，与国家的总体目标和国力相适应，满足国家在一定时期内对维护自身利益的基本要求。

2）战略方针

战略方针是指导战争全局的方针，是指导军事行动的纲领和制订战略计划的基本依据。它是在分析国际战略形势和敌对双方战争诸因素基础上制订的，具有很强的针对性。对不同的作战对象、不同条件下的战争，应采取不同内容的战略方针。每个时期或每次战争除了总的战略方针外，还需制订具体的战略方针，以确定战略任务、战略重点、主要的战略方向、力量的部署与使用等问题。

3）战略力量

战略力量是战略的物质基础和支柱。它以国家综合国力为后盾，军事力量为核心，在发展经济和科学技术的基础上，根据战略目的和战略方针的要求，确定其建设规模、发展方向和重点，并与国家的总体力量协调发展。

4）战略措施

战略措施是为准备和进行战争而实行的具有全局意义的战略保障，是战略决策机构根据战争的需要，在政治、军事、外交、经济、科学技术和战略领导与指挥等方面，所采取的各种全局性的方法和步骤。

5）战术

战术（tactics）本来也是军事术语，是与战略相对应的概念。战略是宏观层面的，战术则是微观层面的。战略是对于系统总体的、长远的谋划与布局，战术是对于局部的谋划与布局。战略对战术起指导、制约作用；战略目的的实现，有赖于战术的胜利。

6）策略

在战略与战术之间的概念是策略（policy）。策略是一种经常变化的谋略，是在战略的指导下制订的，其功能是保证战略的实施。

2. 规划、计划及其他

规划（programming），是战略的具体化，它不同于策略，也具有相对稳定性。

计划（plan），是在一段时间内执行的方案，是短期的规划。在我国，现在是"五年规划""年度计划"。计划的时间跨度还可以短于一年，如半年、一个季度、一个月等。

"长计划，短安排"，安排也是一种计划，但是它的时间跨度更加短一些，短到一周或者几天、一天。

政策（policy）与措施（measure）都是实现计划的手段或工具，政策的时间跨度长于措施，规范性强于措施。

此外，还常常用到"方针""路线"等术语。方针（guiding principle），是具有方向性的指导原则，一般指大的政策，又称"大政方针"。路线（line），是一系列方针、政策、措施的总和。

3. 战略与规划体系

"战略与规划体系"有两重含义。其一，一个系统的战略，需要子系统和分系统的战略与之配套，例如，国家的发展战略需要各省区的发展战略与之配套，需要国民经济各部门的发展战略与之配套。反过来说，子系统和分系统的发展战略要主动地与上级系统的发展战略协调一致，而不是若即若离甚至背道而驰。其二，一个好的战略，需要有一整套规划、计划、政策、措施与之配套，才能把战略落到实处，分阶段、分步骤实现系统的战略目标。否则，战略就成了"孤家寡人"，无法实现。对于复杂巨系统或大系统，它的战略与规划体系是两重含义兼而有之的。

10.2.2　宏观与微观的含义

宏观与微观，在不同的领域有不同的规定性。在物理学中，宏观是指星系和宇宙结构，微观是指原子结构和原子内部更小的结构。在经济学中，宏观是指国家层面的经济系统，微观是指企业，两者之间还有中观，即地区级和部门级的经济系统。而从系统论的角度看，任何一个系统，不论其规模大小与层次高低，均有其宏观与微观。

从系统论的角度，我们把属于系统整体的（总体的）、影响系统全局的属性、功能、行为、现象等，称为系统的宏观；把属于系统内部较低层次某一部分的属性、功能、行为、现象等，称为系统的微观。宏观与微观，既有其客观性，又有其相对性。我们把某一系统作为研究对象时，它的全局性问题是它的宏观问题；当这个系统作为一个子系统从属于更大的系统时，这些问题在更大的系统中就可能成为微观的了。当我们将对象系统分解，研究其内部低层次上的子系统时，原对象系统的微观问题就可能成为子系统的宏观问题了。无论何时何地，我们谈论宏观和微观，都是针对确定的某一层次上的系统而言的。

"宏观调控，微观搞活"，在我国经济体制改革进程中提出的这一命题，是一个科学的论断，是系统管理的一项基本原则，是系统理论的一项重要内容。

宏观必须调控，否则系统不能良好地运行，甚至可能瓦解。如果组成系统的各个部分不能为整体利益着想，不能以一个共同的声音对外发言，而是"各吹各的号，各唱各的调"，不能为一个共同的目标而奋斗，那么，还能作为一个系统存在吗？另外，系统的各个组成部分之间存在着不同程度的量的差别和质的差别，各个部分的利益之间存在着若干矛盾与交叉，它们在同一个层次上进行横向交涉和协调往往很难奏效，那么，居高临下的、超越各个部分的宏观调控就是必不可少的了。有了宏观调控，才能维护系统的全局利益，才能保持系统整体的凝聚力。

微观必须搞活，否则系统亦不能良好地运行，甚至会陷于僵死境地。高度集权的计划经济模式，其弊病即在于此。它不能适应激烈的市场竞争，因为它在微观上也实行严格的控制，取消了系统的各个组成部分的主动性与灵活性。

宏观调控与微观搞活必须恰当地结合起来。一个层次上的宏观调控，通常只需以它的下一个层次为主要对象，做到"控而不死"。如果透过下一个层次去直接调控更低的层次，就不利于微观搞活了。有时候，也需要透过下一个层次去调控更低的层次上的某些事情，那只是个别的例外情况而不是普遍现象。一个层次上的微观搞活，通常只是以接受上一个层次的宏观调控为前提，做到"活而不乱"。有时也需要透过上一个层次而听命于更高层次的指令，那也只是个别的例外情况而不是普遍现象。如果两者成了普遍现象，系统的管理就不正常了。

*10.2.3　不要"战略"满天飞

发展战略与战略管理越来越受到重视，这是一件好事。但是，在重视战略和战略管理的形势下，一段时间以来，"战略"满天飞，对于这种现象要加以分析。

整个企业的发展讲战略，某个部门的运作也讲"战略"，某一天的工作安排也讲"战略"，人人都来抓"战略"，好像战略就是一切、一切都是战略，除了战略就没有别的东西了。这恐怕不行。什么都是战略，也就无所谓战略了。前面说过，战略之下还有规划、策略、计划、措施等，它们共同构成一个战略与规划体系。无论如何，战略是着眼于系统的宏观、总体、全局、长远的利益，否则就不是战略，而只是战略之下的某一种事务，是为实现系统战略提供保障和服务的。比如说，对于一个企业而言，营销工作很重要，营销部门所做的工作，是在企业发展战略指引下，制订营销策略——营销策略是可以而且需要经常调整的，但是企业的发展战略则是相对固定的，不能今天这样、明天那样地变来变去的。企业发展离不开人才，人才引进需要的是政策措施，员工培训需要的是工作计划，不可能离开企业发展战略去搞什么人才引进的"战略"或者员工培训的"战略"。

一般而言，战略一词对应的英语单词是 strategy，战术一词对应的英语单词是 tactics，政策和策略对应于 policy，规划对应于 programming，计划对应于 plan，措施对应于 measure、step。但是，需要注意：英语的 strategy 一词含义比较广泛，兼有战略、谋略、策略、策划、政策等含义，甚至有针对性措施、计划或管理等含义[①]。不妨类比一下：president 既可以是总统，也可以是会长、校长、行长等，我们不能不看具体情况一律翻译为"总统"，弄得"总统"满天飞。所以，建议有关人员在翻译英文文献时，要根据上下文含义，选用恰当的汉语单词。

一个成功的系统（如企业）必定有成功的战略。同类型其他系统的成功的战略可以为本系统提供参考和借鉴，但是不宜照抄照搬，拿来就用，而且要因时制宜、因地制宜，研究制订适合本系统的发展战略。

10.3　我国的国家发展战略

10.3.1　我国现代化发展的"三步走"

改革开放之初，邓小平提出了中国现代化发展的"三步走"战略目标，即：第一步，从 1981 年到 1990 年，国民生产总值翻一番，实现温饱；第二步，从 1991 年到 20 世纪末，再翻一番，达到小康；第三步，到 21 世纪中叶，再翻两番，达到中等发达国家水平。

2000 年，我国已胜利地实现了"三步走战略"的第一、第二步目标，全国人民的生活总体上达到了小康水平，人均 GDP 达到 848 美元，实现了从温饱到小康的历史性跨越；迈开第三步。后来，第三步目标及其实现步骤又进一步具体化，作出了新的战略安排。

党的十五大指出：21 世纪我们的目标是，第一个十年实现国民生产总值比 2000 年翻一番，使人民的小康生活更加宽裕，形成比较完善的社会主义市场经济体制；再经过 10 年的努力，到建党 100 年时，使国民经济更加发展，各项制度更加完善；到世纪中叶新中国成立 100 年时，基本实现现代化，建成富强、民主、文明的社会主义国家。

党的十六大重申："根据十五大提出的到二○一○年、建党一百年和新中国成立一百年的发展目标，我们要在本世纪头二十年，集中力量，全面建设惠及十几亿人口的更高水平的小康社会，使经济更加发展、民主更加健全、科教更加进步、文化更加繁荣、社会更加和谐、人民生活更加殷实。经过这个阶段的建设，再继续奋斗几十年，到本世纪中叶基本实现现代化，把我国建成富强民主文明的社会主义国家。"

这是一个新的"三步走"发展战略，是 21 世纪上半叶的"三步走新战略"。按照这个战略部署，我国从 20 世纪末进入小康社会后，以 2010 年、2020 年、2050 年为节点划分为三个阶段，逐步达到现代化的目标。

"三步走新战略"在中华民族发展史上将具有十分重要的意义。"三步走新战略"是在新的历史阶段和时代条件下，中国人民全面加速实现现代化的努力与追求。完成这个阶段之时，中国社会的面貌将焕然一新，不仅完全实现了小康，而且全面进入了现代化社会。我们这个世界上人口最多的国家在不长的历史时期内实现现代化，是世界历史上最伟大的壮举，具有划时代的意义，将会开辟历史的新纪元。

[①]　根据《牛津高阶英汉双解词典》第四版增补本，商务印书馆、牛津大学出版社，2002 年。

第 3.4 节说过：根据 2009 年 4 月国际货币基金组织发表的 2008 年 GDP 数据，中国内地为 4.40 万亿美元（计算人均 GDP 约为 3 400 美元），日本为 4.92 万亿美元，美国为 14.26 万亿美元。中国钢铁、水泥、煤炭、电视机、电冰箱、DVD、空调器、摩托车，粮食、棉花、食用油等许多产品产量居世界第一位。2008 年 12 月，中国内地的外汇储备为 1.95 万亿美元，居世界第一位，2009 年上半年已经超过 2 万亿美元。中国是美国的最大债权国，2009 年上半年，中国已经拥有美国国债超过 8 000 亿美元，有可能继续增持。中国已经是世界第三大经济体，很快就会超越日本，成为世界第二大经济体。但是，我国的人均 GDP 还比较低，大约在世界第 100 位左右。而且，贫富差距比较大，东西部地区差距比较大，资源短缺比较厉害，环境污染比较严重等，所以，还要保持清醒的头脑、充足的干劲，保持安定团结的社会局面，落实科学发展观，又好又快地继续发展。

10.3.2　科学发展观与可持续发展战略

2003 年 10 月召开的中国共产党十六届三中全会提出了科学发展观，即"坚持以人为本，树立全面、协调、可持续的发展观，促进经济社会和人的全面发展"，按照"统筹城乡发展、统筹区域发展、统筹经济社会发展、统筹人与自然和谐发展、统筹国内发展和对外开放"的要求推进各项事业的改革和发展。2007 年 10 月召开的中国共产党第十七次全国代表大会，把科学发展观写入了党章。

科学发展观（scientific outlook on development），第一要义是发展，核心是以人为本，基本要求是全面协调可持续，根本方法是统筹兼顾。发展（development）区别于增长（increase），增长一般是量变，即数量的增加，发展不但包含量变，而且包含质变，即质的提高，以及产生新的质。

可持续发展（sustainable development）是 20 世纪 80 年代提出的。它是应时代的变迁、社会经济发展的需要而产生的。1987 年世界环境与发展委员会在《我们共同的未来》的报告中第一次阐述了可持续发展的概念。1989 年 5 月第 15 届联合国环境署理事会通过了《关于可持续发展的声明》。可持续发展，指满足当前需要而又不削弱子孙后代满足其需要之能力的发展。可持续发展还意味着维护、合理使用并且提高自然资源基础，这种基础支撑着生态平衡及经济增长。可持续发展的核心思想是：健康的经济发展应建立在生态可持续能力、社会公正和人民积极参与自身发展决策的基础上；它所追求的目标是：既要使人类的各种需要得到满足，个人得到充分发展，又要保护资源和生态环境，不对后代人的生存和发展构成威胁；它特别关注的是各种经济活动的生态合理性，强调对资源、环境有利的经济活动应予鼓励，反之则应予摈弃。

1992 年 6 月联合国环境与发展大会在巴西里约热内卢召开。会议通过了《里约环境与发展宣言》、《21 世纪议程》、《关于森林问题的原则声明》等重要文件并且签署了联合国《气候变化框架公约》、联合国《生物多样性公约》，充分体现了当今人类社会可持续发展的新思想，反映了关于环境与发展领域合作的全球共识和最高级别的政治承诺。《21 世纪议程》要求各国制订和组织实施相应的可持续发展战略、计划和政策，迎接人类社会面临的共同挑战。

可持续发展战略，是指实现可持续发展的行动计划和纲领，是多个领域实现可持续发展的总称，它要使各方面的发展目标，尤其是社会、经济与生态、环境的目标相协调。可持续发展战略意味着在现代化建设中，要把控制人口、节约资源、保护环境放到重要位置，使人口增长与社会生产力的发展相适应，使经济建设与资源、环境相协调，实现良性循环。它是实现我国经济和社会发展的重大战略，是造福当代、泽及子孙的大事。

近年来，能源与气候问题越来越成为全球性问题，引起了世界各国的关注。

10.3.3　循环经济与和谐社会

为了落实可持续发展战略，我国提出了建设资源节约型社会、环境友好型社会，提出了发展循环经济等一系列创新理念和重大举措。构建社会主义和谐社会则包含了这些理念和举措。

此前，我国还提出了外向型经济发展战略、科教兴国战略等，它们对我国的改革开放、社会主义市场经济建设都起到了很大的作用。

和谐社会是循环经济的社会形态，而循环经济是和谐社会的经济形态。"发展循环经济，构建和谐社会"，是人类社会追求的美好理想，100 年以后、一千年以后、一万年以后，都要不断追求。

在大范围内，经济唯有循环，才能持续发展，否则，资源总会枯竭，发展就会难以为继。在一国之内社会和谐，这个国家的人民才能安居乐业；在全世界范围内社会和谐，全世界人民才能安居乐业。但是，任何时候不会绝对和谐或百分之百和谐，没有任何不和谐。如果类似于模糊数学中的隶属度来定义一个"和谐度"，其取值范围为 $[0, 1]$，和谐度为 1 意味着表示十分和谐，和谐度为 0 表示完全不和谐，那么，实际的和谐度总是在 0～1，构建和谐社会就是要让和谐度尽量趋近于 1。另外，不和谐的因素是经常会出现的，任何一个社会的和谐度都不会是单调上升的，而是呈现波浪形。但是，追求和谐——包括人与人的和谐，人与社会的和谐，人类社会与大自然的和谐，以及个人自己的身心和谐——应该是个人和全人类的理想。为了实现这个理想——提高和谐度，人人应该从现在做起，从自身做起。

在一个很长的历史时期内，改革开放是我国的总战略，是制订其他发展战略的总方针、总的指导原则。

随着形势的发展，还会不断出现新的概念、新的战略。近几年来，"绿色经济""低碳经济"成为环境保护的关键词，也成为可持续发展的关键词。减少碳排放，发展低碳经济，成为越来越重要的发展目标。

10.3.4　国家发展战略体系

国家发展战略体系由国家总体发展战略和部门的、区域的发展战略构成。

在我国，国务院是中央人民政府，它由若干部、委、厅、局、办——在这里统称"部门"——构成。例如，国务院办公厅、国家发展和改革委员会、外交部、国防部、教育部、科学技术部和各个产业部门，以及中国人民银行、国家审计署、国务院侨务办公室、国务院港澳事务办公室、国务院法制办公室、国务院研究室、国家海关总署、国家税务总局等；而新华通讯社、中国科学院、中国社会科学院、中国工程院、国务院发展研究中心、国家自然科学基金委员会等，则属于国务院直属事业单位。这些部门都要研究制订本部门的发展战略和规划，并且共同参与研究制订国家发展战略与规划。

行政区域的政府功能与经济结构是综合性的。一个县级区域与一个省级区域的差别主要在于规模大小，可以说，省级区域是放大了的县级区域，县级区域是缩小了的省级区域。区域又称为"块块"，它们是国家这个巨系统的子系统。

省级区域的发展战略体系由该省级区域的总体发展战略、省级政府各部门的发展战略和地市县级区域的发展战略组成；其中省级政府各部门的发展战略既要服从该省级区域的总体发展战略，也要服从中央有关部门的发展战略，一开始，两者之间不见得很协调，那就有一个协调过程。地市县级区域发展战略依此类推，也有相应的协调关系。

10.3.5 部门发展战略研究

一个国家，总要分设若干不同的行政部门和经济部门，组成国家行政系统和国民经济系统。国民经济系统现在一般分为三大产业（three strata of industry）。根据《中国统计年鉴 2007》，第一产业（primary industry）是指农业、林业、畜牧业、渔业和农林牧渔服务业；第二产业（secondary industry）是指采矿业，制造业，电力、煤气及水的生产和供应业，建筑业；第三产业（tertiary industry）是指除第一、第二产业以外的其他行业。信息产业属于第三产业，有些学者主张把信息产业分出来，作为第四产业。每一产业包含若干经济部门，这些部门是由于社会劳动分工而形成的，具有相同或相近的活动领域，是承担同类经济社会职能的企业、事业单位、社会团体等组织的总和。《中国 2002 年投入产出表》将国民经济生产活动划分为 122 个部门，其中，农林牧渔业 6 个部门，采矿业 6 个部门，制造业 71 个部门，废品废料业 1 个部门，电力、燃气及水的生产和供应业 3 个部门，建筑业 1 个部门，交通运输及仓储业 9 个部门，邮政业 1 个部门，批发和零售贸易业 1 个部门，住宿和餐饮业 2 个部门，其他服务业 21 个部门。

为了详细了解第三产业的组成，下面全数列出"其他服务业"的 21 个部门（一个行业或事业就是一个部门）：信息传输服务业、计算机服务和软件业、金融业、保险业、房地产业、租赁业、商务服务业、旅游业、科学研究事业、技术及其他科技服务业、地质勘探业、水利管理业、环境资源与公共设施管理业、居民服务和其他服务业、教育事业、卫生事业、社会保障和社会福利业、文化艺术和广播电影电视业、体育事业、娱乐业、公共管理和社会组织。

部门还可以细分。需要指出：投入产出表中的部门，与政府机构或行政部门是有区别的，前者是按"同类产品"划分的"产品部门"，又称"纯部门"。

部门也是一种发展战略主体。部门发展战略在经济社会发展战略体系中占有举足轻重的地位。部门发展战略就是为使部门在未来发展中更好地履行服务社会的功能，而由部门决策者组织制订的、对事关部门发展全局的、带有根本性和长远影响的重大问题所进行的谋划方案，由部门发展的战略目标、方针、政策，以及发展阶段、发展重点等内容组成。

部门与行业是近义词，一个部门可以是一个行业或几个行业，一个行业也可以是几个部门。部门发展战略与行业发展战略有联系又有区别。一个部门的发展战略应该多多考虑相关部门，例如，铁道部的部门发展战略，应该结合考虑公路、水路、航空等交通运输部门；同理，公路部门的发展战略，也应该结合考虑铁道部和其他部门。交通运输各部门除了分别研究制订本部门的发展战略以外，理应共同研究制订整个交通运输行业的发展战略。行业的发展战略与部门的发展战略应该互补和协调。它们都应该与区域发展战略互相协调。

10.3.6　区域发展战略研究

国家是由若干层次的区域所组成的，首先涉及的是省级区域。省级区域发展战略直接就是国家发展战略体系的组成部分。除了省级区域发展战略以外，还有其他层次的区域发展战略。区域发展战略具有自身的特殊性与复杂性。

区域可以是国家的行政区划，又称行政区域；也可以是跨越行政区划界线的区域。例如，珠江三角洲（简称"珠三角"），它有几种范围：在广东省内，包含广州、深圳、珠海、佛山、江门、东莞、中山、惠州和肇庆等九个地级市的区域，称为"小珠三角"；再加上特别行政区香港和澳门，则称为"大珠三角"；也有把整个广东省和特别行政区香港、澳门三部分合称"大珠三角"的。长江三角洲则跨越上海市和江苏、浙江两省的15个地级市——苏州、杭州、无锡、宁波、南京、南通、绍兴、常州、台州、嘉兴、扬州、镇江、泰州、湖州、舟山。我国经济发展不平衡，东部地区、中部地区和西部地区等三大区域有比较大的差异。"西部大开发""振兴东北"所涉及的都是跨省区的区域。

研究制订区域发展战略要注意"大系统，大背景"。即便所研究的对象区域是个"小系统"也要放在大背景下研究。对于大系统，应该多作内部分析，对于小系统，应该多作环境分析。

10.4　企业发展战略与战略管理

战略管理，是在战略制订之后付诸实施的过程中，为了确保战略得到实施而采取的管理措施，使得整个系统的发展方向沿着发展战略指向的目标；如果在实施的过程中，环境因素或内部条件发生了比较大的变化，使得战略目标难以实现、原来的发展战略不合时宜，那就要修订发展战略。修订发展战略的工作如同制订发展战略一样，要按照一定的程序和规范来做。

广义的战略管理，包括战略研究与制订、战略实施、战略评价。以企业发展战略及其战略管理为典型，我们放在第 10.4.5 节阐述。

商场如战场，战略研究在企业管理方面得到了高度重视，发展为战略管理。

战略管理包括三个部分（三个阶段）：①战略制订：确定企业任务，认定企业的外部机会与威胁，认定企业的内部优势与弱点，建立长期目标，制订备选的多种发展战略，实施战略决策。②战略实施：根据既定的发展战略确定年度目标、制订政策、激励员工和配置资源，使发展战略得以贯彻执行。③战略评价：度量和评价业绩，重新审视外部环境与内部因素，采取保障措施或纠偏措施。如图 10-1 所示。

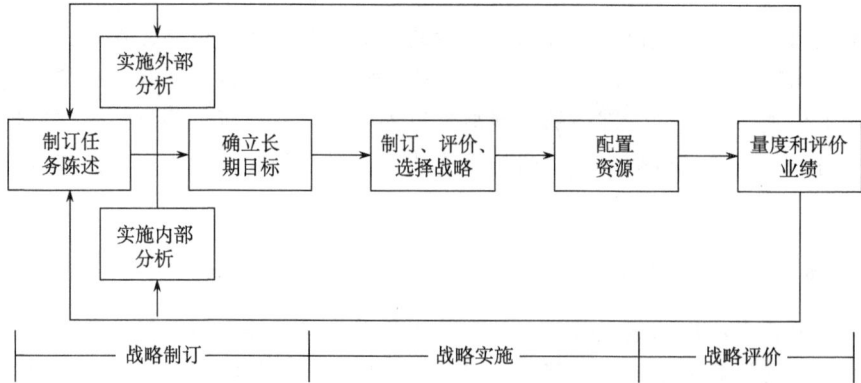

图 10-1 战略管理过程

10.4.1 战略制订

制订企业发展战略的方式有五种：①领导层授意，自上而下逐级制订；②自下而上制订；③领导层建立规划部门，由规划部门制订；④委托某个负责、守信、权威的咨询机构制订；⑤企业与咨询机构合作制订。第五种方式比较好。实际上，往往是几种方式结合在一起来操作的。一般而言，制订企业发展战略的步骤有战略调查、战略提出、战略咨询、战略选择（决策）等。

1. 战略调查

战略调查主要搞清以下问题：现实的市场需求及潜在的市场需求，现实的竞争对手及潜在的竞争对手，现实的生产资源及潜在的生产资源，现实的自身优势及潜在的自身优势，现实的核心问题及潜在的核心问题。战略调查要搞清有关事物的联系，既包括空间联系，也包括时间联系；既包括有形联系，也包括无形联系。

战略调查必然伴随战略思考。战略调查要有宽阔的视野和长远的目光，要冲破传统观念的束缚，要抓住企业发展的深层次问题和主要问题。

2. 战略提出

在战略调查基础上要提出企业发展战略备选方案。备选方案一开始不需要很具体、很系统、很严谨，但要把核心内容阐述清楚。提出备选方案对有关人员是一种考验，要求提出者富有责任心和事业感，富有新思想和大勇气；要求听者虚怀若谷、深思熟虑，不要墨守成规。系统工程方法论要求备选方案应该有多种，而不是"独一无二"的。

3. 战略咨询

为防止战略失误、提高战略水平，企业在提出发展战略的备选方案之后、确定某种方案之前，需要就整个战略或其中部分问题征求社会有关方面的意见，特别是业内人士和战略专家的意见。鉴于企业的内部能力有限，有些企业委托咨询机构研究企业发展战略。采取这种方式，一定要选好咨询机构。选择咨询机构要不唯名、不唯大、只唯能。即使采取这种方式，在他们提交研究报告之后，除了内部充分讨论，也要再适当征求外部有关方面的意见。

4. 战略选择

评估发展战略的备选方案通常使用两个标准：一是考虑选择的战略能否发挥企业的优势、克服其劣势，是否利用了机会，将威胁削弱到最低程度；二是考虑选择的战略能否被企业利益相关者所接受。需要指出的是，管理层和利益相关团体的价值观和期望值在很大程度上影响着战略的选择。此外，对战略的评估最终还要落实到战略收益、风险和可行性分析的财务指标上。

如果对多个备选战略方案的评价不一致，最终的战略选择可以考虑以下几种方法：

（1）根据企业目标，由主要领导选择战略。企业目标是企业使命的具体体现，因此，要选择对实现企业目标最有利的战略方案。

（2）聘请外部咨询专家协助进行战略选择。利用专家们广博和丰富的经验，能够得到比较客观的看法。

（3）提交上级管理部门审批。对于中下层机构研究提出的战略方案，提交上级管理部门审批，能够使最终选择的方案得到上级部门的支持。

上面的四个步骤是按照企业管理教科书上关于发展战略与战略管理的内容来叙述的，可以看到：它们与 Hall 系统工程方法论的逻辑维是基本吻合的，殊途同归。这说明系统工程方法论具有广泛适用性。

研究和制订企业发展战略要考虑以下原则：

（1）可持续发展。企业的可持续发展主要是强调四个方面的替代：技术替代、产品替代、体制替代、产业替代。现在对企业强调的是"一长四短"，即企业的寿命要长，但是技术、产品、体制、产业这四个方面的周期要短，最好是不断地有所替代。它们被替代得越快，说明这个企业越有发展的活力。

（2）全局性原则。企业发展战略是以企业的总体和全局为对象的，涉及的是企业的总体布局和企业的发展方向等重大问题，追求的是企业的总体效果最优（优化）和实现总体效果的途径或过程最优（优化），即"一个系统，两个最优（优化）"。

全局性原则不但要求考虑企业作为一个系统的整体性，而且要考虑企业生存与发展所处的环境。企业的环境包括它所在的社区，包含企业的市场——国内市场和国际市场。哪怕是小企业，也可能走向世界；大小企业都要受到国家政策和国际政治、经济形势的影响。市场竞争、优胜劣汰，这是市场经济的基本法则，企业的发展战略必须面对这一法则。

（3）先进性原则。先进性原则源于竞争性原则。企业发展战略是适应"商战"的需要而产生的，是为了增强企业的竞争力和赢得竞争而制订的。因此，提升竞争力特别是核心竞争力，就成为企业发展战略的首要目标之一。要根据 SWOT 分析，发挥优势，克服弱点，抓住机遇，迎接挑战，以求在"商战"中取胜，保障企业的长期生存和发展。

(4) 可行性原则。企业发展战略的制订必须考虑企业的承受能力问题,量力而行。因为在一定时期内,企业在人、财、物、体制等方面都是有承受能力的限度的。发展战略要服从于企业的承受能力。

企业发展战略一定要考虑规模经济或不经济的问题。

(5) 开放性原则。开放性原则首先强调要坚持改革开放,其次是说企业在制订发展战略时要广开思路、广开言路、群策群力、集思广益。

(6) 动态性原则。动态性原则是指在企业发展战略的研究制订中一定要把预期搞好。所谓预期,是说对未来整个企业的发展环境以及企业内部本身的一些变革,要有科学的预期性。

企业发展战略不可能长时间一成不变,但是,企业发展战略不能盲目地跟着市场跳舞,频繁地变来变去,否则,就不成其为发展战略了。

企业发展战略要强调创新。企业发展战略创新是为了提高战略的水平。企业各项工作都要上水平,发展战略更要上水平。企业发展战略的水平决定企业各项工作的水平。智慧有大小,战略有高低。不同企业的发展战略存在着水平差异,甚至是相当大的水平差异。企业发展战略创新是为了获得更好的企业发展战略。

企业发展战略创新取决于企业领导观念转变。要想获得更好的企业发展战略,领导者应该首先向自己的旧观念挑战。企业发展战略创新也源于企业领导的动力、魄力和毅力。从某种意义上讲,企业发展战略创新是企业再造工程。企业领导如果没有强烈的事业心、责任感,没有排除各种困难和阻力的魄力,没有坚忍不拔的毅力,就很难下定决心,提出和采纳创新的发展战略。

10.4.2 战略实施

企业战略管理的实践表明,战略制订固然重要,战略实施同样重要。一个良好的战略仅是战略成功的前提,企业战略的有效实施才是战略目标顺利实现的保证。

战略实施就是将战略转化为行动。主要涉及以下一些问题:如何在企业内部各部门和各层次间分配及使用现有的资源?为了实现企业目标,还需要获得哪些外部资源以及如何使用?需要对组织结构作哪些调整?如何处理可能出现的利益再分配与企业文化的适应问题?如何进行企业文化的创新与管理?

为了实施战略,就要研究制订规划与计划。前面已经说过,规划与计划基本相似,不同之处主要在于时间的长短:规划的时间跨度长,计划的时间跨度短。

10.4.3 战略评价

战略评价是战略管理的一个重要环节。战略评价的目的,首先不是"推翻"或"修改"既定的发展战略,而是维护它,保障它的实现。只有当企业内部发生了重大变化,或者企业所处的环境发生了重大变化,才试图修订或者重新制订企业的发展战略。

战略评价就是通过评价企业的经营业绩,看看有没有实现战略目标,为什么没有实现战略目标,下一步采取什么措施实现战略目标。同时,也审视发展战略的科学性和有效性，在此基础上，决定是否需要调整战略。调整发展战略，如同制订发展战略一样，要采取第 10.4.1 节所说的一系列原则和步骤。

10.5　案例研究

这里选择历史小说《三国演义》中的"隆中对"与"荆州别"进行案例研究，因为有关的故事情节是大家耳熟能详的，因而大家都能作出自己的分析。

10.5.1　案例 1　隆中对

1. 故事情节

《三国演义》第 38 回写道：（刘备率领关羽、张飞三顾茅庐，终于会见了诸葛亮。诸葛亮对刘备说）"自董卓造逆以来，天下豪杰并起。曹操势不及袁绍，而竟能克绍者，非惟天时，抑亦人谋也。今操已拥百万之众，挟天子以令诸侯，此诚不可与争锋。孙权据有江东，已历三世，国险而民附，此可用为援而不可图也。荆州北据汉、沔，利尽南海，东连吴会，西通巴、蜀，此用武之地，非其主不能守：是殆天所以资将军，将军岂有意乎？益州险塞，沃野千里，天府之国，高祖因之以成帝业；今刘璋暗弱，民殷国富，而不知存恤，智能之士，思得明君。将军即帝室之胄，信义著于四海，总揽英雄，思贤如渴，若跨有荆、益，保其岩阻，西和诸戎，南抚彝、越，外结孙权，内修政理；待天下有变，则命一上将将荆州之兵以向宛、洛，将军身率益州之众以出秦州，百姓有不箪食壶浆以迎将军者乎？诚如是，则大功可成，汉室可兴矣。此亮所以为将军谋者也。惟将军图之。"

"将军欲成霸业，北让曹操占天时，南让孙权占地利，将军可占人和。先取荆州为家，后取西川建基业，以成鼎足之势，然后可图中原也。"

只这一席话，乃孔明未出茅庐，已知天下三分，真万古人不及也！后人有诗赞曰：

豫州当日叹孤穷，何幸南阳有卧龙！

欲识他年分鼎处，先生笑指画图中。

2. 案例分析

诸葛亮出山以后，辅佐刘备，打了一系列胜仗。曹操挥师百万（实际为 83 万水陆大军），欲囊括江南。在诸葛亮的建议下，力量弱小的刘备集团确定了"联吴抗曹"的方案，然后，诸葛亮出使东吴，舌战群儒，说服孙权，孙刘联盟共同抗击曹操，组织了赤壁大战，把曹操打得大败而归，解除了北方的威胁。接着，诸葛亮略施小计，"借"得荆州，让刘备有了根据地，休养生息。积蓄了相对的实力之后，进兵西川，中途虽然遭遇挫折，但是，"刘皇叔自领益州牧"，不久又吞并了汉中。这样，"天下三分"，魏、蜀、吴三足鼎立的局面就形成了。

但是，"然后可图中原"以匡扶汉室的目标后来未能实现。据《三国演义》所说，首先是因为"隆中对"提出的发展战略在执行的早期阶段就发生了偏差："先取荆州为家"没有到位。原因是刘备玩弄虚情假意，没有从刘表手中接受荆州，刘表死后，刘表的小儿子在曹操大军压境的情况下投降了，把荆州拱手送给了曹操。赤壁大战胜利之后，不得已而为之的"借荆州"之举埋下了孙刘冲突的隐患。于是有了另一则故事"荆州别"。

即便在荆州失守、关羽被杀之后，如果刘备与张飞能够高瞻远瞩，听从诸葛亮的劝告，以大局为重，与东吴重新修好（事实上，东吴已经派人言和），恢复孙刘联盟，也不至于接着有张飞因催促白衣白甲制作而被刺杀，以及刘备猇亭大败，白帝城托孤而亡，那么，《三国演义》的后半部就要改写了。当然，历史是不可能"如果"的（事实上，《三国演义》也不是历史），作这样的分析，还是为了强调战略的重要性。

在《三国演义》中，诸葛亮一贯深谋远虑，是一位出色的战略家，也是一位出色的战术家，他对于刘备、刘阿斗父子忠心耿耿，鞠躬尽瘁，死而后已。但是，刘备在几个关键时刻都没有听取诸葛亮的高见，刘阿斗在六出祁山的过程中也曾经听信谗言，对诸葛亮掣肘。"用人不疑，疑人不用"，这是一条用人之道，刘备父子都没有完全做到。

10.5.2　案例2　荆州别

1. 故事情节

《三国演义》第63回写道：（在副军师庞统死后，诸葛亮将要带兵入川，与关羽话别）孔明曰："倘曹操引兵来到，当如之何？"云长曰："以力拒之。"孔明又曰："倘曹操、孙权，齐起兵来，如之奈何？"云长曰："分兵拒之。"孔明曰："若如此，荆州危矣。吾有八个字，将军牢记，可保守荆州。"云长问："哪八个字？"孔明曰："北拒曹操，东和孙权。"云长曰："军师之言，当铭肺腑。"

孔明遂与了印绶，令文官马良、伊籍、向朗、糜竺，武将糜芳、廖化、关平、周仓，一班儿辅佐云长，同守荆州。一面亲自统兵入川。

2. 案例分析

诸葛亮离开荆州入川之前，郑重叮嘱关羽的战略是"北拒曹操，东和孙权"八个字，是一条克敌制胜的大战略，关羽虽然口说"军师之言，当铭肺腑"，其实是应付之词，言不由衷。后来他实行的"战略"还是他的老主意"分兵拒之"，导致荆州失守，败走麦城，被捉被杀。

关羽被杀之后，刘备与张飞只顾"桃园结义"之私情，不顾"匡扶汉室"之大计，不听诸葛亮的劝阻，急急忙忙起兵伐吴，结果造成更大的损失：先是张飞被部下刺杀，接着是刘备之死——刘备被东吴小将陆逊"火烧连营"，大败而归，一病不起，白帝城托孤。后来，诸葛亮长期辅佐刘阿斗，虽然"六出祁山"，均未大获全胜，最后，"星落五丈原"，留下了莫大的遗憾："出师未捷身先死，长使英雄泪满襟。"在"六出祁山"的过程中，由于孙刘联盟不复存在，蜀军乃孤军奋战，甚至东吴方面还闹摩擦（"诸葛亮安居平五路"，其中就包括化解东吴方面的摩擦）。势单力薄，"匡扶汉室"成为泡影，"隆中对"的后一半未能实现。

*10.5.3　衍生分析与评论

这里还要分析与评论一下：是"战略决定成败"，还是"细节决定成败"？赞成后者的人可以说：一根绊马索绊倒了关羽的赤兔马，这是一个细节，如果不是这个细节，赤兔马不会被绊倒，关羽也不会被捉被杀，所以嘛，细节决定成败。

如果这样说，恐怕太牵强了。

如果关羽拥护和执行诸葛亮的"北拒曹操，东和孙权"八字战略，根本就不会发生蜀吴两家兵戎相见的事情，不会发生关羽败走麦城的事情，赤兔马的面前也不会出现东吴的那根绊马索。难道不是吗？所以，还是战略决定了成败。

从系统论而言，战略是着眼于系统整体和大局的，战术是着眼于系统的某个局部和细节的。细节固然不可忽视，但是不能只重视细节而忽视战略。在正确的战略之下，当然要把细节问题做好。但是，忽视战略去强调细节是不对的，"捡了芝麻，丢了西瓜"。实际上，如果战略错了，细节做得再好又有什么意义呢？一列方向错误的火车，即便它的每一个螺丝钉都是好好的，这列火车能够到达目的地吗？

一个大系统、巨系统，其细节很多，系统的 CEO 不应该把他有限的精力花在抓细节上。CEO 应该抓大事，例如，研究制订发展战略，实行战略管理，任用部门经理去抓下一层次的事情等。部门经理首先要抓部门的大事，细节问题安排合适的员工去处理，而不一定要亲自去处理。抓细节应该主要靠制度去保障，靠下级人员的操作去实现。在合理的制度下，各司其职，各负其责，每个人做好自己岗位上的工作，这个系统才能卓有成效地运作和发展。

近几年还有"关系决定成败""营销决定成败"等说法，令人目不暇接，无所适从。怎么办呢？还是应该学习《矛盾论》：在众多矛盾中，要区分主要矛盾与次要矛盾，抓住主要矛盾，全力以赴解决主要矛盾；同时，要注意在一定的条件下，次要矛盾可能会转化为主要矛盾，所以在抓主要矛盾的时候，对于次要矛盾也不是放任不管，而是要学会毛主席所说的"弹钢琴"。毛主席在《党委会的工作方法》中还说：党委书记——即"一把手"，不妨替换为 CEO——要学会当"班长"，团结和带领领导班子一起工作。

有一位 CEO 说：他既赞成"战略决定一切"，也赞成"细节决定一切"；他自己抓战略，让下级和全体员工做好细节上的事情。这位 CEO 当然是很聪明的，但是如果造成下级和员工个个拘泥于细节而忽略战略，则未必是好事。

习题 10

10-1　系统工程与发展战略有什么关系？

10-2　什么是战略？什么是战术？战略与策略有什么区别？

10-3　战略、规划、计划等概念有什么联系与区别？"战略与规划体系"是什么含义？

10-4　什么是宏观？什么是微观？为什么说"宏观调控，微观搞活"是系统管理的一条基本原则？

10-5　科学发展观的内涵是什么？科学发展观与可持续发展是什么关系？

10-6　部门发展战略与区域发展战略有什么区别？有什么联系？

10-7　我国"新三步走"发展战略是什么？

10-8　你所在的地区，其发展战略是什么？试对它作一番分析。

10-9　你所在的学校，其发展战略是什么？试对它作一番分析。

10-10　你个人的发展战略是什么？你是如何制订的？要不要修正？

10-11　你认为是战略决定成败，还是细节决定成败？

10-12　复习 PESTEL 分析、SWOT 分析、Porter 五力分析等方法，并且针对第 7.9 节的案例制订其发展战略。

10-13　最近三年我国的 GDP 与人均 GDP 是多少？在世界上的地位如何？

10-14　GDP 指标的优缺点是什么？目前国内外提出了哪些取代 GDP 的指标？

第11章

系统工程的前途与人才培养

■ 11.1 系统工程将永葆青春

系统工程学科诞生至今，已经大约有 60 年了。系统工程在中国蓬勃发展，已经 30 多年。相对于一个人的生命，两个时间段都很长了，尽管在历史的长河里不过是短暂的一瞬。在进入中国之前的 30 年中，系统工程学科处于急剧的上升阶段，产生了 Apollo 登月等大型工程项目的辉煌范例。系统工程在进入中国以后，30 多年大放异彩，取得了很大的成功。

系统工程在中国的 30 多年，可以分为两个阶段，第一阶段是 20 世纪 70 年代末至 80 年代，第二阶段从 1990 年开始延续至今。第一阶段主要是引进、消化、吸收，第二阶段则是发展和创新，形成中国特色。20 世纪 80 年代，系统工程在中国急剧上升，轰轰烈烈，是一股规模空前、时间持久的"系统工程热"。美国、日本和其他国家的系统工程论著纷纷引入中国，全国上下都学习系统工程、应用系统工程。中央电视台与中国科学技术协会联合举办系统工程系列讲座，钱学森、许国志、宋健等著名学者亲自登台讲课。系统工程成为中央各部门和全国各地普遍举办的干部培训班的一门主课。高校纷纷设立系统工程专业（如系统工程、信息系统工程、兵器系统工程、航空宇航系统工程、农业系统工程等），培养系统工程本科生、研究生、访问学者。到了 20 世纪 90 年代，中国的"系统工程热"有所降温，系统工程培训班举办得不多了，高校的系统工程专业大量举办之后趋于稳定甚至有一些收缩或转向。在降温的背后，实际上是中国的系统工程已经成熟化，不再是主要从国外引入，不再是"拿来主义"，而是开始了自主发展与创新。21 世纪以来，系统工程在中国的发展变得更加稳健和理性。

钱学森、于景元、戴汝为在 1990 年第 1 期《自然杂志》联合署名发表重要文章《一个科学新领域——开放的复杂巨系统及其方法论》，这是系统工程在中国的第二个里程碑。1996 年，浙江科学技术出版社出版了王寿云、于景元、戴汝为、汪成为、钱学敏、涂元季等六位学者的专著《开放的复杂巨系统》，浙江教育出版社出版了专家论文集《系统研究》。2000 年，上海科技教育出版社出版了许国志任主编，顾基发、车宏安任副主编的专著《系统科学》，以及专家论文集《系统科学与工程研究》。2001 年，山西科学技术出版社出版了钱学森著《创建系统学》；2007 年 1 月，上海交通大学出版社出版了"钱学森系统科学思想文库"，包含四本书：《论系统工程》（新世纪版）、《创建系统学》（新世纪版）、《工程控制论》（新世纪版）和专家论文集《钱学森系统科学思想研究》。其中《论系统工程》一书，湖南科学技术出版社 1982 年出版第 1 版，1988 年出版增订本。

总的来说，30 多年来，系统工程在中国持续发展，稳步前进，其规模与气势在全世界是独一无二的。

本书开卷明义就说过：人类社会当今处在系统工程时代。

现在还要加上一句话：系统工程将永葆青春，长期存在和发展。

在世界范围里，系统化趋势与工程化趋势将继续发展，系统工程的舞台将会越来越宽广。不但研究和求解一国之内的问题，而且将会越来越多地研究和求解跨国之间的问题，研究和求解世界性乃至全人类的大问题——这种问题将会越来越多。

即便全世界人类建成了循环经济与和谐社会，仍然会有许许多多、大大小小的问题需要作为系统工程课题来研究和求解。100 年以后，一千年以后，一万年以后，世界的面貌将会大变，现在的许多事物、许多问题可能不复存在，许多新的事物、新的问题将会产生出来。大多数问题（无论是老问题，还是新问题）都具有系统性，都需要作为系统工程项目开展研究和求解。我们对此抱有足够的信念和充分的信心。难道地球人类的相互联系不是越来越紧密而是相反吗？难道地球人类研究和求解问题的趋势不是越来越系统化工程化而是相反吗？难道研究和求解问题的基本思路不是从定性到定量综合集成而是相反吗？

系统工程的理论与方法将与时俱进，不断发展与创新，解决问题和难题的能力也会不断增强与提高。

系统工程的普及度将会更高，懂得系统工程的领导与群众将会更多，开展系统工程研究与应用的需求也会更多。系统工程工作者将是永远需要的，他们将会技高一筹，更好地解决社会经济系统中的各种难题。

■ 11.2 系统工程如何进一步发展

系统工程中国学派——钱学森学派是钱学森院士留给系统工程工作者的宝贵财富，一定要继承与发扬光大。

系统工程的进一步发展包含两个方面：理论研究与应用研究。

理论研究包括原理与方法的研究，当前尤其要抓紧抓好两件事：一是系统学的创建与完善——这是钱学森院士生前积极倡导和大力推动的一件事，他留下的《创建系统学》一书已经打下了基础；一是钱学森综合集成方法论的演绎与完善——在《创建系统学》和《论系统工程》两本书中都有大量的论述。第 11.1 节提到的其他出版物也是很有价值的。

应用研究无疑是十分重要的。系统工程是系统科学体系中的工程技术，工程技术的生命力就在于应用，在应用中发挥其巨大威力，在应用中发展和完善。

系统工程学科现有的理论与方法已经可以解决许多问题，其潜力还很大。现在，一些领导人经常谈到系统工程，把他们遇到的大事和难题归结为"这是个系统工程问题"。学术界有人对此颇有微词，说什么"系统工程是个筐，什么难题都往里装"。我们认为应该换一个有积极意义的说法：系统工程是"大度能容容天下难容之事"，不但能容，而且能够求解。

领导人认识到某问题（难题）是一个系统工程问题，这是系统工程的好消息，不过，这仅仅是第一步，还需要第二步：把这个问题（难题）立为一个系统工程项目，组织一个项目组研究与求解。这样，一定能够找出多种备选方案，作出科学决策，从而解决这个难题。没有第一步固然不行，没有第二步也不行。研究难题的项目组（负责人）最好是通过招标求贤来寻找。另外，系统工程工作者要积极"求战"：主动寻找问题、发现问题，向领导上提出系统工程项目立项建议，从而获得研究项目。上下互动，发挥两个积极性：一方面，求贤若渴，三顾茅庐；另一方面，毛遂自荐，脱颖而出。

办任何事情，没有领导人支持是不行的，古今中外，概莫能外。开展系统工程项目研究尤其是这样。美国人搞曼哈顿工程、阿波罗计划，都是由当时的总统拍板的。泰罗推行"科学管理"，也是借助了当时的美国总统的支持。开展系统工程项目研究，需要站在领导人（如 CEO）的角度看问题，总揽全局，高瞻远瞩；同时，又需要求真务实，研究提出优化的切实可行的多种备选方案。如果没有领导人的支持，是无法开展项目研究的；得到了备选方案，也是无法付诸实施的。那么，将会寸步难行，一事无成。

系统工程工作者不能自命清高，躲在象牙塔里孤芳自赏。领导人是高层次的管理者，是把握对象系统之全局的，他们对系统工程有热情，积极推动和开展系统工程，是学术界求之不得的大好事。掌握和运用系统工程基本原理的领导人，有可能成为卓越的系统工程工作者，他们是实实在在地做着实际的系统工程大项目。

系统工程要进一步发展，还必须重视教育和人才培养，有关内容放在第 11.3 和 11.4 节论述。

11.3　系统工程人才的基本素质

许多著名学者指出：合理而有效地利用有限的、稀缺的资源，解决日益严重的环境污染问题和各种复杂的社会问题，最大的困难是缺乏优秀的系统工程师。这里说的系统工程师是指训练有素的系统工程专业人才。

A. D. Hall 曾明确指出，系统工程师应有如下禀赋：①能够用系统的观点抓住复杂事物的本质；②具有客观判断及正确评价问题的能力；③富有想象力和创造性；④具有处理人事关系的机敏性；⑤具有掌握和使用情报的丰富经验。

这种观点得到了不少人和企业的拥护，并按照这些要求去培养人才。

我们认为，系统工程师需要有很高的思想素质、业务素质和道德修养，概括说来有以下几点。

1. 要具有系统观点

系统工程师要具有系统观点，这是最重要的一点。这句话似乎是不言而喻的，但是要真正做到并不容易。什么是系统观点？我们以"企业办社会"和"社会办企业"为例来做一番比较研究。

"企业办社会"和"社会办企业"是两个截然相反的命题，后者更好地体现了系统工程基本原理，前者貌似有理，其实不然。

"企业办社会"，在我国改革开放之前的计划经济体制下非常盛行。个个企业都追求"大而全"——在一个企业（如一家机床厂）中什么都有：产品生产线（包括生产车间和装配车间）、工具车间（生产本厂需要的刀具、夹具、模具以及专用量具等）、原材料仓库、产成品仓库、运输车队、采购队伍、推销队伍，以及庞大的后勤——自建职工住宅，自办职工食堂，自办托儿所、幼儿园乃至小学和中学，自办电话站、粮店、煤球店和小型百货商店（称之为"职工服务社"），等等。一言以蔽之，"企业办社会"。同样的，"大学办社会"。在传统的计划经济体制之下，大家习以为常，厂长、校长们以"大而全"为骄傲：人家有不如自己有，万事不求人。这是系统工程吗？不见得，甚至是有悖于系统工程基本原理的。

说到底，社会是一个开放的复杂巨系统，其他各种大大小小的系统如企业和大学，其实都只是社会巨系统的组成部分。而那些"大而全"的企业，其实是社会巨系统中的一个个"孤岛"。在一个"孤岛"上称王称霸，什么事情都要自己做，就不见得都能做得好，因为这个企业除了自己的核心业务以外，其他事情不可能都做到专业化水平，很可能是"外行干活，粗枝大叶"的低水平。试想：一个机械制造厂的厂长，怎么可能办得好电话站和幼儿园呢？即便下面有能人办事，他作为厂长，能够有多少精力去为这些"非核心业务"作决策呢？大学校长对于后勤服务和中小学教育，也不会擅长。而且，厂长、校长为许许多多"非核心业务"分散了时间和精力，他们对"核心业务"的运作和管理工作就不由自主地削弱了。

20世纪末，供应链管理（supply chain management，SCM）兴起。许多人说"20世纪的竞争是单个企业对单个企业的竞争，21世纪的竞争是供应链对供应链的竞争"。这是很有道理的，是符合系统工程基本原理的——尽管他们之中有些人可能并非系统工程工作者，但这并不妨碍我们的论述，恰恰相反，说明系统工程基本原理具有真理性和普遍适用性，也说明系统工程要从其他学科、其他工作中不断吸取营养。

供应链管理针对"企业办社会"的弊端进行了改革和创新。业务相关的若干企业连接成一条供应链，供应链上的每一个企业都集中精力做好自己的核心业务，例如，一家机床厂，它就集中精力搞好自己的核心业务——机械零部件制造与装配，其上游业务交给上游企业去做，下游业务交给下游企业去做，上游企业还有自己的上游企业，下游企业还有自己的下游企业，大家都认认真真做好自己的核心业务，这样，供应链上的每一个环节、每一项业务都是专业化水平的，再加上整条供应链的合理运作与管理，那么，供应链上的各个企业和整条供应链的运作与管理都可以实现高水平。还有第三方物流公司、第三方信息平台，它们也以专业化水平做好企业与企业之间的货物运输和信息服务。至于企业的后勤服务的种种事项，统统交给社会上的专业公司去做，例如，把电话站交给电信局（电信公司）去办，把幼儿园、小学交给社区去办，职工住房由职工向房地产公司购买（本企业给予适当补贴），住宅小区的管理交给物业公司去做——这种模式现在已经司空见惯、习以为常了，其效果比工厂自己建房、自己管理住房要好得多。如果有一项事情外包给某公司没有做好，那么，可以运用市场机制选择另外一家专业化公司来做。于是，"企业办社会"转变为"社会办企业"。同理，"大学办社会"也转变为"社会办大学"。每一个企事业单位都是真正作为"社会大家庭"中的一个成员，在社会巨系统之中合理地、有效地运作与管理，每个企事业单位的效率会提高许多，整个社会的协调度与和谐度也会好得多。

研究任何一个系统，必须放在它所处的环境中来开展研究。所谓"环境"，首先是该系统所在的社区、所在的部门，其中包含自然因素、经济因素、技术因素、社会人文因素等。该系统所在的社区和部门，又是存在于更大的环境与背景之中——上升一个层次或者几个层次，一直扩展到中国这个复杂巨系统的大背景、大环境——任何一个企业、一所大学，都必须考虑国家的法律和政策、政治局面、宏观经济形势等。

中国又是存在于地球上，还必须考虑地球人类的大问题、大背景。现在，资源枯竭、环境恶化、臭氧层空洞、地球温室效应等问题，是地球全人类共同面临的严重问题，可持续发展已经成为全人类的共识。现在，任何一个企业的生产都不能不考虑环境保护问题。污染环境的企业必须治理自己造成的污染，否则就要"关、停、并、转"。DDT 农药已经禁止使用，氟利昂冰箱已经禁止销售，碳排放量将受到越来越严格的控制。许多事情在以前看来是"小事一桩"、不屑一顾，现在都成为大问题了，因为它们和地球人类的可持续发展联系在一起。一个企业的产品要出口，必须考虑外国的法律、风俗民情、历史文化因素等，还必须善于运用国际法和 WTO 条款来保护自己，免受某些外国的贸易保护主义的侵害，甚至要到国际上去"打官司"。

系统工程师必须比其他人更加自觉地运用系统观点考虑问题。无论是研究一个地区的发展问题，还是研究一个企业、一所高校的发展问题，都必须坚持"大系统，大背景"的理念，即便是小系统，也要考虑大背景。

2. 要成为 T 型人才

T 型人才是说：要有长长的一横——比较宽的知识面，要有长长的一竖——在某一个领域要有足够的深度，形成一个大大的 T 字。

作为一名系统工程师，所从事的应用研究项目不大可能老是固定在某一个狭小的领域，尤其在市场经济条件下更是这样。这一个项目可能是教育规划，下一个项目可能是社会治安，再下一个项目可能是公共交通，等等，那么，就要求系统工程师必须善于学习。对于一个属于新领域的项目，一开始他可能是"外行"，必须尽快地"入门"，掌握该领域的基本知识并且逐步深入；几个月之后，成为"半内行"，能够和该领域的专家对话，从而把他和他的团队所承担的研究项目不断向前推进。

系统工程师必须做到"博学之，审问之，慎思之，明辨之，笃行之"。在学习型社会，系统工程工作者尤其要自觉地不断学习。

　　能够成为一名系统工程师，是光荣的，也是艰苦的。一定要有这个思想准备。有经验的系统工程师可以触类旁通，从一个领域迅速转移到另一个领域。当然，一名系统工程师也不宜搞得太宽太杂，什么都搞什么都不深入；而是应该适当集中和聚焦，擅长某一个领域，旁及相关领域，避开不相关领域。社会上系统工程师多了，就会形成许多各有专长的系统工程师"群落"，某一个系统工程师"群落"研究与发展某一门系统工程专业。

　　系统工程师应该是科学与人文互相融合的人才。中国工程院院士、华中科技大学前校长杨叔子教授指出：如果只懂科学、不懂人文，或者只懂人文、不懂科学，那只能算是"半个人"，我们要走出"半个人"的时代。他要求他指导的机械工程的博士研究生，要把《老子》和《论语》（前七章）作为必读书[1]。

　　科学与人文并重，规范与个性共存。系统工程师不但应该学会做事——做科学的事，而且应该学会做人——做正直的人。

　　系统工程师的哲学修养很重要。1998年，安徽教育出版社出版了中国科学院前院长卢嘉锡院士主编的100多万字的两卷本《院士思维》，130多名院士写了自己的治学之道，发人深省，启迪智慧。时任中国科学院院长的路甬祥院士在《院士思维》一书的《序言》中写道："大凡在近现代科学上能独树一帜、在理论上有划时代发明创造的卓越科学家和发明家，往往都十分重视在哲理思维引导下的科学思维，并在科技方法论上显示了新颖独特的风格。近代自然科学革命的先驱者哥白尼创立日心地动说，最直接的启示就来自古希腊的自然哲学。他从长期天体观测实践中深信：'理论是月亮的光辉，事实是太阳的光辉。'这一富有哲理的名言反映了他在科学思维中始终坚持科学理论依赖客观事实而反射光辉的辩证逻辑。20世纪的科学巨人爱因斯坦，从科学探索中深知哲学'是全部科学研究之母'。同时，他又强调'想象力是科学研究中的实在因素'，'真正可贵的因素是直觉'。薛定谔在创立量子力学和分子生物学的实践中，亲身体验到哲学思维的科学方法论功能，形象地称'哲学是科学家的支柱、脚手架、先遣队'。著名物理学家玻恩留下了'真正的科学是富有哲理性的'，'每一个现代物理学家……都深刻地意识到自己的工作是同哲学思维错综地交织在一起的'等名言。提出基本粒子结构'坂田模型'的著名日本科学家坂田昌一[2]临终前写下了肺腑之言：'恩格斯的《自然辩证法》在我40年的研究生活中经常地授给我珠玉般宝贵的光辉。'我国杰出科学家钱学森院士在1985年更直截了当地断言：'应用马克思主义哲学指导我们的工作，这在我国是得天独厚的……马克思主义哲学确实是一件宝贝，是一件锐利的武器。我们搞科学研究时（当然包括搞交叉科学研究），如若丢掉这件宝贝不用，实在是太傻了。'他在我国首创并率先开展了在马克思主义哲学指导下的'思维科学'等交叉学科研究。我国以李四光、竺可桢、吴有训、华罗庚、周培源、严济慈等为代表的优秀科学家，为我们树立了以先进哲学思维为导向，依托多种科学思维形式，创出光辉科技业绩的榜样。"

---

　　[1]　杨叔子：《科学与人文的融合》，见李政道、杨振宁等：《学术报告厅·科学之美》，中国青年出版社，2002年，第259～287页。

　　[2]　坂田昌一（1911—1970年），发表"坂田模型"是在1955年。

这段话广征博引，论述了哲学修养的重要性——尤其是马克思主义哲学修养的重要性。中国人在这方面具有得天独厚的优势，应该倍加珍惜。作为系统工程师，无疑应该向科学大师们学习。

3. 具有协调能力

开展任何一个系统工程项目，都是以团队的力量开展工作的。项目组就是一个团队。项目组组长必须是称职的系统工程师——不但是 T 型人才，而且有比较丰富的工作经验，德高望重。项目组一般应该有以下一些成员：擅长建立数学模型进行数量分析的人（若干名，以便建立多种数学模型），懂得经济学的人，能够熟练运用计算机的人，项目所属学科的专家，甚至还需要懂得法律的人，等等。对象系统应该有人员参加项目组，至少要有明确的负责的联系人。

项目组成员应该有合理的年龄结构，老、中、青相结合。不同年龄段的人员，他们的研究能力、计算机操作能力、与外界打交道的能力是不一样的，优势互补，形成群体优势。

项目组要善于跟外界打交道，包括委托单位、政府部门、研究机构这些单位和部门的领导人和办事人员。

项目组要和谐。项目组组长要组织、安排、团结和带领整个项目组一起工作，还要跟外界打好交道，所以，必须具有较强的协调能力。他要懂得"人理"，善于运用"斡件"，及时化解矛盾。"相辅相成""相反相成"这两个成语可以作为做好协调工作的座右铭。

4. 具有实事求是的科学精神和正直的品格

系统工程项目是科学研究，是为领导（或者用户）决策提供咨询服务的学术研究，系统工程师必须具有实事求是的精神。为此，必须以科学的态度，开展独立的、公正的研究。为人必须正直，刚直不阿，不做"御用文人"。必须对科学负责，对人民负责。不把可行性研究扭曲为"可批性研究"——不管事实真相，昧着良心为委托单位领导希望上马的"政绩工程""形象工程"拼凑冠冕堂皇的"理由"以换取上级的批准。

5. 正确看待系统工程研究成果的咨询性

系统工程的研究项目，一定要花大力气去搞。系统工程师要具备高度的责任心，"为伊拼得人憔悴"。所提的多种备选方案一定要实事求是，精益求精，优中选优，使得某方案一旦被采用，能够取得显著的效益，并且经得起实践的检验和历史的检验。

但是，建议方案再好，也只是起决策咨询作用，决策者可能采纳，也可能不采纳。这时，系统工程师一定要有平常的心态。

11.4 系统工程人才的培养

11.4.1 系统工程人才有两种类型

系统工程人才可以分为两种类型。上面说的系统工程师是第一种类型的系统工程人才，他们是系统工程专业人才，是专门的系统工程人才，一般是系统工程专业或系统科学专业"科班出身"的研究生，以及这些研究生的导师。

系统工程专业人才也分为若干专业，如工程系统工程、军事系统工程、农业系统工程、信息系统工程等；这样说也还是粗线条的，还可以而且需要进一步细分。系统工程师要有具体的专业，否则很难有所作为。没有一般的、不分专业的系统工程专门人才——因为没有超越于各门系统工程专业的"系统工程学"可以用来培养这种人才。

第二种类型的系统工程人才是非专门的、非专业性的系统工程人才，他们是其他学科与专业培养的各种人才，尤其是各级各类管理人员。作为系统工程人才，他们虽然不是系统工程专业或系统科学专业"科班出身"，但是他们都学习过必要的系统工程课程，掌握基本的系统概念、基本的系统工程理论与方法。

非专门的系统工程人才是面广量大的。从理论上说，所有接受高等教育的人员，都应该接受必要的系统工程教育，成为非专门的系统工程人才。这样，不管他们的本职工作是在什么领域、什么部门，他们都能较好地运用系统概念，进行系统思考，从而把他们的本职工作做得更好。

11.4.2 系统工程人才的培养途径

"百年大计，人才为本"，"人才大计，教育为本"。系统工程永葆青春，需要源源不断地培养系统工程人才——两种类型的系统工程人才。

根据我国的情况，培养系统工程人才的基本途径有以下三条。

1. 培养研究生

培养研究生——硕士研究生和博士研究生——是培养第一种类型的系统工程人才的主要途径。主要的学科与专业有管理科学与工程、系统科学、系统工程。

2. 在本科生中普遍开设系统工程课程

系统工程由于学科的综合性（因而知识面广）、实践性（不是纸上谈兵），不适合培养系统工程本科生，而适合培养研究生。就是说，培养对象已经学过某一门其他专业，再读系统工程的研究生。如果是本科毕业以后有一段工作经历则更好，类似于 MBA 或 DBA 的培养模式。

应该在本科生中普遍开设系统工程课程，学习系统工程的基本知识，培养系统工程的兴趣，为他们中间有些人以后读系统工程研究生，成为系统工程专门人才打下基础。许多人以后不一定成为系统工程专门人才，但是，系统思维、系统工程理论与方法的基本训练对于他们今后无论从事什么工作都是大有裨益的。

3. 在干部培训工作中开设系统工程课程

各行各业各个层次上的干部，实际上都是做组织管理工作的，系统工程方法论对于他们是普遍适用的，系统工程的理论与方法也是可以适当掌握和运用的。尤其是领导干部，他们所领导和管理的地区、部门，都是复杂系统甚至是复杂巨系统，他们所做的工作，实际上都是具有一定规模的系统工程。他们具有丰富的工作经验，自觉不自觉地都在运用系统思想、开展系统工程。"心有灵犀一点通"，通过学习，他们很快就会增加自觉性，从必然王国到自由王国，成为出色的系统工程人才。

还要强调几点：第一，系统工程人才的培养，不能光是在课堂上学习书本知识，而且要在课堂之外的实践中学习和磨炼，尤其要开展系统工程应用项目研究。

第二，系统工程的教育与普及工作是永远需要的。因为，每年都有新的大学生、新的公务员，各行各业都有新的工作人员，需要对他们开展普及工作。这就需要重视教材编写工作。

这里要引述中国工程院院士、中国系统工程学会前理事长许国志教授 1998 年夏天在北京举办的系统科学与系统工程研讨班上的讲话。许先生说：

现在国内有职称晋升等方面的导向，普遍重视出版专著而不重视出版教材和科普读物，我不大赞成。因为专著只是给少数人看的——不是"同行"一般是不看的，所谓"同行"，往往并不多，而教材是给很多人看的——教育一届又一届的莘莘学子，延续多少年，使千千万万的人受益，甚至不止一代人。国外的许多著名教授和科学家都很重视编写教材，尤其是在他们退休前后编写，把他们丰富的学识和宝贵的教学经验写进去，所以国外有许多经久不衰的好教材。好的科普读物也非常重要，好的科普读物是高水平的杰作，不是什么人都能写得出来的，非要名家大家不可。

许先生对于中国系统工程学会的建设呕心沥血，建树颇多。许先生亲力亲为做系统工程普及工作，包括在 20 世纪 80 年代初的一些系统工程培训班上亲自登台讲课——笔者孙东川在 1980 年暑假赴京参加当时第五机械工业部举办的系统工程师资培训班，就亲耳聆听了许先生讲课。在厦门、北京等地举办的大中学生系统工程夏令营，德高望重的老前辈许先生都非常关心，亲临讲话和指导。

第三，系统工程需要终身学习，终身运用。即便获得了系统工程相关专业的博士学位，也还是要继续学习、不断学习、永远学习。要永远开展"博士后研究"——这里说的博士后研究是广义的——不但"进站"要开展博士后研究，不进站也要开展博士后研究，进站人员"出站"之后仍然要继续开展研究。博士后研究是终身学习的高级阶段、高级境界。

"温故而知新。"我们现在回顾一下钱学森、许国志、王寿云三位学者 1978 年在《组织管理的技术——系统工程》一文中阐述的"培养新时期组织管理的专门人才"的设想。他们说：

我们设想了这样一种组织管理科学技术的大学，有"工"有"理"，与现行的一般工程科学技术的理工科大学平行的、另一种新的"理工科"高等院校。它的工科是培养从事应用工作的系统工程师；它的理科是培养从事基础理论研究工作的组织管理科学家。不论理科还是工科都要搞研究工作以不断提高教学质量。我们的组织管理高等院校不仅要吸收和培养大批高考合格的知识青年，而且要开办进修班，吸收和培养我国现有的、数量众多而又有一定经验的组织管理干部，用现代化的组织管理科学技术武装他们，更好地发挥他们的才能。吸收组织管理干部进修还可以把他们的实践经验带到院校中来，丰富教学内容和促进组织管理的科学研究。我们不能只办一所这样的高等院校，也不是办几所，而是要办几十所，以至上百所这种新型理工结合的学院和大学。因为我们知道，我们需要的组织管理科学家和系统工程师，其数量和质量都决不会少于或次于自然科学家和一般工程技术的工程师。

此外，在工科院校也应恢复以前就有的工业企业管理课，使学习各传统工科技术的学生知道一些生产组织管理的知识，便于他们将来同组织管理专业人员合作共事。同样道理，也要考虑在传统理科院校开设组织管理课，使搞自然科学研究的科技人员能更好地同搞科学研究系统工程的人员协同工作。

我们这样干是一种创新。这也使我们想起100多年前的事：19世纪下半叶，当时工业生产后进的美国为了追上先进的西欧资本主义国家，创办了理工科结合的科学技术高等院校，第一所这样的大学可以说是1861年建立的麻省理工学院。在20世纪20年代初美国为了同一目的又创办了着重培养研究人才的加州理工学院。这些突破传统的院校为美国培养了高质量的科学技术人才，使美国科学技术在20世纪中叶达到了世界先进水平。今天为了适应我国实现四个现代化的需要，在我国创办理工科结合的、培养组织管理科学技术人才的新型高等院校，并在其他高等院校设置这方面的课程，那我们一定能后来居上，使我国组织管理很快地达到世界最先进的水平！

30多年过去了，这些论述仍然闪耀着光辉。现在，国内每一所大学都有管理学院，甚至不止一所——名称有经济管理学院、工商管理学院、公共管理学院、思想与政治工作学院等。在管理学院，系统工程应该成为一门主课。

■11.5　结束语

"沧海横流，方显出英雄本色。"30多年来，系统工程在中国，可谓是兼得天时、地利、人和，无论理论研究和应用研究都取得了很大的成功。中国的系统工程是后来居上。

在西方，在美国，系统工程研究与应用的广度与深度都不如我国。潮涨潮落是正常现象，"西方不亮东方亮"也是常有的事情。我们要密切注视西方、注视美国，要继续认真学习西方、学习美国，但是不必跟着外国亦步亦趋、人云亦云，因为国情不一样，文化背景不一样，价值观念不大一样，发展趋势大不一样。我们要坚持洋为中用，还要坚持古为今用，近为今用，综合集成。要前进，就不能故步自封；要创新，就不能墨守成规。

实践是检验真理的唯一标准，系统工程既然有用，既然是科学——系统科学体系中的工程技术，就有必要研究和运用它。

　　系统工程，任重道远。系统工程，大有可为。

　　继承与发扬光大系统工程中国学派——钱学森学派，让系统工程在中国早日实现其应有的辉煌！

习题 11

　　11-1　你愿意成为一名系统工程师吗？为什么？

　　11-2　系统工程与改革开放的关系如何？为什么？

　　11-3　你赞成"人类社会当今处在系统工程时代"这句话吗？为什么？

　　11-4　你认为"系统工程将永葆青春，长期存在和发展"吗？为什么？

　　11-5　你的身边和校园里，哪些事情符合系统工程基本原理，哪些事情不符合系统工程基本原理？各举 2～3 个例子。

　　11-6　我国和你所在的省市近三年中有哪些大的系统工程项目？

　　11-7　请重温马克思的话："自然科学往后将包括关于人的科学，正像关于人的科学包括自然科学一样：这将是一门科学。"系统工程与系统科学反映了这种发展趋势吗？

　　11-8　请重温普朗克的话："科学是内在的整体，它被分解为单独的部分不是取决于事物本身，而是取决于人类认识能力的局限性。实际上存在着从物理学到化学，通过生物学和人类学到社会学的连续的链条，这是任何一处都不能被打断的链条。"系统工程与系统科学能够把握这根链条吗？

　　11-9　请重温第 1.4 节叙述的"系统工程若干重要命题"，提出赞成或者不赞成的意见。希望你提出新的命题。

附　录

■ 说明

　　这里的附录材料分为 A、B 两组。

　　A1 介绍钱学森院士生平。A2、A3 介绍我国民间的学术团体，属于 NGO（非政府组织），不包括国家机关和行政事业单位。其中 A2 介绍中国系统工程学会与地方的系统工程学会，A3 介绍中国系统科学研究会。具有"官方性质"的机构，如中国系统工程学会的挂靠单位中国科学院系统科学研究所，就不在介绍的范围之中了。

　　B 组介绍了四个国外的国际性学术组织：国际应用系统分析研究所（IIASA），美国的兰德公司（RAND），罗马俱乐部（The Club of Rome），美国的圣菲研究所（SFI）。它们在全世界的知名度都是很高的。它们各自都强调自己是非官方机构、非营利组织。

　　B 组的四个组织，前两个组织是专门从事系统分析亦即系统工程的，它们开展的研究都与系统工程密切相关。后两个组织没有明确标榜系统工程或者系统分析，但是实际上也都是与系统工程、系统科学密切相关的。这四个组织相互之间有很大的差异，但是它们的研究对象主要是社会系统，研究方法也离不开系统工程。例如，罗马俱乐部的成名之举——研究"增长的极限"，采用的方法就是系统动力学（system dynamics，SD），更不用说这项研究的对象是世界人类的发展和命运这样的系统问题了。SFI 很重视系统复杂性研究，提出了著名的论断"适应性造就复杂性"，说明了作为系统的动植物生命体如何适应千变万化的环境，不断产生变异而变得越来越多样化和复杂化的。这是系统科学的一项重要成果。

　　他山之石，可以攻玉。我们可以从这些组织找到借鉴之处。

　　每个附录都提供了有关的网站地址，读者们可以上网查看更多的材料，并且不断更新。

■ A1　钱学森院士生平

1. 钱学森院士与系统工程

　　系统工程中国学派可以称作钱学森学派。系统工程在中国的 30 多年，是在以钱学森院士为代表的学术界倡导和带领下前进的。

　　1978 年，钱学森院士 67 岁，接近古稀之年了。按照世俗的眼光，他已经功成名就，可以安享晚年了。但是，"老骥伏枥，志在千里"，钱学森院士又奏响了他的光辉的

第三乐章。钱学森院士倡导和推动系统工程不是偶然的，而是前两个光辉乐章的内在旋律的延续和高潮。

钱学森院士的第一乐章是在 20 世纪 30 年代中期到 50 年代中期。这 20 来年他在美国度过，主要从事自然科学与工程技术的研究，特别是在应用力学、喷气推进技术以及火箭与导弹研制方面，取得了举世瞩目的成就。与此同时，他还创建了物理力学和工程控制论，成为国际上著名的科学家。钱学森院士的《工程控制论》一书在国际学术界引起了震动，立即被多个国家翻译出版。该书荣获中国科学院 1956 年度一等科学奖金和其他顶级嘉奖。工程控制论属于系统科学体系中的技术科学——系统工程的理论基础，系统和系统控制是它的基本研究对象。

钱学森院士的第二乐章是在 20 世纪 50 年代中期回国以后直到 70 年代末。这一时期钱学森院士的主要精力集中在开创我国的火箭、导弹和航天事业上——这是工程系统工程，是实践的系统工程——包括制订战略目标和实施计划，他经常奋战在工程实践的第一线。在周恩来总理、聂荣臻元帅的直接领导下，钱学森院士是一员主将，在当时十分艰难困苦的条件下，研制出我国的导弹和卫星来，创造出世界公认的奇迹。这样的工程实践需要有一套科学的组织管理的技术，这就是系统工程，总体设计部是其特征性的工作方式。

站在系统工程的角度，可以说：三大乐章是系统工程交响乐三部曲，第一乐章是序曲，第二乐章是实践的系统工程，第三乐章是理论的系统工程，并且拓展到系统科学。

1978 年 9 月 27 日，钱学森、许国志、王寿云联名在上海《文汇报》发表重要文章《组织管理的技术——系统工程》，这是系统工程在中国的进军号角，奏响了他的第三乐章。1979 年初，钱学森、乌家培联名发表《组织管理社会主义建设的技术——社会工程》，其中"社会工程"是"社会系统工程"的简称。很快，系统工程在全国引起了普遍的重视。1980 年，中国科学技术协会和中央电视台联合举办系统工程系列讲座，钱学森院士承担了两讲：一讲是他与王寿云联名撰稿，他亲自登台，讲述《系统思想和系统工程》；一讲是他与张沁文联名撰稿《农业系统工程》，由张沁文登台讲述。钱学森院士还亲自到许多会议、国家部门、部队单位发表讲演，倡导和推动系统工程，《论系统工程》一书收录的文章有不少是反映这方面的工作的。

在钱学森、宋健、关肇直、许国志等 21 位知名科学家的共同倡议下，经过一年多的筹备，1980 年 11 月 18 日，中国系统工程学会在北京正式成立。钱学森院士担任中国系统工程学会名誉理事长，直至生命的终点。他对学会建设和学科发展进行了许多指导，例如，《论系统工程》一书中的《对当前中国系统工程学会工作的两点建议》一文，就是钱学森院士在中国系统工程学会 1983 年新春学术座谈会上的发言。

钱学森院士非常关心系统工程人才的培养工作。1979 年 11 月，上海机械学院（现名上海理工大学）成立系统工程研究所，钱学森院士亲临讲话，洋洋数千言。中国人民解放军国防科学技术大学 1979 年建立数学与系统工程系也得到了钱学森院士的关心和指导。在 20 世纪 80 年代国务院学位委员会修订学科与专业目录时，在钱学森院士的热心呼吁下，系统工程专业列入了《学科目录》。80 年代，全国许多高校成立了系统工程研究室、研究所或系，开设系统工程课程，举办系统工程专业，招收和培养本科生，很快又上升到培养硕士研究生和博士研究生，以及博士后与访问学者等高层次人才，这些都是与钱学森院士的大力推动密切相关的。1985 年钱学森院士在《关于现代领导科学与艺术的几个问题》的讲话中建议：以后培养师级干部应达到硕士水平，军级干部应达到博士水平。当时不少人觉得高不可攀，现在，这个目标已经实现而且超越了，推动我军的现代化建设向前跨进了一大步。

1990 年钱学森、于景元、戴汝为联名在《自然杂志》第 1 期发表重要文章《一个科学新领域——开放的复杂巨系统及其方法论》，根据我国对社会经济系统等复杂巨系统进行的研究，提炼与总结出开放的复杂巨系统概念，以及综合集成方法论——从定性到定量综合集成法和从定性到定量综合集成研讨厅体系。这是系统工程在中国发展的第二个里程碑。

为了创建系统学，钱学森院士创办了"系统学讨论班"，从 1986 年 1 月初开始，连续七年在北京香山定期举办。钱学森院士每次都参加，从不缺席，发挥了主导作用。1992 年之后，由于健康原因，他出门行动不便，就改为在他家里组织小讨论班。2001 年，山西科学技术出版社出版钱学森著《创建系统学》一书，该书汇集了他对于创建系统学的一系列论述和通信。

钱学森院士是一位自觉应用马克思主义哲学指导自己研究工作的科学家。1985 年他说："应用马克思主义哲学指导我们的工作，这在我国是得天独厚的。……马克思主义哲学确实是一件宝贝，是一件锐利的武器。我们搞科学研究时（当然包括搞交叉科学研究），如若丢掉这件宝贝不用，实在是太傻了。"他在给一位朋友的信中说："我近 30 年来一直在学习马克思主义哲学，并总是试图用马克思主义哲学指导我的工作。马克思主义哲学是智慧的源泉！"正是因为这个原因，钱学森院士在吸取国外现代科学技术进展的时候，能够去掉其中的种种局限，站得更高一些。许国志院士等学者认为：钱学森院士在许多科学问题上的认识，要比国际上超前 10 年甚至更多。

为了中国的改革开放和社会主义建设事业，为了系统工程和系统科学的发展，钱学森院士这样一位大科学家不但高瞻远瞩，大气磅礴，指挥若定，而且不辞辛劳，身先士卒，冲锋陷阵，其精神感人至深。笔者认为可以归纳出如下的钱学森精神：

——热爱祖国和人民，与祖国和人民心连心；

——热爱中国共产党和社会主义，积极参与改革开放；

——自觉运用马克思主义哲学，站得高看得远；

——永不疲倦地探索，勇于开拓和创新；

——重视应用与实践，亲力亲为做实际工作。

2008 年 1 月 19 日，胡锦涛同志看望著名科学家钱学森院士。胡锦涛同志谈起系统工程，他说："上世纪 80 年代初，我在中央党校学习时，就读过您的有关报告。您这个理论强调，在处理复杂问题时一定要注意从整体上加以把握，统筹考虑各方面因素，这很有创见。现在我们强调科学发展，就是注重统筹兼顾，注重全面协调可持续发展。"

温家宝总理多次看望钱学森院士。江泽民同志在总书记和国家主席任内也多次看望钱学森院士。

这是党和国家领导人对钱学森院士的爱戴与关心，也是对于系统工程学科、对于系统工程工作者的支持与鼓舞，是中国的系统工程和系统科学进一步发展和提高的重要契机和强大推动力。①

2. 钱学森院士大事年表② （1911. 12. 11－2009. 10. 31）

1911 年 12 月 11 日出生于浙江杭州。三岁时随父母到北京，在北京度过了童年与少年。

1929 年考入上海交通大学学习。

1934 年上海交通大学机械工程系毕业，考取清华大学赴美留学公费生。

1935 年留学美国，入麻省理工学院航空系学习。

1936 年获麻省理工学院航空工程硕士学位，后转入加州理工学院航空系学习。

1939 年获美国加州理工学院航空、数学博士学位。1938 年 7 月～1955 年 8 月，钱学森在美国从事空气动力学、固体力学、火箭、导弹、工程控制论等领域研究，其中，与导师冯·卡门共同完成高速空气动力学研究课题和建立"卡门—钱近似公式"，从而在 28 岁时就成为世界知名的空气动力学专家。

1943 年任加州理工学院助理教授。

1945 年任加州理工学院副教授。

1947 年任麻省理工学院教授。

1949 年任加州理工学院喷气推进中心主任、教授。

1950 年受新中国成立之鼓舞，起程回国，受到美国政府阻拦和迫害，遭到软禁，失去自由。当时的美国海军部高官声称：钱学森无论走到哪里，都抵得上五个师，我宁可把他枪毙，也不能让他到共产党中国去。

1954 年《工程控制论》英文版 Engineering Cybernetics 出版，该书俄文版、德文版、中文版分别于 1956 年、1957 年、1958 年出版。1980 年《工程控制论》（修订版）出版，2007 年《工程控制论》（新世纪版）出版。

1955 年在周恩来总理的关怀下，冲破美国政府设置的重重阻力，10 月份终于回到祖国。

1956 年任中国科学院力学研究所所长、研究员（在力学所工作到 1972 年）。在政协第二届全国委员会第二次全体会议上，被增选为政协第二届全国委员会委员。

1957 年获中国科学院自然科学奖（1956 年度）一等奖。当选为中国力学学会第一届理事会理事长（1982 年当选为中国力学学会名誉理事长）。任国防部第五研究院院长，兼仟该院一分院（即今天的中国运载火箭技术研究院）院长。在中国科学院第二次学部委员（院士）大会上，被增聘为中国科学院学部委员（院士）。在法国巴黎召开的国际自动控制联合会成立大会上，当选为该会第一届理事会常务理事。

---

① 说明：以上文字摘自孙东川，柳克俊：《试论系统工程的中国学派与系统科学的中国学派》，略有修改。此文是 2008 年 10 月 22～24 日在南昌举行的中国系统工程学会第十五届学术年会的大会报告之一，全文见参考文献（孙东川，柳克俊，2008）。

② 以上年表摘自百度百科 http://baike.baidu.com/view/4213.htm，2010 年 1 月 8 日查对，略有修改。

1958 年任中国科学技术大学近代力学系主任。加入中国共产党。

1959 年当选为第二届全国人民代表大会代表。后来相继当选为第三、四、五届全国人民代表大会代表。

1960 年任国防部第五研究院副院长，不再兼任该院一分院院长。从此以后，根据钱学森自己的要求，他的主要行政职务一直为副职，由第五研究院副院长，到第七机械工业部副部长，再到国防科学技术委员会副主任等，专司中国国防科学技术发展的重大技术问题。

1961 年当选为中国自动化学会第一届理事会理事长。

1962 年《物理力学讲义》出版。

1963 年《星际航行概论》出版。

1965 年任第七机械工业部副部长。

1968 年兼任中国人民解放军第五研究院（即今天的中国空间技术研究院）院长。

1969 年当选为中国共产党第九次全国代表大会代表和第九届中央委员会候补委员。后来相继当选为第十、十一、十二、十三、十四、十五次全国代表大会代表，第十、十一、十二届中央委员会候补委员。

1970 年任国防科学技术委员会副主任，不再兼任中国人民解放军第五研究院院长。

1978 年 9 月 27 日在上海《文汇报》发表重要文章《组织管理的技术——系统工程》（钱学森，许国志，王寿云），吹响了系统工程在中国的进军号，奏响了他的光辉生涯的第三乐章。此后 31 年之久，一直不遗余力地倡导和开拓系统工程与系统科学的研究。

1979 年在中美正式建立外交关系的当年，获美国加州理工学院"杰出校友奖"（Distinguished Alumni Award）。钱学森没有到美国领取这份荣誉。直到 2001 年钱学森 90 岁生日时，他在美国的好友 F. E. Marble 教授受美国加州理工学院校长 D. Baltimore 委托，专程到北京将"杰出校友奖"的奖状和奖章面授给他。当选为中国宇航学会名誉理事长。

1980 年当选为中国科学技术协会第一届全国委员会副主席，当选为中国系统工程学会名誉理事长（直至 2009 年 10 月 31 日生命的终点）。1986 年当选为中国科学技术协会第三届全国委员会主席。

1982 年任国防科学技术工业委员会科学技术委员会副主任。《论系统工程》出版；1988 年《论系统工程》（增订版）出版。

1984 年在中国科学院第五次学部委员（院士）大会上，被增选为中国科学院主席团执行主席。1992 年，在中国科学院第六次学部委员（院士）大会上，被聘请为中国科学院学部主席团名誉主席。

1985 年钱学森因对中国战略导弹技术的贡献，作为第一获奖者和屠守锷、姚桐斌、郝复俭、梁思礼、庄逢甘、李绪鄂等获全国科技进步特等奖。

1986 年在政协第六届全国委员会第四次全体会议上，被增选为政协第六届全国委员会副主席，后来相继当选为政协第七、第八届全国委员会副主席。6 月，南加州华人科学家工程师协会对他授奖，他没有去美国领奖[①]。

1987年被聘为国防科学技术工业委员会科学技术委员会高级顾问。《社会主义现代化建设的科学和系统工程》出版。

1988年兼任政协第七届全国委员会科学技术委员会主任。获（1985年度）国家科技进步奖特等奖。《关于思维科学》《论人体科学》出版。《创建人体科学》《人体科学与现代科技发展纵横观》和《论人体科学与现代科技》分别于1989年、1996年、1998年出版。

1989年获国际技术与技术交流大会和国际理工研究所授予的"W．F．小罗克韦尔奖章"和"世界级科学与工程名人""国际理工研究所名誉成员"称号。这是现代理工界的最高荣誉。到目前为止，世界上仅有16名现代科技专家获得这项荣誉，钱学森是其中唯一的中国学者。由于20世纪50年代美国政府的错误造成了不良后果却不予消除，钱学森没有到美国去领奖，代替他领奖的是当时的中国驻美大使韩叙。钱学森自从1955年离开美国之后，去过世界上许多国家，却再也没有去过美国。这是一位中国科学家的尊严，一名中国人的尊严。

1990年在《自然杂志》当年第1期发表重要文章《一个科学新领域——开放的复杂巨系统及其方法论》（钱学森，于景元，戴汝为），根据我国对社会经济系统等复杂巨系统进行的研究，提炼与总结出开放的复杂巨系统概念，以及综合集成方法论——从定性到定量综合集成法和从定性到定量综合集成研讨厅体系。这是系统工程在中国发展的第二个里程碑。

1991年获国务院、中央军委授予的"国家杰出贡献科学家"荣誉称号和中央军委授予的一级英雄模范奖章。《钱学森文集（1938～1956）》出版。在中国科学技术协会第四届全国委员会第一次全体会议上，被授予中国科学技术协会名誉主席称号。当选为中国空气动力学研究会（1989年更名为中国空气动力学会）名誉理事长。

1994年在中国工程院第一次院士大会上，被选聘为中国工程院院士。《论地理科学》《城市学与山水城市》出版。1996年《城市学与山水城市》（增订版）出版。1999年，作为上述两书续集的《山水城市与建筑科学》出版。《科学的艺术与艺术的科学》出版。

1995年获何梁何利基金颁发的首届（1994年度）"何梁何利基金优秀奖"（后改称"何梁何利基金科学与技术成就奖"）。

1996年在上海交通大学百年校庆之际，由江泽民总书记题写馆名，第一个以中国科学家的名字命名的图书馆——钱学森图书馆，在西安交通大学隆重举行命名仪式。该图书馆坐落在西安交通大学的新世纪广场。

1998年被聘为中国人民解放军总装备部科学技术委员会高级顾问。在中国科学院第九次院士大会和中国工程院第四次院士大会上，被授予"中国科学院资深院士""中国工程院资深院士"称号。

1999年获中共中央、国务院、中央军委颁发的"两弹一星功勋奖章"。

2000年《钱学森手稿（1938～1955）》出版。

---

① 原因放后到1989年再说。

2001 年获霍英东奖金委员会颁发的第二届"霍英东杰出奖"（中国地区）。经国际小行星中心和国际小行星命名委员会审议批准，将中国科学院紫金山天文台发现的国际编号为 3763 号的小行星正式命名为"钱学森星"。《论宏观建筑与微观建筑》出版。《第六次产业革命通信集》出版。《创建系统学》出版。

2001 年记录钱学森光辉历程的"钱学森业绩馆"在西安交通大学开馆，并面向社会开放。馆中收藏展出的有钱学森 1929～1934 年在交大机械工程系铁道专业学习时的水利工程学试卷、钱学森赠给母校的一批珍贵手稿、著作，包括《钱学森手稿》《论宏观建筑与微观建筑》《创建系统学》以及介绍和反映他的科学思想、科技成就及辉煌人生历程的论著及其他作品。

2007 年 1 月，上海交通大学出版社出版《钱学森系统科学思想文库》，包含四本书：《工程控制论》（新世纪版）、《论系统工程》（新世纪版）、《创建系统学》（新世纪版）以及《钱学森系统科学思想研究》（中国系统工程学会、上海交通大学编）。

2008 年 1 月 19 日，胡锦涛同志看望钱学森院士。胡锦涛同志谈起系统工程，他说："上世纪 80 年代初，我在中央党校学习时，就读过您的有关报告。您这个理论强调，在处理复杂问题时一定要注意从整体上加以把握，统筹考虑各方面因素，这很有创见。现在我们强调科学发展，就是注重统筹兼顾，注重全面协调可持续发展。"江泽民同志在总书记和国家主席任内也多次看望钱学森院士。温家宝总理等中央领导人也曾经多次看望钱学森院士。2 月，被评为"2007 年感动中国年度人物"。

2009 年 9 月 14 日，钱学森院士被评为 100 位新中国成立以来感动中国人物之一。10 月 31 日上午 8 时 6 分，在北京逝世，享年 98 岁。

A2　中国系统工程学会与地方的系统工程学会

1. 中国系统工程学会

中国系统工程学会是中国系统科学与系统工程的学术性社会团体，是中国科学技术协会的组成部分。1979 年由钱学森、宋健、关肇直、许国志等 21 名专家学者共同倡议并开始筹备。1980 年 11 月 18 日在北京正式成立，著名的自然科学领域的科学家钱学森和社会科学领域的经济学家薛暮桥一直担任名誉理事长。中国系统工程学会的英文译名：Systems Engineering Society of China（SESC）。

学会的挂靠单位是中国科学院系统科学研究所，理事长、秘书长均由挂靠单位的人员担任。第一届理事会理事长是关肇直，第二、三届理事长是许国志，第四、五届理事长是顾基发，第六、七届理事长是陈光亚。

宗旨：团结广大系统科学和系统工程科技工作者，促进系统工程的发展，繁荣系统科学事业，促进系统工程知识的普及与推广，促进系统工程人才的成长和提高，提高我国宏观管理科技水平，为国民经济建设和四个现代化服务。

主要任务：围绕本学科领域组织开展国内外学术交流、促进理论与应用研究、科技普及、教育培训、书刊编辑、决策咨询、项目论证、成果鉴定、资格评审、国际合作、科技服务。

分支机构：理事会下设学会办公室，16 个专业委员会和 5 个工作委员会：

军事系统工程专业委员会　　　　系统理论专业委员会

社会经济系统工程专业委员会　　模糊数学与模糊系统专业委员会

农业系统工程专业委员会　　　　教育系统工程专业委员会

信息系统工程专业委员会　　　　科技系统工程专业委员会

交通运输系统工程专业委员会　　过程系统工程专业委员会

决策科学专业委员会　　　　　　人—机—环境系统工程专业委员会

林业系统工程专业委员会　　　　草业系统工程专业委员会

系统动力学专业委员会　　　　　医药卫生系统工程专业委员会

学术工作委员会

国际学术交流工作委员会　　　　教育与普及工作委员会

编辑出版工作委员会　　　　　　青年工作委员会

拟建：法制系统工程专业委员会、金融系统工程专业委员会等

已加入的国际组织：1986 年加入国际模糊系统协会（IFSA）并成立中国分会；1988 年参加国际过程系统工程组织（IO/PSE）；1994 年参加国际系统研究联合会（IFSR）。

中国系统工程学会主办的刊物：

《系统工程学报》（双月刊），1986 年创刊，主编：刘豹

《系统工程理论与实践》（月刊），1981 年创刊，主编：陈光亚

Journal of Systems Science and Systems Engineering（季刊），1992 年创刊，主编：顾基发、赵纯均

《模糊系统与数学》（季刊），1987 年创刊，主编：刘应明

《农业系统科学与综合研究》（季刊），1985 年创刊，主编：宋凤斌

《交通运输系统工程与信息》（季刊），2001 年创刊，主编：张国伍

《系统工程与电子技术》（月刊），1979 年创刊，主编：谢良贵、高淑霞

Journal of Systems Engineering and Electronics（季刊），1990 年创刊，主编：殷兴良

学会编辑出版学术论文集和专著 80 余种，其中学术论文集 69 种，专著 10 余种。

学会每两年召开一届全国系统工程学术年会。历届学术年会如下：

中国系统工程学会成立大会暨第一届学术年会（北京），1980 年 11 月 18～22 日

第二届学术年会（长沙），1982 年 4 月 28～5 月 2 日

从第三届学术年会开始，确定年会主题（也是正式出版的年会论文集的名称）：

第三届学术年会（武汉），1983 年 11 月 21～26 日，主题：系统工程为国民经济和国防建设服务

第四届学术年会（武汉），1985 年 7 月 14～19 日，主题：2000 年中国研究与系统工程

第五届学术年会（安徽歙县），1987 年 10 月 21～24 日，主题：发展战略与系统工程

第六届学术年会暨学会成立 10 周年纪念大会（天津），1990 年 8 月 1~6 日，主题：科学决策与系统工程

第七届学术年会（上海），1992 年 10 月 14~16 日，主题：企业发展与系统工程

第八届学术年会（北京），1994 年 11 月 16~18 日，主题：复杂巨系统理论方法应用

学会成立 15 周年纪念会（北京），1995 年 12 月 18 日，出版《学会成立十五周年纪念特辑》

第九届学术年会（南京），1996 年 11 月 27~30 日，主题：系统工程与市场经济

第十届学术年会（广州），1998 年 12 月 2~4 日，主题：系统工程与可持续发展战略

第十一届学术年会暨学会成立 20 周年纪念大会（宜昌），2000 年 10 月，主题：系统工程与复杂性研究

第十二届学术年会（昆明），2002 年 11 月 1~4 日，主题：西部开发与系统工程

第十三届学术年会（长沙），2004 年 10 月 28~30 日，主题：小康战略与系统工程

第十四届学术年会（厦门），2006 年 10 月 31~11 月 2 日，主题：科学发展观与系统工程

第十五届学术年会（南昌），2008 年 10 月 22~25 日，主题：和谐发展与系统工程

第十六届学术年会暨学会成立 30 周年纪念大会（预计）（成都），2010 年 7 月，主题：经济全球化与系统工程

各个专业委员会每 1~2 年召开一次学术会议。各个工作委员会每 1~2 年召开一次工作会议。

学会地址：北京中关村东路 55 号   邮政编码：100080   电话：010-62541827

主页网址：http://www.iss.ac.cn/sesc/   电子信箱：sesc@staff.iss.ac.cn

2. 地方的系统工程学会

省、自治区、直辖市系统工程学会（按照成立时间排序）：

湖南省系统工程学会（1981 年 11 月，长沙）

安徽省系统工程学会（1984 年 7 月，合肥）

北京市系统工程学会（1984 年 8 月，北京）

上海市系统工程学会（1985 年 3 月，上海）

河南省系统工程学会（1986 年 11 月，郑州）

湖北省系统工程学会（1986 年 11 月，武汉）

甘肃省系统工程学会（1986 年 12 月，兰州）

黑龙江省系统工程学会（1987 年 4 月，哈尔滨）

福建省系统工程学会（1987 年 7 月，厦门）

云南省系统工程学会（1987 年 7 月，昆明）

四川省系统工程学会（1987 年 11 月，成都）

广东省系统工程学会（1988 年 3 月，广州）

天津市系统工程学会（1988 年 5 月，天津）

辽宁省系统工程学会（1988 年 12 月，沈阳）

江苏省系统工程学会（1989 年 5 月，南京）

新疆维吾尔自治区系统工程学会（1989 年 8 月，乌鲁木齐）

海南省系统工程学会（1990 年 9 月，海口）

广西壮族自治区系统工程学会（1990 年 12 月，南宁）

山西省系统工程学会（1993 年 6 月，太原）

江西省系统工程学会（2001 年 10 月，南昌）

贵州省系统工程学会（2009 年 10 月，贵阳）

河北省农业系统工程学会（1982 年 12 月，石家庄）

湖南省系统工程学会从 1983 年 7 月开始出版《系统工程》，现为月刊。江苏省系统工程学会从 2003 年 10 月开始出版内部刊物《系统科学研究》。

市、县系统工程学会：

西安系统工程学会（1980 年 3 月）

大连市系统工程学会（1982 年 11 月）

乐山市系统工程学会（1983 年 1 月）

郑州市系统工程学会（1984 年 9 月）

娄底（地区）系统工程学会（1985 年 1 月）

厦门市系统工程学会（1985 年 4 月）

巴彦淖尔盟系统工程学会（1986 年 2 月）

宣州市系统工程学会（1986 年 3 月）

武汉市系统工程学会（1987 年 2 月）

广州系统工程学会（1987 年 6 月）

大庆市系统工程学会（1987 年 7 月）

柳州市系统工程学会（1987 年 8 月）

曲靖地区系统工程学会（1988 年 6 月）

三明市系统工程学会（1988 年 11 月）

宁国县系统工程学会（1988 年 12 月）

黄淮海系统工程学会（1989 年 6 月）

昆明市系统工程与软科学学会（1989 年 12 月）

扬州市系统工程学会（1990 年 6 月）

徐州市系统工程学会（1991 年 6 月）

珠海市系统工程学会（2004 年 11 月）

企业单位系统工程学会：

上海市石化地区系统工程学会（1982 年 6 月）

宝钢系统工程学会（1991 年 12 月）

■A3　中国系统科学研究会

中国系统科学研究会（China Institute of the System Science，CISS）是组织和开展系统科学理论与应用研究的全国性的学术性群众团体。

中国系统科学研究会成立于 1999 年 12 月。研究会的主要任务是：利用系统科学方法组织和开展关于劳动条件、就业、社会福利、工资、社会保障、经济技术社会等理论和重大战略问题的学术讨论，开展系统科学基本理论与应用的研究，开展对国民经济发展战略、区域发展战略和企业经营战略等重大课题的研究，组织编写系统科学方面的文献资料，出版系统科学方面的报刊，举办各种类型的关于系统科学的学术研讨会，开展国内外学术交流。

地址：北京市海淀区西三环北路 100 号北京市金玉大厦 6F。

中国系统科学研究会会长为乌杰研究员。乌杰研究员 1935 年 12 月生于内蒙古呼和浩特市，1954～1955 年在北京外国语学院学习，1955～1960 年在苏联列宁格勒化工学院工程物理系留学，1960～1980 年分别在第二机械工业部、内蒙古、中科院从事研究和教学工作，1980～1982 年在美国加州北岭州立大学做访问学者，研究经济与管理科学。1983～1985 年任内蒙古赤峰市副市长，1985～1989 年任包头市市长，1989～1993 年任山西省副省长，1993～1998 年任国家经济体制改革委员会副主任兼经济体制与管理研究所所长。主要著作有：《乌杰文选》5 卷，《系统辩证论》（并被译成英文出版）、《整体管理论》、《邓小平思想论》（该书被评为 1993 年度全国优秀畅销书，先后译成英文和俄文出版）、《城市管理论》、《不归之路》。与德国 H. 哈肯、美国 E. 拉兹洛合著《跨世纪洲际对话》，主编《马克思主义的系统思想》、《经济全球化与国家整体发展》等。

1993 年创办会刊《系统辩证学学报》（*Journal of Systemic Dialectics*，季刊），2006 年更名为《系统科学学报》（*Chinese Journal of Systems Science*），其主办单位是太原理工大学。

中国系统科学研究会积极开展系统哲学和系统科学研究，对系统辩证学和系统哲学做了开拓性工作。最近的几次学术研讨会情况如下：

中国系统科学研究会第 10 届年会暨"和谐社会与系统范式"学术研讨会于 2007 年 7 月 19～21 日在内蒙古鄂尔多斯市举行。

中国系统科学研究会第 11 届年会暨"系统范式：和谐经济·科学发展"学术研讨会于 2008 年 8 月 27～28 日在山西省大同市举行。

中国系统科学研究会第 12 届年会暨"西部发展·科学重建"学术研讨会于 2009 年 8 月 26～27 日在四川省成都市举行。研讨会以"系统范式与西部发展"为主题，收到专家学者的主题论文 120 余篇，100 多位国内系统科学界的著名专家学者参加年会和交流。会长乌杰致欢迎词并作题为"协同论与和谐社会"的主题演讲，副会长、原太原理工大学校长杨桂通教授作《科学发展观的哲学内涵》报告，北京大学校长助理于鸿君作《系统思考当前宏观经济政策》报告，清华大学吴彤教授作《论科学实践哲学对大系统观的挑战》报告。在专题报告议程中，多位专家学者就系统科学在统筹城乡发展、应对金融危机、自然灾害危机管理、完善中小企业政策、旅游产品设计等领域中的思考与应用，进行了热烈的学术交流。

中国系统科学研究会承办、中国系统工程学会等单位协办的国际系统科学学会（ISSS）第 46 届年会于 2002 年 8 月 3～5 日在中国上海国际会议中心联合召开，年会的主题是：系统思维、管理、复杂性与变革。

2008 年 12 月 13 日，中国系统哲学研究中心在内蒙古大学成立，乌杰研究员担任研究中心主任。

中国系统科学研究会的网站是 http://www.wujie.org。

B1　国际应用系统分析研究所

1. 一般情况

国际应用系统分析研究所（International Institute for Applied Systems Analysis, IIASA）是根据美国前总统约翰逊的建议，于 1972 年成立的，设在奥地利首都维也纳附近的拉克森堡。旨在通过国际合作来研究发达国家所面临的一些共同性问题，如环境、生态、都市、能源和人口等问题。第一批成员国为苏联、加拿大、捷克斯洛伐克、法国、民主德国、日本、联邦德国、保加利亚、美国、意大利、波兰和英国。后来陆续增加的成员国有奥地利、匈牙利、瑞典、芬兰与荷兰。1983 年英国宣布退出。研究所经费由各成员国资助。各成员国可派人参加研究工作和有关的学术活动，共享研究手段和信息库，共享研究成果（包括各种研究报告、出版物以及新开发的软件等）。研究所设理事会，下设若干委员会，如执行委员会、财政委员会和研究委员会。美籍华人李天穌教授于 1984～1987 年任所长。

IIASA 目前有 18 个国家成员组织（National Member Organizations, NMO），中国是其中之一。我国有不少学者到 IIASA 工作过。IIASA 在国际学术界享有较高声望，与许多国际组织有着很好的合作关系，其研究成果对国际组织和国家的决策有较大影响。例如，有关中国粮食问题和人口问题的研究成果曾在国际上产生了有利于中国的影响。

IIASA 利用系统方法研究全球问题，研究的问题集中在给定的生态系统动力学研究，包括大气层、水资源、生物圈、土壤同人类的关系。特别关注有毒物质和污染物的发散、转化和传输问题，水资源的可用性和质量，生物资源的退化和补救问题，以及土地使用和覆盖变化的原因和影响。

IIASA 致力于环境、经济、技术和社会问题同人类关系的交叉学科的研究，为决策者和科学研究提供了许多新的方法和工具。它的研究覆盖了许多科学研究领域，是国际性和多学科的研究机构，研究人类对自然的影响和自然对人类的影响。它的研究具有灵活、整合与突破传统科学研究硬边界的特点。其目标是：为公众、科学社团、国家和国际研究机构选择有益的解决问题的方案；以创新的方式提出严肃的问题；提供及时的相关信息和政策分析。

作为一个非政府组织，由于这些全球问题的复杂性，IIASA 与政府间保持相对独立又相互联系。IIASA 成立的 35 年间，来自世界各国的超过 2 000 多位科学家和学者曾经在这里工作，先后有六位科学家获得诺贝尔奖。目前，IIASA 主要在环境和自然资源、人口和社会以及能源和技术三个方面从事着 200 多项研究。

2. 博士后研究

IIASA 每年提供与自己的研究领域相关的博士后研究基金。候选人须为 IIASA 成员国公民或在该国学习的人员。获得资助的申请人将有机会在 IIASA 开展研究。中国是 IIASA 的 18 个国家成员组织（NMO）之一，国家自然科学基金委员会是 IIASA 在中国的 NMO 代表。IIASA 每年全额资助我国两名博士后研究人员，资助期限为 12～24 个月。

IIASA 博士后项目的目标是：鼓励和促进青年研究人员的发展，通过在高度国际化的科研环境中开展研究，获得实际研究经验；为青年研究人员提供丰富其研究经历的机会；同时也丰富 IIASA 自身的学术环境，进一步促进其研究目标的实现。

IIASA 所倡导的解决实际问题的多学科研究方法为活跃的、具有挑战性的博士后研究提供了良好的环境。每年有将近 200 位科学家、数学家、工程技术人员在 IIASA 开展研究工作。博士后人员有机会与不同领域的专家们接触，从而帮助他们从不同角度寻求解决问题的方法、提高专业技能和提出研究建议。在 IIASA 的国际环境中，与来自 35 个国家的同事们一起工作，可以使博士后人员接触到具有不同文化、科学背景和视野的人的创新型思维和方法。IIASA 致力于推动长久的国际友谊和专业合作。

3. IIASA 研究的特点

IIASA 提供一个中立的环境，研究国际和全球重要的问题。这些问题太大、太复杂，以至于无法由一个国家或一个学科来解决，例如：①气候变化问题，具有全球影响，只能通过国际合作开展研究；②能源安全、人口老龄化和可持续发展等问题，需要所有国家共同关注才能解决。

IIASA 得到非洲、美洲、亚洲和欧洲许多科学机构的支持，但是，它是独立的，完全不受政治或国家利益约束。它研究在全球变化背景下的环境、经济、技术和社会各个方面的问题。它的研究是围绕着需要制订政策的重要领域，而不是学科。研究项目有：①全球气候变化；②世界农业的潜力；③能源资源的需求和影响；④酸排放和沉积的区域格局；⑤风险分析和管理；⑥社会和经济影响的人口变化；⑦理论和系统的方法分析。

IIASA 的任务是：①为政策制订者和决策者提供科学的洞察力；②研究决策的工具、方案和决策支持系统；③解决全球和跨国问题。

下面的几点情况可以看出 IIASA 的实力和影响：①IIASA 有来自 60 多个国家的 4 200 位联系人；②自 1977 年以来一共有来自 72 个国家的 1 413 位青年科学家在 IIASA 工作；③1995～2008 年出版了 135 本书籍和 1 510 篇科学论文；④2008 年有来自 45 个国家的 346 名工作人员；⑤2008 年有新闻报道、电视和电台广播约 400 篇；⑥2008 年在 IIASA 和海外举行了 68 次研讨会。

自 2000 年以来，根据理事会的战略和目标，IIASA 的研究集中于三个核心主题：①环境和自然资源；②人口与社会；③能源与技术。

IIASA 的网站是 http：//www.iiasa.ac.at。

■ **B2　兰德公司**

1. 一般情况

RAND 是"研究与发展"（research and development）的缩写。兰德公司在 1945 年建立，是一个非营利的咨询公司。当时有一个兰德计划，即道格拉斯飞机制造公司与陆军航空部队缔结的合同，该合同研究洲际战争而不是地面战争，目的是在装备与技术方面向军方提供建议。1948 年兰德公司从道格拉斯公司独立出来。早期研究偏重系统工程，但很快就偏重于成本和策略。20 世纪 50 年代，兰德的系统分析模式形成。它所做的工作包括对为满足一个明确目标的所有备选方案的成本和效益进行广泛的评价。

兰德公司早期的研究项目都属于军事领域。1950 年后得到美国原子能委员会、国防部高级研究计划局、国家航空航天局和国家科学基金会的经费支持。1960 年后开始从事非军事领域的研究。1970 年开设兰德研究学院，培养公共政策分析专业的博士。1973 年设立兰德基金，资助新领域的研究，鼓励发展新思想。1979 年建立民法研究所。兰德公司遂成为卫生、住房、教育、能源和通信方面执行新的社会计划的实验中心。

朝鲜战争前夕，兰德公司组织大批专家对朝鲜战争进行评估，并对"中国是否出兵朝鲜"进行预测，得出的结论只有一句话："中国将出兵朝鲜。"当时，兰德公司欲以 200 万美元将研究报告转让给五角大楼。但美国军界高层不感兴趣，因为在他们看来，当时的新中国无论人力财力都不具备出兵的可能性。然而，战争的发展和结局却被兰德准确言中。这一事件让美国政界、军界乃至全世界都对兰德公司刮目相看。

1957 年，兰德公司在预测报告中详细地推断出苏联发射第一颗人造卫星的时间，结果与实际发射时间仅差两周，这令五角大楼震惊不已。兰德公司也从此真正确立了自己在美国的地位。此后，兰德公司又对中美建交、古巴导弹危机、美国经济大萧条和德国统一等重大事件进行了成功的预测，这些预测使兰德公司的名声如日中天，成为美国政界、军界的首席智囊机构。

兰德现有 1 600 名员工，其中有 800 名左右的专业研究人员。兰德集团除自身的高素质研究人员外，还向社会上聘用了约 600 名在全国有名望的教授和各类高级专家，作为自己的特约顾问和研究员。他们的主要任务是参加兰德的高层管理和对重大课题进行研究分析和成果论证，以确保研究质量及研究成果的权威性。

兰德公司一直保持着独立的文化传统。兰德公司有发表研究结果、让公众获取研究结果的自由。作为政策研究机构，兰德能够讲真话，无论这个真话对客户有利或是不利。兰德的客户要准备接受这种可能，就是兰德的研究结果同他们的政策可能不相符甚至相互冲突。因此，兰德的客户注重兰德公司研究的客观性和公正性，而不是要兰德告诉他们想听的东西。而恰恰有一些人，正是害怕兰德的这种独立性而不敢雇用兰德。兰德公司的这种独立性是一个由 20 多人组成的监事会来保障实现的。监事会成员对兰德公司具有管理和支配的权力，也就是说他们才是兰德公司真正的主人，但是他们并不拥有兰德公司的任何财产。

兰德公司内有一条特殊的规定，叫做"保护怪论"，即对于那些看似异想天开或走极端的"怪论"不但不予以禁止，反而作为创新之源加以引导和保护。为了给这些自发课题提供充足的物质保证，兰德公司在成立后不久与福特基金会达成了援助协议，建立了公司内部基金，专门用来资助那些面向新领域的研究课题。正是这种开放的思维，使得兰德的研究领域迅速扩大，服务对象也从原来只面向军方甚至仅仅面向空军扩大到面向政府的多个部门及私人企业。

兰德公司的研究人员在学术研究方面独树一帜，在社会上有"兰德学派"之称。著名的代尔菲法、头脑风暴法等都是兰德公司创造的。兰德不仅以高水平的研究成果和独创的见解著称于世，而且为美国政府和学术界培养了一批顶尖人才。为了广泛传播兰德的智慧，兰德公司在 1970 年创办了兰德研究学院，它是当今世界决策分析的最高学府，以培养高级决策者为宗旨，并颁发了全球第一个决策分析博士学位。目前，其学员已遍布美国政界、商界。

2. 兰德公司的研究领域与研究标准

目前，兰德强调在一些反映全球社会不断变化的领域开展研究。这些研究大部分是为公共和私人客户服务的。兰德公司也进行一些自己的研究。兰德公司所有的研究成果都出版，数据库、重要简报都要进行严格的甚至是痛苦的审查过程。这种严格的标准，是兰德公司在世界上信誉度极高的基础。兰德公司向美国国会提供的专家意见、出版的书籍，其中许多在公司网站上免费提供。

兰德公司的研究领域有：艺术；儿童政策；民事司法；教育；能源与环境；健康与保健；国际问题；国家安全；人口和老龄化；公众安全；科学技术；药物滥用；恐怖主义与国土安全；交通和基础设施；劳动力和工作场所。

兰德公司的高质量研究标准如下：

（1）一般标准：问题表达准确；认真设计并选用研究方法；合理的数据和假设；结果有用并且能提供有用的知识；从结果符合逻辑地引出意义及评论，并作出完整的解释；表达要准确、容易理解、令人信服、语气平和；研究要展示出对以前相关研究的理解；研究要与客户以及其他利益相关者相关；研究必须客观、独立、公正。

（2）特殊标准：研究要广泛且综合；研究要有创新性；研究要是持续的。

兰德公司的网站是 http：//www.rand.org。

■ B3　罗马俱乐部

1. 一般情况

20 世纪中叶以来，资源、环境、人口等社会、经济和政治问题日益尖锐和全球化，

所谓 "人类困境" 问题吸引了越来越多的研究者。其中，罗马俱乐部的研究成果引人注目。

罗马俱乐部（Club of Rome）成立于 1968 年 4 月，总部设在意大利罗马。宗旨是通过对人口、粮食、工业化、污染、资源、贫困、教育等全球性问题的系统研究，提高公众的全球意识，敦促国际组织和各国有关部门改革社会和政治制度，并采取必要的社会和政治行动，以改善全球管理，使人类摆脱所面临的困境。由于它的观点和主张带有浓厚的消极和悲观色彩，被称为 "未来学悲观派" 的代表。

这是一个非正式的组织，它的成员没有一个担任公职。俱乐部成员不囿于任何意识形态、政治的或国家的观点，但他们认为人类正面临着复杂而相互联系的各种问题，而这些问题是传统的制度和政策所不能应付的，甚至也不能把握它们的基本内容。他们重在讨论研究现在的和未来的人类困境问题，促进对全球系统的多样但相互依赖的各个部分——经济的、政治的、自然的和社会的组成部分的认识，促使全世界制订政策的人和公众都来注意新的认识，并通过这种方式，促进具有首创精神的新政策和行动。

罗马俱乐部的主要创始人是意大利的著名实业家、学者 A. 佩切伊和英国科学家 A. 金。1967 年，佩切伊和金第一次会晤，交流了对全球性问题的看法，并商议召开一次会议，以研究如何着手从世界体系的角度探讨人类社会面临的一些重大问题。1968 年 4 月，在阿涅尔利基金会的资助下，他们从欧洲 10 个国家中挑选了大约 30 名科学家、社会学家、经济学家和计划专家，在罗马林奇科学院召开了会议，探讨什么是全球性问题，如何开展全球性问题研究。会后组建了一个 "持续委员会"，以便与观点相同的人保持联系，并以 "罗马俱乐部" 作为委员会及其联络网的名称。

罗马俱乐部把它的成员限制在 100 人以内，以保持其小规模的、松散的、国际组织的特点。现有成员 100 余名，成员大多是关注人类未来的世界各国的知名科学家、企业家、经济学家、社会学家、教育家、国际组织高级公务员和政治家等。

罗马俱乐部主要从事下列三种活动：①举办学术会议。每年举行一次全体会议，并经常不定期地举办专题国际学术讨论会，或者与其他学术团体联合举办国际学术会议。②制订并实施 "人类困境" 研究计划，组织其成员进行系统研究并撰写研究报告。③出版研究报告和有关学术著作。罗马俱乐部的活动经费，主要来自基金会的赞助和研究课题的拨款。

罗马俱乐部于 1972 年发表第一个研究报告《增长的极限——关于人类困境的报告》，这是美国麻省理工学院教授丹尼斯·米都斯（Dennis L. Meadows）领导的一个 17 人小组完成的。他们采用系统动力学（systems dynamics，SD）模型，选择了五个对人类命运具有决定意义的变量：人口、工业发展、粮食、不可再生的自然资源和污染。全书分为 "指数增长的本质" "指数增长的极限" "世界系统中的增长" "技术和增长的极限" "全球均衡状态" 等五章，阐述了人类发展过程中，尤其是产业革命以来，经济增长模式给地球和人类自身带来的毁灭性的灾难。该研究报告预言经济增长不可能无限持续下去，因为石油等自然资源的供给是有限的，作出了世界性灾难即将来临的预测，设计了 "零增长" 的对策性方案，在全世界挑起了一场持续至今的大辩论。《增长的极限》是有关环境问题最畅销的出版物，引起了公众的极大关注，销售了 1 000 多万册，被翻译成 30 多种语言。1973 年的石油危机加强了公众对这个问题的关注。此后，较著名的研究报告有：《人类处在转折点》（1974 年）、《重建国际秩序》（1976 年）、《超越浪费的时代》（1978 年）、《人类的目标》（1978 年）、《学无止境》（1979 年）、《微电子学和社会》（1982 年）等。罗马俱乐部把全球看成是一个整体，提出了各种全球性问题相互影响、相互作用的全球系统观点。它极力倡导从全球入手解决人类重大问题的思想方法，它应用世界动态模型从事复杂的定量研究。这些新观点、新思想和新方法，表明了人类已经开始站在新的、全球的角度来认识人、社会和自然的相互关系。它所提出的全球性问题和它所开辟的全球问题研究领域，标志着人类已经开始综合地运用各种科学知识，来解决那些最复杂并属于最高层次的问题。在罗马俱乐部的影响下，美国、英国、日本等 13 个发达国家也先后建立了本国的"罗马俱乐部"，开展了类似的研究活动。

随着罗马俱乐部研究报告、书籍在世界范围内的广为传播，不仅对世界范围的未来学问题研究产生了重要影响，而且唤起了公众对世界危机的关注和增强了人们的未来意识和行星意识，从而促使各国政府的政策制订更多地从全球视角来考虑问题。

2. 21 世纪的研究

21 世纪的罗马俱乐部旨在与世界范围内有共同价值观念、目标和远见的组织与个人持续进行合作。21 世纪伊始，全球贫富不均日益加深、气候变化带来的后果和自然资源的过度使用等国际问题证明了罗马俱乐部的基本观点是明显正确的，也重新给了他们开展活动的兴趣：地球人口的增长以及无节制的消耗自然资源是无法永久持续的，也是相当危险的。

近年来，罗马俱乐部开展了一系列新的活动，使其组织和使命更适应现代的需要。它一如既往地坚定地寻找理解全球问题的实际可行的新方法并将其付诸实践。

与罗马俱乐部联系的国际组织的规模和数量正在不断地增长：在五大洲有 30 多个国际组织，其中有的组织人数多于 1 500 人。它们成为罗马俱乐部全球工作的支柱。

2000 年成立了"智囊团 30"（think tank 30，tt30），致力于了解年轻一代的想法。它被证明是罗马俱乐部有激励意义的措施。

2008 年初，罗马俱乐部将其国际秘书处从德国汉堡迁到了瑞士苏黎世。俱乐部建立了一个新的团队，专门与一些个人或教育组织保持密切合作，希望找到新的方法让普通大众参与进来。2008 年 5 月，它启动了一个三年计划"世界发展的新道路"，作为俱乐部在 2012 年之前的活动重点。

"世界发展的新道路"计划认为：很明显，现有的世界发展道路从长远来看是不可持续的，尽管市场和科技创新具有无穷发展潜力。为了提供更好的生活条件和发展机会以应对全世界不断增长的人口，需要有新的观念和战略，以协调人口增长、气候变化，以及一切生命都赖以生存的脆弱的生态系统的保护之间的关系。如果人类要克服未来的挑战，必须设想一种世界发展的新的眼光和道路。针对这一思想和实际的挑战，罗马俱乐部将实施"世界发展的新道路"三年计划，以应对现代世界所面临的复杂挑战，并奠定采取行动的坚实基础。

该计划不仅有决策者和专家参与，提供行动的可行建议，而且通过各种渠道让公众参与。这是一个开放性计划。就是说，只进行数量有限的原创性研究，然后与各伙伴组织密切合作来推行。提供一个框架可以添加伙伴们的想法和意见，以提高公信力和俱乐部本身努力的影响。该计划侧重在"世界发展的新道路"的整体概念框架下的五组相关问题：

（1）环境与资源。这一组问题与气候变化、石油峰值、生态系统和水有关。社会与经济变革需要避免失控的气候变化与生态失衡。

（2）全球化。这一组问题与相互依存度、财富与收入分配、人口变化、就业以及贸易与财政有关。目前，与全球化路径相关的日益扩大的不平等和不平衡使得世界经济和金融体系处于崩溃的危险边缘。

（3）世界发展。这一组问题与可持续发展、人口增长、贫困、环境压力、粮食生产、卫生和就业有关。富裕国家里的持续贫困、剥夺、不平等和排斥等丑闻，必须予以纠正。

（4）社会转型。这一组问题与社会变革、性别平等、价值和道德、宗教和精神、文化、身份和行为有关。如果和平与进步只能保存在日益紧缩的人类和环境限制之中，那么当前的世界发展道路所基于的价值与行为必须予以改变。

（5）和平与安全。这一组问题与公正、民主、政府、团结、安全与和平有关。当前世界发展道路面临着异化、分化、暴力和冲突的危险，维护和平至关重要，而且是进步与解决威胁未来的问题的先决条件。

在每一组内，问题是紧密联系在一起的，随着该计划的推进，将对组与组之间的关联予以研究。一个专门的研究网络将重点放在系统整合问题上，包括系统思想、系统联系和系统动力学模型。

2010年底将举行"罗马俱乐部国际论坛"，整合俱乐部及其合作伙伴所有的最终研究成果，通过讨论得出一致的结论和建议，最后得到一个综合性报告。

罗马俱乐部的网站是 http：//www.clubofrome.org。

B4　圣菲研究所

1. SFI 的产生

圣菲研究所（Santa Fe Institute，SFI）成立于1984年，位于美国新墨西哥州首府圣菲。它是一个独立的非营利的研究所，靠申请各种基金来支持跨学科的研究工作。它是一个松散型组织，没有固定的研究人员，可以培养硕士、博上和博士后，以及接纳访问学者。20世纪末，它被评为全美国最优秀的五个研究所之一，与具有上百年历史的贝尔实验室并列在一起。

SFI 的发起者和第一任所长考恩（G. Cowan），是一位具有广阔视野和远见卓识的科学家。他曾长期担任洛斯阿拉莫斯国家实验室的技术与组织领导工作，具有丰富的理论知识和实践经验。当他退休的时候，多年的思考促使他萌发了这样一个创意：建立一个冲破学科界限的、研究各学科共同关心的"人类究竟是如何认识和处理复杂性的"这个难题。这个想法的出现不是偶然的。考恩在几十年的科学生涯中,深深体会到近代科学中普遍存在的、片面强调还原论思想的弊病,以及由此而来的种种问题,如学科分割造成的隔阂,综合的、整体的观念的缺乏,只见树木不见森林的短视和偏见,在丰富多彩的现实面前的僵化和无能。他认为,这些弊病不仅阻碍了科学的发展,而且往往是人类面临的许多现实问题难以得到有效解决的原因所在。因此,他利用自己多年工作中的广泛联系,把这个想法广为宣传。

在许多不同学科领域的著名科学家的支持下,第一次研讨会于 1984 年在美国新墨西哥州的首府圣菲市举行。这次会议以经济为主题,参加者不但有以诺贝尔经济学奖得主阿罗 (K. J. Arrow) 为首的许多经济学家,而且有许多物理学家,包括两位诺贝尔物理学奖得主盖尔曼 (M. Gell-Mann) 和安德森 (P. W. Anderson)。这次成功的交流使与会者十分兴奋,一致同意按此方向走下去,于是产生了 SFI。

2. SFI 的研究特色

以开展跨学科、跨领域的复杂性研究为中心议题,是 SFI 的一大特色。在 20 世纪 80 年代中期,虽然已有不少学者提出并开始研究复杂性,但是还没有专门的机构从事这方面的工作。其主要原因之一是近代科学长期形成的学科分割的局面,阻碍了科学家们的相互了解和交流。所谓隔行如隔山的情况,越来越成为科学进步的障碍。资金分配、成果认定以至学术圈子的划定,都使得跨学科的研究工作举步维艰。一种和谐的氛围、一个不受各种传统体制束缚的交流场所、一套鼓励创新的运行机制,成为许多希望科学进步的学者所追求的理想。SFI 的出现使人们见到了希望。

SFI 很快就吸引了一大批富有创新精神的、勇于探索这个新开辟的领域的科学家。他们来自许多不同的传统学科。如经济学家阿瑟 (W. B. Arthur),他在经济学界首先研究了现代经济的重要特征——收益递增现象。计算机科学家霍兰 (J. H. Holland),他是遗传算法 (genetic algorithm,GA) 的首创者,复杂适应系统 (complex adaptive system,CAS) 理论主要就是由他提出的;还有以研究"人工生命"闻名的兰顿 (C. Longton),来自医学领域的考夫曼 (S. Kauffman),复杂性研究多种早期著作的作者卡斯蒂 (J. Casti) 等。他们中既有德高望重的诺贝尔奖金得主 (如阿罗、盖尔曼、安德森),也有初出茅庐、血气方刚的青年学者 (如当时还正在攻读博士学位的兰顿)。在 SFI,年龄、专业、地位都不构成交流的障碍,所有人都为了一门新的学科而到这里来。这里不授学位,更没有终身职位,但是却具有如此巨大的吸引力。到 20 世纪 80 年代末,SFI 已经成为复杂性研究的众所周知的中心。

SFI 的主要论点是:事物的复杂性是由简单性发展来的,是在适应环境的过程中产生的。他们把经济、生态、免疫系统、胚胎、神经系统及计算机网络等称为复杂适应系统,认为存在某些一般性的规律控制着这些复杂适应系统的行为。

3. SFI 的研究课题

SFI 在物理、生物、计算和社会科学领域开展多学科协作研究。对于复杂自适应系统的理解是解决环境、技术、生物、经济问题和政治挑战的关键。来自大学、政府机构、研究机构和私营企业的著名科学家和研究人员，到 SFI 开展合作研究，尝试揭开这个复杂世界深处的简单机制。

SFI 的研究项目吸收访问学者开展研究，访问学者的居住时间从几天到几个月不等。SFI 每年接待 100 多位访问学者。SFI 是一个"自下而上"的组织，它与外部世界的联系主要通过所里的研究人员，而不是管理机构。潜在的访问学者首先是与 SFI 的同行接触，确认可以合作，才考虑加入研究。

SFI 研究的主要课题有：

（1）复杂系统物理学。

（2）系统进化中的涌现性、创新及稳健性。

（3）复杂系统的信息处理与计算。

（4）人类行为的动力学和定量研究。

（5）生命系统中的涌现性、组织及动力学。

SFI 的研究活动是整合式的，没有任何死板的程序或部门。SFI 的研究风格有两个显著的特点：运用多学科的方法，重点研究各个组成部分之间的复杂交互问题。

SFI 致力于基础研究。它不从事定向研究或应用研究，也不从事功利性研究。至于工程项目所需要的大量的计算机处理能力，SFI 已与洛斯阿拉莫斯国家实验室和新墨西哥大学建立了联系，而且 SFI 有自己的并行处理计算机。

科学家和研究人员可以在不同的时间来到 SFI 做访问学者。长期在这里作研究的教授（至多是六年合约）与博士后研究人员、研究生、访问学者以及外部的同行，大家在一起工作，没有永久的职员。SFI 认为自己是一个"没有围墙的研究所"，这意味着：来访问的时候，参加工作坊，开展协作研究；返回到各自的机构之后，继续在不同地区开展分布式研究。

虽然大家关注若干研究主题，但是 SFI 的研究人员及其活动界线却是模糊的。主题经常重叠，某个项目落在哪一个主题区域带有任意性。SFI 的研究小组是不断形成与变化的，一个人通常涉及多个项目。最后，虽然 SFI 本部发挥中心作用，但是很多研究工作还是会发生在其他地方，如合作者的家乡。

圣菲研究所的网站是 http://www.santafe.edu。

参 考 文 献

曹光明.1994.硬系统思想与软系统方法论的比较.系统工程理论与实践,(1)

车宏安.1995.软科学方法论研究.上海:上海科技文献出版社

冯·贝塔朗菲 L.1987.一般系统论:基础、发展和应用.林康义,魏宏森等译.北京:清华大学出版社

福莱斯特 J W.1982.系统学原理.杨通谊,黄午阳,杨世绪译.上海:上海市业余工业大学

高军,赵黎明.2003.系统方法论研究的现状分析与展望.系统辩证学学报,(3)

国家科委科技政策局,人民日报教科文部.1986.软科学的崛起——软科学研究与决策.北京:人民日报出版社

国家统计局.2003.中国国民经济核算体系(2002).北京:中国统计出版社

国家统计局国民经济核算司.2006.中国 2002 年投入产出表.北京:中国统计出版社

哈肯 H.1988.信息与自组织.成都:四川教育出版社

黄梯云.2002.管理信息系统(修订版).北京:高等教育出版社

霍兰 J H.2000.隐秩序——适应性造就复杂性.周晓牧,韩晖译.上海:上海科技教育出版社

近藤次郎.1981.管理工程学.北京:中国社会科学出版社

经士仁.1996.中国系统工程学会成立十五周年纪念特辑(1980～1995).北京:中国系统工程学会编印

经士仁.2000.中国系统工程学会成立二十周年纪念特辑(1980～2000).北京:中国系统工程学会编印

柯萨科夫 A,斯威特 W N.2006.系统工程原理与实践.胡保生译.西安:西安交通大学出版社

刘人怀,孙东川.2008a.谈谈创建现代管理科学中国学派的若干问题.管理学报,(3):323～329

刘人怀,孙东川.2008b.再谈创建现代管理科学中国学派的若干问题.中国工程科学,(12):24～31

刘人怀,孙东川,孙凯.2009.三谈创建现代管理科学中国学派的若干问题.中国工程科学,(8):18～23,63

刘人怀,孙凯,孙东川.2009.大平台,聚义厅及其他——四谈创建现代管理科学中国学派的若干问题.管理学报,
    (9,首篇):1137～1142

路甬祥.1998.正确的科学思维方式是科技工作者的灵魂(序言).载:卢嘉锡等.院士思维(上).合肥:安徽教
    育出版社

吕永波,胡天军,雷黎.2003.系统工程.北京:北方交通大学出版社

莫尔斯 P M,金博尔 G E.1988.运筹学方法.吴沧浦译.北京:科学出版社

钱桂仑.2008.现代企业发展战略选择探析.现代管理科学,(3)

钱学森.2007a.创建系统学(新世纪版).中国系统工程学会,上海交通大学编.上海:上海交通大学出版社

钱学森.2007b.工程控制论(新世纪版).戴汝为,何善堉译.中国系统工程学会,上海交通大学编.上海:上海
    交通大学出版社

钱学森等.2007.论系统工程(新世纪版).中国系统工程学会,上海交通大学编.上海:上海交通大学出版社

切克兰德.1990.系统论的思想与实践.左晓斯,史然译.北京:华夏出版社

塞奇 A P,阿姆斯特朗 J E.2006.系统工程导论.胡保生,彭勤科译.西安:西安交通大学出版社

三浦武雄,浜冈尊.1983.现代系统工程学概论.郑春瑞译.北京:中国社会科学出版社

沈小峰等.1987.耗散结构理论.上海:上海人民出版社

寺野寿郎.1988.系统工程学导论.杨罕,沈振闻编译.北京:电子工业出版社

孙东川.1984.网络技术在系统工程中的应用.长沙:湖南科学技术出版社

孙东川,林福永.2006.让系统工程在中国早日实现其应有的辉煌.中国系统工程学会第 14 届学术年会.In:Chen
    G C. Scientific Outlook on Development and Systems Engineering. Proceedings of the 14th Annual Conference of
    Systems Engineering Society of China. Hong Kong:Global-link Publisher. 777～784

孙东川,林福永,孙凯.2006.创建现代管理科学的中国学派及其基本途径研究.管理学报,(2,首篇):127～
    131,142

孙东川，林福永，孙凯．2009. 系统工程引论．第 2 版．北京：清华大学出版社

孙东川，柳克俊．2008. 试论系统工程的中国学派与系统科学的中国学派．中国系统工程学会第 15 届学术年会．
    载：陈光亚．和谐发展与系统工程．香港：上海系统科学出版社（香港）．95～106

孙东川，陆明生．1987. 系统工程简明教程．长沙：湖南科学技术出版社

孙东川，杨立洪，钟拥军．2005. 管理的数量方法．北京：清华大学出版社

孙东川，张振刚，孙凯．2008. 一项重大的历史使命：创建现代管理科学的中国学派．中美经济评论，（1）：57～63

孙东川等．2004. 系统工程与管理科学研究．广州：暨南大学出版社

汪应洛．2002a. 系统工程．第 2 版．北京：机械工业出版社

汪应洛．2002b. 系统工程理论、方法与应用．第 2 版．北京：高等教育出版社

王寿云，于景元，戴汝为等．1996. 开放的复杂巨系统．杭州：浙江科学技术出版社

王众托．2001. 企业信息化与管理变革．北京：中国人民大学出版社

吴彤．2001. 自组织方法论研究．北京：清华大学出版社

许国志．1985. 怎样学习系统工程——答读者问．系统工程理论与实践，（1）

许国志．1996. 系统研究．杭州：浙江教育出版社

许国志．1999-11-11. 诸侯分治，统一江山．科学时报

许国志，顾基发，车宏安．2000a. 系统科学．上海：上海科技教育出版社

许国志，顾基发，车宏安．2000b. 系统科学与工程研究．第 2 版．上海：上海科技教育出版社

绪方胜彦．1976. 现代控制工程．卢伯英，佟明安，罗维铭译．北京：科学出版社

薛华成．2007. 管理信息系统．第 5 版．北京：清华大学出版社

杨叔子．2002. 科学与人文的融合．载：李政道，杨振宁等．学术报告厅·科学之美．北京：中国青年出版社

叶文虎，韩凌．2006. 论国家发展战略的选择——转移、转嫁与转变．中国人口·资源与环境，（1）

张彩江．2006. 复杂价值工程理论与新方法应用．北京：科学出版社

张钟俊．1986. 张钟俊教授论文集（第 1 卷）．上海：上海交通大学出版社

张钟俊．1988. 张钟俊教授论文集（第 2 卷）．上海：上海交通大学出版社

张钟俊．1993. 张钟俊教授论文集（第 3 卷）．上海：上海交通大学出版社

张钟俊，王翼．1984. 控制理论在管理科学中的应用．长沙：湖南科学技术出版社

赵敏，史晓凌，段海波．2009. TRIZ 入门及实践（科学技术部技术创新方法培训丛书）．北京：科学出版社

赵晓康，王维红．2002. 论当代系统思想最新发展与演变趋势．系统辩证学学报，（2）

中国大百科全书出版社编辑部．1998. 中国大百科全书（简明版）．北京：中国大百科全书出版社

中国系统工程学会，上海交通大学．2007. 钱学森系统科学思想研究．上海：上海交通大学出版社

中国宇航学会．2003. 中国神舟．北京：科学出版社

Boardman J，Saucer B. 2008. Systems Thing：Coping with 21st Century Problems. Boca Raton：CRC Press

Hitchins D K. 2007. Systems Engineering：A 21st Century Systems Methodology. New York：John Wiley & Sons Ltd

Jackson M C. 1993. Systems Methodology for the Management Sciences. New York：Plenum Press

Jamshidi M. 2009. Systems of Systems Engineering：Principles and Applications. Boca Raton：CRC Press

Sage A P. 1977. Systems Engineering：Methodology & Applications. New York：IEEE Press. 18～22

后　记

（一）

感谢中国工程院院士、中国工程院工程管理学部副主任、教育部科学技术委员会管理科学部主任、暨南大学前校长、澳门科技大学常务副校长刘人怀教授为本书写序！

感谢中国系统工程学会前理事长、国际系统研究联合会前主席、中国科学院系统科学研究所前常务副所长顾基发研究员为本书写序！

他们欣然写序，是对我们的鼓励与鞭策。

感谢科学出版社责任编辑林建同志积极支持编写本书！

在本书编写过程中，不少朋友提供了直接的帮助。英国 Hull 大学的华裔教授朱志昌博士与我们合作开展现代管理科学中国学派研究，我们与他讨论了本书的一些观点。杨立洪、王丽萍、孙凯、樊霞、魏永斌、钟拥军、金芸等诸位博士（他们有的已晋升了教授、副教授等高级技术职称）和博士研究生邓颖翔、麦强盛、姜丽群、崔婷等帮助我们收集素材、校对文字、绘制图表等。谨向他们表示感谢！

本书的编写是一种尝试、一种探索，希望得到大家的理解与支持。由于多种原因，本书推迟交稿约一年之久。推迟不等于停顿，我们在这段时间里，又进行了一些深入的思考，并且通过在国外的朋友和上网，了解美国和西方关于系统工程的近况和进展。思考和了解的结果，使我们更加确认系统工程中国学派和现代管理科学中国学派的先进性及其现实意义。编写教材的过程，首先也是作者学习和梳理思想认识的过程，是我们自己受教育的过程。

（二）

2009 年 10 月 23～25 日，江苏省系统工程学会（挂靠单位南京理工大学）成立 20 周年庆典暨第 11 届学术年会由江苏大学与江苏科技大学联合承办在镇江市举行。孙东川教授作为该学会的主要创建人之一，曾经担任该学会副理事长兼秘书长，应邀出席这一盛会。该学会前副理事长宁宣熙教授在大会上讲述了他亲身经历的一件很"雷人"的事情。不久前的一天，在（南京市）北京东路，他乘坐的出租车遭遇塞车，忍不住说了几句："现在 10 点多钟，又不是高峰时候，怎么会塞车呢？"司机同志大约 40 岁，与他素不相识，对他脱口而言："老先生，您阿晓得，塞车问题是一个系统工程问题，需要多个部门齐抓共管才能解决！"——系统工程在中国有多么普及由此可见一斑。

江苏省系统工程学会自 1989 年成立以后，一直很积极很认真地开展系统工程的研究与应用工作，曾经连续 10 多年荣获一年一度评选的"全国省级学会之星"光荣称号，这是非常突出的。本书沿用的《系统工程引论》的编写思路早在 1990 年前后就形成了——当时，孙东川教授在南京理工大学工作，江苏省系统工程学会组织了一个研讨班，探讨系统工程基本理论与方法，也包括如何编写系统工程教材，提出了这种思路。采用这种思路编写《系统工程引论》之后，又编写了《管理的数量方法》[①]，它也可以用于本科生教学。两本书可以分开使用，也可以合并使用。

（三）

在本书作最后润色的时刻，传来了惊人噩耗：著名科学家钱学森院士于 2009 年 10 月 31 日不幸病故，享年 98 岁。

钱学森院士是中国系统工程的第一倡导者、第一推动力。系统工程中国学派，就是钱学森学派，它代表了当代系统工程的先进水平。

钱学森院士于 20 世纪 50 年代中期回国以后，在 50 多年的漫长岁月中，一直从事研究系统工程的工作。从 1978 年 9 月 27 日重要文章《组织管理的技术——系统工程》发表算起，钱学森院士全力以赴倡导和推动系统工程 31 年之久。由于全国学术界的积极响应，由于从中央到地方各级领导的大力支持，系统工程在全国风起云涌。实际上，在此以前，钱学森院士在"两弹一星"研制中所从事的工作就是系统工程的实践。他于 1954 年出版的光辉著作《工程控制论》属于系统科学体系中的技术科学层次，这一层次是系统工程的直接的理论基础。正因为如此，系统工程中国学派得以形成。

系统工程在中国家喻户晓，普遍应用，结出了丰硕的果实。从"菜篮子工程"到神舟飞船上天，无不闪耀着系统工程的光辉。同时，钱学森院士不断开拓系统工程和系统科学理论研究的新领域和学术前沿，获得了一个又一个创新的、具有世界领先水平的研究成果，在全世界产生了很大的影响。

为了中国的改革开放和社会主义建设事业，为了系统工程和系统科学的发展，钱学森院士这样一位大科学家不但高瞻远瞩，大气磅礴，指挥若定，而且不辞辛劳，身先士卒，冲锋陷阵，其精神感人至深，值得我们敬仰和学习。2008 年 10 月，中国系统工程学会第 15 届学术年会在江西省南昌市隆重举行，在大会学术报告《试论系统工程的中国学派与系统科学的中国学派》中，归纳了钱学森精神：

——热爱祖国，热爱人民，与祖国和人民心连心；

——热爱中国共产党，热爱社会主义，关注改革开放；

——自觉运用马克思主义哲学，站得高看得远；

——永不疲倦地探索，勇于开拓和创新；

——重视应用与实践，亲力亲为做具体工作。

现在，钱学森院士走了，他留下的系统工程和系统科学成果是不走的、永存的，是中国人民的宝贵财富。我们要化悲痛为力量，学习钱学森精神。

---

① 孙东川、杨立洪、钟拥军，21 世纪 MBA 系列新编教材，清华大学出版社，2005 年。

我们认为：系统工程将永葆青春，一万年以后仍然需要系统工程。我们要继承与弘扬系统工程中国学派——钱学森学派，把系统工程红旗继续高举下去！这是对钱学森院士的最好的纪念。

欢迎各位朋友和读者诸君使用本书，并且提出各种意见和建议，以共同提高和完善它！

我们的 E-mail 地址是：dchsun@jnu. edu. cn，zhugl01@163. com。

作　者

2009 年 11 月 11 日